莲子功能学研究

郑宝东 著

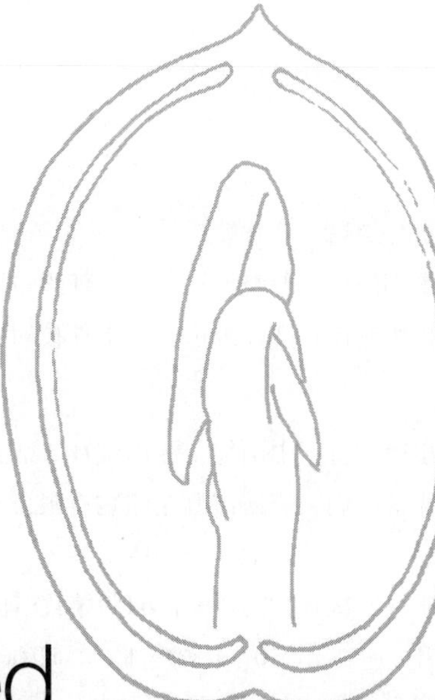

Functional Studies on Lotus Seed

中国轻工业出版社

图书在版编目（CIP）数据

莲子功能学研究 / 郑宝东著. -- 北京 : 中国轻工业出版社, 2024. 9. -- ISBN 978-7-5184-4746-6

Ⅰ. S645.1

中国国家版本馆CIP数据核字第2024TS9673号

责任编辑：罗晓航

策划编辑：罗晓航　　责任终审：白　洁　　整体设计：锋尚设计

排版制作：砚祥志远　　责任校对：吴大朋　　责任监印：张京华

出版发行：中国轻工业出版社（北京鲁谷东街5号，邮编：100040）

印　　刷：三河市万龙印装有限公司

经　　销：各地新华书店

版　　次：2024年9月第1版第1次印刷

开　　本：710 × 1000　1/16　印张：23.25

字　　数：403千字　插页：6

书　　号：ISBN 978-7-5184-4746-6　定价：168.00元

邮购电话：010-85119873

发行电话：010-85119832　010-85119912

网　　址：http://www.chlip.com.cn

Email：club@chlip.com.cn

230685K1X101ZBW

前言

莲子（*Semen nelumbinis*）是睡莲科（Nymphaeaceae）莲属（*Nelumbo*）植物的种子经剥壳去芯后的果实，是我国传统的药食两用特色农产品，主要分布在福建、江西、湖南、浙江等地。近年来，莲子种植面积和产量逐年增加，产业链条不断延伸，莲子相关产品营收成为莲子产区的重要经济支柱。

作者在2010年出版的《莲子科学与工程》一书中详细地介绍了莲子的种质资源分布与品质差异，以及莲子的加工技术和方法，通过对莲子进行基础研究，突破莲子加工关键技术瓶颈，进而促进了莲子深加工产业的发展。但莲子产业中仍存在功效成分不明等问题，为解决这一问题，课题组近些年在挖掘莲子的功效成分过程中取得了新的研究成果。

因此，作者系统地总结了二十余年的科研成果，编写了《莲子功能学研究》，介绍了莲子活性成分的化学结构和理化性能，全面阐述了莲子在降糖降脂、调节肠道微生物组成、抗炎抗菌、抗癌等方面的健康功效及其作用机制，这对提升莲子的产值以及莲子产品的科技含量具有重大意义。期望《莲子功能学研究》一书使广大读者更好地了解莲子的健康功效及其在健康产业中的食用价值。

本书中的多项科研工作得到了科技部、农业农村部、福建省科技厅、福建省教育厅专项资金的资助，本书的出版还得到了福建农林大学食品科学学院学科建设经费（优势特色学科108/722022009）的支持，在此致以衷心的感谢。

本书由郑宝东著写而成，汇集了团队中张怡、曾绍校、郑亚凤、郭泽镔、曾红亮、卢旭、林少玲等的研究成果，在此对他们的辛勤劳动表示诚挚的感谢。

本书中莲子的功能性研究涉及的领域广泛，内容深入浅出，相关结论以大量实验数据为依据。但由于作者学识有限，书中难免有错误和疏漏之处，敬请广大读者批评指正。

2024年3月

目录

第一章 莲子功能学研究概述

第二章 不同加工方法对莲子功能特性的影响研究

第三章 莲子淀粉的功能学特性

第四章
莲子多酚的功能学特性

第五章
莲子低聚糖的功能学特性

第六章
莲子多糖的功能学特性

第七章 莲子免疫活性肽的功能学特性

第八章 莲子心的功能学特性

第一章

莲子功能学研究概述

第一节 莲子简述

莲子（*Semen nelumbinis*）亦称为莲米、莲实、水之丹，其属于睡莲科（Nymphaeaceae）莲属（*Nelumbo*），是多年水生草本植物莲（*Nelumbo nucifera* Gaertn.）的成熟种子。莲子及其加工副产品在亚洲（中国、日本等国家）、美洲、大洋洲被广泛食用，其中生理活性物质含量较高[1]。莲子在中国已有3000多年的栽培历史，在中国国内主要有22个品种，4大品系，分布在福建、浙江、湖南、湖北、江苏、河北等地，其中福建建宁县和江西广昌县又以“中国建莲之乡”和“中国白莲之乡”而著称[2, 3]。

第二节 莲子的营养价值和功能活性成分

莲子的营养价值很高。据测定，每100g干莲子中含碳水化合物67.2g，蛋白质17.2g，脂肪2.0g，膳食纤维3.0g，维生素C 5.0mg，维生素B_1 0.16mg，维生素E 2.71mg。莲子中矿质元素含量也很丰富，其中钙（97mg/100g）、钾（846mg/100g）和磷（550mg/100g）的含量较高[4]。另外，莲子心主要含有丰富的生物碱，如莲心碱、非结晶性生物碱N–9、异莲心碱、氧化黄心树宁碱等多种生物碱和金丝桃苷、黄酮类、芸香苷等生物活性成分[5]。而建宁鲜莲作为福建特色农产品，笔者课题组前期对其进行了大量研究。结果表明，鲜莲中不仅含有丰富的碳水化合物（尤其淀粉居多）、蛋白质、维生素等常规营养物质，而且还含有水溶性多糖、生物碱、类黄酮和超氧化物歧化酶（SOD）等功能性成分[6]。

一、蛋白质

莲子蛋白是一种优质的植物蛋白，富含多种人体必需氨基酸、半必需氨基酸和非必需氨基酸，每100g新鲜莲子中必需氨基酸含量如表1–1所示[7, 8]，各蛋白质组分的必需氨基酸与总氨基酸比值（*E*/*T*）均达到世界卫生组织（WHO）衡量理想蛋白质资源的推荐值（36%）[9–11]。其中，莲子蛋白中清蛋白的含量最高（41.58%），其次为球蛋白（26.58%）、谷蛋白（18.0%）和醇溶蛋白（6.0%）[9]。莲子醇溶蛋白的*E*/*T*值最高，其次是清蛋白、谷蛋白和球蛋白，均高于或接近联合国粮食和农业组织（FAO）/WHO的推荐值[10, 11]。球蛋白的生物价最高，其次是清蛋白、谷蛋白和醇溶蛋白。根据氨基酸评分和化学评分，莲子蛋白第一限制性氨基酸为甲硫氨酸和胱氨酸，必需氨基酸指数达57.95[10]。莲子蛋白组分与优质蛋白质的功效比值相当，谷蛋白最高，其次是清蛋白、球蛋白和醇溶蛋白。综合4种蛋白质组分的必需氨基酸与总氨基酸比值、氨基酸评分、预测蛋白质功效比值和预测生物价等营养指标，可知莲子蛋白的氨基酸组成平衡，蛋白质营养品质好，蛋白质的利用率高，是优质理想的蛋白质来源[12]。

表1–1　每100g新鲜莲子中必需氨基酸含量　　单位：mg

必需氨基酸	苏氨酸（Thr）	异亮氨酸（Ile）	甲硫氨酸（Met）	缬氨酸（Val）	苯丙氨酸（Phe）	亮氨酸（Leu）	赖氨酸（Lys）	色氨酸（Trp）	组氨酸（His）
含量	458.94	991.8	1647.4	1101.99	863.4	151.6	974.3	ND	502.4

注：ND表示未检出。

二、碳水化合物

莲子中主要可利用的碳水化合物为淀粉、多糖[13]和低聚糖[14]。莲子淀粉溶解度、透明度较低，热稳定性好，凝沉速率较快，膨润力接近甘薯淀粉，具有较强的冻融稳定性和较低的凝胶强度[15–16]。其颗粒表面光滑，大多数呈椭圆形，少数为圆形和不规则形，粒径范围在3~25μm，重均分子量为1.7×10^6，聚合度为10450，多为直链淀粉，含量高达40.20%（质量分数），属于高直链淀粉食品[17]。莲子淀粉为C型淀粉，且具有较高的结晶度[18, 19]。高直链淀粉食品也被称为“功能性食品”，不易被人体消化且不会提高人体血糖水平，因此莲子淀粉可作为糖尿病人的食品[20]。

多糖为高等植物、动物细胞膜及微生物细胞壁组成部分的天然大分子物质，是由醛基和酮基通过苷键连接的高分子聚合物。莲子水溶性多糖组分1主要由葡萄糖、半乳糖组成，含*α*–D–吡喃葡萄糖环；组分2主链为葡聚糖，并含有其他

4种单糖；组分3含半乳糖、果糖、葡萄糖、鼠李糖以及少量的阿拉伯糖、甘露糖和核糖，可能为一种酸性氨基多糖或蛋白多糖[21]。福建建宁莲子含GLP-Ⅰ和GLP-Ⅱ两种蛋白多糖成分，其分子质量分别为25ku和92.5ku，二者对羟基自由基（·OH）、超氧阴离子自由基（$\cdot O_2^-$）和双氧水（H_2O_2）都具有清除能力，GLP-Ⅱ的清除能力大于GLP-Ⅰ。GLP-Ⅰ是由D-木糖、L-鼠李糖、D-甘露糖和D-葡萄糖组成，物质的量比为0.92∶1.08∶2.54∶4.15，GLP-Ⅱ是由D-木糖、L-鼠李糖、D-甘露糖、L-阿拉伯糖、D-半乳糖和D-葡萄糖组成，物质的量比为1.03∶1.25∶2.85∶0.94∶3.16∶4.65[22]。

低聚糖是由2~10个糖苷键聚合而成的化合物，其中还原糖在莲子低聚糖中的含量很低[23]。

三、脂肪酸

鲜莲子中脂肪的平均含量约为0.4%（质量分数），最高可达0.8%（质量分数），包含多种脂肪酸[23]，主要脂肪酸组成如表1-2所示。其中不饱和脂肪酸含量较高，最主要的有6种，均为偶数长链不饱和脂肪酸，占总脂肪酸含量的29.07%；而不饱和脂肪酸以8,11-十八碳二烯酸的含量相对较高，多达16.1%[24]，营养价值较高。鲜莲中还含有丰富的磷脂，含量为0.54~0.61mg/mL[25]，其组成分别为磷脂酞胆碱（1.47%~3.62%）、磷脂酰胆碱（57.50%~60.16%）、磷脂酰肌醇（0.51%~1.32%）、磷脂酰乙醇胺（19.14%~21.23%）、磷脂酸（16.57%~18.49%）和微量磷脂酰丝氨酸[26]。

表1-2　莲子的主要脂肪酸组成

名称	十四碳酸	十五碳酸	14-甲基-十五碳酸	顺-7-十六碳烯酸	顺-9-十八碳烯酸	十七碳酸	十八碳酸	反-9-十八碳烯酸	反-8-十八碳烯酸	8，11-十八碳二烯酸	9，12，15-十八碳三烯酸	二十碳酸	二十二碳酸	二十三碳酸
相对含量/%	1.81	1.24	52.3	0.80	0.58	0.86	5.93	8.19	0.79	16.1	2.59	2.85	4.47	1.48

四、维生素和矿物质

莲子中的维生素种类相对齐全，含量较高，最主要的有维生素B_1、维生素B_2、维生素B_6、维生素C和维生素E[2]，具体维生素含量如表1–3所示。其中，维生素C含量最高，在鲜莲中高达39.4mg/kg。维生素C具有较强的抗氧化性，能够提高人体免疫力和应激能力。

表1–3　莲子的维生素含量　　单位：mg/kg

名称	维生素 B_1	维生素 B_2	维生素 B_6	维生素 C	维生素 E
含量（以鲜重计）	2.24	0.13	3.03	39.4	4.6

矿物质是人体所必需的微量营养素，莲子中矿质元素的具体含量如表1–4所示[27, 28]，其中以钾（K）、磷（P）、镁（Mg）为最高。钙（Ca）、钾（K）、钠（Na）、铜（Cu）、铁（Fe）、锌（Zn）、锰（Mn）等均为人体必需矿质元素。其中，Zn与人体大脑发育密切相关；Fe是肌红蛋白、血红蛋白的构成成分；Mn与骨骼结构及生长、造血、脂肪代谢有关，同时能促进血红蛋白的合成；Ca元素是构成机体骨骼和牙齿的主要成分。

表1–4　莲子的主要矿物质含量　　单位：μg/g

矿物质	K	Na	Ca	P	Cu	V	Sr	Mg	Fe	Zn	Mn	Co	Al	Fe
含量	16300	33	445	1715	10	7	15	1650	13	13	57	16	470	53

五、其他功能活性成分

莲子中还含有多种生理活性物质，如酚类物质、黄酮类物质、生物碱、超氧化物歧化酶（SOD）、金丝桃苷等。其中，SOD、酚类物质和黄酮类物质可有效清除人体自由基，维持活性氧（ROS）代谢平衡，延缓器官衰老[29]。

第三节 莲子的功能学特性

一、莲子的抗氧化功能

自由基在人体内大量积聚，可通过强氧化作用损伤组织和细胞。随着年龄的增长，机体对自由基的清除能力下降，影响正常的代谢功能，引起慢性疾病或衰老反应，从而导致不同程度的健康问题。因此，找寻良好的自由基清除剂，特别是从日常食物中获取意义重大[30]。

国内外科研工作者对莲子的抗氧化作用进行了长期研究，发现莲子多酚、莲子多糖和莲子心提取物均具有潜在的抗氧化活性，能起到自由基清除剂的作用。笔者课题组[31]以建宁莲子干品为原料，以茶多酚及维生素C为对照，探讨了莲子多酚对·OH和·O_2^-的清除作用。结果表明，在浓度相同的情况下，莲子多酚对·O_2^-的清除能力比茶多酚及维生素C强；莲子多酚对·OH的清除能力比茶多酚及维生素C弱；在一定程度上能延缓猪油和花生油的氧化过程。笔者课题组[32]以氯仿、乙酸乙酯、正丁醇3种有机溶剂分部萃取建宁莲子结合酚，对不同极性的萃取物的总抗氧化能力（T-AOC）、1,1-二苯基-2-三硝基苯肼（DPPH）和·OH清除率进行测定，结果显示，正丁醇、乙酸乙酯相具有较强的总抗氧化能力以及清除DPPH自由基和·OH能力。笔者课题组[33]对莲子水提的粗多糖和纯化后的单糖的抗氧化性进行了探讨。结果显示，莲子粗多糖LSP-Ⅰ的总抗氧化能力和总超氧化物歧化酶（T-SOD）活性均高于纯化后的单糖LSP-Ⅱ，而DPPH清除率低于LSP-Ⅱ；浓度为2mg/mL时，LSP-Ⅰ、LSP-Ⅱ的总抗氧化能力分别为51.08μg/mL、39.25μg/mL；T-SOD活性分别为30.48μg/mL、18.64μg/mL；DPPH清除率分别为21.5%、62.99%。笔者课题组[34]采用45℃水提法、90℃水提法、胃蛋白酶法和双酶法辅助醇沉法制备得到4种莲子多糖，并对比了以上4种不同方法提取得到的莲子多糖的抗氧化功能活性。研究结果表明，4种不同方法提取的莲子多糖均具有抗氧化活性，对·OH和·O_2^-具有一定的清除能力。不同方法提取得到的莲子多糖总抗氧化能力由高到低分别是：双酶法>胃蛋白酶法>90℃水提法>45℃水提法；不同方法提取得到的莲子多糖·OH清除率由高到低分别是：双酶法（79.36%）>90℃水提法（63.14%）>胃蛋白酶法（54.79%）>45℃水取法（36.36%）；不同方法提取得到的莲子多糖·O_2^-清除率由高到低分别是：双酶法（61.27%）>胃蛋白酶法（57.49%）>90℃水提法（35.49%）>45℃水提法（10.53%）。笔者课题组[35]研究了建宁莲子心的总黄酮对·OH、DPPH和·O_2^-的清除能力。结果表明，在浓度相同的情况下，莲子心的总黄酮对·OH、DPPH的清除能力与对照组维生素C相当，对·O_2^-的清除能力及其总抗氧化能力则比维生素C强，这提示莲子心的总黄酮具有潜在的抗氧化活性。笔者课题组[36]从莲子心中提取酚类物质并纯化，分析其对DPPH和·OH的清除能力，以及总抗氧化能力。4.37μg萃取剂正丁醇相的多酚对DPPH自由基的抑制率可达70.89%，相当于5μg茶多酚对DPPH自由基的清除效率。同时，1.80μg的正丁醇相多酚或0.50μg的水相多酚对·OH的清除效果与0.35 mg的茶多酚相当。正丁醇相和水相的总抗氧化能力随着样品浓度的不断上升，分别在4mg/mL和6mg/mL的浓度时开始达到最大抗氧化效果。

二、莲子的抑菌功能

莲子对细菌具有抑菌作用。笔者课题组[31]以茶多酚为对照，研究了莲子多酚的抑菌活性。结果显示，莲子多酚对金黄色葡萄球菌（*Staphylococcus aureus*）、沙门氏菌（*Salmonella*）、大肠杆菌（*Escherichia coli*）、枯草芽孢杆菌（*Bacillus subtilis*）和单核细胞增生李斯特菌（*Listeria monocytogenes*）5个菌属均有明显抑制作用，且效果与茶多酚相近；莲子多酚对金黄色葡萄球菌、枯草芽孢杆菌和单核细胞增生李斯特菌的最低抑菌浓度分别为0.3mg/mL、0.4mg/mL和0.4mg/mL，对大肠杆菌和沙门氏菌属的最低抑菌浓度分别为0.8mg/mL和0.9mg/mL。笔者课题组[35]以芦丁为对照，采用杯碟法研究了莲子心总黄酮的抑菌活性。结果表明，莲子心总黄酮对金黄色葡萄球菌、沙门氏菌属、大肠杆菌、枯草芽孢杆菌等细菌均有明显抑制作用，且其抑菌活性与芦丁相近。笔者课题组[37]以莲子淀粉为基材，研究了不同抑菌剂对可食性莲子淀粉膜抑菌特性的影响。结果表明，可食性莲子淀粉膜液中添加乳酸链球菌素，并且在pH适宜的条件下，对供试的金黄色葡萄球菌、单核细胞增生李斯特菌、大肠杆菌和沙门氏菌属均有明显的抑制作用。

三、莲子的益生元功能

益生元是能够被宿主微生物（多为肠道微生物）选择性利用并促进机体健康的基质[38]。益生元主要在肠道发挥作用，肠道微生物对未被消化的物质进行降解，产生一些次级代谢物，这些代谢产物或被肠上皮细胞吸收，或通过门静脉运至全身，或进一步被肠道菌群利用转化，影响机体的生理过程[39]，发挥改善肠道微生态、促进矿物质的吸收、调节脂质代谢和调节免疫等作用[40]。笔者课题组的研究成果表明，莲子淀粉、低聚糖、多糖等对双歧杆菌属（*Bifidobacterium*）和乳杆菌属（*Lactobacillus*）等益生菌的增殖具有良好的促进作用。

抗性淀粉（RS）无法在小肠消化酶的作用下被消化吸收，其可通过与肠道微生物组的相互作用调节微生物组构成，是一类极具发展潜力的益生元。莲子是一种淀粉含量大于50%（质量分数，以莲子干物质含量计）的优质农产品[41]。笔者课题组[42]用压热法制备的莲子抗性淀粉（GP–LRS3）为唯一碳源，对青春双歧杆菌（*Bifidobacterium adolescentis*）进行体外增殖实验。结果表明，GP–LRS3能够促进青春双歧杆菌的增殖，缩短其生长迟滞期至8h左右；同时对体外发酵培养基进行检测，发现GP–LRS3能够被青春双歧杆菌利用并产生短链脂肪酸（SCFAs），培养基中丁酸含量显著增加。实验进行48h后，以GP–LRS3为唯一碳源的培养基中丁酸含量明显提高，是葡萄糖对照组的7倍左右，更远高于高直链玉米淀粉组产丁酸的含量。笔者课题组[43]对压热法、微波法、超声波辅助法这3种方法制备的莲子抗性淀粉进行体外培养，结果表明3种莲子抗性淀粉均具有益生元功效：对青春双歧杆菌、保加利亚乳杆菌（*Lactobacillus bulgaricus*）的生长有促进作用，使双歧杆菌属的生长迟滞期被缩短了10h，而保加利亚乳杆菌在生长对数期的增殖速率有所提高；双歧杆菌属产丁酸能力显著高于其他对照组，而乳杆菌属不能利用其产生丁酸。此外，这3种莲子抗性淀粉均能够增强双歧杆菌属和乳杆菌属在高浓度胆汁酸盐中的存活率。笔者课题组[44]的体外益生元实验结果显示，GP–LRS3及其组分（GP–LRS3–1、GP–LRS3–2）能够促进6种双歧杆菌属的增殖，其中GP–LRS3、GP–LRS3–1效果更好。对培养基进一步分析得知，这两种组分均能促进这6种双歧杆菌属产生大量的短链脂肪酸（SCFAs），其中乙酸和丁酸产量较高；GP–LRS3能提高这6种双歧杆菌属在体外模拟胃肠道环境中的耐受性，效果显著高于其他组。曾红华等[45]对不同来源（绿豆、马铃薯、锥栗和板栗）制备的抗性淀粉进行肠道单菌株纯培养实验和肠道微生物混合培养实验，得出单菌株纯培养时适当添加这几种抗性淀粉能够有效促进双歧杆菌属、嗜酸乳杆菌（*L.acidophilus*）和保加利亚乳杆菌等益生菌增殖，而抑制金黄色葡萄球菌增长；混合培养实验中，4种抗性淀粉对双歧杆菌属和乳杆菌属都有明显的增殖作用，对大肠杆菌有明显的抑制作用，对产气荚膜梭菌（*Clostridium perfringens*）有较强的抑制作用。Kelly等[46]研究证明，膳食中补充3型抗性淀粉（RS3），可有效增加志愿者肠道微生物组中丁酸产生菌的比例。Hu等[47]研究表明，RS可显著改善与肠炎相关的肠道菌群的失调，增加肠道菌群中副拟杆菌属（*Parabacteroides*）、巴恩斯氏菌属（*Barnesiella*）、瘤胃球菌属（*Ruminococcus*）等的比例，促进肠道健康。

笔者课题组[48]以莲子作为原料提取低聚糖，研究莲子低聚糖对青春双歧杆菌属的体外增殖作用。结果表明，与葡萄糖、低聚木糖和低聚果糖相比，莲子低聚糖对青春双歧杆菌属增殖效果极为显著（$P<0.01$）。培养基中莲子低聚糖最佳添加浓度为7g/L。菌体生长曲线的研究表明，在莲子低聚糖培养基中生长的双歧杆菌属迟滞期较葡萄糖培养基更短，最终菌体浓度较高，说明莲子低聚糖是一种有效的双歧杆菌属增殖因子。笔者课题组[49]研究了莲子多糖对青春双歧杆菌属体外增殖的促进作用。结果表明，莲子多糖在实验浓度下，对青春双歧杆菌属增殖促进效果较好，双歧杆菌属活菌数随莲子多糖浓度的增加而增加，菌体在对数生长期生长速率常数提高100%，世代时间缩短35%，与对照组相比，均有显著性差异，且莲子多糖对双歧杆菌属促进增殖的效果比低聚异麦芽糖更好。这提示莲子多糖是一种有效的双歧杆菌属促增殖因子，可作为双歧生长因子进一步开发利用。

四、莲子的免疫调节功能

莲子具有免疫活性，可提高白细胞总数和淋巴细胞数量。Mukherjee等[50]采用剂量依赖性（100mg/kg和300mg/kg）迟发型超敏反应（DTH）检查莲子的免疫调节活性。DTH是一种免疫炎症反应，巨噬细胞和Th1细胞发挥重要作用。绵羊红细胞，一种DTH抗原，通过激活T淋巴细胞释放细胞因子。小鼠DTH反应的增加表现了对莲子T细胞依赖抗原的免疫刺激作用。莲子水溶性多糖可改善脾脏和胸腺指数并提高血清细胞因子水平，并增强H22肿瘤小鼠的免疫应答[51]。

笔者课题组的研究结果表明[52]，莲子免疫活性肽在体外可以有效地提高脾淋巴细胞的增殖率、促进细胞增殖、提高单核巨噬细胞吞噬活性，具有良好的体外免疫活性。莲子多肽组分LSI–Ⅳ能显著提高健康小鼠的细胞免疫功能；高剂量LSI–Ⅳ显著增强健康小鼠体液免疫和非特异性免疫功能的刺激作用。研究还发现，高剂量LSI–Ⅳ能明显改善免疫低下小鼠的体液免疫、细胞免疫和非特异性免疫功能，甚至恢复至健康小鼠的水平。LSI–Ⅳ还可以在一定程度上提高免疫低下小鼠的免疫器官指数，但不能逆转环磷酰胺引起的胸腺萎缩与脾脏萎缩。

五、莲子对胃肠的调节功能

肠道菌群不仅对维持人体内环境及人体健康起到至关重要的作用，同时还与许多疾病都有一定的联系。肠道菌群数量与摄入机体的食物密切相关。

有研究发现，摄食RS能够促进肠道有益菌的生长，抑制有害菌的繁殖[53]。笔者课题组[54]研究表明，莲子抗性淀粉能够调节小鼠结肠、盲肠和粪便菌群结构和数量，促进小鼠肠道毛螺菌科（Lachnospiraceae），尤其是丁酸弧菌属（*Butyrivibrio*）的生长，促进厚壁菌门（Firmicutes）和拟杆菌属（*Bacteroides*）的生长。对不同喂养时期小鼠粪便进行检测，结果表明GP–LRS3能显著提高小鼠粪便中丁酸含量，其含量随着喂养时间的延长而增加；而乳酸含量随着喂养时间的延长呈现先增大后减小，且丙酸含量变化规律与乳酸一致。这表明乳酸含量的减少与丙酸无关，而与丁酸有关；发酵前期淀粉利用菌产生乳酸起主导作用，发酵后期丁酸产生菌代谢乳酸起主导作用，这存在明显的乳酸转化为丁酸的过程。

笔者课题组[5]以公认的益生元——低聚果糖为阳性对照，研究莲子低聚糖对小鼠肠道菌群的调控作用。结果表明，莲子低聚糖能促进小鼠体重增长，同时对小鼠血常规指标无异常影响。通过收集不同喂养时期的小鼠粪便与小鼠肠道内容物经变性梯度凝胶电泳分析，以确定小鼠肠道及粪便中的优势菌落的构成。其中，中剂量的莲子低聚糖能有效改变小鼠肠道及粪便中的菌落构成，高剂量莲子低聚糖与低聚果糖灌胃的小鼠在粪便菌落构成上有着相似的效果。通过实时荧光定量聚合酶链反应（qPCR）技术测定小鼠粪便中细菌数量的相对变化可知，莲子低聚糖能显著提高小鼠粪便中双歧杆菌属、乳杆菌科（Lactobacillaceae）、拟杆菌属、丁酸弧菌属数量，同时降低梭菌及肠杆菌数量，促进小鼠粪便中乙酸、丙酸、丁酸、异丁酸、异戊酸含量的显著提高（$P<0.05$）。笔者课题组[53]应用高通量测序技术检测免疫低下小鼠结肠肠道的内容物样本，观察莲子多肽组分LSI–Ⅳ对肠道微生物组成、丰度与多样性的影响。结果显示，LSI–Ⅳ能有效提高免疫低下小鼠肠道OTU数和菌群丰富度，尤其在高浓度LSI–Ⅳ饮食干预下可恢复至正常小鼠的水平；LSI–Ⅳ能有效提高能量代谢菌（厚壁菌门）的丰度；高浓度LSI–Ⅳ能够有效增加魏斯氏菌属（*Weissella*）丰度。

六、莲子的降血糖功能

糖尿病是一种以高血糖为特征的代谢性疾病，它是由体内碳水化合物、脂肪、蛋白质、水和电解质的变化引起的。糖尿病患者长期血糖高，会导致多种后果，尤其是眼睛、肾脏、心脏、血管和神经的慢性损害和功能障碍[55]。目前，糖尿病的患病率和发病率正在增加。因此，对于日益增多的糖尿病患者来说，维持其血糖稳定，避免产生较大波动，是治疗的关键，而合理选择血糖反应较低的主食是糖尿病饮食治疗的重点。

Kalpana等[56]研究了莲子水提取物对四氧嘧啶诱导的糖尿病大鼠血糖的影响。结果表明，与糖尿病对照组相比，莲子水提取物显著降低（$P<0.05$）空腹和餐后血糖水平及血脂水平，显著升高（$P<0.05$）高密度脂蛋白胆固醇（HDL–C）水平。莲子富含黄酮类和生物碱，尤其是甲基莲心碱。Pan等[57]研究了甲基莲心碱与罗格列酮相比对胰岛素抵抗（IR）大鼠胰岛素敏感性的增强作用，并揭示了甲基莲心碱在抗肥胖特性中的介导作用。与胰岛素抵抗模型组比较，罗格列酮组和甲基莲心碱组空腹血糖、空腹胰岛素、甘油三酯（TG）、肿瘤坏死因子–α（TNF–α）和2小时血浆葡萄糖水平（2h–PG）均显著降低。甲基莲心碱降低2h–PG的作用大于罗格列酮治疗。与IR模型组比较，甲基莲心碱和罗格列酮处理可显著增加葡萄糖输注速率。Mani等[58]研究了莲子粉对链霉素诱导的大鼠糖尿病的降糖作用。200mg/kg莲子灌胃治疗糖尿病大鼠30d，有明显的降糖活性。

抗性淀粉是一种天然产物，据报道具有控制体重和降血糖活性的潜力[59]。2型糖尿病与肝脏和胰腺代谢活动有关。越来越多的证据表明，富含RS的饮食可以通过调控肝脏基因表达来预防/控制糖尿病，而肝脏基因表达与葡萄糖和脂质代谢有关[60]。RS消化吸收缓慢的特性使得摄入RS能够降低餐后血糖和胰岛素反应，改善全身胰岛素敏感性，增加饱腹感，减少肥胖，可以起到干预控制糖尿病的作用[61]。笔者课题组[62]研究了鲜莲水煮样品（中血糖指数），干莲水煮样品（低血糖指数），鲜莲高压蒸煮样品（低血糖指数）对糖尿病大鼠降血糖作用的影响。结果表明，莲子不同的加工方法对糖尿病大鼠的降血糖作用有显著差异，均能显著降低大鼠的空腹血糖并改善其糖耐受量（$P<0.05$）。笔者课题组[63]通过高脂高糖饲料和链脲佐菌素（STZ）注射诱导2型糖尿病小鼠，并研究低中高剂量（5%、10%和15%，质量分数）的莲子抗性淀粉对糖尿病小鼠的降血糖功效和剂量效应。与对照组比较，低中高剂量组糖尿病小鼠的空腹血糖水平分别下降了16.0%、32.0%和33.6%，达到了极显著性差异（$P<0.01$）。莲子抗性淀粉还能有效提高糖尿病小鼠的葡萄糖耐受量，提高外周组织对胰岛素的敏感性，改善胰岛素抵抗。糖尿病小鼠血脂测定结果表明，低中高剂量的莲子抗性淀粉的干预能有效恢复糖尿病引发的血脂代谢紊乱，其血清总胆固醇（TC）值分别下降了9.8%、19.8%和28.1%，血清TG值分别下降了24.7%、33.3%和37.6%，同时，HDL-C含量提高了24.3%~40.7%。莲子抗性淀粉的降血糖功效随着剂量的增加而提高。笔者课题组[64]以高脂喂养及腹腔注射STZ诱导的2型糖尿病实验小鼠动物模型，研究莲子心总黄酮对血糖的影响。结果表明，莲子心总黄酮可明显降低小鼠的血糖水平，并提高糖耐受量和胰岛素水平；此外，莲子心总黄酮还具有调节血脂水平的作用。Zhou等[65]通过向大鼠喂养RS，测定其血浆中胰高血糖素样肽-1（GLP-1）和酪酪肽（PYY）这两类进餐后从肠道分泌的抗糖尿病/肥胖激素，表明饮食RS会增加GLP-1和PYY的分泌；并发现RS可以在整整一天的时间内刺激GLP-1和PYY的分泌，而与进餐效果或饮食中血糖的变化无关。下消化道中 SCFAs的发酵和释放与胰高血糖素原和PYY基因表达的增加有关，并且在RS喂养的糖尿病小鼠中，葡萄糖耐受量（GLP-1和PYY活性形式增加的指标）得到了改善，从而推测RS的发酵最有可能是增加啮齿动物总GLP-1和PYY内源性分泌的主要机制。Bodinham等[66]通过使17位2型糖尿病患者连续服用12周2型抗性淀粉（RS2），测定患者餐后血糖浓度，发现RS2导致餐后血糖浓度显著降低。但是，RS2对肝或外周胰岛素或HbAlc敏感性没有影响。并且，服用RS2后，空腹GLP-1浓度明显降低，因此RS对糖尿病患者的餐后血糖调节有良好作用。

七、莲子的降血脂功能

RS是在健康人体小肠中不能被消化吸收的淀粉及其降解产物的总称[67]。Englyst等[68]根据其淀粉来源和抗酶解性的不同将RS分为1型抗性淀粉（RS1）、2型抗性淀粉（RS2）、3型抗性淀粉（RS3）和4型抗性淀粉（RS4）等4种类型。随着研究的深入，第5类抗性淀粉被发现，为直链淀粉——脂肪复合淀粉（RS5）[69]。作为一种新型膳食纤维，RS可以调节脂质代谢，改善肠道内微生物菌群组成，增加大肠中SCFAs的量和降低粪便pH，修复脂肪肝损伤等[70, 71]。在脂代谢方面，已发现RS会影响低密度脂蛋白（LDL）、TC、TG、富含TG的脂蛋白和总脂质的代谢。RS在调节高血脂过程中，发挥关键作用的物质是SCFAs。笔者课题组[72]以高脂血症小鼠为研究对象，以洛伐他汀为阳性对照组，分别从高脂血症小鼠体重、脏器指数、血脂指标和肝脏组织病理学观察等角度研究不同剂量的莲子抗性淀粉对高脂血症小鼠生理生化的影响。笔者课题组[61]通过测定大鼠体重、脏器指数、血脂、肝脏及肠道组织等生理指标，研究莲子3型抗性淀粉（LRS3）和乳酸钠（SL）对高脂血症大鼠降血脂作用。结果表明，与高脂模型组（HMC）相比，莲子抗性淀粉组（HLRS）、乳酸钠组（HSL）和莲子抗性淀粉乳酸钠混合组（HLRSSL）有效控制了高脂血症大鼠体重的增长，降低了肝脏指数；HSL和HLRSSL组的HDL-C血清水平显著高于HMC组，而TG、TC和低密度脂蛋白胆固醇（LDL-C）血清水平显著低于HMC组；与 HLRS和HSL组相比，HLRSSL组肝细胞中的脂肪泡明显减少，大鼠心脏动脉、肝脏、小肠和大肠组织细胞排列规律且紧密。这表明LRS3和SL协同能更有效地控制体重增加、调节血脂水平、减少肝细胞中的脂肪堆积、改善高脂大鼠心脏动脉、肝脏、小肠和大肠组织的病变损伤。Nichenametla等[73]对比了使用富含RS4的淀粉与普通面粉制成的食物对代谢综合征患者的脂代谢有何不同的影响，得出RS4使得患者平均TC降低7.2%，体脂率降低1.5%，但对血糖和血压未造成显著影响。这说明食用RS4可改善血脂异常和体脂组成，将RS4纳入常规饮食可为公众脂质代谢健康的改善提供有效策略。Yuan等[74]在2018年的一项Meta分析中发现，补充RS可以降低TC和LDL-C，补充RS的时间较长（>4周）可以对TC和LDL-C水平产生更明显的影响，而更高剂量（>20g/d）的RS也可以降低TG水平。

八、莲子的抗炎抗病毒功能

炎症是人体固有的免疫细胞通过刺激修复机制来保护受影响的组织免受细菌和病毒等外部刺激导致的反应。与炎症反应相关的免疫细胞，包括中性粒细胞、巨噬细胞和吞噬细胞，它们在受到外源性脉冲刺激时分泌炎症介质，如一氧化氮（NO）、白细胞、肿瘤坏死因子-α（TNF-α）和炎性蛋白[一氧化氮合酶（NOS）和环氧合酶（COX）-2等][75, 76]。炎症反应引起炎症介质过度释放，导致人体动脉粥样硬化、糖尿病、肿瘤发展、免疫疾病等炎症相关疾病的发生。当炎症介质过多时，莲子及其生物活性成分起到抗炎的作用。Moon等[77]制备了莲子蛋白，并评价了其在脂多糖（LPS）刺激的RAW264.7巨噬细胞中的抗炎作用。结果表明，莲子分离蛋白（LSPI）可通过下调诱导型一氧化氮合酶（iNOS）和环氧合酶-2 mRNA和蛋白质的表达，显著（P<0.05）降低RAW264.7巨噬细胞NO产量。LSPI通过增加LPS刺激的RAW264.7巨噬细胞过氧化氢酶（CAT）、TNF-α、白细胞介素-6（IL-6）和白细胞介素-1β（IL-1β）活性，降低了ROS的产生。此外，LPS刺激RAW264.7巨噬细胞引起核因子κB（NF-κB）转位进入细胞核和丝裂原活化蛋白激酶（MAPK）磷酸化，LSPI可减轻这些刺激。多种炎症与巨噬细胞过度活化相关。Meng[78]等揭示了莲子心中3种双苄基异喹啉生物碱（甲基莲心碱、莲心碱和异莲心碱）通过抑制Ca^{2+}-CaM/CaMKⅡ通路发挥抗炎作用。双苄基异喹啉生物碱通过阻断人核因子κB抑制蛋白α（IκB-α）磷酸化，降低LPS诱导的iNOS表达和IL-1β、IL-6和TNF-α的产生。Liao等[79]从莲子胚中提取多糖，培养非肥胖糖尿病（NOD）小鼠和BALB/c小鼠（作为对照）的脾细胞，评估莲子多糖的抗炎作用。结果表明，适当浓度的莲子多糖显著增加（P<0.05）白细胞介素-10（IL-10）、IL-6、TNF-α的分泌。这些研究将为今后治疗组织发炎方面提供重要的参考价值。

Kuo等[80]研究了10种传统中草药的醇提取物对1型单纯疱疹病毒（HSV-1）增殖抑制效果后发现，从莲子中分离得到的丁醇组分NN-B-5能显著抑制HSV-1在海拉细胞中的增殖活动，且半数死亡的抑制剂浓度IC_{50}为（21.3+1.6）μg/mL。为进一步研究其抑制机制，Kuo采用PCR聚合酶链反应和Southern印迹技术探讨了HSV-1的即刻早期基因表达，结果发现，NN-B-5对感染细胞蛋白ICPO、ICP4的信使核糖核酸（mRNA）转录的抑制以及病毒代谢产物积累的减少可能是病毒增殖抑制的主要原因，此次发现将对某些癌症特别是宫颈癌的研究有着重要意义。

九、莲子的神经保护功能

阿尔茨海默病（AD）是人类的一种神经退行性疾病，由神经元纤维缠结、淀粉样蛋白斑块、神经元营养不良和丢失引起[81]。一些研究结果表明，AD患者大脑中的乙酰胆碱浓度过低[82]。胆碱乙酰转移酶（CHAT）可通过合成乙酰胆碱和抑制乙酰胆碱酯酶（ACHE）来治疗AD。Oh等[83]报道了莲子可通过抑制乙酰胆碱酯酶活性（7.35%）和诱导胆碱乙酰转移酶表达（51.02%）来改善东莨菪碱诱导的AD。在非酶褐变过程中，葡萄糖与蛋白质、脂质和核酸加合形成晚期糖基化终产物（AGE），并与AD的致病性有关[84]。Kim等[85]研究了小鼠海马的神经元细胞（HT22），并用谷氨酸对其进行处理以诱导氧化应激。研究结果得出，神经元细胞中的谷氨酸通过细胞间Ca^{2+}内流和ROS生成诱导氧化应激，100μg/mL剂量的莲子胚抑制了胞间Ca^{2+}积累和ROS生成，对谷氨酸诱导的HT22细胞死亡具有90.84%的抑制活性。Jung等[86]报道了莲子胚对β位淀粉样前体蛋白裂解酶1（BACE1）和丁酰胆碱酯酶（BChE）具有显著抑制作用，对过氧亚硝基阴离子（$ONOO^-$）具有清除作用，莲子提取物对乙酰胆碱酯酶和丁酰胆碱酯酶的抑制作用范围为81.38和80.21%，IC_{50}分别为4.23和10.80mg/mL。

十、莲子的美白抗皱功能

市场上美白抗皱霜的有效成分大多来自一些植物的油籽提取物以及一些人工合成的化学物，长期使用对皮肤具有一定的刺激作用，因此开发新型化妆品对于人体健康有着重要的意义。

Kim等[87]从有效性、安全性、稳定性等3个方面研究了莲子水提取物在功能性化妆品应用的可行性。结果表明，剂量为100μg/mL的莲子提取物对多巴氧化酶抑制性（美白效果）达到为57%，对腺嘌呤核苷的抑制作用为40%；剂量在200mg/mL时，莲子对弹性蛋白酶抑制性（抗皱效果）为49%，而对腺嘌呤核苷的抑制作用为26%。含有4%莲子提取物的水型霜剂化妆品在不同温度下可稳定保存30d，且不会引起显著的皮肤刺激。这提示了以莲子提取物为原料的美白霜在化妆品市场中具有巨大潜力。

十一、莲子的保肝护肝功能

近年来，药用植物中的天然活性成分以其较小副作用的优势应用于保肝新产品的研究开发当中，莲子作为传统药用植物在降低磷脂和游离TC方面功效显著。Lacour等[88]研究了野山楂、莲子、绞股蓝3种药用植物在保肝护肝中起到的短期作用，以肥胖的白鼠和鹌鹑为研究对象，服用热水浸提混合物的白鼠和鹌鹑，TG和TC的含量显著下降并趋于正常值，且不产生副作用，相比化学药品Alromid有更好的安全性。但实验并未对浸提物的量效关系进行研究，同时也未明确3种植物在功效中所占地位的大小。Sohn等[89]通过测定DPPH自由基的减少量来评价莲子乙醇提取物的抗氧化作用，四氯化碳和黄曲霉素B_1导致的肝细胞毒性模型来测试护肝作用。结果显示，莲子乙醇提取物具有潜在的自由基清除能力，半数抑制浓度为6.49mg/mL；莲子乙醇提取物抑制受四氯化碳损伤的肝细胞中血清酶和细胞毒性的产生，同时，黄曲霉毒素B_1的基因毒性和细胞毒性也能受到抑制，且具有量效关系。这表明莲子乙醇提取物的防肝损伤与其抗氧化性可能有一定的联系。Liu等[90]利用莲子的生物碱提取物治疗四氯化碳引起的肝损伤，通过上调IκB-α、mRNA、过氧化氢酶、铜/锌超氧化物歧化酶（Cu/Zn-SOD）、锰超氧化物歧化酶（Mn-SOD）的表达，下调核因子κB（NF- κB）和TNF-α的表达，揭示了保肝的作用。

十二、莲子的抗癌功能

癌症是全球第二大死亡原因和主要健康问题。癌症源于不可控的异常细胞分裂，破坏周围的细胞和组织。临床研究表明，许多抗肿瘤药物对正常细胞具有较高的毒性，影响人体健康，因此需要毒性较小的抗肿瘤药物[91]。植物提取物因其在人体系统中的安全性和免疫增强作用而受到关注。有研究表明，莲子及其生物活性成分对鼻咽癌、肝癌、肺癌、宫颈癌等具有抗癌作用[92-95]，通过抑制癌细胞增殖和转移，刺激癌细胞凋亡和自噬发挥作用。体外研究表明，莲子胚中的甲基莲心碱可诱导肺癌细胞凋亡[96]。Dasari等[94]研究了甲基莲心碱在10μmol/L和15μmol/L浓度下通过ROS生成诱导细胞凋亡，激活p38有丝分裂原活化蛋白激酶（MAPKs）、细胞外信号调节激酶（Erk1/2）和c–Jun *N*–末端激酶（JNK），并阻滞A549细胞的G1细胞周期。甲基莲心碱也是一种有效的宫颈癌抗癌药物，通过ROS上调Atg4诱导自噬，调控Bax和BCl–2抑制HeLa和SiHa宫颈癌细胞的增殖。顺铂是治疗多种类型实体肿瘤最有效的化疗药物之一，其疗效往往受到耐药性和剂量毒性限制。因此，Sivalingam等[97]研究了顺铂和甲基莲心碱对A549细胞的化学增敏作用，结果表明，甲基莲叶碱通过细胞凋亡的特征形态变化、诱导亚G1细胞周期阻滞、ROS过度生成、细胞抗氧化酶的显著损失以及线粒体膜电位的损失来增强顺铂诱导的细胞凋亡。Wang等[95]研究了巴莲莲子心生物碱对鼻咽癌CNE–1细胞的抗肿瘤活性，生物碱提取物增加了CNE–1细胞亚G1含量，降低细胞增殖，具有抗CNE–1细胞凋亡的作用。在体内研究中，据报道，莲子水溶性多糖对小鼠胃癌MFC细胞、人肝癌HuH–7细胞和小鼠肝癌H22细胞均有显著抑制作用，对H22荷瘤小鼠肿瘤生长的抑制率最高，为45.36%，与30mg/kg环磷酰胺的抑制率（50.79%）相当，并提高了H22荷瘤小鼠的脾脏和胸腺指数、TNF–α和白细胞介素–2等血清细胞因子的水平，改善了小鼠的免疫应答[91]。此外，LSPS还通过提高SOD活性，从而降低肝组织中的丙二醛水平，表现出体内抗氧化活性。结果表明，莲子水溶性多糖是一种抗肿瘤和免疫调节剂。

莲子的黄酮类化合物增强了p53的磷酸化，导致参与内源性或外源性凋亡途径的蛋白质增加，并抑制抗凋亡蛋白Bcl–2的表达。这两种凋亡途径融合了细胞色素c的释放和随后的caspase级联激活。黄酮类化合物还触发了应激激活蛋白激酶（JNK和p38），磷酸化增加了凋亡相关因子配体（Fas和Fas–L）的表达。用JNK、p38和p53抑制剂处理血管平滑肌细胞可减少黄酮类化合物诱导的细胞凋亡。有研究表明，莲子中的生物活性化合物（如槲皮素、表没食子儿茶素没食子酸盐和没食子酸）是潜在的抗动脉粥样硬化剂[98]。莲子荚原花青素对人肝癌细胞G2的生长有最大抑制作用（抑制率达89.2%）[99]。有研究表明，莲子胚中的甲基莲心碱通过促进p38 mapk介导的p21稳定，对骨肉瘤细胞系U2OS、Saos–2细胞的增殖具有生长抑制作用[100]。高剂量甲基莲心碱可通过抑制视网膜母细胞瘤细胞系WERI–Rb–1细胞的增殖、侵袭、迁移和促进凋亡来减少视网膜母细胞瘤血管生成[95]。此外，125μg/mL的莲子多糖可增强脾细胞活力，提高细胞增殖活性[101]。

参考文献

[1] Mukherjee P K，Mukherjee D，Maji A K，et al. The sacred lotus（*Nelumbo nucifera*）phytochemical and therapeutic profile[J]. Journal of Pharmacy and Pharmacology，2009，61（4）：407–422.

[2] 郑宝东，郑金贵，曾绍校. 我国主要莲子品种营养成分的分析[J]. 营养学报，2003，25（2）：153–156.

[3] 郑宝东，郑金贵，曾绍校. 我国主要莲子品种中三种功效成分的研究[J]. 营养学报，2004，26（2）：158–160.

[4] 赵文亚. 莲子的营养保健功能及开发利用[J]. 食品工程，2007，9（3）：37–39.

[5] 卢旭. 莲子低聚糖制备及其对肠道益生菌和病原菌调节机制的研究[D]. 福州：福建农林大学，2015.

[6] 郑宝东. 中国莲子（Nymphaeaceae *Nelumbo* Adans）种质资源主要品质的研究与应用[D]. 福州：福建农林大学，2004.

[7] 孙乾，黄敏丽，曾木花，等. 莲子中不同蛋白的结构及理化特性对比分析[J]. 现代食品科技，2022，38（9）：135–142+170.

[8] 潘林娜，郭桂玲. 莲子的营养价值与加工工艺[J]. 食品工业科技，1993，1：29–32.

[9] 唐佩华，姜华. 莲子蛋白的组成、溶性和品质[J]. 北京师范大学学报：自然科学版，1998，34（4）：532–537.

[10] 蔡联辉，曾虹燕，王亚举，等. 莲子蛋白质的氨基酸组成及其营养评价[J]. 营养学报，2010（5）：503–506.

[11] Joint FAO. Energy and protein requirements：Report of a joint FAO/WHO ad hoc expert committee，Rome，22 March–2 April 1971[Z]. Food and Agriculture Organization of the United Nations，1973.

[12] Zeng H，Cai L，Cai X，et al. Amino acid profiles and quality from lotus seed proteins[J]. Journal of the Science of Food and Agriculture，2013，93（5）：1070–1075.

[13] 田玉庭，卢旭，郑宝东. 响应面法优化莲子低聚糖超声波辅助提取工艺[J]. 北京工商大学学报：自然科学版，2012，30（2）：17–21.

[14] Man J，Cai J，Cai C，et al. Comparison of physicochemical properties of starches from seed and rhizome of lotus[J]. Carbohydrate Polymers，2012，88（2）：676–683.

[15] Guo Z，Liu W，Zeng S，et al. Effect of ultra high pressure processing on the particle characteristics of lotus-seed starch[J]. Chinese Journal of Structural Chemistry，2013，32（4）：525–532.

[16] 苏贝，邓放明，刘沙. 莲子淀粉品质特性的研究进展[J]. 农产品加工：创新版，2010（2）：52–54.

[17] 曾绍校，郑宝东，林鸳缘，等. 莲子淀粉颗粒特性的研究[J]. 中国粮油学报，2009（8）：62–64.

[18] Zhang Y，Zeng H，Wang Y，et al. Structural characteristics and crystalline properties of lotus seed resistant starch and its prebiotic effects[J]. Food Chemistry，2014，155：311-318.

[19] 吴芳彤，肖贵平. 莲子的营养保健价值及其开发应用[J]. 亚热带农业研究，2013，8（4）：274-278.

[20] Yen G，Duh P，Su H，et al. Scavenging effects of lotus seed extracts on reactive nitrogen species[J]. Food Chemistry，2006，94（4）：596-602.

[21] 高居易，陈彦. 建宁莲子糖蛋白的分离、纯化及清除自由基作用[J]. 武汉植物学研究，2003，21（2）：175-178.

[22] Zheng Y，Wu J. Measure the sugar content in the lotus seed by DNS colorimetry[J]. Journal of Fujian College of TCM，2004，14（4）：32-34.

[23] Bi Y，Yang G，Li H，et al. Characterization of the chemical composition of lotus plumule oil[J]. Journal of Agricultural and Food Chemistry，2006，54（20）：7672-7677.

[24] Zhou D，Gao J，Yang Y，et al. Analysis on the nutrient components of lotus seed shell and study on the antioxidation activity of flavonoid[J]. Journal of Anhui Agricultural Science，2011，39（7）：3968-3970.

[25] Zhou L，Xu Y. The determination of the phospholipid content in egg yolk，pine nuts，lotus seed by infrared spectrometry[J]. Food Research and Development，1992，3：40-43.

[26] Xu Y. Study on the content and composition of phospholipids in semen of *Nelumbo nucifera*[J]. Chinese Bulletin of Botany，1992，9（4）：46-47.

[27] Cai D. Contents of heavy metals in lotus seed from rees mining area[J]. Journal of Saudi Chemical Society，2012，16（2）：175-176.

[28] Zhang L，Zhang H，Huang J. Measure the elements in lotus seed by ICP-AES[J]. Journal of Nanchang University（Natural Science），1994，18（4）：410-412.

[29] Tian Y，Zheng B，Chen C，et al. Ultrasound-assisted extraction，preliminary characterization，and antioxidant activity of a novel water-soluble polysaccharide from lotus（*Nelumbo nucifera* Gaertn.）seeds[J]. Separation Science and Technology，2012，47（16）：2408-2416.

[30] 曾绍校，陈秉彦，郭泽镔，等. 莲子生理活性的研究进展[J]. 热带作物学报，2012，33（11）：2110-2114.

[31] 黄素英. 莲子多酚提取及其抗氧化抑菌活性的研究[D]. 福州：福建农林大学，2010.

[32] 王振宇. 莲子结合酚对3T3-L1细胞和肥胖小鼠脂质代谢的影响及作用机制的研究[D]. 福州：福建农林大学，2019.

[33] 张延秀. 莲子多糖抗衰老功能及其分子机制的研究[D]. 福州：福建农林大学，2013.

[34] 雷乙. 莲子酶解产物多糖的制备、抗氧化活性与结构研究[D]. 福州：福建农林大学，2022.

[35] 林志钦. 莲子心总黄酮的提取纯化及其功能性研究[D]. 福州：福建农林大学，2012.

[36] 郑冰昕. 莲子心酚类物质体外模拟消化及其促胰腺癌细胞凋亡的机制研究[D]. 福州：

福建农林大学，2020.

[37] 林鸳缘. 莲子淀粉糊特性的研究与应用[D]. 福州：福建农林大学，2011.

[38] Gibson G R，Hutkins R，Sanders M E，et al. Expert consensus document：The international scientific association for probiotics and prebiotics（ISAPP）consensus statement on the definition and scope of prebiotics[J]. Nature Reviews Gastroenterology & Hepatology，2017，14（8）：491−502.

[39] Cockburn D W，Koropatkin N M. Polysaccharide degradation by the intestinal microbiota and its influence on human health and disease[J]. Journal of Molecular Biology，2016，428（16）：3230−3252.

[40] Sanders M E，Merenstein D J，Reid G，et al. Probiotics and prebiotics in intestinal health and disease：From biology to the clinic[J]. Nature Reviews Gastroenterology and Hepatology，2019，16（10）：605−616.

[41] 郭泽镔. 超高压处理对莲子淀粉结构及理化特性影响的研究[D]. 福州：福建农林大学，2014.

[42] 汪颖. 莲子抗性淀粉制备、性质及其对双歧杆菌增殖效应的研究[D]. 福州：福建农林大学，2013.

[43] 吴小婷. 不同方法制备的莲子抗性淀粉性质及其体外益生元作用的研究[D]. 福州：福建农林大学，2015.

[44] 林姗. 莲子抗性淀粉分级分离及其益生元作用的研究[D]. 福州：福建农林大学，2016.

[45] 曾红华. 抗性淀粉的理化性质及其益生效应[D]. 长沙：长沙理工大学，2013.

[46] Kelly J，Ryan S，Mckinnon H，et al. Dietary supplementation with a type 3 resistant starch induces butyrate producing bacteria within the gut microbiota of human volunteers[J]. Appetite，2015，91：438−440.

[47] Hu Y，Le L R K，Christophersen C T，et al. Manipulation of the gut microbiota using resistant starch is associated with protection against colitis−associated colorectal cancer in rats[J]. Carcinogenesis，2016，37（4）：366−375.

[48] 卢旭. 莲子低聚糖对双歧杆菌增殖效应的研究[D]. 福州：福建农林大学，2012.

[49] 陈婵. 莲子多糖提取及其结构性质的研究[D]. 福州：福建农林大学，2007.

[50] Mukherjee D，Khatua T N，Venkatesh P，et al. Immunomodulatory potential of rhizome and seed extracts of *Nelumbo nucifera* Gaertn.[J]. Journal of Ethnopharmacology，2010，128（2）：490−494.

[51] Zheng Y，Wang Q，Zhuang W，et al. Cytotoxic，antitumor and immunomodulatory effects of the water−soluble polysaccharides from lotus（*Nelumbo nucifera* Gaertn.）seeds[J]. Molecules，2016，21（11）：1465.

[52] 庄玮婧. 莲子肽的免疫功能及其作用机制的研究[D]. 福州：福建农林大学，2018.

[53] Johnston K，Thomas E L，Bell J D，et al. Resistant starch improves insulin sensitivity in metabolic syndrome[J]. Diabetic Medicine，2010，27（4）：391−397.

[54] Zeng H，Huang C，Lin S，et al. lotus seed resistant starch regulates gut microbiota and increases short−chain fatty acids production and mineral absorption in mice[J]. Journal of

Agricultural and Food Chemistry，2017，65（42）：9217-9225.

[55] Tian J，Hu J，Zhou F，et al. The influence of adding yam，lotus seed food for 46 cases of type 2 diabetes[J]. Shaanxi J Tradit Chin Med，2005，26：198-200.

[56] Kalpana S，Chaturvedi N，Aku M. Effect of *Nelumbo nucifera* aqueous seed extract on glucose and lipid profile on alloxan induced diabetic albino rats[J]. Internation Ayurvedic Medical Journal，2015，3（9）：2712-2717.

[57] Pan Y，Cai B，Wang K，et al. Neferine enhances insulin sensitivity in insulin resistant rats[J]. Journal of Ethnopharmacology，2009，124（1）：98-102.

[58] Mani S S，Subramanian I P，Pillai S S，et al. Evaluation of hypoglycemic activity of inorganic constituents in *Nelumbo nucifera* seeds on streptozotocin-induced diabetes in rats[J]. Biological Trace Element Research，2010，138（1）：226-237.

[59] Wang Z，Zhang Y，Shi R，et al. A novel gene network analysis in liver tissues of diabetic rats in response to resistant starch treatment[J]. Springerplus，2015，4（1）：1-8.

[60] Zhou Z，Wang F，Ren X，et al. Resistant starch manipulated hyperglycemia/hyperlipidemia and related genes expression in diabetic rats[J]. International Journal of Biological Macromolecules，2015，75：316-321.

[61] 刘璐. 莲子抗性淀粉与乳酸钠调控肠道菌群和代谢介导高脂大鼠降血脂作用的研究[D]. 福州：福建农林大学，2022.

[62] 曾绍校. 莲子淀粉品质特性的研究与应用[D]. 福州：福建农林大学，2007.

[63] 王琦. 莲子抗性淀粉降血糖功效及其机理研究[D]. 福州：福建农林大学，2018.

[64] 李秋哲. 莲子心黄酮结构分析及其降血糖活性研究[D]. 福州：福建农林大学，2015.

[65] Zhou J，Martin R J，Tulley R T，et al. Dietary resistant starch upregulates total GLP-1 and PYY in a sustained day-long manner through fermentation in rodents[J]. American Journal of Physiology-Endocrinology and Metabolism，2008，295（5）：1160-1166.

[66] Bodinham C L，Smith L，Thomas E L，et al. Efficacy of increased resistant starch consumption in human type 2 diabetes[J]. Endocrine Connections，2014，3（2）：75-84.

[67] 黄继红. 抗性淀粉生产技术及其应用[M]. 郑州：河南科学技术出版社，2017.

[68] Englyst H N，Kingman S M，Cummings J H. Classification and measurement of nutritionally important starch fractions[J]. European Journal of Clinical Nutrition，1992，46（Suppl 2）：S33.

[69] Cummings J H，Stephen A M. Carbohydrate terminology and classification[J]. European Journal of Clinical Nutrition，2007，61（S1）：S5-S18.

[70] Sharma A，Yadav B S，Yadav R B. Resistant starch：Physiological roles and food applications[J]. Food Reviews International，2008，24（2）：193-234.

[71] Sozer N，Kaya A，Dalgic A C. The effect of resistant starch addition on viscoelastic properties of cooked spaghetti[J]. Journal of Texture Studies，2008，39（1）：1-16.

[72] 熊子潇. 莲子抗性淀粉对高脂小鼠降血脂作用的研究[D]. 福州：福建农林大学，2021.

[73] Nichenametla S N, Weidauer L A, Wey H E, et al. Resistant starch type 4–enriched diet lowered blood cholesterols and improved body composition in a double blind controlled cross–over intervention[J]. Molecular Nutrition and Food Research, 2014, 58 (6): 1365–1369.

[74] Yuan H C, Meng Y, Bai H, et al. Meta–analysis indicates that resistant starch lowers serum total cholesterol and low–density cholesterol[J]. Nutrition Research, 2018, 54: 1–11.

[75] Ahn C B, Jung W K, Park S J, et al. Gallic acid–g–chitosan modulates inflammatory responses in LPS–stimulated RAW264.7 cells via NF–κB, AP–1, and MAPK pathways[J]. Inflammation, 2016, 39 (1): 366–374.

[76] Hyung J H, Ahn C B, Kim B I, et al. Involvement of Nrf2– mediated heme oxygenase–1 expression in anti–inflammatory action of chitosan oligosaccharides through MAPK activation in murine macrophages[J]. European Journal of Pharmacology, 2016, 793: 43–48.

[77] Moon S W, Ahn C B, Oh Y, et al. Lotus (*Nelumbo nucifera*) seed protein isolate exerts anti–inflammatory and antioxidant effects in LPS–stimulated RAW264.7 macrophages via inhibiting NF–κB and MAPK pathways, and upregulating catalase activity[J]. International Journal of Biological Macromolecules, 2019, 134: 791–797.

[78] Meng X L, Chen M L, Chen C L, et al. Bisbenzylisoquinoline alkaloids of lotus (*Nelumbo nucifera* Gaertn.) seed embryo inhibit lipopolysaccharide–induced macrophage activation via suppression of Ca^{2+}– CaM/CaMK Ⅱ pathway[J]. Food and Agricultural Immunology, 2019, 30 (1): 878–896.

[79] Liao C H, Guo S J, Lin J Y. Characterisation of the chemical composition and *in vitro* anti–inflammation assessment of a novel lotus (*Nelumbo nucifera* Gaertn.) plumule polysaccharide[J]. Food Chemistry, 2011, 125 (3): 930–935.

[80] Kuo Y C, Lin Y L, Liu C P. Herpes simple virus type 1 propagation in hela cells interrupted by *Nelumbo nucifera*[J]. Journal of Biomedical Science, 2005, 12 (6): 1021–1034.

[81] Wright C I, Geula C, Mesulam M M. Neuroglial cholinesterases in the normal brain and in Alzheimer' s disease: Relationship to plaques, tangles, and patterns of selective vulnerability[J]. Annals of Neurology: Official Journal of the American Neurological Association and the Child Neurology Society, 1993, 34 (3): 373–384.

[82] Davies P, Maloney A J. Selective loss of central cholinergic neurons in Alzheimer's disease[J]. Lancet, 1976, 2: 1457–1459.

[83] Oh J H, Choi B J, Chang M S, et al. *Nelumbo nucifera* semen extract improves memory in rats with scopolamine–induced amnesia through the induction of choline acetyltransferase expression[J]. Neuroscience Letters, 2009, 461 (1): 41–44.

[84] Soman S, Rauf A A, Indira M, et al. Antioxidant and antiglycative potential of ethyl acetate fraction of *Psidium guajava* leaf extract in streptozotocin–induced diabetic rats[J]. Plant Foods for Human Nutrition, 2010, 65 (4): 386–391.

[85] Kim E S, Weon J B, Yun B R, et al. Cognitive enhancing and neuroprotective effect

of the embryo of the *Nelumbo nucifera* seed[J]. Evidence-Based Complementary and Alternative Medicine, 2014.

[86] Jung H A, Karki S, Kim J H, et al. BACE1 and cholinesterase inhibitory activities of *Nelumbo nucifera* embryos[J]. Archives of Pharmacal Research, 2015, 38 (6): 1178-1187.

[87] Temviriyanukul P, Sritalahareuthai V, Promyos N, et al. The effect of sacred lotus (*Nelumbo nucifera*) and its mixtures on phenolic profiles, antioxidant activities, and inhibitions of the key enzymes relevant to Alzheimer's disease[J]. Molecules, 2020, 25 (16): 3713.

[88] Kim T, Kim H J, Cho S K. *Nelumbo nucifera* extracts as whitening and anti-wrinkle cosmetic agent[J]. Korean Journal of Chemical Engineering, 2011, 28 (2): 424-427.

[89] Lacour B, Molgaard P, Yi Z. Traditional chinese medicine in treatment of hyperlipidemia[J]. Journal of Ethnopharmacology, 1995, 45 (2): 125-129.

[90] Sohn D H, Kim Y C, Oh S H. Hepatoprotective and free radical scavenging effects of *Nelumbo nucifera*[J]. Phytomedicine, 2003, 10 (2-3): 165-169.

[91] Zheng Y, Wang Q, Zhuang W, et al. Cytotoxic, antitumor and immunomodulatory effects of the water-soluble polysaccharides from lotus (*Nelumbo nucifera* Gaertn.) seeds[J]. Molecules, 2016, 21 (11): 1465.

[92] Zhao X, Feng X, Peng D, et al. Anticancer activities of alkaloids extracted from the Ba lotus seed in human nasopharyngeal carcinoma CNE-1 cells[J]. Experimental and Therapeutic Medicine, 2016, 12 (5): 3113-3120.

[93] 裴浩田.莲不同部位的化学成分及去心莲子安神作用的研究[D].长春：吉林大学，2021.

[94] Dasari S, Bakthavachalam V, Chinnapaka S, et al. Neferine, an alkaloid from lotus seed embryo targets HeLa and SiHa cervical cancer cells via pro-oxidant anticancer mechanism[J]. Phytotherapy Research, 2020, 34 (9): 2366-2384.

[95] Wang L, Cen S, Wang G, et al. Acetic acid and butyric acid released in large intestine play different roles in the alleviation of constipation[J]. Journal of Functional Foods, 2020, 69: 103953.

[96] Poornima P, Weng C F, Padma V V. Neferine, an alkaloid from lotus seed embryo, inhibits human lung cancer cell growth by MAPK activation and cell cycle arrest[J]. Biofactors, 2014, 40 (1): 121-131.

[97] Sivalingam K S, Paramasivan P, Weng C F, et al. Neferine potentiates the antitumor effect of cisplatin in human lung adenocarcinoma cells via a mitochondria-mediated apoptosis pathway[J]. Journal of Cellular Biochemistry, 2017, 118 (9): 2865-2876.

[98] Manogaran P, Beeraka N M, Padma V V. The cytoprotective and anti- cancer potential of bisbenzylisoquinoline alkaloids from *Nelumbo nucifera*[J]. Current Topics in Medicinal Chemistry, 2019, 19 (32): 2940-2957.

[99] Ho H H, Hsu L S, Chan K C, et al. Extract from the leaf of nucifera reduced the development of atherosclerosis via inhibition of vascular smooth muscle cell proliferation and migration[J]. Food and Chemical Toxicology, 2010, 48: 159-168.

[100] Duan Y，Xu H，Luo X，et al. Procyanidins from *Nelumbo nucifera* Gaertn. seedpod induce autophagy mediated by reactive oxygen species generation in human hepatoma G2 cells[J]. Biomedicine & Pharmacotheraphy，2016，79：135–152.

[101] Zhang X，Liu Z，Xu B，et al. Neferine，an alkaloid ingredient in lotus seed embryo，inhibits proliferation of human osteosarcoma cells by promoting p38 MAPK–mediated p21 stabilization[J]. European Journal of Pharmacology，2012，677（1–3）：47–54.

第二章

不同加工方法对莲子功能特性的影响研究

笔者课题组通过对微波干燥、自然干燥及鲜莲加工而成的莲子进行研究，探究了它们对益生菌增殖效应和降血糖功能的影响[1-2]。其中，微波干燥是取一定质量的新鲜莲子，在385W功率条件下干燥至含水率<13%；自然干燥是取一定质量的新鲜莲子，置于阳光下，自然干燥至含水率<13%（自然干燥的莲子下文中均称为“干莲”）。

第一节 不同加工方法制备的莲子对益生菌增殖效应的研究

益生菌是通过定殖在人体内，改变宿主某一部位菌群的组成的一类对宿主有益的活性微生物，主要包括乳杆菌属益生菌、双歧杆菌属益生菌及部分革兰氏阳性球菌益生菌[3]。益生菌可调节宿主黏膜细胞、系统免疫功能、消化道内菌群，提高营养物质吸收率并维持消化系统的活力[4]。

双歧杆菌属已成为使用最多的益生菌种类之一。双歧杆菌属属于严格厌氧的革兰氏阳性菌，是人和动物肠道菌群的重要组分，被广泛应用于食品、饲料以及医药方面[5]。随着肠道微生态学、食品免疫学及食品营养学的发展，证实了人体肠道内的双歧杆菌属对调整肠道微生态平衡、抑制消化道有害菌生长、预防癌症、降低血脂和TC及提供B族维生素增强机体非特异性免疫能力，促进人体健康等方面发挥着重要的生物学功能，是人体肠道中主要的益生菌之一，其数量的多少已被证实与健康有着直接关系[6]。

双歧生长因子是指能促进双歧杆菌属生长繁殖的一类物质，简称双歧因子。从植物、动物及微生物中寻找促进双歧杆菌属生长的双歧增殖因子，通过食品或口服进入消化道直接促进肠内双歧杆菌属的生长更为生物学家所关注[7]。因此，本章节选取对胃肠道有保养功能的莲子进行探究。

不同加工方法制备的莲子以不同的浓度代替葡萄糖添加到双歧杆菌属基础培

养基中，以基础培养基（葡萄糖）为对照组，对双歧杆菌属增殖效应的影响结果如表2-1所示。

表2-1　不同加工方法制备的莲子对双歧杆菌属增殖效应的影响

样品	样品添加量 /（g/kg）				
对照组（葡萄糖）	1.00	1.00	1.00	1.00	1.00
微波干莲	0.75	0.80	0.85	0.90	0.92
鲜莲	0.60	0.62	0.68	0.75	0.78
干莲	0.58	0.60	0.65	0.70	0.75

随着样品添加量的增大，不同加工方法制备的莲子对双歧杆菌属增殖效应呈上升趋势。不同的加工方式会影响莲子对双歧杆菌属的增殖效果，增殖效果依次为对照组>微波干莲>鲜莲>干莲，不同加工方法的莲子对双歧杆菌属的增殖作用均不如葡萄糖。由此可知，莲子中淀粉以外的成分具有抑制双歧杆菌属增殖的作用。

第二节　不同加工方法制备的莲子降血糖功能的研究

莲子抗性淀粉在开发低血糖生成指数（GI）食品和降血糖功能食品上具有良好的前景[8]。通过5组不同的莲子样品来研究其降血糖功能：微波干燥后水煮莲子样品（简称微波组）、鲜莲水煮样品（简称鲜莲组）、干莲水煮样品（简称干莲组）、鲜莲高压蒸煮样品（简称高压蒸煮组），并且加工后莲子的血糖指数区间从高到低为5.26~25。

一、不同加工方式对莲子降低糖尿病大鼠血糖的影响

研究根据动物血糖水平将动物分5组，每组10只，使各组动物血糖平均值相

差不大于1.0mmol/L，并以未注射STZ的大鼠为空白组。建模后的5个分组，其中4组分别给予微波干燥后水煮样品（简称微波组）、鲜莲水煮样品（简称鲜莲组）、干莲水煮样品（简称干莲组）、鲜莲高压蒸煮样品（简称高压蒸煮组）灌胃，样品折算成碳水化合物，按50g（碳水化合物）/50kg（bw）的剂量灌胃；另一组作为模型对照组，模型对照组与空白组灌胃等容量的蒸馏水。各组每天灌胃1次，持续30d后糖尿病大鼠空腹血糖和耐糖量如表2–2所示。除微波组之外，各组均能显著降低大鼠的空腹血糖并改善口服葡萄糖后的糖耐量（$P<0.05$），但鲜莲组与高压蒸煮组和干莲组并无显著差异。

表2–2 莲子对糖尿病大鼠空腹血糖及糖耐量的影响

组别	空腹血糖 /（mmol/L）	糖耐量 /（mmol/L）	
		Δ*BS* 0.5h	Δ*BS* 2h
空白组	5.26 ± 0.46	1.21 ± 0.70	1.21 ± 1.37
模型对照组	26.26 ± 4.87[a]	6.57 ± 1.15[a]	5.59 ± 2.03[a]
高压蒸煮组	15.63 ± 4.08[ab]	3.13 ± 1.56[ab]	1.26 ± 1.55[ab]
干莲组	17.88 ± 3.85[ab]	4.38 ± 2.18[ab]	2.14 ± 2.80[ab]
微波组	25.30 ± 3.50[acd]	5.83 ± 1.29[ac]	4.50 ± 1.05[ac]
鲜莲组	15.74 ± 2.79[abe]	3.88 ± 1.18[abe]	3.73 ± 2.55[abe]

注：a：与空白组相比，$P<0.05$；b：与模型对照组相比，$P<0.05$；c：与高压蒸煮组相比，$P<0.05$；d：与干莲组相比，$P<0.05$；e：与微波组相比，$P<0.05$。
Δ*BS*：血糖差值。

二、不同加工方式的莲子对糖尿病大鼠体重、脾脏和胸腺系数的影响

经过持续30d的实验观察，不同加工方式的莲子对糖尿病大鼠体重、脾脏和胸腺系数的影响结果如表2–3所示。模型建立后大鼠体重的增长速度较空白组明显变慢（$P<0.05$），且胸腺系数下降比较明显（$P<0.05$），脾脏系数没有显著差异；与模型对照组比较，高压蒸煮组、干莲组、微波干燥组、鲜莲组在体重的增长速度、脾脏系数上没有显著差异；除了鲜莲高压蒸煮组的胸腺系数有明显上升

外（$P<0.05$），干莲组、微波干燥组、鲜莲组相对模型对照组没有显著差异。

表2-3　莲子对糖尿病大鼠体重、脾脏和胸腺系数的影响

组别	体重增量 /g	脾脏系数	胸腺系数
空白组	202.20 ± 32.92	0.25 ± 0.84	0.13 ± 0.03
模型对照	62.50 ± 24.30^{a}	0.25 ± 0.05	0.06 ± 0.01^{a}
高压蒸煮组	68.00 ± 43.98^{a}	0.29 ± 0.09	0.09 ± 0.03^{ab}
干莲组	51.00 ± 18.07^{a}	0.26 ± 0.03	0.06 ± 0.02^{ac}
微波组	52.00 ± 19.03^{a}	0.24 ± 0.08	0.06 ± 0.03^{ac}
鲜莲组	63.00 ± 27.61^{a}	0.29 ± 0.08	0.07 ± 0.03^{a}

注：a：与空白组相比，$P<0.05$；b：与模型对照组相比，$P<0.05$；c：与高压蒸煮组相比，$P<0.05$。

三、对糖尿病大鼠肝肾组织抗氧化功能的影响

不同加工方法的莲子对糖尿病大鼠肝肾组织抗氧化功能的影响如表2-4和表2-5所示。与空白组比较，模型对照组的肝组织中丙二醛（MDA）含量没有显著差异，但SOD活性、谷胱甘肽过氧化物酶（GSH-Px）活性显著降低（$P<0.05$）。与模型对照组相比，除微波组之外，高压蒸煮组、干莲组、鲜莲组肝组织中的MDA含量显著降低（$P<0.05$）。鲜莲组肝组织中的SOD活性显著提高，鲜莲高压蒸煮组肝组织中的GSH-Px活性显著降低。另与空白组相比，模型对照组的MDA含量、SOD活性、GSH-Px活性均显著降低。莲子各组均能显著降低糖尿病大鼠肾组织中的MDA含量（$P<0.05$），而对GSH-Px活性的影响不显著。与模型对照组相比，鲜莲高压蒸煮组和鲜莲组肾组织中的SOD活性显著提高。

表2-4　莲子对糖尿病大鼠肝组织抗氧化功能的影响

组别	MDA/（nmol/mg 蛋白质）	SOD/（NU/mg 蛋白质）	GSH-Px/（μg/g 蛋白质）
空白组	2.72 ± 1.21	429.40 ± 901.43	623.54 ± 94.90
模型对照	2.46 ± 0.62^{a}	343.42 ± 34.76^{a}	501.40 ± 58.29^{a}

续表

组别	MDA/（nmol/mg 蛋白质）	SOD/（NU/mg 蛋白质）	GSH-Px/（μg/g 蛋白质）
高压蒸煮组	1.49 ± 0.24^{ab}	459.12 ± 55.91^{b}	432.18 ± 35.68^{a}
干莲组	1.68 ± 0.93^{ab}	380.21 ± 90.94^{c}	432.14 ± 37.93^{a}
微波组	1.30 ± 0.25^{ab}	335.23 ± 41.75^{ac}	481.54 ± 27.21^{a}
鲜莲组	1.40 ± 0.51^{ab}	420.50 ± 77.86^{be}	526.54 ± 72.64^{acd}

注：a：与空白组相比，$P<0.05$；b：与模型对照组相比，$P<0.05$；c：与高压蒸煮组相比，$P<0.05$；d：与干莲组相比，$P<0.05$；e：与微波组相比，$P<0.05$。

表2-5 莲子对糖尿病大鼠肾组织抗氧化功能的影响

组别	MDA/（nmol/mg 蛋白质）	SOD/（NU/mg 蛋白质）	GSH-Px/（μg/g 蛋白质）
空白组	6.17 ± 2.65	826.17 ± 263.29	778.33 ± 245.18
模型对照	5.39 ± 3.42	405.25 ± 168.50^{a}	572.35 ± 192.78^{a}
高压蒸煮组	2.10 ± 0.65^{ab}	366.94 ± 44.00^{a}	446.29 ± 47.88^{ab}
干莲组	2.54 ± 0.65^{ab}	388.86 ± 99.07^{a}	521.83 ± 43.39^{a}
微波组	6.02 ± 3.98^{cd}	393.54 ± 138.87^{a}	531.98 ± 63.74^{a}
鲜莲组	2.55 ± 1.81^{abe}	$545.30 \pm 101.67^{abcde}$	572.50 ± 44.53^{ac}

注：a：与空白组相比，$P<0.05$；b：与模型对照组相比，$P<0.05$；c：与高压蒸煮组相比，$P<0.05$；d：与干莲组相比，$P<0.05$；e：与微波组相比，$P<0.05$。

综合考虑，微波组的抗氧化功能相对较弱，而鲜莲高压蒸煮组和鲜莲组较强。尤其是鲜莲组对肝肾组织中的SOD活性均有提高作用，这可能与鲜莲自身较高的SOD含量有关[9]。因此可以认为，莲子的抗氧化作用与其血糖指数成反比。即血糖指数越低，抗氧化活性越强。

参考文献

[1] 郑宝东，郑金贵，曾绍校. 我国主要莲子品种营养成分的分析[J]. 营养学报，2003（2）：153–156.

[2] 曾绍校. 莲子淀粉品质特性的研究与应用[D]. 福州：福建农林大学，2007.

[3] 马卓云，于泽，於佳龙. 益生菌在食品中的应用现状及其功效[J]. 现代食品，2020（4）：129–131.

[4] 胡玢. 紫薯益生菌酸奶的研制[D]. 邯郸：河北工程大学，2017.

[5] 李涵，朱书. 双歧杆菌在人类重大疾病中的作用与机制研究[J]. 中国动物传染病学报，2022，30（5）：1–12.

[6] 江萍，张倩，秦礼康，等. 蕨菜多糖的提取及其对双歧杆菌生长的影响[J]. 山地农业生物学报，2001（3）：223–225.

[7] 王洪媛，陈晓旸，杨翔华. 低聚木糖的功能特性及木聚糖酶的生物制备[J]. 食品研究与开发，2003（1）：32–35.

[8] 王琦. 莲子抗性淀粉降血糖功效及其机理研究[D]. 福州：福建农林大学，2018.

[9] 郑宝东，郑金贵，曾绍校. 我国主要莲子品种中三种功效成分的研究[J]. 营养学报，2004（2）：158–160.

第三章

莲子淀粉的功能学特性

莲子是一种淀粉含量大于50%（质量分数，以莲子干物质含量计）的优质农产品，且莲子淀粉中的直链淀粉比例高达42%（质量分数），为直链淀粉含量高的特异性淀粉，其颗粒形态多为椭圆形，结晶结构为C型[1]。因具有抗消化性和益生功能性，在维护肠道生态、调节糖脂代谢及防护心血管疾病等方面显现出较大的优势[2]。

莲子淀粉经糊化后在冷却过程中易老化回生形成抗性淀粉（RS），RS是一类不被健康人小肠吸收，但可在结肠中被大肠菌群利用并用于发酵的淀粉及其水解物的总称。研究表明，RS具有预防肠、胃疾病，防治心血管疾病，降低TC、胰岛素和血糖应答反应等作用；RS作为一种益生元，具有改善人体结肠内微生物群落，促进无机盐吸收以及促进肠道内有益菌的繁殖等潜在生理功能[3]。

第一节 莲子淀粉及莲子抗性淀粉的功能学特性

一、莲子淀粉对益生菌增殖效应的研究

（一）莲子淀粉对双歧杆菌属增殖作用的研究

随着肠道微生态学、食品免疫学及食品营养学的发展，证实了人体肠道内的双歧杆菌属对调整肠道微生态平衡，抑制消化道有害菌生长，预防癌症，降低血脂、TC及提供B族维生素增强机体非特异性免疫能力，促进人体健康等方面发挥着重要的生物学功能，是人体肠道中主要的益生菌之一，其数量的多少已被证实与健康有着直接关系[4-6]。

传统中医理论认为，莲子对肠胃具有一定的保健作用，如“补脾益肠”“厚肠胃”等。笔者课题组通过研究莲子淀粉对双歧杆菌属的增殖作用，进一步丰富了莲子淀粉的功能学研究以及开拓莲子淀粉的应用。

莲子淀粉对双歧杆菌属增殖效应的影响如下所述：

将莲子淀粉按照葡萄糖的添加量配成一定的浓度，代替葡萄糖添加到双歧杆菌属基础培养液中，接种双歧杆菌属培养后，结果表明，莲子淀粉对双歧杆菌属具有显著的增殖作用，且效果接近异麦芽低聚糖。双歧杆菌属细胞数量如表3–1所示。

表3–1 莲子淀粉添加基础培养基后对双歧杆菌属生长的影响（n=5）

添加物	葡萄糖	异麦芽低聚糖	莲子淀粉
活菌数	1.0	2.27 ± 0.25	2.03 ± 0.16

注：n表示重复次数，余同。
活菌数以葡萄糖组为基准，其他组的活菌数是葡萄糖组活菌数的比值。

（二）超高压处理莲子淀粉对双歧杆菌属体外增殖影响的研究

双歧杆菌属是一类重要的生理性细菌，存在于健康的人及动物的胃肠道内，与人终生相伴。目前已知的双歧因子主要有低聚糖类和RS类，其中低聚糖类包括低聚果糖、异麦芽低聚糖、低聚木糖和大豆低聚糖等[7]。随着宿主年龄的增长和生理机能的改变，肠道内双歧杆菌属的数量呈现动态变化过程。双歧杆菌属的增殖方法分为直接摄入双歧杆菌属活菌制剂和直接摄入双歧因子两种。但由于口服活菌制剂在服用和保存方面会受到空气以及人体肠道内逆环境如胃酸和胆汁的影响，很容易失去其原有的生理活性。因此，通过口服进入消化道直接促进肠道内双歧杆菌属的增殖成为当前的研究热点。

笔者课题组前期研究发现，莲子淀粉对双歧杆菌属具有增殖效应，其增殖效果接近于被广泛认可的益生元——异麦芽低聚糖[8]。笔者课题组以不同超高压条件处理后的莲子淀粉作为培养双歧杆菌属的碳源，通过研究其体外促双歧杆菌属的增殖效果以及对双歧杆菌属耐酸性、耐胆汁酸盐及模拟胃肠道逆环境耐受性的影响，深入研究经超高压处理的莲子淀粉是否能作为双歧因子，为有效提高人体肠道内双歧杆菌属种群数量提供理论依据。

1. 超高压处理的莲子淀粉对双歧杆菌属体外增殖作用的影响

经不同碳源培养基发酵48h后，双歧杆菌属的菌体浓度和pH的变化情况如图3–1所示。双歧杆菌属在不同碳源培养基中发酵48h后，超高压处理后的莲子淀粉对双歧杆菌属的增殖效果优于对照组（葡萄糖）和莲子原淀粉，具有显著性差异。600MPa压力处理30min的莲子淀粉经双歧杆菌属发酵后的菌体浓度最高，达到1.49g/L，其增殖效果是对照组的1.82倍，莲子原淀粉的1.52倍，500MPa-30min处理组的1.19倍，500MPa-60min处理组的1.08倍。双歧杆菌属在发酵过程中利用碳源，菌体数量快速提升，同时产生大量代谢产物（乳酸、SCFAs和气体等），从而引起pH降低，故pH在一定程度上也可以反映双歧杆菌属的增殖效果。

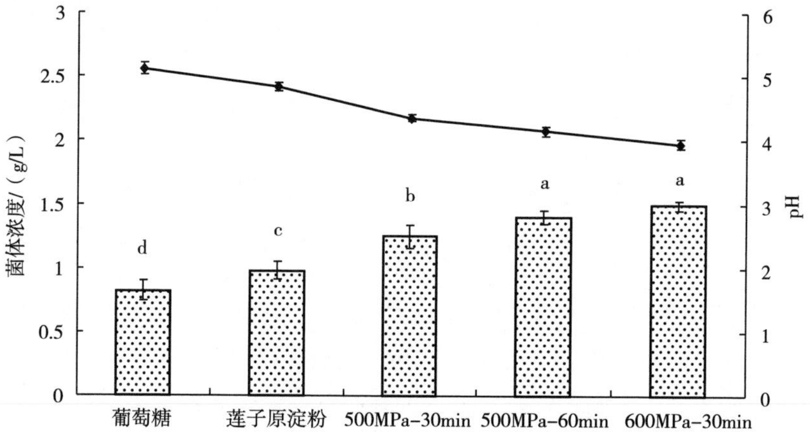

图 3-1　不同碳源对双歧杆菌属增殖效应的影响

注：不同小写字母表示不同组间差异显著（$P<0.05$）。

2. 双歧杆菌属生长曲线的测定

在碳源浓度为5g/L条件下，不同碳源培养基中双歧杆菌属菌体浓度的变化曲线如图3-2所示，不同碳源培养基pH变化情况如图3-3所示。在相同碳源浓度条件下，双歧杆菌属在超高压处理后的莲子淀粉培养基中的生长速率及数量均高于对照组和莲子原淀粉组。从双歧杆菌属生长特性上看，双歧杆菌属在超高压处理的淀粉培养基中培养6h后，即进入对数生长期，双歧杆菌属生长速率迅速提高，在培养24h后进入稳定期。而对照组在培养12h后才进入对数生长期，在24h后所有培养基中的菌体进入衰亡期，菌体浓度不再变化。

在低酸性条件下，超高压处理后的莲子淀粉培养基中双歧杆菌属的数量和增殖速率均高于对照组。随着培养时间的延长，各培养基的pH逐渐降低，如图

3-3所示，降低趋势与菌体浓度呈负相关，最终pH逐渐趋于平缓。这可能是由于在充足碳源的条件下，双歧杆菌属在培养基中迅速繁殖，产生有机酸等大量代谢产物，培养基的pH随之下降。但随着双歧杆菌属数量的继续增长，低酸性环境开始不利于双歧杆菌属的生长，故其代谢能力降低，最终pH趋于平缓。Wronkowska等[9]研究表明，淀粉颗粒结构的改变在一定程度上均可保护双歧杆菌属的活性，提高其对淀粉的利用率。Soral-Smietana等[10]研究表明，糊化后的淀粉更有利于双歧杆菌属选择性地利用RS，提高其生长繁殖能力。

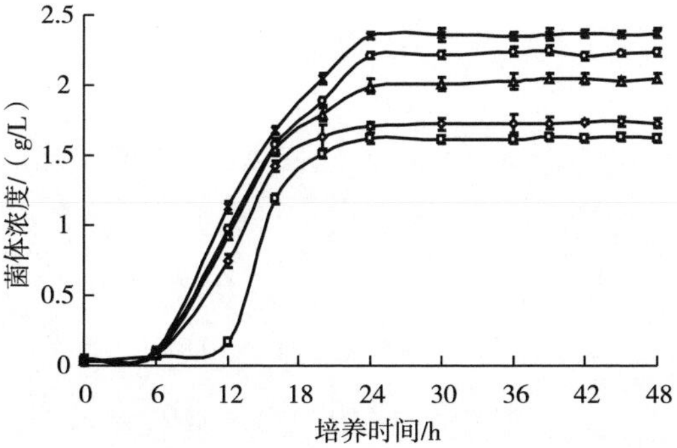

图 3-2　双歧杆菌属生长曲线的测定（菌体浓度变化）

—□— 葡萄糖　—◇— 莲子原淀粉　—△— 500MPa-30min　—○— 500MPa-60min　—✱— 600MPa-30min

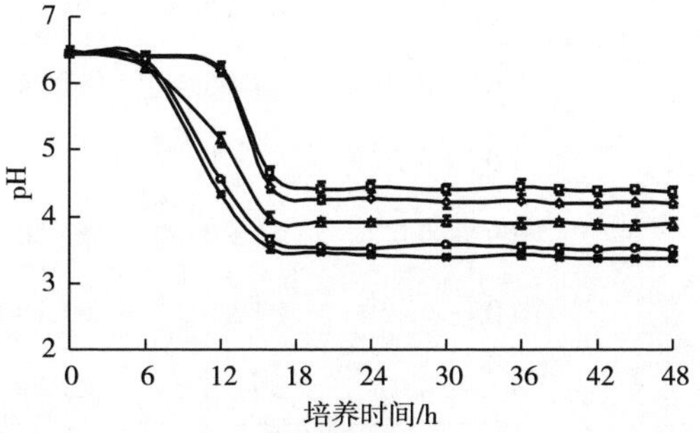

图 3-3　双歧杆菌属生长曲线的测定（pH 变化）

—□— 葡萄糖　—◇— 莲子原淀粉　—△— 500MPa-30min　—○— 500MPa-60min　—✱— 600MPa-30min

3. 莲子淀粉对双歧杆菌属模拟胃肠道逆环境耐受性的影响

双歧杆菌属体外增殖效应实验表明，原淀粉及不同超高压条件处理的莲子淀粉对双歧杆菌属具有显著增殖作用，但双歧杆菌属会因胃酸和胆汁的影响而干扰其菌体定殖。因此，通过模拟胃肠道逆环境，以葡萄糖和莲子原淀粉作为对照，分别研究超高压改性莲子淀粉对于提升双歧杆菌属耐酸、耐胆汁酸盐和模拟胃肠液耐受性效果的影响。

（1）双歧杆菌对酸性耐受性的影响 在碳源浓度为5g/L条件下，以磷酸盐缓冲溶液（PBS缓冲液）为基础配制基础对照培养基与实验培养基，用370g/L盐酸调节pH至1.5、2.0、2.5、3.0，于115℃湿热灭菌20min后接入1mL活化的双歧杆菌菌悬液，将培养基置于厌氧盒中，放入37℃恒温培养箱中厌氧培养，分别于0、1.5、3h后取样稀释并倾注于无菌培养皿上，测定各培养基的活菌数。各组碳源培养基双歧杆菌对酸性条件的耐受性影响情况如表3-2所示。

表3-2 双歧杆菌属在低pH不同碳源培养基中的存活率

pH	碳源	双歧杆菌属活菌数 /（lgCFU/mL）			存活率 /%	
		0h	1.5h	3h	1.5h	3h
3.0	葡萄糖	7.88 ± 0.06	7.14 ± 0.09^d	6.52 ± 0.06^c	90.61 ± 0.21^d	82.49 ± 0.19^d
	莲子原淀粉		7.19 ± 0.07^d	6.61 ± 0.09^c	91.31 ± 0.34^d	83.88 ± 0.54^c
	500MPa-30min		7.27 ± 0.06^c	6.81 ± 0.05^b	92.20 ± 0.27^c	86.29 ± 0.26^b
	500MPa-60min		7.34 ± 0.07^b	6.85 ± 0.07^b	93.15 ± 0.38^b	87.94 ± 0.41^a
	600MPa-30min		7.47 ± 0.05^a	7.01 ± 0.04^a	94.73 ± 0.15^a	89.02 ± 0.27^a
2.5	葡萄糖	6.94 ± 0.07	5.68 ± 0.09^d	4.26 ± 0.07^d	81.84 ± 0.21^d	61.31 ± 0.16^d
	莲子原淀粉		5.66 ± 0.06^d	4.48 ± 0.05^c	81.56 ± 0.17^d	64.55 ± 0.21^c
	500MPa-30min		5.92 ± 0.07^c	4.76 ± 0.06^b	85.30 ± 0.29^c	68.59 ± 0.17^b
	500MPa-60min		6.05 ± 0.05^b	4.84 ± 0.08^b	87.18 ± 0.35^b	69.67 ± 0.31^b
	600MPa-30min		6.19 ± 0.07^a	5.06 ± 0.07^a	89.19 ± 0.24^a	72.84 ± 0.25^a
2.0	葡萄糖	6.72 ± 0.09	2.63 ± 0.05^d	ND	39.14 ± 0.15^d	ND
	莲子原淀粉		2.92 ± 0.07^c	ND	43.38 ± 0.21^c	ND
	500MPa-30min		3.13 ± 0.07^b	ND	46.58 ± 0.37^b	ND
	500MPa-60min		3.19 ± 0.09^{ab}	ND	47.47 ± 0.19^b	ND
	600MPa-30min		3.28 ± 0.06^a	ND	48.81 ± 0.31^a	ND

续表

pH	碳源	双歧杆菌属活菌数 /（lgCFU/mL）			存活率 /%	
		0h	1.5h	3h	1.5h	3h
	葡萄糖		ND	ND	ND	ND
	莲子原淀粉		ND	ND	ND	ND
1.5	500MPa–30min	6.42 ± 0.07	ND	ND	ND	ND
	500MPa–60min		1.22 ± 0.06[b]	ND	18.77 ± 0.33 [b]	ND
	600MPa–30min		1.71 ± 0.08[a]	ND	26.64 ± 0.88 [a]	ND

注：未检测出（ND）表示无法在平板计数培养基上检测出双歧杆菌属菌落数。
不同小写字母表示不同组间差异显著（P<0.05）。

由表3–2可知，不同碳源培养基的双歧杆菌属在pH 3.0条件下均具有较好的耐酸性，且经过3h的存活率都大于82%。在不同pH环境中，超高压组的双歧杆菌属与对照组相比具有更高存活率，呈显著性差异（P<0.05）。随着培养时间的延长及培养基中pH的下降，双歧杆菌属的存活率逐渐降低。当培养基pH为1.5时，仅500MPa–60min和600MPa–30min处理组的培养基中存活了少量双歧杆菌属，说明该条件可增强双歧杆菌属在低pH环境下的耐受性，且效果最佳。Wang等[11]报道了结肠内的双歧杆菌属可以选择性地利用RS，且当菌体黏附到淀粉颗粒分子上时能增强双歧杆菌属体外抵抗低pH环境的能力。Crittenden等[12]研究表明，具有高附着性能的双歧杆菌属菌株不仅能水解淀粉颗粒分子，还可在低酸、胃肠酶等逆环境中保持细胞活性，并促进自身的生长繁殖。

（2）双歧杆菌对胆汁酸盐耐受性的影响 人体内胆汁具有与牛胆汁相似的成分和浓度，笔者课题组实验在碳源浓度为5g/L条件下，以PBS缓冲液为基础配制基础对照培养基与实验培养基，分别加入3、10g/L牛胆酸钠，调节pH至7.0，于115℃湿热灭菌20min后接入1mL活化的双歧杆菌菌悬液，将培养基置于厌氧盒中，放入37℃恒温培养箱中在厌氧条件下培养12h，之后取适量稀释后的样品倾倒于无菌培养皿中，测定各组培养基中的活菌数。各组碳源培养基中双歧杆菌对胆汁酸盐的耐受性能如表3–3所示。

表3-3 双歧杆菌在含胆汁酸盐的不同碳源培养基中的存活率

碳源	双歧杆菌活菌数 /（lgCFU/mL）			存活率 /%	
	0h	3g/L-12h	10g/L-12h	3g/L-12h	10g/L-12h
葡萄糖	7.56 ± 0.12	5.32 ± 0.07[c]	2.58 ± 0.11[c]	70.37 ± 0.21[c]	34.06 ± 0.27[d]
莲子原淀粉		5.53 ± 0.07[b]	3.15 ± 0.07[c]	73.08 ± 0.17[b]	41.67 ± 0.13[c]
500MPa–30min		5.59 ± 0.06[b]	3.42 ± 0.05[b]	73.88 ± 0.22[b]	45.17 ± 0.11[b]
500MPa–60min		5.74 ± 0.08[a]	3.55 ± 0.08[ab]	75.93 ± 0.17[a]	46.96 ± 0.18[a]
600MPa–30min		5.81 ± 0.07[a]	3.67 ± 0.06[a]	76.79 ± 0.25[a]	48.54 ± 0.13[a]

注：不同小写字母表示不同组间差异显著（P<0.05）。

由表3–3可知，双歧杆菌属在3g/L牛胆盐环境下培养12h后的活菌数高于其在10g/L牛胆盐环境下的活菌数。超高压处理组培养基中的双歧杆菌属在不同牛胆酸钠浓度条件下的存活率均高于对照组，呈显著性差异（P<0.05），这可能是由于超高压处理后的淀粉颗粒具有更大的表面积，增强了双歧杆菌属对淀粉颗粒的黏附作用，在一定程度上保护了逆环境条件下双歧杆菌属细胞的活性。

（3）双歧杆菌对模拟胃肠液耐受性的影响 在碳源浓度为5g/L，研究各组碳源培养基中双歧杆菌模拟胃肠液耐受性能。以PBS缓冲液为基础配制基础对照培养基与实验培养基，调节pH至3.0，于115℃湿热灭菌20min后接种厌氧培养，加入经紫外线灭菌的5g/L的胃蛋白酶作为模拟胃液，于0、3、12h后取样稀释并倾注于无菌培养皿上，测定各培养基的活菌数；配制基础对照培养基与实验培养基，调节pH至7.0，于115℃湿热灭菌20min后接种厌氧培养，加入经紫外线灭菌的10g/L的胰蛋白酶作为模拟肠液，于0、3、12h后取样稀释并倾注于无菌培养皿上，测定各培养基的活菌数。各组碳源培养基中双歧杆菌对模拟胃肠液的耐受性能如表3–4所示。

表3-4 双歧杆菌属在不同碳源培养基模拟胃肠道环境条件下的存活率

碳源	双歧杆菌属活菌数 /（lgCFU/mL）			存活率 /%	
	0h	胃蛋白酶 –3h	胰蛋白酶 –12h	胃蛋白酶 –3h	胰蛋白酶 –12h
葡萄糖	7.64 ± 0.09	5.69 ± 0.11[c]	6.13 ± 0.09[c]	74.41 ± 0.28[c]	80.17 ± 0.14[c]
莲子原淀粉		5.79 ± 0.12[c]	6.24 ± 0.11[c]	75.79 ± 0.19[c]	81.68 ± 0.19[c]

续表

碳源	双歧杆菌属活菌数 /（lgCFU/mL）			存活率 /%	
	0h	胃蛋白酶 -3h	胰蛋白酶 -12h	胃蛋白酶 -3h	胰蛋白酶 -12h
500MPa–30min	7.64 ± 0.09	5.98 ± 0.09[b]	6.37 ± 0.08[b]	78.21 ± 0.27[b]	83.38 ± 0.21[b]
500MPa–60min		6.09 ± 0.05[ab]	6.45 ± 0.12[b]	79.78 ± 0.11[ab]	84.42 ± 0.15[b]
600MPa–30min		6.19 ± 0.09[a]	6.61 ± 0.08[a]	80.96 ± 0.15[a]	86.45 ± 0.15[a]

由表3–4可知，在模拟胃液及肠液的环境条件下，莲子原淀粉组和葡萄糖组对于提高双歧杆菌属对模拟胃肠液的耐受性能无显著性差异（$P>0.05$）。双歧杆菌属在经超高压处理的莲子淀粉培养基中的存活率大于对照组培养基，进一步说明莲子淀粉经超高压处理后更有利于促进双歧杆菌属的增殖及提高其耐受性。

（三）黏附对乳酸乳球菌（*Lactococcus lactis*）NZ9000增殖的影响

RS是一类重要的结肠微生物碳源，其晶体结构与促进细菌增殖的能力具有相关性。RS存在4种不同的晶体结构类型，分别是A型、B型、C型、V型晶体结构。其中，RS3比RS2更有利于细菌的发酵[13]。分别为B型和V型的RS3，对双歧杆菌属、嗜酸乳杆菌、保加利亚乳杆菌等3种益生菌的最适添加量和最大促增殖水平的结果显著不同[14]；与A型相比，B型RS3还可将近端结肠中双歧杆菌属的数量维持在更高的水平，并生成更多的丁酸盐产物[15]。在细菌对植物多糖的降解过程中，菌体与作用底物之间的接触性黏附被认为是首要条件[16]，因此淀粉结构对细菌增殖水平产生影响的原因，很可能与二者之间的黏附能力相关。RS3表面的粗糙沟壑状和空腔凹陷可能具有黏附乳酸乳球菌的作用[17]。这种黏附作用不仅可以提高菌体的胆盐耐受性，而且还通过碳源利用实现了促进菌株增殖的目的[18]。

为证实消化后LRS3的结构特性对乳酸乳球菌NZ9000增殖产生的影响，笔者课题组实验以各消化阶段LRS3作为培养基碳源，对其促乳酸乳球菌NZ9000增殖作用展开研究。研究表明，高直链玉米抗性淀粉（HAMS）可提高小鼠肠道双歧杆菌属在低pH、胆盐环境和肠道通路中的生存能力[19]，菌体对淀粉的黏附作用可能是提高细菌活力的机制之一[20, 21]；此外，Crittenden R等[22]还指出，黏附极有可能对菌株与淀粉的营养互作也具重要作用。

1. LRS3的制备和纯化

（1）LRS3的制备 将150g鲜莲破碎后分散于1L蒸馏水中，并将淀粉悬浮液在640W微波功率下加热3min，冷却至室温后，在4℃下保存24h。随后将糊化淀粉置于50℃烘箱中干燥6h，通过80目筛网过筛，得到粗提的LRS3。

（2）酶解纯化粗提的LRS3 一定质量的LRS3，加入蒸馏水，用pH=6.0的磷酸氢二钠–柠檬酸缓冲液调节至pH=5.0~6.0，加入过量的*α*–淀粉酶（500μg/g，取决于淀粉量），65℃水解2h。冷却至室温，4 moL/L柠檬酸调节pH=3.0~4.0，加入过量的葡萄糖淀粉酶（5000U/L，用量根据淀粉量计算），60℃水解1h，并冷却至室温。通过在100℃水浴中加热10min使酶失活。离心10min（4000r/min，4℃），去除上清液，用蒸馏水洗涤沉淀，离心（4000r/min，10min），去除上清液，重复3次。然后依次加入95%、85%、75%乙醇，洗涤沉淀（4000r/min，10min），去除上清液，得到LRS3–0沉淀，65℃热风干燥，粉碎并通过80目筛。

2. 体外消化过程

（1）唾液消化 将0.16g NaCl、0.02g KCl和0.02g *α*–淀粉酶加至100mL磷酸缓冲盐溶液（PBS）（10mmol/L，pH=7.0）中制成模拟唾液。将未经消化的2份LRS3（记为LRS3–0）分别与唾液以1∶1（质量比）混合后，37℃摇床100r/min振荡5min后离心处理（4000r/min，10min）。将上述混合物用0.1moL/L的磷酸缓冲液（pH=7.4）洗涤（4000r/min，15min）3次，倒出上清液。沉淀分别用95%、85%、75%乙醇各洗涤3次（4000r/min，15min），去上清液。65℃下热风干燥2h后粉碎，过80目筛回收LRS3样品记为LRS3–1，剩余混合液继续胃液消化实验。

（2）胃液消化 将0.32%胃蛋白酶和20g/L NaCl溶解于10mmol/L PBS缓冲液（pH=2.5）中制成模拟胃液。将唾液完成样与胃液以1∶1（质量比）混合后，37℃摇床100r/min振荡4h后离心处理（4000r/min，10min）。将上述混合物用0.1moL/L的磷酸缓冲液（pH=7. 4）洗涤（4000r/min，15min）3次，倒出上清液。沉淀分别用95%、85%、75%乙醇各洗涤3次（4000r/min，15min），去上清液。65℃下热风干燥2h后粉碎，过80目筛回收LRS3样品记为LRS3–2，剩余混合液用于小肠液消化实验。

（3）小肠液消化 将1g猪胰*α*–淀粉酶（24μg/mg）溶于100mL乙酸钠–盐酸缓冲液（0.1moL/L，pH=5.2）制成胰酶液；2g糖化酶（105μg/g）溶于相同缓冲液后移入25mL容量瓶中摇匀定容，纱布过滤后滤液为糖化酶液；0.4g胆盐溶于

10mL乙酸钠-盐酸缓冲液（0.1moL/L，pH=5.2）中制成胆盐溶液。然后，将胰酶液、糖化酶液和胆盐溶液以16：2：1（体积比）的比例混合制成模拟小肠液。取8mL小肠液转入同体积含LRS3的胃液完成样中，混合物于37℃摇床100r/min振荡16h后离心处理（4000g，10min）。将上述混合物用0.1moL/L的磷酸缓冲液（pH=7.4）洗涤（4000r/min，15min）3次，上清液倒出。沉淀分别用95%、85%、75%乙醇各洗涤3次（4000r/min，15min），去上清液。65℃下热风干燥2h后粉碎，过80目筛回收LRS3样品记为LRS3-3，剩余混合液用于结肠液消化实验。

（4）结肠液消化 将2g/L猪胃黏蛋白、1g/L胰液素、2g/L酪蛋白、0.2g/L半胱氨酸、0.1g/L血红素、0.01g/L蛋白胨、0.05g/L胆盐、0.18g/L尿素、0.6g/L木聚糖、0.6g/L果胶、0.6g/L支链淀粉、0.6g/L阿拉伯半乳聚糖溶于100mL PBS缓冲液制成结肠液，并调节pH为6.6~6.9，反应时间为8h。将上述混合物用0.1moL/L的磷酸缓冲液（pH=7.4）洗涤（4000r/min，15min）3次，倒出上清液。沉淀分别用95%、85%、75%乙醇各洗涤3次（4000r/min，15min），去上清液。65℃下热风干燥2h后粉碎，过80目筛回收LRS3样品记为LRS3-4。

结果如图3-4所示，6组不同碳源培养的菌株均在8h左右进入对数期，24h左右进入稳定期；但LRS3-0实验组菌株最大增殖速率和最大生长量均显著高于GLU和高HAMS对照组（P<0.05），说明LRS3均具有比另两种碳源更好的促乳酸乳球菌NZ9000增殖效果。且在对数生长期间，LRS3表现出与GLU和HAMS完全

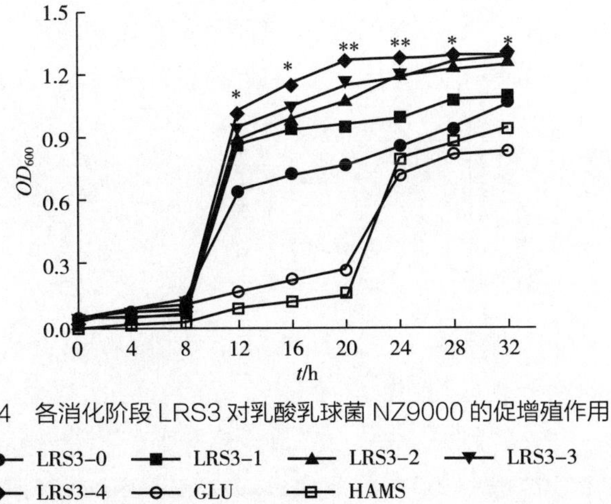

图 3-4 各消化阶段 LRS3 对乳酸乳球菌 NZ9000 的促增殖作用

注：*与**分别表示LRS3在20~36h具有显著性差异（P< 0.05）和极显著差异（P < 0.01）。

不同的促增殖现象。在菌株生长的8~16h中，LRS3组菌株的增殖速率明显高于对照组，这表明LRS3可被乳酸乳球菌NZ9000更快速有效的利用；而在16~24h则相反，增殖速率更趋于平缓，这可能是由于可被利用的LRS3营养水平逐渐降低，成为菌体增殖速率的关键限制因子所导致的。结合结构特性发现，LRS3-0结构松散，无定型程度高，推测乳酸乳球菌NZ9000快速增殖的原因是利用了RS的无定形区。

此外，经消化处理后的LRS3，极有可能对乳酸乳球菌NZ9000的增殖产生不同的影响。结果如图3-5所示，在0~8h时，菌株在所有培养基中的增殖速率相似，LRS3-0和GLU组稍高。所有LRS3实验组菌株在8h时进入对数生长期，而GLU和HAMS对照组则在8h时仍生长缓慢，20h后才开始快速增殖；实验组菌株的最终生长量也显著（$P<0.05$）或极显著（$P<0.01$）高于对照组。这表明无论是否经过消化液处理，LRS3均较GLU和HAMS更易被菌株利用。与消化前相比，消化处理后各LRS3组菌株的最大增殖速率和最大生长量均呈显著升高趋势（$P<0.05$）。此外，随着口腔、胃和小肠消化过程的进行，在底物浓度一致的前提下，菌株的最大增殖速率和最大生长量：LRS3-4>LRS3-3>LRS3-2>LRS3-1>LRS3-0（$P<0.05$），说明LRS3-4更易被乳酸乳球菌NZ9000快速彻底的利用，这可能与其经模拟消化液处理后导致的结构差异有关。经过体外消化处理后的LRS3更有利于乳酸乳球菌NZ9000的增殖，且由消化液导致的LRS3结构性解聚程度正向影响了其促菌株增殖效果，即消化处理后的抗性淀粉具有更好的益生作用，意味着RS结晶度的提高对促进菌株增殖有利，这与谢涛[23]的研究结果一致。

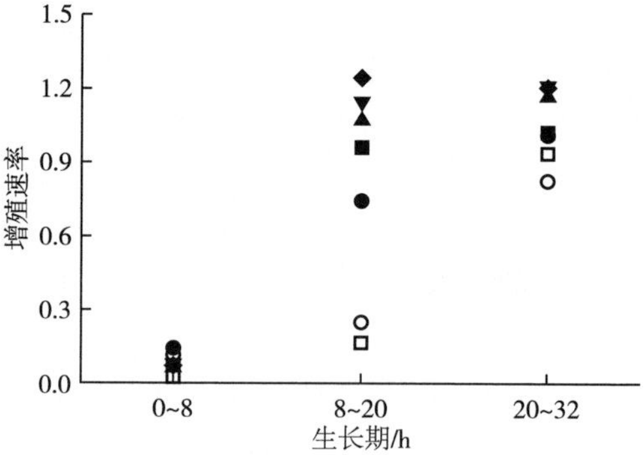

图 3-5　各消化阶段 LRS3 对乳酸乳球菌 NZ9000 在不同的增殖速率促增殖作用

● LRS3-0　■ LRS3-1　▲ LRS3-2　▼ LRS3-3　◆ LRS3-4　○ GLU　□ HAMS

以上结果表明，LRS3对乳酸乳球菌NZ9000的促增殖能力均随消化进程逐渐增强，这可能与消化环境对LRS3的解聚程度不同造成的结构差异有关；LRS3对乳酸乳球菌NZ9000的黏附结果与其促增殖能力呈正相关关系，推测黏附水平也受LRS3结构变化的影响，并可能是影响LRS3与乳酸乳球菌NZ9000营养互作关系的重要因素之一。

（四）不同方法制备莲子RS体外益生元作用的研究

1. 不同方法制备的莲子RS对双歧杆菌属和乳杆菌属生长过程的影响

笔者课题组的前期研究表明，压热法①制备的莲子RS对双歧杆菌属增殖的最优碳源浓度为20g/L[18]，因此在探讨压热法制备的莲子抗性淀粉（GP–LRS3）、微波制备的莲子抗性淀粉（MP–LRS3）、超声波辅助压热法制备的莲子抗性淀粉（UP–LRS3）对双歧杆菌属和乳杆菌属体外增殖时，我们以GLU和公认的HAMS为对照，选用统一的碳源浓度为20g/L。双歧杆菌属和乳杆菌属在GP–LRS3培养基、MP–LRS3培养基、UP–LRS3培养基、GLU培养基以及HAMS培养基中的生长曲线如图3–6所示。

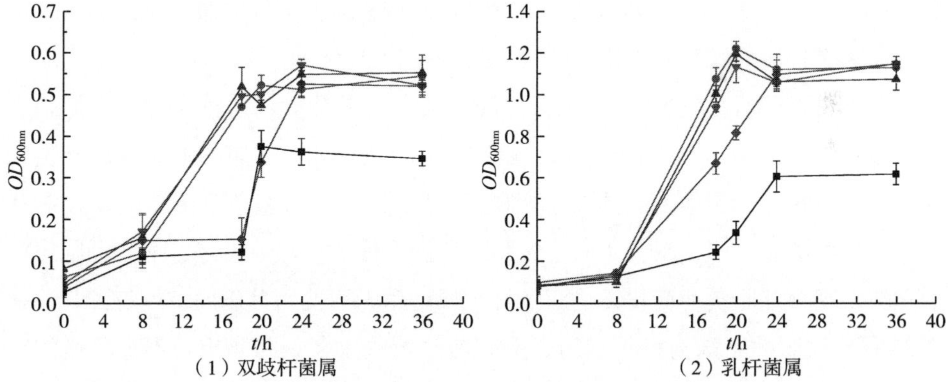

图 3–6　GP–LRS3、MP–LRS3 和 UP–LRS3 对双歧杆菌属和乳杆菌属生长过程的影响

GLU　GP–LRS3　MP–LRS3　UP–LRS3　HAMS

① 压热法：是一种通过应用高压和高温来改变样品结构和性质的实验方法。在压热法中，莲子淀粉被置于高压设备中，然后通过加热使其达到高温条件。——作者注

由图3–6（1）可以看出，双歧杆菌属在GP–LRS3、MP–LRS3和UP–LRS3培养基中生长速率高于GLU和HAMS培养基。双歧杆菌属在GP–LRS3、MP–LRS3和UP–LRS3培养基中培养8h后进入生长对数期，培养20h后进入稳定期，这与笔者课题组的前期研究结论一致[18]。在GLU和HAMS培养基中，双歧杆菌属生长迟滞期较长，培养18 h后才进入生长对数期。进入生长对数期后，虽然两种培养基中的双歧杆菌属数量都有所提高，但在培养18~20h HAMS培养基中的双歧杆菌属生长速率显著小于GLU培养基，在培养20~24h HAMS培养基中的双歧杆菌属生长速率明显大于GLU培养基，培养36h结束后，HAMS培养基菌体数接近GP–LRS3、MP–LRS3和UP–LRS3培养基，GLU培养基菌体数较少，这与我们的前期研究的结论基本一致[18]。

图3–6（2）中乳杆菌属的生长曲线图反映了同样的趋势，GP–LRS3、MP–LRS3和UP–LRS3比GLU和HAMS更有利于乳杆菌属增殖。在培养0~8h各培养基中乳杆菌属数量增长不显著。随着培养时间的延长，菌体数量逐渐增加，在培养8~18h（即生长对数期），各培养基中乳杆菌属数量显著增加。其中，GP–LRS3、MP–LRS3和UP–LRS3培养基中乳杆菌属数量增长速度最快，其次是HAMS培养基，GLU培养基中的乳杆菌属增长速率最慢。GP–LRS3、MP–LRS3和UP–LRS3培养基中的乳杆菌属在培养20h后率先进入了稳定期，而GLU培养基和HAMS培养基中的乳杆菌属在培养24h后才进入稳定期。

双歧杆菌属作为主要的益生菌，具有调整肠道菌群、防止便秘、降低结肠癌的发病率、缓解乳糖不耐症以及降低TC等功效；乳杆菌属能抑制病原微生物的生长、抑制肠道致病菌对肠上皮细胞的黏附、调节宿主免疫系统以及预防和治疗炎症性肠病[24, 25]，二者相辅相成共同维护人体的健康。另外，笔者课题组前期实验发现：莲子抗性淀粉促进双歧杆菌属增殖，可能与其表面结构有关[18]。莲子RS颗粒表面的特殊沟壑状结构能更好地保护益生菌免除肠道内不良环境的影响，使其更好地利用碳源，促进自身增殖。之前研究结果中，在电镜1000倍放大倍数下，GP–LRS3、MP–LRS3和UP–LRS3均显示出鳞片状及沟壑状的粗糙表面，而3种不同制备方法所得莲子RS对两种益生菌的生长确有促进作用。这进一步说明莲子RS表面的特殊沟壑状结构，更能保护益生菌免除肠道内不良环境的影响，使益生菌更好地利用碳源，促进其增殖。

2. 不同方法制备的莲子RS对双歧杆菌属和乳杆菌属代谢产物的影响

SCFAs是指有益菌发酵碳水化合物产生的有机酸，主要为乙酸、丙酸、丁酸。RS在结肠中经发酵后产生的SCFAs，不仅为机体提供了能量来源，而且有维持渗透压[26, 27]、降低肠道pH[28]、抑制腐败菌生长、促进有益菌增殖[29]、调节肝脂质、降血脂[30]、预防肿瘤[31]等作用。肠道产生SCFAs的能力与底物数量与类型、发酵程度、pH、微生物数量以及宿主肠道生理状态等因素有关[28, 32]。GP-LRS3、MP-LRS3和UP-LRS3对双歧杆菌属以及乳杆菌属代谢产物的影响如表3-5和表3-6所示。

表3-5　GP-LRS3、MP-LRS3和UP-LRS3对双歧杆菌属代谢产物的影响

时间 /h	浓度 /（μmol/mL）				
	GLU	GP-LRS3	MP-LRS3	UP-LRS3	HAMS
乙酸					
0h	$1.97 \pm 0.13^{d, AB}$	$2.32 \pm 0.28^{d, A}$	$2.16 \pm 0.08^{d, A}$	$1.91 \pm 0.15^{d, AB}$	$1.59 \pm 0.49^{c, B}$
8h	$3.57 \pm 0.25^{c, B}$	$5.38 \pm 0.63^{c, A}$	$5.89 \pm 0.70^{c, A}$	$4.90 \pm 1.09^{c, A}$	$2.41 \pm 0.11^{c, B}$
18h	$9.14 \pm 1.07^{b, C}$	$14.12 \pm 0.64^{b, A}$	$12.53 \pm 1.13^{b, AB}$	$11.97 \pm 1.24^{b, B}$	$9.69 \pm 1.74^{b, C}$
24h	$11.96 \pm 0.49^{a, B}$	$15.37 \pm 0.49^{a, A}$	$16.69 \pm 0.10^{a, A}$	$16.31 \pm 1.95^{a, A}$	$12.92 \pm 0.94^{a, B}$
丙酸					
0h	$1.26 \pm 0.06^{b, B}$	$1.37 \pm 0.05^{b, A}$	$1.37 \pm 0.04^{b, A}$	$1.37 \pm 0.05^{b, A}$	$1.37 \pm 0.03^{c, A}$
8h	$1.63 \pm 0.38^{b, AB}$	$1.37 \pm 0.05^{b, B}$	$1.43 \pm 0.00^{b, B}$	$1.42 \pm 0.03^{b, B}$	$1.86 \pm 0.06^{b, A}$
18h	$2.28 \pm 0.10^{a, AB}$	$2.07 \pm 0.13^{a, B}$	$2.06 \pm 0.10^{a, B}$	$1.99 \pm 0.24^{a, B}$	$2.60 \pm 0.35^{a, A}$
24h	$2.42 \pm 0.06^{a, A}$	$2.01 \pm 0.10^{a, A}$	$1.56 \pm 0.27^{b, B}$	$1.50 \pm 0.51^{ab, B}$	$2.37 \pm 0.16^{a, A}$
丁酸					
0h	$0.38 \pm 0.05^{b, A}$	$0.41 \pm 0.09^{c, A}$	$0.39 \pm 0.06^{d, A}$	$0.35 \pm 0.14^{d, A}$	$0.40 \pm 0.08^{c, A}$
8h	$0.44 \pm 0.10^{b, B}$	$0.91 \pm 0.06^{b, A}$	$0.85 \pm 0.10^{c, A}$	$0.92 \pm 0.06^{c, A}$	$0.56 \pm 0.12^{bc, B}$
18h	$0.45 \pm 0.03^{b, E}$	$1.06 \pm 0.02^{a, C}$	$1.41 \pm 0.05^{b, A}$	$1.22 \pm 0.08^{b, B}$	$0.7 \pm 0.06^{b, D}$
24h	$0.70 \pm 0.15^{a, E}$	$1.12 \pm 0.07^{a, C}$	$1.77 \pm 0.05^{a, A}$	$1.57 \pm 0.02^{a, B}$	$0.89 \pm 0.09^{a, D}$

续表

时间 /h	浓度 /（μmol/mL）				
	GLU	GP-LRS3	MP-LRS3	UP-LRS3	HAMS
乳酸					
0h	$0.50 \pm 0.06^{d, A}$	$0.55 \pm 0.03^{c, A}$	$0.45 \pm 0.20^{c, A}$	$0.46 \pm 0.11^{c, A}$	$0.41 \pm 0.08^{b, A}$
8h	$2.59 \pm 0.45^{c, B}$	$5.74 \pm 1.16^{a, A}$	$6.25 \pm 0.57^{b, A}$	$6.12 \pm 1.29^{b, A}$	$4.57 \pm 1.36^{a, A}$
18h	$4.94 \pm 0.85^{b, C}$	$7.23 \pm 0.88^{a, B}$	$9.25 \pm 1.04^{a, A}$	$9.25 \pm 0.87^{a, A}$	$6.73 \pm 1.04^{a, B}$
24h	$8.21 \pm 1.13^{a, A}$	$3.51 \pm 1.36^{b, C}$	$5.00 \pm 0.72^{b, BC}$	$5.03 \pm 0.56^{b, BC}$	$5.14 \pm 1.29^{a, B}$

注：小写字母表示同一碳源，不同时间相互之间差异显著（$P<0.05$）；大写字母表示同一时间，不同碳源相互之间差异显著（$P<0.05$）。

表3-6　GP-LRS3、MP-LRS3和UP-LRS3对乳杆菌属代谢产物的影响

时间 /h	浓度 /（μmol/mL）				
	GLU	GP-LRS3	MP-LRS3	UP-LRS3	HAMS
乙酸					
0h	$1.61 \pm 0.21^{c, B}$	$3.31 \pm 0.73^{c, A}$	$3.40 \pm 0.42^{b, A}$	$3.20 \pm 0.95^{d, A}$	$3.27 \pm 1.20^{b, A}$
8h	$1.56 \pm 0.80^{c, B}$	$4.39 \pm 0.14^{c, A}$	$4.96 \pm 0.77^{b, A}$	$4.86 \pm 0.08^{c, A}$	$4.30 \pm 1.24^{b, A}$
18h	$3.25 \pm 1.02^{b, C}$	$6.82 \pm 0.79^{b, A}$	$7.10 \pm 0.94^{a, A}$	$6.79 \pm 0.40^{b, A}$	$4.88 \pm 0.66^{ab, B}$
24h	$5.12 \pm 0.46^{a, B}$	$8.00 \pm 0.43^{a, A}$	$8.53 \pm 1.46^{a, A}$	$8.51 \pm 0.13^{a, A}$	$6.39 \pm 0.23^{a, B}$
丙酸					
0h	$0.36 \pm 0.06^{b, A}$	$0.38 \pm 0.03^{a, A}$	$0.37 \pm 0.06^{a, A}$	$0.36 \pm 0.06^{a, A}$	$0.41 \pm 0.03^{a, A}$
8h	$0.46 \pm 0.05^{a, A}$	$0.42 \pm 0.01^{a, A}$	$0.42 \pm 0.10^{a, A}$	$0.41 \pm 0.10^{a, A}$	$0.40 \pm 0.01^{a, A}$
18h	$0.42 \pm 0.05^{ab, A}$	$0.34 \pm 0.03^{a, A}$	$0.42 \pm 0.08^{a, A}$	$0.38 \pm 0.07^{a, A}$	$0.41 \pm 0.03^{a, A}$
24h	$0.43 \pm 0.02^{ab, A}$	$0.38 \pm 0.06^{a, A}$	$0.42 \pm 0.06^{a, A}$	$0.41 \pm 0.03^{a, A}$	$0.41 \pm 0.01^{a, A}$
丁酸					
0h	$0.31 \pm 0.09^{a, B}$	$0.44 \pm 0.06^{a, A}$	$0.42 \pm 0.08^{a, AB}$	$0.42 \pm 0.01^{a, AB}$	$0.42 \pm 0.01^{a, AB}$
8h	$0.44 \pm 0.03^{a, A}$	$0.48 \pm 0.02^{a, A}$	$0.47 \pm 0.04^{a, A}$	$0.45 \pm 0.10^{a, A}$	$0.46 \pm 0.02^{a, A}$
18h	$0.41 \pm 0.17^{a, A}$	$0.41 \pm 0.01^{a, A}$	$0.45 \pm 0.03^{a, A}$	$0.44 \pm 0.03^{a, A}$	$0.43 \pm 0.11^{a, A}$
24h	$0.44 \pm 0.02^{a, A}$	$0.46 \pm 0.14^{a, A}$	$0.45 \pm 0.01^{a, A}$	$0.43 \pm 0.05^{a, A}$	$0.42 \pm 0.15^{a, A}$

续表

时间 /h	浓度 / (μmol/mL)				
	GLU	GP-LRS3	MP-LRS3	UP-LRS3	HAMS
乳酸					
0h	4.63 ± 0.74[d, B]	4.49 ± 1.45[c, B]	4.36 ± 0.14[c, B]	4.45 ± 0.02[c, B]	6.47 ± 0.03[c, A]
8h	7.60 ± 0.31[c, B]	9.06 ± 0.73[b, AB]	9.53 ± 0.55[b, A]	8.58 ± 1.18[b, AB]	8.98 ± 0.90[b, AB]
18h	16.03 ± 0.9b[b, A]	11.01 ± 0.53[a, B]	11.61 ± 1.47[a, B]	12.48 ± 0.58[a, B]	12.70 ± 1.07[a, B]
24h	21.43 ± 0.34[a, A]	9.78 ± 0.81[ab, C]	10.16 ± 0.91[c, C]	10.15 ± 1.60[b, C]	12.29 ± 1.43[ab, B]

注：小写字母表示同一碳源，不同时间相互之间差异显著（$P<0.05$）；大写字母表示同一时间，不同碳源相互之间差异显著（$P<0.05$）。

乙酸是结肠内蛋白质降解和氨基酸发酵的主要产物，可以被许多组织摄取和利用，是机体从小肠不能消化吸收的碳水化合物中得到能量的主要途径[33]。由表3-5可知，随着双歧杆菌属培养时间的延长，GLU、GP-LRS3、MP-LRS3、UP-LRS3和HAMS培养基中乙酸的含量均有所增加，且GP-LRS3和MP-LRS3培养基中乙酸的含量始终高于GLU和HAMS培养基。在实验后期，各组乙酸增长速率变缓，这可能是由于此时的培养基环境pH降低，不足以使菌群结构恢复到有益产生乙酸的状态[34]。

丁酸是主要由拟杆菌属、真杆菌属（*Eubacterium*）以及梭菌属等发酵碳水化合物产生的有机酸，其对机体无不良反应[35]，具有为结肠盲肠供能、保护结肠黏膜、抑制肿瘤细胞增殖[36]、破坏癌细胞行为、促进正常结肠细胞生长[30]、降低结肠癌[37]发生概率等生理功能。由表3-5可知，随着双歧杆菌属培养时间的延长，GLU、GP-LRS3、MP-LRS3、UP-LRS3和HAMS培养基中的丁酸含量持续增加，且GP-LRS3、MP-LRS3和UP-LRS3培养基中的丁酸含量显著高于GLU和HAMS培养基（$P<0.05$），说明不同方法制备的莲子RS均能促进双歧杆菌属代谢产生对人有益的丁酸。通过对比GP-LRS3、MP-LRS3和UP-LRS3培养基中丁酸的含量发现：UP-LRS3和MP-LRS3促进双歧杆菌属产生丁酸的效果显著优于GP-LRS3。

有研究发现，双歧杆菌属可利用其发酵产生的丙酸或乳酸转化为丁酸，导致发酵过程中丙酸和丁酸的含量并无变化[38]；而GLU培养基中，若是碳源未被用尽，双歧杆菌属就不会转而利用乳酸转化成丁酸。由表3–5可知，GP–LRS3、MP–LRS3、UP–LRS3和HAMS培养基中丙酸和乳酸含量先增加后减少，GLU培养基中丙酸和乳酸含量只增不减，这说明在GP–LRS3、MP–LRS3、UP–LRS3和HAMS培养基中双歧杆菌属均能将发酵产生的丙酸和乳酸转化为丁酸。

由表3–6可知，乳杆菌属培养过程中培养基中的乙酸含量变化趋势与双歧杆菌属培养过程接近：GLU、GP–LRS3、MP–LRS3、UP–LRS3和HAMS培养基中的乙酸含量均有所增加，且GP–LRS3、MP–LRS3和UP–LRS3培养基中的乙酸含量始终高于GLU和HAMS培养基。但随着乳杆菌属培养时间的延长，各培养基中丁酸含量却无显著性提高，说明保加利亚乳杆菌很难利用抗性淀粉等有机物发酵产生丁酸，这与朱翠兰等[36]的研究结论一致。乳杆菌属的代谢培养过程中，GP–LRS3、MP–LRS3、UP–LRS3及HAMS培养基中乳酸含量同样先增加后减少，GLU培养基中乳酸含量只增不减。乳杆菌属培养基中丙酸的含量并无显著变化，可能是乳杆菌属很难利用有机物发酵产丙酸[39]。

3. 不同方法制备的莲子RS对双歧杆菌属和乳杆菌属在模拟胃肠道逆环境中耐受性的影响

生长曲线结果表明，GP–LRS3、MP–LRS3及UP–LRS3在非逆环境培养基中对双歧杆菌属和乳杆菌属具有显著的增殖作用，但益生菌在肠道内的生长状况还受胃肠道环境各因素的影响，故以下通过体外模拟胃肠道逆环境，以GLU和HAMS为对照，分别研究GP–LRS3、MP–LRS3及UP–LRS3对双歧杆菌属和乳杆菌属抗胆汁酸盐以及模拟胃肠液中耐受性的影响。

（1）不同方法制备的莲子RS对双歧杆菌属和乳杆菌属抗胆汁酸盐耐受性的影响 GP–LRS3、MP–LRS3、UP–LRS3、GLU及HAMS 5种培养基中双歧杆菌属和乳杆菌属对胆汁酸盐耐受性的影响如表3–7和表3–8所示。

由表3–7可得，在0.3 g/mL胆汁酸盐环境下培养双歧杆菌属12h后，其存活率较高，达50%以上，其中GP–LRS3、MP–LRS3以及UP–LRS3培养基中双歧杆菌属菌数显著高于GLU和HAMS培养基；1.0%胆汁酸盐环境培养双歧杆菌属 12h后，菌数大大减少，存活率也大大降低，但GP–LRS3、MP–LRS3以及UP–LRS3培养基中的双歧杆菌属菌数还是显著高于GLU和HAMS培养基（$P<0.05$），双歧杆菌属存活率仍然保持在50%以上；2.0%胆汁酸盐环境培养双歧杆菌属12h后，各培养基已无活菌数检出。

由表3-7可得，在0.3g/mL胆汁酸盐环境下培养乳杆菌属12h后，其存活率高达80%以上，其中GP-LRS3、MP-LRS3以及UP-LRS3培养基中乳杆菌属菌数均显著高于GLU和HAMS培养基（$P<0.05$）；GP-LRS3、MP-LRS3以及UP-LRS3在1.0 g/mL胆汁酸盐及2.0 g/mL胆汁酸盐培养环境下，对乳杆菌属胆汁酸盐耐受性的影响趋势与双歧杆菌属相近。

表3-7 双歧杆菌属在含胆汁酸盐的不同碳源培养基中的存活率

碳源	双歧杆菌属活菌数 /（lgCFU/g）				双歧杆菌属存活率 /%		
	0h	0.3%	1.0%	2.0%	0.3%	1.0%	2.0%
		12h			12h		
GLU	7.20 ± 0.15	5.60 ± 0.04[e]	3.78 ± 0.01[c]	ND	77.81 ± 1.48[c]	52.56 ± 0.91[b]	ND
GP-LRS3		6.25 ± 0.01[a]	4.05 ± 0.04[a]	ND	86.87 ± 1.65[a]	56.28 ± 0.61[a]	ND
MP-LRS3		5.86 ± 0.07[c]	3.91 ± 0.03[b]	ND	81.52 ± 1.11[b]	54.41 ± 0.76[ab]	ND
UP-LRS3		6.10 ± 0.03[b]	4.02 ± 0.04[a]	ND	84.78 ± 1.40[a]	55.87 ± 1.77[a]	ND
HAMS		5.70 ± 0.05[d]	3.76 ± 0.09[c]	ND	79.22 ± 1.94[bc]	52.26 ± 1.70[b]	ND

注：同一列中不同上标字母表示数值之间差异显著，$P<0.05$；ND 表示菌落数无法检出。

表3-8 乳杆菌属在含胆汁酸盐的不同碳源培养基中的存活率

碳源	乳杆菌属活菌数 /（lgCFU/g）				乳杆菌属存活率 /%		
	0h	0.3%	1.0%	2.0%	0.3%	1.0%	2.0%
		12h			12h		
GLU	8.57 ± 0.04	7.01 ± 0.03[d]	4.59 ± 0.05[d]	ND	81.84 ± 0.31[d]	53.57 ± 0.64[d]	ND
GP-LRS3		7.42 ± 0.01[a]	5.15 ± 0.02[a]	ND	86.66 ± 0.22[a]	60.07 ± 0.11[a]	ND
MP-LRS3		7.27 ± 0.02[b]	4.75 ± 0.03[c]	ND	84.85 ± 0.40[b]	55.45 ± 0.43[c]	ND
UP-LRS3		7.36 ± 0.01[a]	5.02 ± 0.04[b]	ND	85.95 ± 0.27[a]	58.63 ± 0.49[b]	ND
HAMS		7.11 ± 0.10[c]	4.51 ± 0.06[e]	ND	83.00 ± 0.91[c]	52.59 ± 0.89[d]	ND

注：同一列中不同上标字母表示数值之间差异显著，$P<0.05$；ND 表示菌落数无法检出。

（2）不同方法制备的莲子抗性淀粉对双歧杆菌属和乳杆菌属对模拟胃肠液耐受性的影响 GP-LRS3、MP-LRS3、UP-LRS3、GLU及HAMS 5种培养基中双歧杆菌属和乳杆菌属对模拟胃肠液耐受性的影响如表3-9和表3-10所示。

正常小肠的胆汁浓度为0.03~0.3g/mL[40]，益生菌只有能耐受胆汁酸盐形成的高渗透环境，才能更好地定植于小肠内。如表3-9和表3-10所示，GP-LRS3、MP-LRS3以及UP-LRS3培养基中的双歧杆菌属和乳杆菌属菌数高于GLU和HAMS培养基，但差异不显著（$P>0.05$），这说明GP-LRS3、MP-LRS3以及UP-LRS3能保护两种益生菌以减少胃肠道逆环境的影响。另外，对比GP-LRS3、MP-LRS3、UP-LRS3培养基中的双歧杆菌属和乳杆菌属菌数发现，GP-LRS3和UP-LRS3培养基中的双歧杆菌属和乳杆菌属胆汁酸盐耐受性高于MP-LRS3培养基。但差异不显著（$P>0.05$），其原因可能是MP-LRS3制备过程中，微波对直链淀粉的过度降解减少了双螺旋结构的形成[41]，导致MP-LRS3表面结构相对松散，从而引起其对有益菌的黏附作用降低；而在GP-LRS3和UP-LRS3的制备过程中，高温高压和超声波的作用使RS3的直链淀粉链增加，提高了回生阶段双螺旋结构数量和结晶质量，致使GP-LRS3和UP-LRS3的结构更加紧实[42]，从而引起其对有益菌黏附作用升高。

从表3-9可以看出，双歧杆菌属在模拟胃液和模拟肠液环境培养基中培养3h后其存活率相差不大，且每种碳源中双歧杆菌属菌数也无明显差异（$P>0.05$），这可能因为蛋白酶降低了双歧杆菌属和乳杆菌属对淀粉的黏附作用，使其暴露在胃肠环境，无法受到莲子抗性淀粉特殊结构的保护。乳杆菌属在模拟胃液和模拟肠液环境下的活菌数以及存活率的变化趋势与双歧杆菌属一样，均无显著性差异（$P>0.05$），如表3-10所示。

表3-9 双歧杆菌属在含模拟胃肠液的不同碳源培养基中的存活率

碳源	双歧杆菌属活菌数 /（lgCFU/g）			双歧杆菌属存活率 /%	
	0h	胃蛋白酶 -3h	胰蛋白酶 -3h	胃蛋白酶 -3h	胰蛋白酶 -3h
GLU	8.17 ± 0.02	6.83 ± 0.24^{a}	6.82 ± 0.02^{a}	83.63 ± 2.86^{a}	83.48 ± 0.39^{a}
GP-LRS3		6.86 ± 0.37^{a}	6.84 ± 0.01^{a}	83.92 ± 4.75^{a}	83.76 ± 0.33^{a}

续表

碳源	双歧杆菌属活菌数 /（lgCFU/g）			双歧杆菌属存活率 /%	
	0h	胃蛋白酶 -3h	胰蛋白酶 -3h	胃蛋白酶 -3h	胰蛋白酶 -3h
MP–LRS3	8.17 ± 0.02	6.85 ± 0.04[a]	6.84 ± 0.32[a]	83.87 ± 0.64[a]	83.75 ± 3.79[a]
UP–LRS3		6.86 ± 0.18[a]	6.85 ± 0.23[a]	84.02 ± 2.07[a]	83.81 ± 2.66[a]
HAMS		6.84 ± 0.04[a]	6.83 ± 0.30[a]	83.72 ± 0.44[a]	83.57 ± 3.56[a]

注：同一列中不同上标字母表示数值之间差异显著，$P<0.05$。

表3–10　乳杆菌属在含模拟胃肠液的不同碳源培养基中的存活率

碳源	乳杆菌属活菌数 /（lgCFU/g）			乳杆菌属存活率 /%	
	0h	胃蛋白酶 -3h	胰蛋白酶 -3h	胃蛋白酶 -3h	胰蛋白酶 -3h
GLU	8.43 ± 0.02	7.22 ± 0.17[a]	7.18 ± 0.02[a]	85.62 ± 2.15[a]	85.12 ± 0.17[a]
GP–LRS3		7.26 ± 0.02[a]	7.20 ± 0.07[a]	86.11 ± 0.32[a]	85.37 ± 0.88[a]
MP–LRS3		7.24 ± 0.10[a]	7.16 ± 0.09[a]	85.94 ± 1.07[a]	84.88 ± 1.02[a]
UP–LRS3		7.24 ± 0.02[a]	7.18 ± 0.15[a]	85.93 ± 0.38[a]	85.22 ± 1.99[a]
HAMS		7.22 ± 0.03[a]	7.19 ± 0.18[a]	85.64 ± 0.14[a]	85.35 ± 2.06[a]

注：同一列中不同上标字母表示数值之间差异显著，$P<0.05$。

以上结果表明，不同方法制备的莲子RS对益生菌的胃肠液耐受性的影响差异不显著。

（五）不同结构特性莲子RS体外益生作用的研究

RS作为一种膳食纤维可抵御胃肠道消化系统的分解作用，到达动物体中菌群分布最为密集的大肠，并成为肠道菌群的碳源。许多研究表明，RS可促进双歧杆菌属、乳杆菌属等多种益生菌的生长，同时可促进益生菌的产酸能力，将RS分解并产生乳酸、乙酸、丙酸、丁酸等有机酸，从而达到调控肠道环境的作用。也有研究表明，RS的益生作用也表现在控制有害菌的增殖，从而改变肠道菌群的分布。笔者课题组前期研究表明，莲子RS同样具有益生作用，且结构对其益生作用发挥具有一定程度的影响。因此，本节在前期莲子RS形成动力学基础上，选择7种结构具有差异性的莲子RS，研究其体外益生作用。分别研究不同结构特性的莲子RS对青春双歧杆菌ATCC15703及丁酸梭菌（*Clostridium butyricum*）DSM10702的生长情况及产酸情况的影响，并通过混合培养研究两种菌在混合体系下的生长、产酸情况；研究不同结构特性的莲子RS对粪便菌群的影响，阐明莲子RS结构对其益生作用的影响。

莲子抗性淀粉样品分别为LRS–70%、LRS–80%（LRS–4–1：回生温度4℃、回生时间1d的莲子抗性淀粉）、LRS–4–8（回生温度4℃、回生时间8d的莲子抗性淀粉）、LRS–25–1（回生温度25℃、回生时间1d的莲子抗性淀粉）、LRS–25–8（回生温度25℃、回生时间8d的莲子抗性淀粉）、LRS–4/25–1（4℃及25℃循环回生，回生间隔1d的莲子抗性淀粉）、LRS–4/25–8（4℃及25℃循环回生，回生间隔8d的莲子抗性淀粉）。采用压热法制备莲子抗性淀粉，分别选择80%、70%（质量分数）初始水分含量进行样品的制备。具体方法如下：称取5g莲子淀粉于250mL烧杯中，加入95mL蒸馏水，搅拌均匀后于高压灭菌锅中进行糊化，糊化温度121℃，糊化时间30min，取出糊化后的莲子淀粉并置于室温下自然冷却6h，置于4℃冷藏柜中回生24h；将回生后的莲子淀粉转移至组织捣碎机中，加入一定量蒸馏水，最大转速条件下搅拌2min，制成淀粉匀浆。所制得回生淀粉匀浆需进行酶解。加入500U/g的α–淀粉酶，90℃酶解2h；调节pH并降温后，加入5000μg/L淀粉葡糖苷酶继续酶解，60℃酶解1h。酶解后淀粉经离心、醇洗、水洗、烘干、粉碎后，即得莲子抗性淀粉LRS–95%。初始水分含量90%、80%、70%、60%、50%（质量分数）的莲子抗性淀粉的制备方法均按上述方法进行，分别命名为LRS–90%、LRS–80%、LRS–70%、LRS–60%、LRS–50%。

1. 莲子RS对青春双歧杆菌的影响

莲子RS对青春双歧杆菌的生长情况及培养基pH变化情况如图3–7所示。由图3–7（1）可知，不同结构特性的莲子RS对青春双歧杆菌的促增殖作用在0~16h间便体现出较为明显的差异。培养期间的前16h，LRS–4–8组表现出最为明显的促青春双歧杆菌增殖作用，而其他莲子RS组也表现出对青春双歧杆菌的促生长作用。说明多数莲子RS在培养前期（即前16h）可为青春双歧杆菌提供较为易得的碳源，且碳源可利用度较好。在16~48h，葡萄糖组培养基使青春双歧杆菌的数量保持在较为稳定状态。该结果与其他研究结论类似，可能是青春双歧杆菌的增长在16h后达到饱和并产生竞争性抑制，也可能是由于培养过程中培养基被青春双歧杆菌所产生的酸酸化，使得环境pH较低并且不利于青春双歧杆菌的进一步增殖。pH的抑制作用可由图3-7（2）证实，葡萄糖为碳源的培养基的pH在0~16h间下降最为明显并达到较其他碳源培养基更低的pH，并且在16h之后增殖缓慢且pH变化不明显。相比于葡萄糖为碳源的培养基，莲子RS为碳源培养的青春双歧杆菌在16~24h继续产酸并使培养基pH继续下降。以LRS-4/25-1及LRS-4/25-8为碳源培养基，青春双歧杆菌的数量在24h后开始下降，而其他莲子RS为碳源培养的青春双歧杆菌数量继续显著增长。不同温度下制备的莲子RS对青春双歧杆菌的影响呈现一定的规律性。根据48h时不同碳源培养基的*OD*值可知，LRS-25-1及LRS-25-8对青春双歧杆菌的增殖作用最为显著，其次为4℃下回生1d的莲子RS，最后为4/25℃下制备的莲子RS，且所有莲子RS对青春双歧杆菌的促增殖作用均高于葡萄糖。回生不同时间的莲子RS在促增殖作用上也表现出差异性，LRS-4-8对青春双歧杆菌的促增殖作用显著优于LRS-80%。由不同碳源培养基的pH变化可知，所有以莲子RS为碳源的青春双歧杆菌培养的pH均高于葡萄糖。其中，LRS-25-1组及LRS-25-8为碳源的培养基的pH均高于其他碳源培养基，而4℃及4/25℃条件下制备的莲子RS对青春双歧杆菌培养基pH的影响差

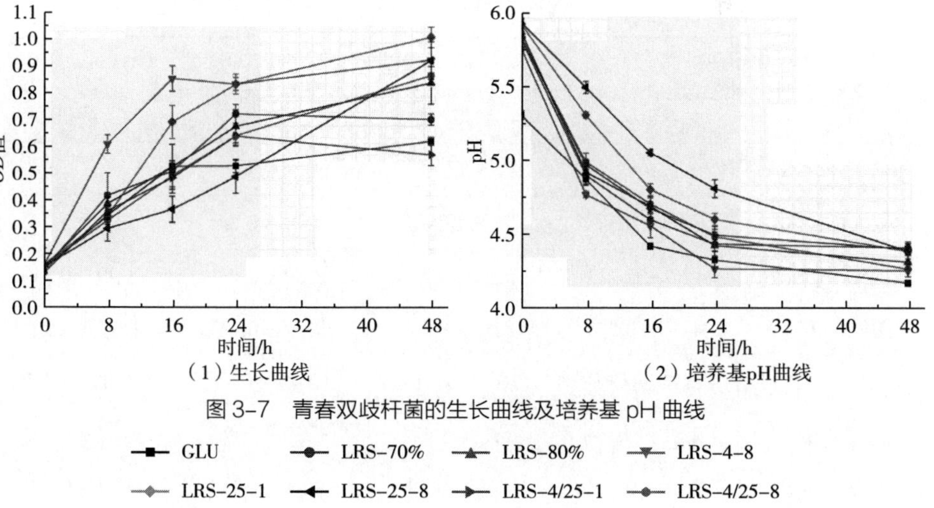

（1）生长曲线　（2）培养基pH曲线

图3-7　青春双歧杆菌的生长曲线及培养基pH曲线

异较小。结合青春双歧杆菌的增殖数据可知，pH可能是影响菌生长的重要因素之一。例如，以LRS-25-1及LRS-25-8为碳源的培养基对青春双歧杆菌的持续增殖最有利，且具有较好的控制pH下降作用。

青春双歧杆菌ATCC15703在不同碳源培养基影响下的产酸情况如表3-11所示。由表可知，不同碳源条件下培养的青春双歧杆菌均只产生乳酸及乙酸，该结果与美国国家生物技术信息中心（NCBI）中对该菌种的描述一致。青春双歧杆菌在不同碳源条件下的产乳酸情况较为统一，即随时间的延长，培养液中乳酸含量增加，不同碳源间产乳酸的量差异显著，以莲子RS为碳源的培养基中的乳酸量高于以葡萄糖为碳源的培养基。其中，青春双歧杆菌在以LRS-4-8为碳源的培养基中产乳酸最快且量最大，这与LRS-4-8对青春双歧杆菌的促增殖作用一致。LRS-25-1及LRS-25-8对青春双歧杆菌产乳酸的影响作用较强，两种碳源培养基在48h时的乳酸含量仅次于LRS-4-8。该现象可能与青春双歧杆菌在该环境下的稳定增长并持续产酸有关。青春双歧杆菌在不同碳源培养基中的产乙酸情况与其产乳酸情况类似，除LRS-25-1及LRS-25-8之外，青春双歧杆菌在以葡萄糖及其他RS为碳源的培养基中的菌量均随培养时间延长而增加。LRS-25-1及LRS-25-8为碳源的培养基中，在8h时产乙酸最多；但随培养时间延长，乙酸含量小幅度下降，这可能与乙酸被菌进一步利用有关。培养至48h后，以LRS-4-8为碳源的培养基中产乙酸最多，这与青春双歧杆菌在该环境下的快速增长有关。

表3-11　体外培养青春双歧杆菌的产乳酸及乙酸情况

样本	培养时间			
	8h	16h	24h	48h
	乳酸 /（mg/mL）			
GLU	3.85 ± 0.31^{e}	7.10 ± 0.36^{c}	7.30 ± 0.34^{f}	7.73 ± 0.24^{e}
LRS-70%	4.66 ± 0.14^{cd}	5.52 ± 0.45^{d}	8.80 ± 0.21^{c}	8.99 ± 0.31^{c}
LRS-80%	4.71 ± 0.21^{c}	5.61 ± 0.29^{d}	9.29 ± 0.37^{b}	8.62 ± 0.27^{d}
LRS-4-8	6.34 ± 0.37^{a}	10.11 ± 0.19^{a}	10.45 ± 0.14^{a}	10.87 ± 0.25^{a}
LRS-25-1	2.82 ± 0.14^{f}	5.11 ± 047^{e}	7.38 ± 0.56^{f}	9.04 ± 0.41^{c}
LRS-25-8	2.28 ± 0.19^{g}	7.69 ± 0.33^{b}	8.64 ± 0.18^{c}	9.77 ± 0.39^{b}

续表

样本	培养时间			
	8h	16h	24h	48h
	乳酸 /（mg/mL）			
LRS-4/25-1	4.49 ± 0.33^{d}	4.82 ± 0.21^{f}	7.81 ± 0.14^{e}	8.66 ± 0.36^{d}
LRS-4/25-8	5.15 ± 0.22^{b}	5.66 ± 0.17^{d}	8.06 ± 0.17^{d}	8.74 ± 0.11^{d}
	乙酸 /（mg/mL）			
GLU	13.77 ± 0.31^{d}	14.56 ± 0.11^{d}	15.03 ± 0.31^{d}	16.17 ± 0.36^{c}
LRS-70%	13.43 ± 0.37^{e}	14.28 ± 0.24^{e}	15.14 ± 0.27^{cd}	16.22 ± 0.46^{c}
LRS-80%	13.31 ± 0.14^{ef}	14.12 ± 0.21^{e}	15.07 ± 0.18^{cd}	16.17 ± 0.21^{c}
LRS-4-8	16.33 ± 0.36^{c}	17.24 ± 0.49^{a}	18.02 ± 0.37^{a}	18.25 ± 0.37^{a}
LRS-25-1	16.69 ± 0.43^{b}	16.43 ± 0.22^{c}	15.25 ± 0.22^{c}	15.92 ± 0.21^{d}
LRS-25-8	17.05 ± 0.21^{a}	17.06 ± 0.14^{b}	15.10 ± 0.27^{cd}	16.07 ± 0.49^{cd}
LRS-4/25-1	13.21 ± 0.17^{f}	14.14 ± 0.34^{e}	14.72 ± 0.48^{e}	15.28 ± 0.27^{e}
LRS-4/25-8	13.68 ± 0.33^{d}	14.30 ± 0.23^{e}	15.90 ± 0.36^{b}	17.23 ± 0.31^{b}

注：同一列中不同上标字母表示数值之间差异显著，$P<0.05$。

综上可知，莲子RS对青春双歧杆菌的促增殖、产酸及控制培养基pH下降等作用优于葡萄糖。其中，25℃下制备的莲子RS对青春双歧杆菌的促增殖作用最为显著，且对培养基pH下降的控制作用最为有效。

2. 莲子RS对丁酸梭菌的影响

不同碳源条件下丁酸梭菌的生长曲线及培养基pH变化情况如图3-8所示。由图3-8（1）可知，莲子RS对丁酸梭菌的促增殖作用在8h内明显优于葡萄糖，所对应的培养基pH也在8h内下降明显。除LRS-25-1及LRS-25-8之外，以其他莲子RS为碳源的培养基的pH与葡萄糖培养基无显著差异。在8~16h，以葡萄糖为碳源的培养基使丁酸梭菌继续增长，而以莲子RS为碳源的培养基中丁酸梭菌数量呈不同程度的下降，这可能与培养基的pH过低有关。在0~8h内以莲子RS为培养基的丁酸梭菌数量暴增并使得其pH骤降，并对丁酸梭菌的增殖产生抑制作用。16~48h间，以葡萄糖为碳源的培养基中丁酸梭菌的数量继续增长后呈现下降趋势，其光密度（*OD*）值在24h时达到峰值。相同时间段内，以莲子抗性淀粉为碳源的培养基中的丁酸梭菌数量在经小幅下降后继续上升，该现象可能与培养基的pH变化及菌对逆环境的适应性有关。

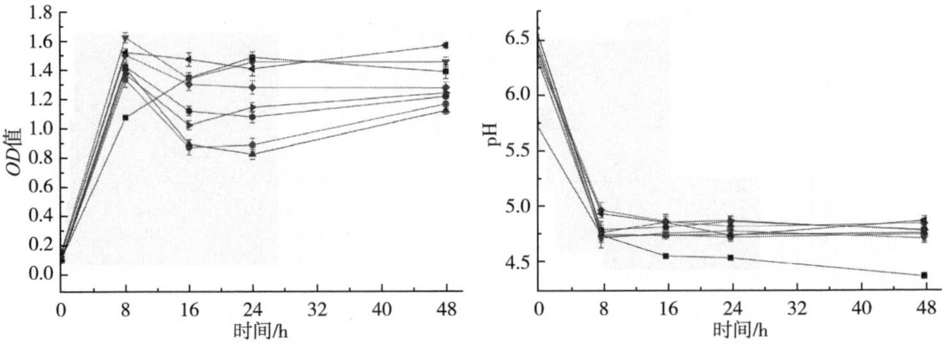

（1）生长曲线　　（2）培养基pH曲线

图 3-8　丁酸梭菌生长曲线及培养基 pH 曲线

由图3-8（2）可知，葡萄糖组的pH随丁酸梭菌的生长持续下降，并且在8h后开始低于以莲子RS为碳源的培养基。相比之下，以莲子RS为碳源的培养基的pH在经历前8h的骤降后保持较为稳定的水平；pH稳定的原因可能是丁酸梭菌在24~48h内继续增长；且添加不同莲子RS的培养基间pH差异较小，pH均分布于4.7~5.0间。不同温度下制备的莲子RS对丁酸梭菌的促增殖作用不同。其中，LRS-4-8、LRS-25-1及LRS-25-8对丁酸梭菌的促增殖作用较好，其次为LRS-4/25-1及LRS-4/25-8，再次为LRS-80%。

丁酸梭菌DSM10702在不同碳源培养基中的产酸情况如表3-12所示。丁酸梭菌在不同碳源培养基中的乳酸含量均为先增长后缓慢下降。尽管不同碳源培养基中乳酸浓度达到峰值的时间不统一，但不同碳源培养基在24h后均出现乳酸含量下降的趋势。不同碳源培养基中，以葡萄糖组培养基中的乳酸含量最高，且乙酸浓度差异较为明显。其中，葡萄糖组培养基乙酸含量最低，而LRS-25-1组及LRS-25-8组培养基中的乙酸含量最高。此外，乙酸含量在不同碳源培养基中的变化情况差异显著。葡萄糖组培养基中乙酸浓度在前24h随培养时间增加而上升，但在48 h时浓度下降；莲子RS组培养基中的乙酸浓度在8h前快速上升，在

8~16h或24h时开始下降，在24~28h后再次缓慢上升。丁酸梭菌在不同碳源培养基中的产丙酸情况差异较大，但在时间维度上未表现出明显的变化规律。其中，在葡萄糖组培养基中未发现丙酸。此外，不同莲子RS对丁酸梭菌产丙酸的影响程度也不同，LRS-25-1及LRS-25-8对丁酸梭菌产丙酸最有利，而LRS-70%、LRS-80%对其产丙酸的促进作用较弱。不同碳源培养基在被丁酸梭菌利用后均产生丁酸，并且丁酸浓度在时间上呈一定的变化趋势，即先增后减，但丁酸浓度出现峰值的时间不一致。不同碳源对丁酸梭菌的产丁酸作用不同，当发酵时间达到16~48h后，LRS-25-1组及LRS-25-8组培养基中的丁酸浓度均高于其他碳源的培养基。

表3-12　体外培养对丁酸梭菌产酸情况的影响

样本	培养时间			
	8h	16h	24h	48h
	乳酸 /（mg/mL）			
GLU	10.60 ± 0.31[a]	9.27 ± 0.34[a]	8.47 ± 0.31[a]	8.52 ± 0.21[a]
LRS-70%	5.05 ± 0.22[f]	5.31 ± 0.21[e]	5.01 ± 0.22[c]	4.46 ± 0.37[d]
LRS-80%	4.85 ± 0.15[g]	5.16 ± 0.22[ef]	4.77 ± 0.27[d]	4.41 ± 0.25[d]
LRS-4-8	5.89 ± 0.39[d]	5.03 ± 0.27[f]	4.11 ± 0.29[e]	4.79 ± 0.29[c]
LRS-25-1	7.79 ± 0.21[c]	5.49 ± 0.09[d]	6.82 ± 0.14[b]	6.36 ± 0.31[b]
LRS-25-8	8.37 ± 0.33[b]	7.00 ± 0.21[b]	6.91 ± 0.37[b]	6.46 ± 0.14[b]
LRS-4/25-1	5.41 ± 0.21[e]	5.73 ± 0.37[c]	4.66 ± 0.27[d]	4.30 ± 0.22[d]
LRS-4/25-8	5.31 ± 0.14[e]	5.64 ± 0.31[cd]	5.13 ± 0.31[c]	4.76 ± 0.37[c]
	乙酸 /（mg/mL）			
GLU	12.97 ± 0.37[h]	14.66 ± 0.37[g]	14.84 ± 0.21[f]	14.13 ± 0.33[g]
LRS-70%	16.75 ± 0.14[f]	16.42 ± 0.18[d]	17.92 ± 0.34[c]	17.99 ± 0.31[d]
LRS-80%	15.89 ± 0.25[g]	15.64 ± 0.29[f]	17.00 ± 0.20[d]	18.02 ± 0.21[d]
LRS-4-8	17.63 ± 0.39[d]	16.08 ± 0.37[e]	16.64 ± 0.42[e]	17.69 ± 0.27[e]
LRS-25-1	20.69 ± 0.33[b]	18.90 ± 0.21[a]	18.81 ± 0.51[a]	19.51 ± 0.33[b]
LRS-25-8	22.06 ± 0.34[a]	19.06 ± 0.15[a]	18.41 ± 0.37[b]	19.87 ± 0.31[a]
LRS-4/25-1	17.89 ± 0.27[c]	17.23 ± 0.33[b]	16.69 ± 0.27[e]	19.15 ± 0.12[c]
LRS-4/25-8	17.35 ± 0.17[e]	17.03 ± 0.30[c]	16.65 ± 0.33[e]	17.07 ± 0.41[f]

续表

样本	培养时间			
	8h	16h	24h	48h
	丙酸 /（mg/mL）			
GLU	0.00 ± 0.00^{h}	0.00 ± 0.00^{g}	0.00 ± 0.00^{g}	0.00 ± 0.00^{h}
LRS–70%	15.71 ± 0.41^{g}	10.60 ± 0.34^{f}	12.47 ± 0.37^{f}	17.70 ± 0.4^{f}
LRS–80%	17.07 ± 0.37^{f}	10.52 ± 0.16^{f}	17.72 ± 0.47^{e}	14.61 ± 0.16^{g}
LRS–4–8	26.01 ± 0.16^{d}	31.72 ± 0.48^{e}	35.71 ± 0.45^{d}	30.86 ± 0.34^{e}
LRS–25–1	47.08 ± 0.29^{a}	37.67 ± 0.17^{a}	40.50 ± 0.27^{b}	54.28 ± 1.11^{b}
LRS–25–8	34.21 ± 0.46^{b}	35.59 ± 0.71^{b}	47.03 ± 0.39^{a}	55.03 ± 1.24^{a}
LRS–4/25–1	24.11 ± 0.31^{e}	33.61 ± 0.88^{c}	35.76 ± 1.05^{d}	32.23 ± 1.29^{d}
LRS–4/25–8	26.64 ± 0.27^{c}	32.41 ± 0.91^{d}	36.04 ± 0.37^{c}	35.00 ± 1.33^{c}
	丁酸 /（mg/mL）			
GLU	13.37 ± 0.34^{d}	13.86 ± 0.34^{e}	13.73 ± 0.21^{e}	12.37 ± 0.34^{g}
LRS–70%	13.92 ± 0.37^{c}	13.27 ± 0.25^{f}	13.11 ± 0.33^{f}	12.73 ± 0.28^{f}
LRS–80%	15.43 ± 0.24^{a}	13.25 ± 0.31^{f}	13.71 ± 0.24^{e}	13.23 ± 0.19^{e}
LRS–4–8	14.68 ± 0.33^{b}	16.68 ± 0.33^{b}	13.94 ± 0.47^{d}	16.13 ± 0.33^{c}
LRS–25–1	14.68 ± 0.25^{b}	19.24 ± 0.22^{a}	19.45 ± 0.28^{b}	17.37 ± 0.27^{b}
LRS–25–8	11.97 ± 0.34^{e}	19.13 ± 0.37^{a}	19.89 ± 0.26^{a}	17.74 ± 0.14^{a}
LRS–4/25–1	15.34 ± 0.43^{a}	16.27 ± 0.33^{c}	15.90 ± 0.33^{c}	15.70 ± 0.02^{d}
LRS–4/25–8	14.59 ± 0.51^{b}	16.05 ± 0.21^{d}	15.85 ± 0.41^{c}	15.58 ± 0.28^{d}

注：同一列中不同上标字母表示数值之间差异显著，$P<0.05$。

3. 莲子抗性淀粉对丁酸梭菌及青春双歧杆菌混合菌生长变化及培养基pH变化的影响

不同碳源条件下丁酸梭菌及青春双歧杆菌混合菌生长变化及培养基pH变化如图3–9所示。不同碳源对混合菌生长的影响作用具有显著差异。其中，LRS–4–8组、LRS–4/25–1组及LRS–4/25–8组培养基对混合菌生长具有较为明显的促增殖作用，且使混合菌在8h内快速增殖至较高水平，且*OD*值保持在其他碳源培养基之上。LRS–25–1组、LRS–25–8组及葡萄糖组中的混合菌的生长具有相似的变化趋势，其菌液*OD*值在培养24h后达到平稳，且三者间的*OD*值无明显差异。LRS–70%组及LRS–80%组培养基中丁酸梭菌数量变化趋势类似，培养液*OD*值在48h内保持平稳增长。

在培养基的pH变化方面，葡萄糖组培养基的pH在24h后开始平稳，并保持低于其他碳源培养基。LRS–70%组及LRS–80%组培养基对混合菌的生长不利且控制培养基pH降低的能力也较差。反之，LRS–4–8、LRS–4/25–1及LRS–4/25–8的促增殖作用最大，且对pH降低的控制能力也较好，其次是LRS–25–1、LRS–25–8。

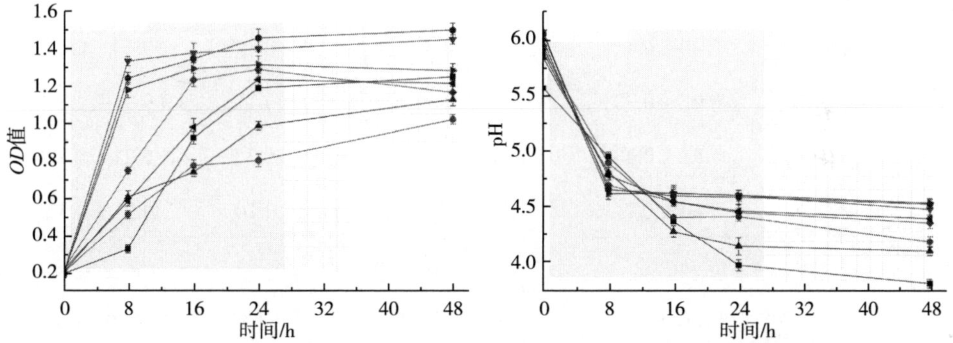

（1）生长曲线　　（2）培养基pH曲线

图 3-9　混合菌生长曲线及培养基 pH 曲线

GLU　LRS–70%　LRS–80%　LRS–4–8
LRS–25–1　LRS–25–8　LRS–4/25–1　LRS–4/25–8

青春双歧杆菌及丁酸梭菌混合菌在不同碳源培养基影响下的产酸情况如表3–13所示。如表3–13所示，不同碳源对混合菌的产乳酸情况较为一致，不同碳源培养基中的乳酸浓度均随培养时间延长呈上升趋势。在不同碳源培养基中，葡萄糖组中混合菌的产乳酸作用最强，其次为LRS–70%组及LRS–80%组。不同碳源对混合菌的产乙酸能力影响程度不同，乙酸含量在不同碳源培养基中均随培养时间延长呈上升趋势，其中，葡萄糖、LRS–70%及LRS–80%对混合菌的产乙酸作用最强。不同碳源培养基中均未检测到丙酸。以葡萄糖、LRS–70%及LRS–80%为碳源的培养基中未发现丁酸，其他碳源培养基的丁酸含量变化随培养时间延长呈先上升后下降趋势。其中，以LRS–25–1及LRS–25–8为碳源的培养基中丁酸含量最高。

表3-13 体外培养青春双歧杆菌及丁酸梭菌混合菌的产酸情况

样本	培养时间			
	8h	16h	24h	48h
	乳酸 /（mg/mL）			
GLU	6.28 ± 0.24^{e}	9.84 ± 0.12^{c}	10.80 ± 0.64^{c}	12.09 ± 0.12^{c}
LRS-70%	10.08 ± 0.33^{a}	10.91 ± 0.31^{b}	11.19 ± 0.12^{b}	11.35 ± 0.30^{a}
LRS-80%	10.07 ± 0.19^{a}	11.15 ± 0.22^{a}	11.45 ± 0.33^{a}	11.55 ± 0.31^{b}
LRS-4-8	4.28 ± 0.31^{g}	4.45 ± 0.11^{f}	4.75 ± 0.14^{g}	5.26 ± 0.21^{f}
LRS-25-1	8.20 ± 0.41^{c}	9.29 ± 0.31^{d}	9.14 ± 0.19^{e}	9.64 ± 0.64^{e}
LRS-25-8	6.97 ± 0.33^{d}	9.44 ± 0.24^{d}	9.81 ± 0.17^{d}	9.91 ± 0.27^{d}
LRS-4/25-1	8.85 ± 0.48^{b}	4.99 ± 0.26^{e}	5.51 ± 0.30^{f}	5.21 ± 0.22^{f}
LRS-4/25-8	5.44 ± 0.21^{f}	4.91 ± 0.36^{e}	4.69 ± 0.14^{g}	4.97 ± 0.31^{g}
	乙酸 /（mg/mL）			
GLU	15.91 ± 0.61^{d}	17.79 ± 0.34^{c}	19.18 ± 0.31^{b}	19.96 ± 0.70^{a}
LRS-70%	17.77 ± 0.44^{a}	18.72 ± 0.14^{b}	19.32 ± 0.25^{ab}	19.36 ± 0.33^{b}
LRS-80%	17.79 ± 0.37^{a}	19.01 ± 0.36^{a}	19.46 ± 0.77^{a}	19.32 ± 0.61^{b}
LRS-4-8	16.37 ± 0.41^{b}	16.16 ± 0.18^{f}	17.26 ± 0.91^{c}	17.67 ± 0.25^{c}
LRS-25-1	15.82 ± 0.33^{d}	16.65 ± 0.37^{e}	16.87 ± 0.34^{d}	17.07 ± 0.33^{e}
LRS-25-8	15.73 ± 0.24^{d}	16.96 ± 0.47^{d}	16.61 ± 0.22^{e}	17.07 ± 0.41^{e}
LRS-4/25-1	16.51 ± 0.34^{b}	16.08 ± 0.51^{f}	16.45 ± 0.34^{e}	16.93 ± 0.37^{e}
LRS-4/25-8	16.16 ± 0.47^{c}	16.09 ± 0.33^{f}	17.25 ± 0.37^{c}	17.38 ± 0.28^{d}
	丁酸 /（mg/mL）			
GLU	0.00 ± 0.00^{d}	0.00 ± 0.00^{e}	0.00 ± 0.00^{f}	0.00 ± 0.00^{e}
LRS-70%	0.00 ± 0.00^{d}	0.00 ± 0.00^{e}	0.00 ± 0.00^{f}	0.00 ± 0.00^{e}
LRS-80%	0.00 ± 0.00^{d}	0.00 ± 0.00^{e}	0.00 ± 0.00^{f}	0.00 ± 0.00^{e}
LRS-4-8	4.88 ± 0.31^{b}	8.24 ± 0.34^{cd}	8.11 ± 0.15^{d}	8.03 ± 0.34^{c}

续表

样本	培养时间			
	8h	16h	24h	48h
	丁酸 /（mg/mL）			
LRS–25–1	7.73 ± 0.27[a]	9.09 ± 0.22[a]	10.28 ± 0.22[a]	8.51 ± 0.15[b]
LRS–25–8	7.75 ± 0.33[a]	8.52 ± 0.10[b]	9.76 ± 0.31[b]	9.08 ± 0.36[a]
LRS–4/25–1	4.03 ± 0.24[c]	8.16 ± 0.24[d]	6.82 ± 0.22[e]	6.51 ± 0.22[d]
LRS–4/25–8	4.91 ± 0.18[b]	8.39 ± 0.18[bc]	8.35 ± 0.41[c]	7.97 ± 0.31[c]

注：同一列中不同上标字母表示数值之间差异显著，$P<0.05$。

二、莲子抗性淀粉降血糖功能的研究

（一）莲子RS降血糖功效的研究

糖尿病是严重威胁人类健康的慢性疾病之一，糖尿病已成全球公共医疗卫生的严峻挑战和医疗卫生费用支出的巨大负担[43]。糖尿病需要终身治疗，目前广泛采用的口服降血糖药物或胰岛素治疗作用直接且见效快，但是易出现低血糖症和胃肠道不适等不良反应和副作用[44]。健康的生活方式（主要包括运动和科学饮食）可以有效地预防糖尿病，并且减少和延缓并发症的发生[45]。国内外的研究表明，膳食纤维具有显著降血糖作用，而富含膳食纤维的饮食能够有效预防和治疗糖尿病等一系列慢性疾病。RS是一种具有降血糖功效的新型膳食纤维，且兼具类似于淀粉的优良加工特征，适合于开发具有预防和控制糖尿病的功能性食品[46]。

笔者课题组以昆明小鼠为实验动物，采用了STZ注射结合高糖高脂饮食诱导建立2型糖尿病小鼠模型。以健康小鼠为阴性对照，无处理的糖尿病小鼠为阳性对照，测定低、中、高剂量的莲子RS对实验小鼠摄食及体重变化情况、空腹血糖值、口服葡萄糖耐受量、血脂4项指标和血清胰岛素水平等，评价莲子抗性淀粉对2型糖尿病小鼠的降血糖功效。

1. 莲子RS对小鼠形态的影响

在实验过程中，对实验小鼠的形态进行观察。阴性对照组（NC）的小鼠活动自如，行动敏锐，饮食正常，毛发光亮，精神状态良好；糖尿病对照组（DC）的小鼠，均表现出多食、多饮和多尿等典型的糖尿病症状，伴随出现活动量减少，精神萎靡，毛色光泽度差，体型逐渐消瘦。莲子RS的低、中、高剂量组中的小鼠，虽然表现出相应的糖尿病典型症状，但是各类症状都得到一定程度的缓解，具体表现为小鼠的活力、精神状态和毛发等方面均优于DC组小鼠。所有组均未见拒食、腹泻、肿瘤等异常状况。

2. 莲子RS对小鼠采食量的影响

与阴性对照组中的健康小鼠相比较，糖尿病组［包括DC、RS-5（RS低剂量组）、RS-10（RS中剂量组）和RS-15（RS高剂量组）］小鼠的采食量显著增高（$P<0.05$）。由于糖尿病的典型症状之一是多食，这与实验观察到的结果相一致。在所有的糖尿病小鼠中，与以基础饲料喂养的糖尿病对照小鼠比较，饲料中含有不同剂量的莲子RS均能导致小鼠的采食量呈现下降趋势，且与添加量呈正相关。这主要是由于RS与膳食纤维一样，进入消化系统后表现出溶胀及不消化性，容易产生饱腹感。RS的添加量越高，产生的饱腹感越强烈且持续时间越长，故而使得采食量呈下降趋势，但未达到显著性水平（$P>0.05$）。对小鼠采食量测定的结果说明，在5%~15%剂量的范围内添加莲子RS，在一定程度上减少糖尿病小鼠的采食量，但没有达到显著影响。小鼠在实验过程中的采食量结果如表3-14所示。

表3-14　莲子RS对糖尿病小鼠摄食量的影响

组别	采食量 /g			
	第 1 周	第 2 周	第 3 周	第 4 周
NC	53.5 ± 3.6*	52.3 ± 2.9*	56.5 ± 3.9*	55.6 ± 4.2*
DC	65.8 ± 4.3	62.4 ± 3.7	68.2 ± 6.5	71.3 ± 8.5
RS-5	64.1 ± 5.8	61.6 ± 5.2	65.2 ± 5.6	70.2 ± 6.6
RS-10	63.2 ± 6.1	60.3 ± 4.9	63.8 ± 5.5	67.8 ± 5.5
RS-15	61.7 ± 7.2	59.8 ± 4.6	62.1 ± 6.1	63.5 ± 8.1

注：NC：阴性对照组；DC：糖尿病对照组；RS-5：RS 低剂量组；RS-10：RS 中剂量组；RS-15：RS 高剂量组。

实验数据用平均值 ± 标准差表示（n=12）。

*表示与 DC 组比较具有显著性差异（$P<0.05$）。

3. 莲子RS对小鼠体重的影响

在实验过程中，小鼠可自由摄食和饮水，每2周记录1次体重，结果如表3-15和图3-10所示。在实验开始阶段，各组小鼠由于前期经过高糖高脂饲料的喂养，呈现一定的肥胖症状，初始体重达到47.6~48.3g，但各组小鼠的体重基本保持一致，未见任何显著性差异（$P>0.05$）。实验期间，阴性对照组中的小鼠体重随着时间正常增长，而糖尿病组中的小鼠受到高血糖及其他并发症的影响，体重增长受到明显的抑制，在第14天体重开始下降，在实验结束的第28天，体重由最初的（48.3 ± 2.1）g下降至（46.5 ± 1.5）g。以糖尿病组中的小鼠体重为对照，阴性对照组中的健康小鼠的体重增长明显，体重由最初的（48.1 ± 1.7）g增长至第28天的（55.4 ± 2.0）g，其最终体重的差异达到了极显著水平（$P<0.01$）；而接受莲子RS饲养的3组小鼠在第14天的时候体重出现轻微下降，但在第28天的时候均已呈现出体重增长的趋势。其中，与糖尿病对照组中的小鼠最终体重比较，RS-10组小鼠体重增加明显，差异达到了显著性水平（$P<0.05$），而RS-5和RS-10组无显著性差异。结果表明，从体重的变化看，喂食莲子RS具有缓解糖尿病小鼠体重下降的作用，其中以添加10%莲子RS的剂量效果最为显著。

表3-15　莲子RS对糖尿病小鼠体重的影响

组别	体重 /g		
	0d	14d	28d
NC	48.1 ± 1.7	51.6 ± 2.3**	55.4 ± 2.0**
DC	48.3 ± 2.1	47.6 ± 1.7	46.5 ± 1.5
RS-5	47.6 ± 2.0	47.1 ± 1.2	47.6 ± 1.9
RS-10	47.9 ± 1.9	47.3 ± 1.9	49.8 ± 1.8*
RS-15	47.7 ± 2.0	47.1 ± 1.6	48.2 ± 1.8

注：NC：阴性对照组；DC：糖尿病对照组；RS-5：RS 低剂量组；RS-10：RS 中剂量组；RS-15：RS 高剂量组。
实验数据用平均值 ± 标准差表示（n=12）。
* 表示与DC组比较具有显著性差异（$P<0.05$）；** 表示与DC组比较具有极显著性差异（$P<0.01$）。

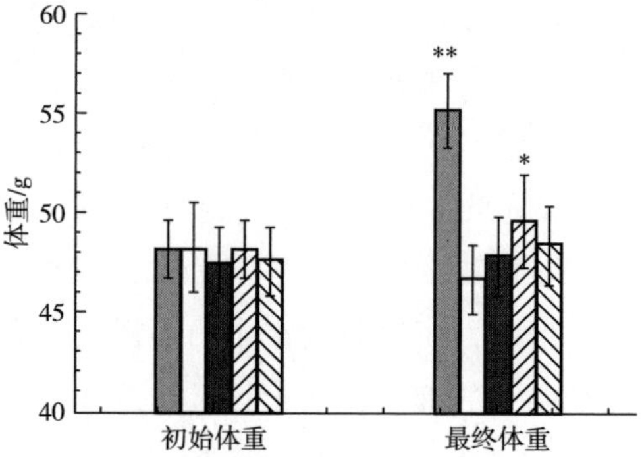

图 3-10　莲子 RS 对糖尿病小鼠体重的影响

NC　DC　RS-5　RS-10　RS-15

注：NC：阴性对照组；DC：糖尿病对照组；RS-5：RS低剂量组；RS-10：RS中剂量组；RS-15：RS高剂量组。

*表示与DC组比较具有显著性差异（$P<0.05$）；**表示与DC组比较具有极显著性差异（$P<0.01$）。

4. 莲子RS对糖尿病小鼠空腹血糖的影响

阴性对照组小鼠的空腹血糖水平在实验期间一直稳定在5~6mmol/L的正常范围内，而糖尿病组的4组小鼠的血糖值均大于12mmol/L，证明糖尿病造模成功。糖尿病对照组小鼠由于只进行基础饲料喂养，因此其高血糖症状一直贯穿于整个实验阶段，具体表现在空腹血糖水平持续处于较高水平。与糖尿病对照组小鼠比较，喂食不同剂量莲子RS的糖尿病小鼠的空腹血糖水平从第7天开始下降，在第14天时表现出显著性差异，在实验结束时（第28天），RS-5、RS-10和RS-15组的糖尿病小鼠的空腹血糖水平相对于糖尿病对照组小鼠分别下降了16.0%、32.0%和33.6%，达到了极显著性差异（$P<0.01$）。莲子RS对糖尿病小鼠空腹血糖的影响如图3-11所示。

实验结果表明，不同剂量的莲子RS对糖尿病小鼠均有良好的降血糖功效，其中以添加10%和15%的莲子RS的剂量降血糖效果较好。

5. 莲子RS对糖尿病小鼠糖耐量的影响

口服葡萄糖耐量实验（OGTT）是一种葡萄糖负荷实验，用以了解胰岛B细胞功能和判断机体对血糖的代谢调节能力。糖尿病小鼠经灌胃2.0g/kg（bw）剂量的葡萄糖溶液后，2h之内的血糖值变化情况如表3-16所示。在0h时，糖尿病小鼠的血糖值为12.65mmol/L，阴性对照组的健康小鼠的血糖值为6.80mmol/L，而经

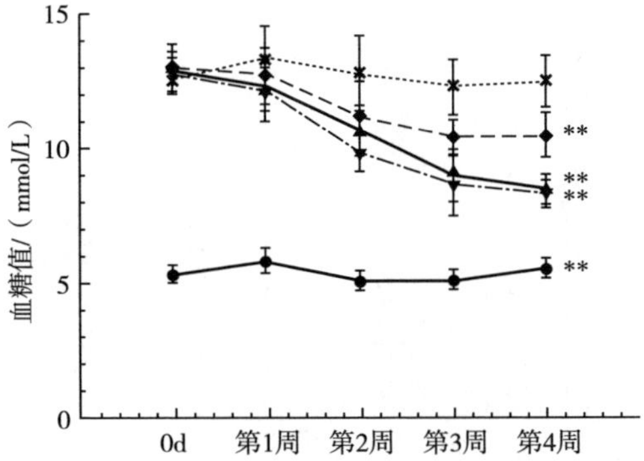

图 3-11　莲子 RS 对糖尿病小鼠空腹血糖的影响

—●— NC　···✱··· DC　- ◆ - RS-5　—▲— RS-10　-·▼·- RS-15

注：NC：阴性对照组；DC：糖尿病对照组；RS-5：RS低剂量组；RS-10：RS中剂量组；RS-15：RS高剂量组。

**表示与DC组比较具有极显著性差异（P<0.01）。

过莲子RS喂养的3组小鼠的血糖值范围在8.81~11.07mmol/L；灌胃后的0.5h，各组实验小鼠的血糖水平均升至最高，增加幅度基本一致；葡萄糖灌胃1h后，各组小鼠的血糖值开始呈现下降趋势，其中健康小鼠的血糖值由最高峰的9.60mmol/L下降至7.63mmol/L，而糖尿病对照组小鼠的血糖值下降趋势缓慢；在葡萄糖灌胃的2h后，阴性对照组和莲子RS处理的各组小鼠的血糖值均降至与灌胃前相近的水平。而糖尿病对照组小鼠的血糖值为13.99mmol/L，仍高于灌胃前的12.65mmol/L血糖水平。实验结果说明莲子RS能有效提高糖尿病小鼠的血糖代谢调节能力。

小鼠对体内葡萄糖的调节和代谢能力还可以直观地用曲线下面积（AUC）表示，其数值与血糖调节能力成反比[47]。当小鼠进行一次性大剂量葡萄糖灌胃后，在体内调节机制作用下，肠道在短时间内吸收大量的葡萄糖，导致血糖迅速提高，刺激胰岛组织分泌胰岛素，同时刺激肝糖原合成，体内组织对葡萄糖的利用上升，进而调节体内的葡萄糖浓度。糖尿病小鼠经过2h的葡萄糖代谢调节后，体内的血糖水平仍为13.99mmol/L，并且其AUC与其他各组比较也为最大，如图3-12所示，说明糖尿病对照组小鼠的葡萄糖调节机制未能及时有效地对血糖进行控制。由图3-12可以直观地看出，不同剂量的莲子RS均可减少AUC数值，即提高糖尿病小鼠的血糖调节能力，其中以添加10%和15%的莲子RS剂量的提高效果最显著。

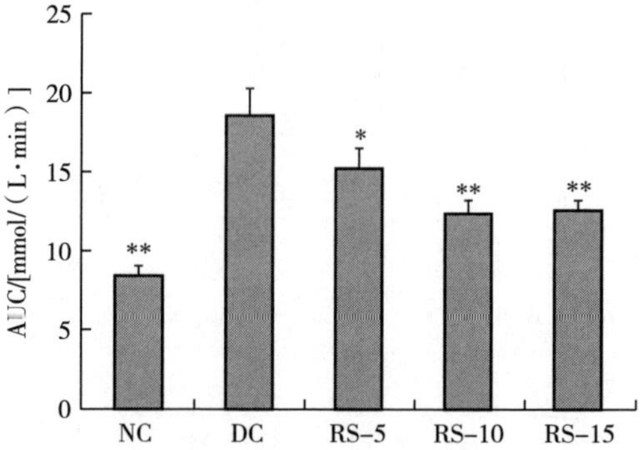

图 3-12　莲子 RS 对糖尿病小鼠血糖曲线下面积的影响

注：与NC组相比，*表示$P<0.05$；**表示$P<0.01$。

6. 莲子RS对糖尿病小鼠血清胰岛素水平的影响

胰岛素是一种由胰岛B细胞分泌的蛋白质激素，主要生理作用是调节代谢过程。胰岛素可促进组织细胞对葡萄糖的吸收利用，促进糖原合成，抑制糖异生，使体内血糖水平降低；还可以促进脂肪酸合成和脂肪贮存，减少脂肪分解。糖尿病发生后，由于胰岛B细胞功能破坏造成的胰岛素分泌不足，以及组织对胰岛素的敏感度下降，使得葡萄糖利用率减少，进而造成血糖升高。研究表明，膳食纤维和RS均有利于提高外周组织对胰岛素的敏感性，提高血清胰岛素水平，降低血糖水平[48, 49]

笔者课题组实验中的小鼠血清胰岛素水平根据试剂盒说明进行操作，以标准物的浓度（0.5~8mIU/L）为横坐标，相应的*OD*值为纵坐标，绘出标准曲线如图3-13所示，得$y=0.0193x+0.0351$（$R^2=0.9954$），表明胰岛素在标准浓度范围内线性良好。

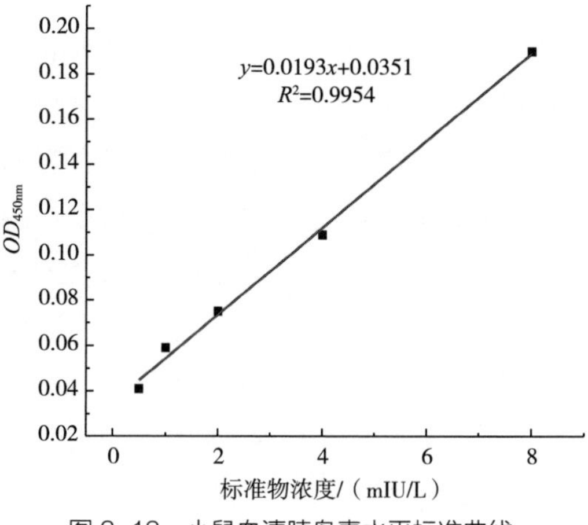

图 3-13　小鼠血清胰岛素水平标准曲线

根据各组实验小鼠的血清样品测得的*OD*值，根据标准曲线计算得出相应的血清胰岛素水平。由图3-14可以看出，与阴性对照组中的健康小鼠相比，糖尿病对照组中的小鼠由于其胰岛细胞受到破坏，导致其胰岛素分泌下降，具体反应在血清胰岛素含量显著降低（$P<0.01$）。糖尿病小鼠在喂食了不同剂量（5%、10%和15%）的莲子RS以后，其血清中的胰岛素水平得到显著提升（$P<0.01$），其中以添加10%和15%的莲子RS效果较好。

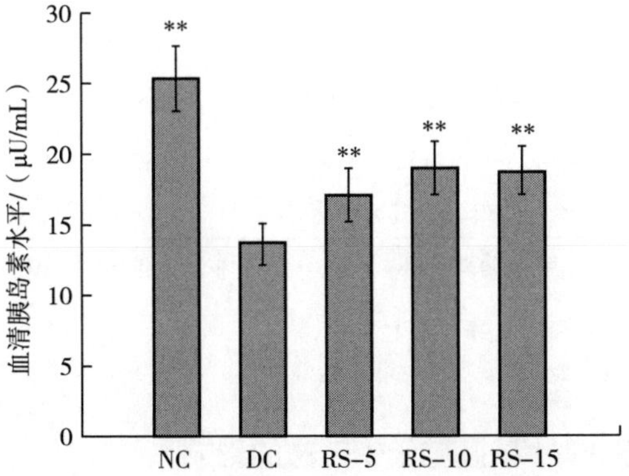

图 3-14　莲子 RS 对糖尿病模型小鼠血清胰岛素水平的影响

注：NC：阴性对照组；DC：糖尿病对照组；RS-5：RS低剂量组；RS-10：RS中剂量组；RS-15：RS高剂量组。

**表示与DC组比较具有极显著性差异（$P<0.01$）。

7. 莲子RS对糖尿病小鼠血脂的影响

由表3-16可以看到，各组小鼠的血清TC、总TG、HDL-C和LDL-C的分布情况。糖尿病对照组小鼠血清中的TC、TG和LDL-C含量均极显著高于阴性对照组（$P<0.01$），而HDL-C含量极显著低于阴性对照组（$P<0.01$）。这主要是由于糖尿病引发的体内糖代谢紊乱，从而影响到与其密切相关的脂代谢，最终导致了非营养过剩造成的高血脂现象。例如，糖尿病对照组小鼠的血清TG水平达到1.86mmol/L，说明糖尿病对照组小鼠伴有高甘油三酯血症。与糖尿病模型组的小鼠相比，喂食莲子RS的各组小鼠在实验结束后，其血脂情况得到不同程度的改善：RS5、RS10和RS15组小鼠的血清TC值分别下降了9.8%、19.8%和28.1%；血清TG值分别下降了24.7%、33.3%和37.6%；同时，HDL-C含量提高了24.3%~40.7%。实验结果说明莲子RS能够有效调节糖尿病小鼠的血脂代谢。与调

节糖代谢的实验结果相一致，10%和15%添加剂量的莲子RS对于调节由于糖尿病引发的脂代谢紊乱的效果较好。

表3-16　莲子RS对糖尿病小鼠血脂的影响

组别	血脂 /（mmol/L）			
	TG	TC	HDL-C	LDL-C
NC	0.86 ± 0.21**	3.19 ± 0.19**	2.51 ± 0.25**	0.62 ± 0.29**
DC	1.86 ± 0.19	5.19 ± 0.85	1.40 ± 0.21	1.98 ± 0.32
RS–5	1.40 ± 0.23*	4.68 ± 0.25*	1.82 ± 0.17**	1.61 ± 0.34*
RS–10	1.24 ± 0.17**	4.16 ± 0.16**	1.74 ± 0.26*	1.45 ± 0.31**
RS–15	1.16 ± 0.27**	3.73 ± 0.37**	1.97 ± 0.27**	1.31 ± 0.29**

注：NC：阴性对照组；DC：糖尿病对照组；RS–5：RS 低剂量组；RS–10：RS 中剂量组；RS–15：RS 高剂量组。

实验数据用平均值 ± 标准差表示（n=12）。

* 表示与 DC 组比较具有显著性差异（P<0.05）；** 表示与 DC 组比较具有极显著性差异（P<0.01）。

8. 莲子RS对糖尿病小鼠胰腺组织形态的影响

通过H&E染色观察各组实验小鼠胰腺组织细胞结构的变化如图3–15所示。在阴性对照组的健康小鼠的胰腺样本中，观察到一个完整的胰岛结构，胰岛细胞丰富。相反，由注射STZ损伤的糖尿病小鼠的胰岛细胞结构表现出明显的内源性破坏，如细胞破裂、细胞溶解和凋亡。以糖尿病对照组小鼠的胰腺组织为例，具体表现在：糖尿病小鼠的胰岛边界与外分泌腺较模糊，胰岛细胞数量减少，伴有炎症应激和坏死，部分胰岛细胞肥大。而经过喂食莲子RS的糖尿病小鼠的胰腺组织形态有一定的改善，STZ导致的胰岛细胞结构异常现象减少，胰岛结构改善，细胞排列较为紧密。

（二）莲子RS降血糖功效分子机制的研究

研究表明，2型糖尿病与肝脏和胰腺的代谢异常有关，高RS含量的饮食可以通过调节参与脂质和糖代谢的相关基因的表达来预防或控制实验动物的糖尿病[50, 51]。Robeertson等的研究证明，RS还可以通过改善葡萄糖耐受不良和胰岛素抵抗来调节胰腺功能的潜力[52]。2型糖尿病是由于慢性胰岛素抵抗和胰岛β细胞功能障碍，导致不能正常行使调节机体血糖水平的功能[53]。产生胰岛β细胞功能障碍与2型糖尿病的分子机制主要与氧化应激、内质网压力和糖脂毒性相关[54]。然而，关于莲子RS降血糖功效的分子机制，例如如何调节2型糖尿病小鼠胰腺组织的基因表达尚未得到系统的研究。

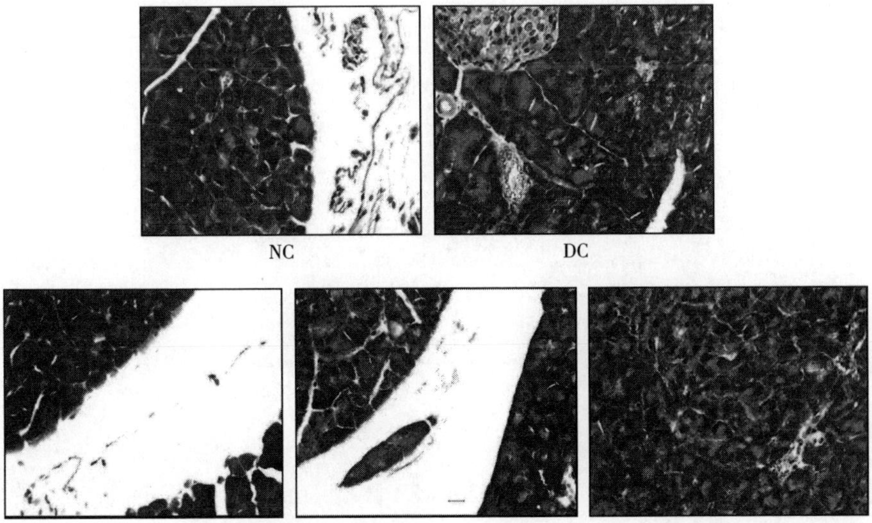

图 3-15　莲子 RS 对糖尿病模型小鼠胰腺组织形态的影响

RNA-seq是一种高效、全面的转录组学测序方法，主要用于组织或细胞中各种生物过程的定量基因表达分析[55, 56]。RNA-seq通过研究样品中大量的转录组数据，能够直接检测转录的差异表达基因，具有精确的量化和更高的可重复性。因此，RNA-seq可用于提供关于某种疾病的分子机制、未知的生物学途径和网络的有用和详细信息，并可能有助于识别新的治疗方法[57]。

笔者课题组通过RNA-seq高通量转录组技术对莲子RS干预2型糖尿病小鼠胰腺组织进行转录组测序分析，利用测序数据进行差异表达基因和代谢通路的筛选，并通过GO、KEGG①富集分析等方法，探讨莲子RS降血糖功效的相关分子机制。

1. RNA样品质量检测

通过Trizol试剂盒提取糖尿病小鼠胰腺组织的RNA样本，在进行建库测序之前，首先在NanoDrop 2000分光光度计上进行初步检测，当样本浓度在25~500ng/μL时，

① KEGG：中文名“京都基因与基因组百科全书”，是基因组破译方面的数据库。——作者注

可直接用于下一步精确检测。样本浓度高于指导值时，需进行稀释后检测。达到浓度标准的RNA样本随后利用Agilent 2100 RNA 6000 Nano Kit进行浓度精确定量，结果如图3-16和表3-17所示。检测结果表明，笔者课题组实验中的6个RNA样本均达到建库标准，可用于后续的RNA-seq测序。

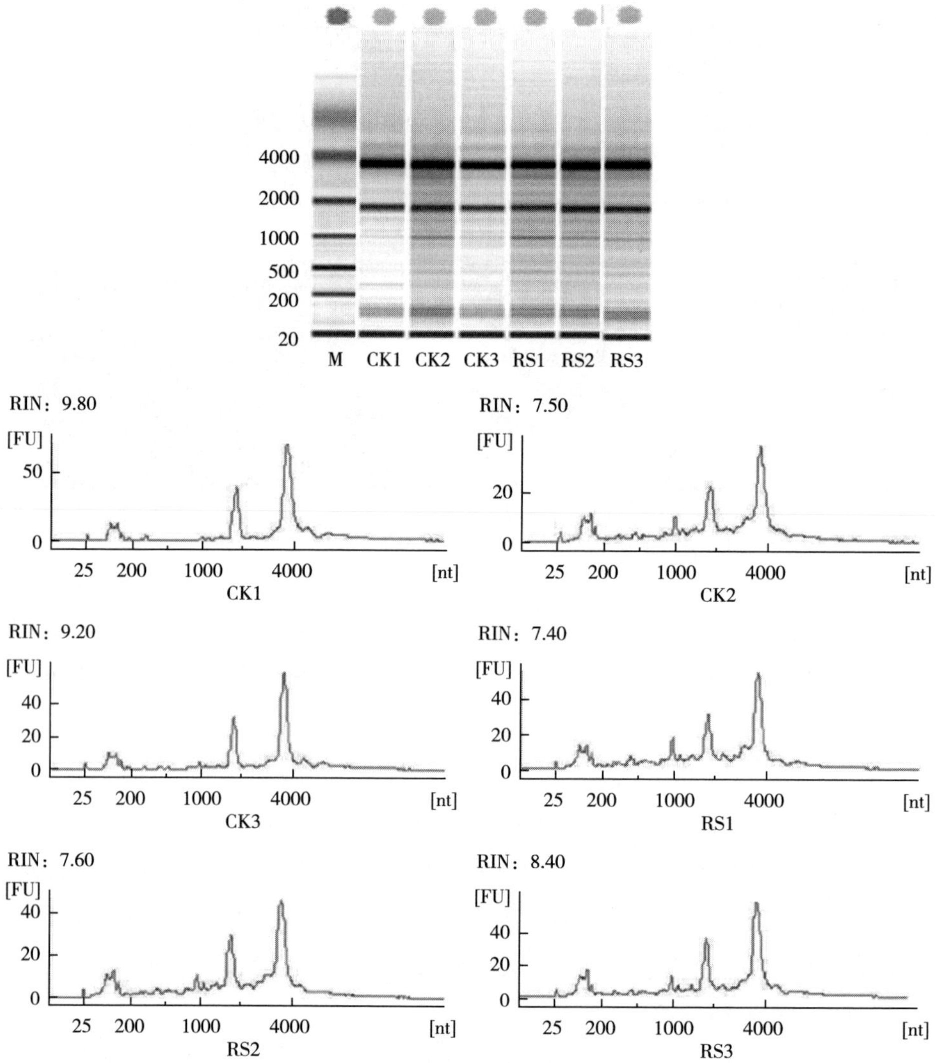

图3-16　胰腺RNA样品质量检测

注：CK1、CK2和CK3为来自糖尿病对照组的3个小鼠胰腺组织样本；RS1、RS2和RS3为来自RS中剂量组（RS-10）的3个小鼠胰腺组织样本。

FU：样品强度；nt：核苷酸数，通常用来描述单链；RIN：核糖核酸（RNA）完整性。

表3-17　胰腺RNA样品质控结果

样品	体积 /μL	浓度 /（ng/μL）	总量 /μg	RIN 值	样品质量
CK1	11	1180	12.98	9.8	合格
CK2	40	536	21.44	7.5	合格
CK3	30	470	14.10	9.2	合格
RS1	25	683	17.08	7.4	合格
RS2	47	635	29.85	7.6	合格
RS3	30	706	21.18	8.4	合格

注：CK1、CK2 和 CK3 为来自糖尿病对照组的 3 个小鼠胰腺组织样本；RS1、RS2 和 RS3 为来自 RS 中剂量组（RS-10）的 3 个小鼠胰腺组织样本。合格样品的判断标准为：RIN 值大于 7.0，浓度大于 100ng/μL。

2. RNA测序结果分析

为了研究莲子RS对糖尿病小鼠的降血糖功效的分子机制及涉及的关键调控基因，笔者课题组实验分别从糖尿病对照组（CK1、CK2、CK3）和莲子RS中剂量组RS10（RS1、RS2和RS3）收集小鼠胰腺的RNA样本，并进行建库和转录组测序分析。在I1lumina HiSeq 2500平台上共构建了6个互补脱氧核糖核酸（cDNA）文库，表3-18中的测序数据表明，每个cDNA文库的统计参数高度一致。经过严格筛选后，每个库的高质量序列数据（clean data）的GC含量范围在50.68%~52.45%，并且高质量数据的Q20 ratio（碱基质量>20，且出错率<0.01）高于96%，表明测序得到的序列结果的质量较高。此外，在严格过滤的过程中，所有adaptor序列、poly A和低质量序列（low quality reads）均被过滤清除，最终每个cDNA文库中生成的高质量序列（clean reads）的数量超过2400万个。当这些高质量序列与小鼠参考基因组（ensemble release 80 GRCm38）进行比对时，每个库中成功比对的序列（mapped reads）占序列总数比例高于91%。在参考基因组注释的21953个已知基因中，CK组和RS组胰腺组织成功比对的基因比例在67.65%~72.35%。

表3-18 测序和比对结果的统计表

测序参数	CK1	CK2	CK3	RS1	RS2	RS3
原始数据（raw data）/bp	3713916500	3172374000	3391324000	3344924500	3345289500	3030379750
原始数据的 Q20 百分比（Q20 of raw data）/%	96.22	97.25	97.28	97.23	97.28	97.26
原始数据的 GC 含量百分比（GC of raw data）/%	52.18	50.68	52.44	51.33	50.84	51.02
高质量序列数据（clean data）/bp	3691118500	3154522500	3372696500	3322734000	3326386250	3010876500
高质量序列数据的 Q20 百分比（Q20 of clean data）/%	96.45	97.45	97.48	97.46	97.49	97.48
高质量序列数据的 GC 含量百分比（GC of clean data）/%	52.17	50.68	52.45	51.37	50.85	51.05
原始序列（raw reads）	29711332	25378992	27130592	26759396	26762316	24243038
高质量序列（clean reads）	29528948	25236180	26981572	26581872	26611090	24087012
高质量序列比例（clean reads ratio）/%	99.39	99.44	99.45	99.34	99.43	99.36
总接头序列（total adapter reads）	4599	2862	3856	3000	3664	5033
接头序列比例(adapter reads ratio)/%	0.03	0.02	0.03	0.02	0.03	0.04

低质量序列（low quality reads）	86526	67276	67709	77567	69324	66966
低质量序列比例（low quality reads ratio）/%	0.58	0.53	0.50	0.58	0.52	0.55
多聚 a（腺苷酸）序列（poly a reads）	67	1268	2945	8195	2625	6014
多聚 a（腺苷酸）序列比例（poly a reads ratio）/%	0.00	0.01	0.02	0.06	0.02	0.05
未比对序列（unmapped reads）	1601947	1490900	1401759	1924352	2159596	2068792
唯一比对序列（unique mapped reads）	25702009	21898026	24159369	22673614	22658106	21433144
多重比对序列（multiple mapped reads）	2212856	1823896	1407176	1957302	1772492	553498
比对率（mapping ratio）/%	94.57	94.09	94.80	92.75	91.88	91.40
已知基因数量（known gene number）	14851	15884	15298	15623	15657	15484
已知基因比例（known gene ratio）/%	67.65	72.35	69.69	71.17	71.32	70.53

注：CK1、CK2 和 CK3 为来自糖尿病对照组的 3 个小鼠胰腺组织样本；RS1、RS2 和 RS3 为来自 RS 中剂量组（RS–10）的 3 个小鼠胰腺组织样本。

3. 差异表达基因（DEG）的鉴定

小鼠参考基因组已获得注释的已知基因数量为21953个，笔者课题组实验中取得的CK和RS组糖尿病小鼠胰腺组织中91%以上的表达基因和参考基因组中的基因比对成功，表达的已知基因数量为1.5万个左右。由于CK和RS组糖尿病小鼠之间的最大差异为是否经过莲子RS干预，因此两组小鼠胰腺组织间的基因表达差异可以认为大部分是由于莲子RS直接或间接引起的。

笔者课题组实验中，差异表达基因需要同时符合$\log_2$（fold change）的绝对值>1和伪发现率（false discovery rate，FDR）<0.05的两个条件。从CK和RS组糖尿病小鼠共同表达的约1.5万个已知基因中，通过上述的标准最后定义了511个差异表达基因，其中上调表达基因277个，下调表达基因234个。CK组和RS组胰腺组织中差异表达基因的分布以火山图表示如图3–17（见书后插页）所示。在火山图中，横纵坐标分别表示CK组与RS组表达基因的差异倍数对数值和FDR的$-\log_{10}$值。红色的点表示RS组相对于CK组表达量上调的基因，绿色的点表示表达量下调的基因，黑色的点表示表达量相似或未达到差异标准的基因。

4. 差异表达基因的GO分析

GO（gene ontology）分析可全面描述生物体中基因和基因产物的属性，不仅可给出差异表达基因的GO功能分类注释，还可以进行差异表达基因的GO功能显著性富集分析。通过GO功能显著性富集分析能确定差异表达基因行使的主要生物学功能。为探讨莲子RS干预对糖尿病小鼠胰腺组织差异表达基因可能的生物学功能的影响，采用GO方法对511个差异表达基因进行分析。

笔者课题组按照序列同源性将511个DEGs（277个上调表达基因和234个下调表达基因）在3个本体中分类注释为50个功能组，其中21个功能组与参与的生物过程有关，18个功能组与细胞组分有关，11个功能组与分子功能有关，如图3–18（见书后插页）所示。在上述的3个本体中，主要富集差异表达基因的功能组分别为生物学调控（biological regulation）、细胞（cell）和细胞部位（cell part）、结合（binding）。在参与的生物过程中，差异表达基因主要富集在：生物学调控，其中303个基因差异表达，占总数的64.6%；代谢过程（metabolic process），其中264个基因差异表达，占总数的56.3%；刺激反应（response to stimulus），其中190个基因差异表达，占总数的40.5%。

以上结果表明，莲子RS干预对于糖尿病小鼠胰腺组织中基因表达分别在

3个本体均产生影响。在生物过程中，主要涉及生物学调控、代谢过程和刺激反应，说明莲子RS在糖尿病小鼠肠道中通过微生物菌群进行分解代谢，引起机体的刺激反应，进而引发了一系列的生物学调控和代谢过程的变化；在细胞组分中，涉及细胞和细胞部位的相关基因表达，与前期实验结果中发现的莲子RS干预可诱导受损的胰腺细胞逐渐恢复相一致；在分子功能中，主要涉及结合功能，莲子RS的干预可以直接或间接地促进或抑制多种关键酶的结合功能，对糖代谢、脂代谢等代谢途径进行调节，从而实现降血糖功效。

5. 差异表达基因的KEGG Pathway分析

在生物体内，不同基因相互协调行使其生物学功能，基于KEGG通路（KEGG Pathway）的分析有助于更进一步了解基因的生物学功能。对糖尿病小鼠胰腺组织的511个差异表达基因的KEGG Pathway显著性富集分析，揭示了莲子RS干预对胰腺组织基因表达网络具有明显的影响。KEGG的层级分类分为3个层级，A类（A Class）、B类（B Class）和通路（Pathway）。511个差异表达基因共涉及155个通路，KEGG Pathway分析结果按照A Class和B Class进行分类，从图3-19可以看出，与代谢有关的通路主要包括辅酶因子与维生素代谢（17）、氨基酸代谢（12）、碳水化合物代谢（11）和脂代谢（11）；与遗传信息处理有关的通路主要包括折叠、排序和降解（12）；与环境信息处理有关的通路主要包括信号传导（72）和信号分子和反应（19）；与细胞处理有关的通路主要包括细胞生长凋亡（19）、输送和分解代谢（16）、细胞群落（15）；与生物体系统有关的通路主要包括免疫系统（39）、内分泌系统（32）、神经系统（19）和消化系统（15）。结果表明，莲子RS干预的过程中，主要是通过调节机体中对信号传导和信号分子和反应通路的相关基因表达，从而影响到免疫系统、内分泌系统、辅酶因子与维生素代谢、氨基酸代谢、碳水化合物代谢、脂代谢等直接或间接与降血糖功效有关的通路。同时，对于胰腺组织的细胞生长凋亡，细胞内输送和分解代谢等通路均有影响。

通过KEGG分析将511个差异表达基因富集到155条通路上，其中与莲子RS降血糖功效具有显著相关性的通路包括：2型糖尿病、胰腺分泌、FoxO信号通路、MAPK信号通路、PI3K–Akt信号通路和p53信号通路等。这些通路主要集中在信号转导和细胞生长和死亡，其中FoxO信号通路、胰腺分泌、MAPK信号通路、

PI3K-Akt信号通路等已被证明参与了胰岛素分泌，促进胰岛β细胞增殖、胰岛素抵抗、胰岛新生前体细胞[58, 59]。此外，在p53信号通路中发现数个关键基因的表达被抑制，从而有利于激活一些胰岛β细胞中的关键功能基因。

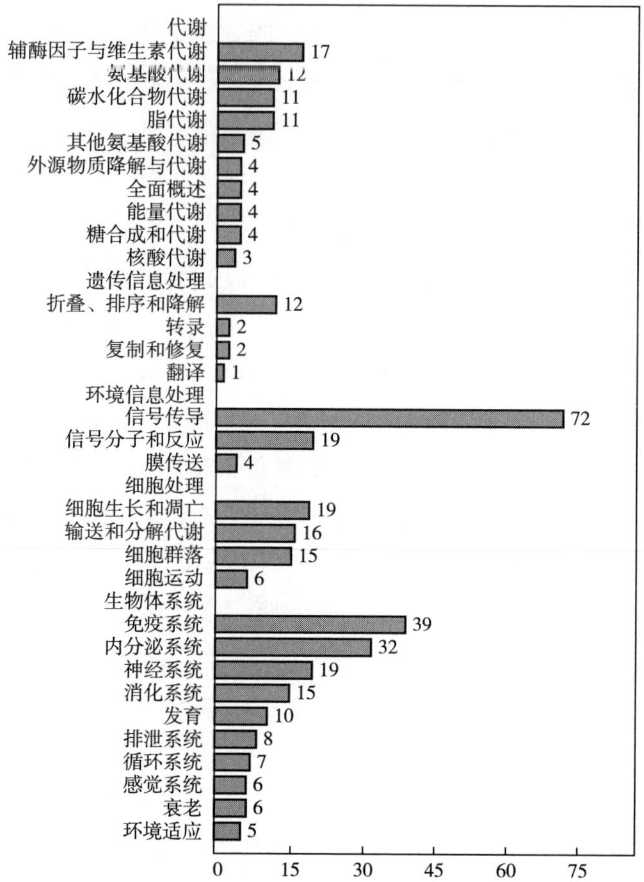

图 3-19 胰腺组织差异表达基因 KEGG Pathway 分析图

（1）2型糖尿病通路 胰岛素抵抗与2型糖尿病密切相关，其通路及涉及的主要基因如图3-20所示。诱导糖尿病发生的主要因素包括游离脂肪酸（FFA）、肿瘤坏死因子-α（TNF-α）和细胞应激，通过抑制IRS1功能诱导了胰岛素抵抗。丝氨酸/苏氨酸磷酸化、与SOCS的相互作用、表达的调控、细胞定位的修饰和降解是它们所激发的分子机制。各种激酶（ERK、JNK、IKK、PKCzeta、PKCtheta和mTOR）参与了这个过程。持续的高血糖可引起胰岛β细胞的多种缺陷和细胞功能受损，进而引发2型糖尿病。高血糖被认为会导致胰岛β细胞中产生大量的ROS，对包括胰岛素启动子活性的关键调节因子PDX–1在内的细胞成分造成损害。PDX–1的缺失也被认为是导致胰岛β细胞功能障碍的重要机制。*Kir6.2*（*Kcnj11*）和*IRS*分别在胰岛素分泌和胰岛素信号传递中起重要的作用。本章节的转录组测序结果表明，在接受4周的莲子RS干预后，糖尿病小鼠胰腺组织细胞中的2型糖尿病通路中多个重要基因，包括*INS*、*PKC*、*GLUT4*、*PDX-1*、*MafA*、*VDCC*、*Kir6.2*得到不同程度的激活，基因表达量显著增加。

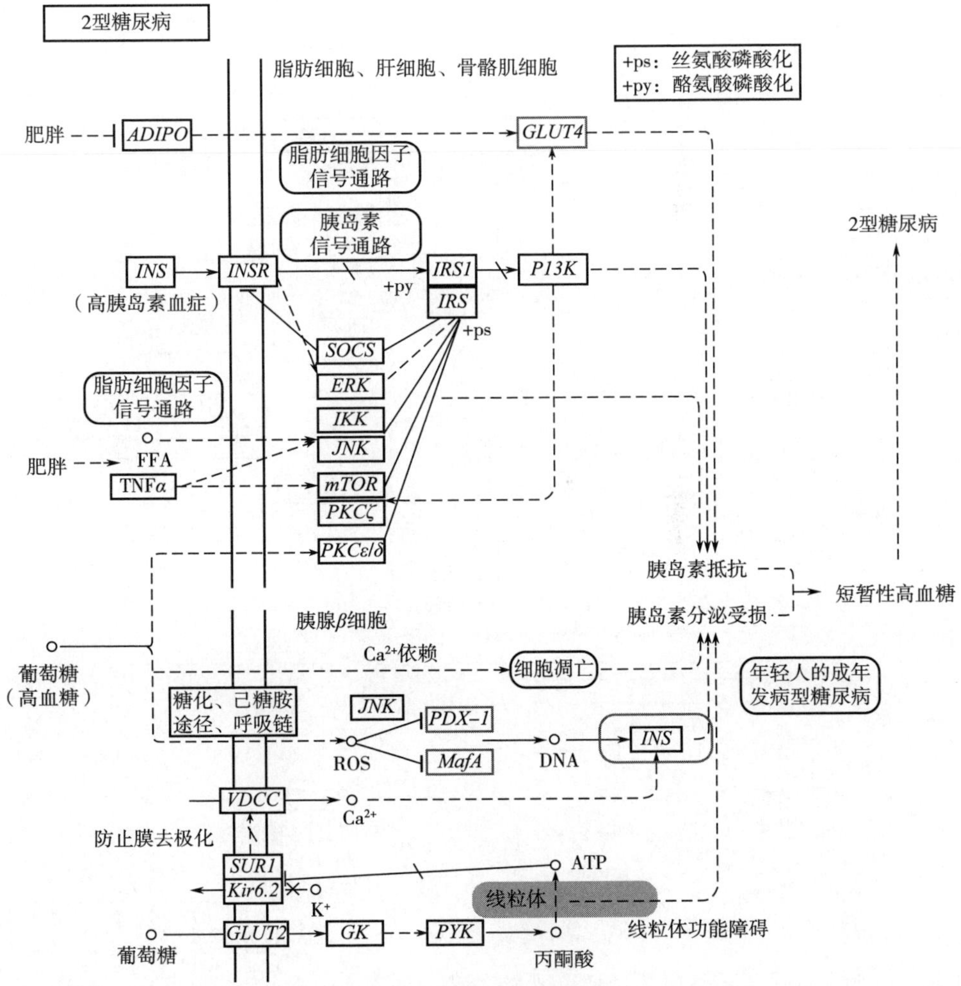

图 3–20　2 型糖尿病通路

(2)胰腺分泌通路 胰腺同时执行外分泌和内分泌功能，其通路及涉及的主要基因如图3–21所示。外分泌胰腺由腺泡和导管细胞两部分组成。胰腺腺泡细胞的主要功能是合成和分泌消化酶，乙酰胆碱（ACh）和胆囊收缩素（CCK）等分泌素刺激细胞产生细胞内Ca^{2+}信号，从而触发酶原颗粒与根尖质膜的融合，导致酶的分泌。胰管细胞的主要任务是分泌液体和碳酸氢根离子（HCO_3^-），以中和进入十二指肠的胃内容物的酸性。分泌素增加细胞内cAMP是胰腺碳酸氢盐离子分泌的主要信号之一。本章节的转录组测序结果表明，在接受4周的莲子RS干

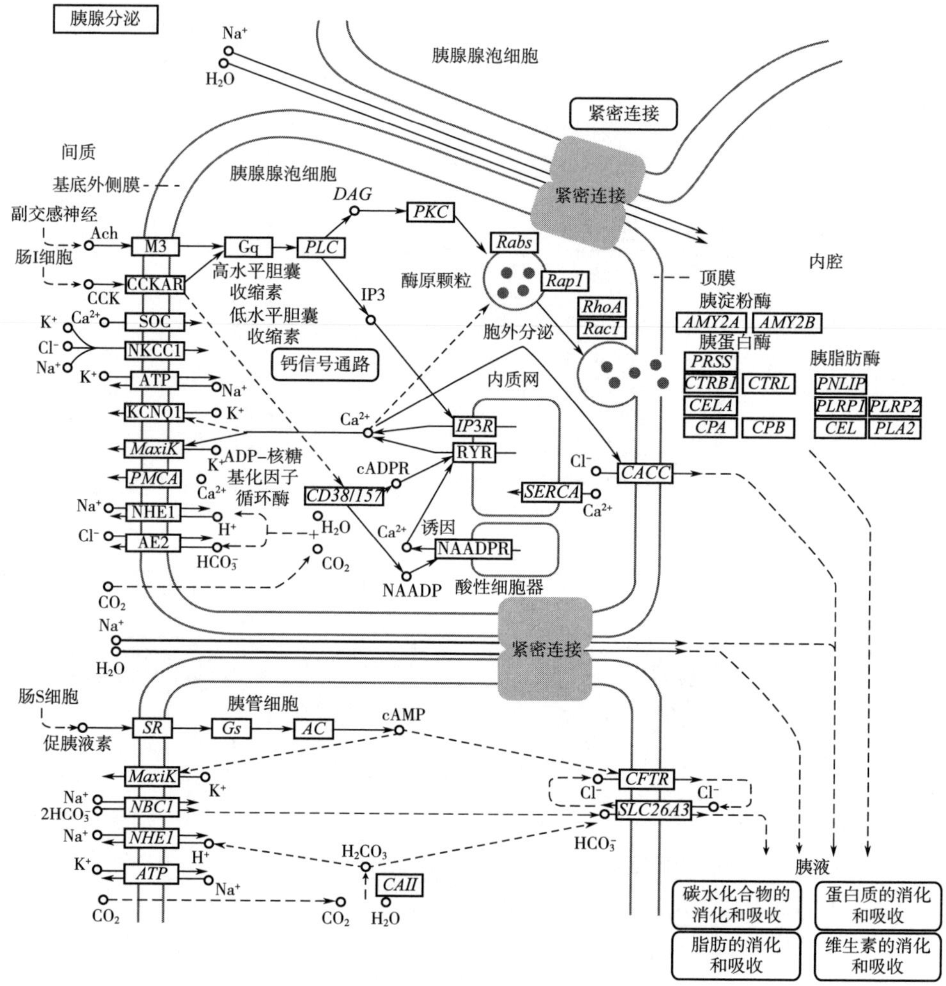

图 3–21 胰腺分泌通路

预后，糖尿病小鼠胰腺组织细胞中的胰腺分泌通路中多个重要基因，包括*Gq*、*IP3R*、*PMCA*、*CAII*等基因得到不同程度的激活，基因表达量显著增加。

（3）FoxO信号通路　FoxO转录因子家族调控细胞凋亡、细胞周期调控、葡萄糖代谢、氧化应激抵抗等细胞生理活动中基因的表达。FoxO蛋白的核心调控机制是在胰岛素或多种生长因子的作用下，丝氨酸/苏氨酸激酶Akt/蛋白激酶B（Akt/PKB）的磷酸化。3个保守基团的磷酸化使得FoxO蛋白从细胞核转移到细胞质，从而减少FoxO靶基因的表达。另一方面，在氧化和营养胁迫刺激下，激活的JNK和AMPK酶的磷酸化可以激活FoxO。除了PKB、JNK和AMPK，FoxOs还通过多种翻译后修饰进行调控，包括磷酸化、乙酰化、甲基化和泛素化[60]。

FoxO可以调节肝脏中葡萄糖和脂质生成。在胰腺细胞中，FoxO可以调节胰岛β细胞增殖，通过诱导和激活*NeuroD*、*MafA*两个转录因子，从而防止胰岛β细胞由氧化应激诱导的衰竭。糖尿病产生的持续高血糖导致大量的ROS积累在胰岛β细胞，并导致胰岛β细胞凋亡与糖尿病并发症的发展。因此，保护细胞免受氧化应激是糖尿病治疗的关键。研究表明，南瓜多糖可以通过激活糖尿病小鼠胰腺细胞中的*bcl-2*基因表达，从而增加胰腺细胞的抗氧化活性[61, 62]。本节的转录组测序结果表明，在接受4周的莲子RS干预后，糖尿病小鼠胰腺组织细胞中的FoxO信号通路中*FoxO1*、*bcl-2*等关键基因得到激活，从而增强了胰腺细胞的抗氧化活性，有利于降低ROS水平和缓解糖尿病症状（图3–22）。

（4）丝裂原激活蛋白激酶（MAPK）信号通路　MAPK通路是一个高度保守的模块，涉及细胞增殖、分化和迁移等多种细胞功能。哺乳动物至少表达4组可调控的MAPKs、细胞外信号相关激酶（ERK）–1/2、Jun氨基末端激酶（JNK1/2/3）、p38蛋白和ERK5，这些都是由特定MAPKKs激活的。然而，每个MAPKK都可以被多个MAPKKK激活，从而增加MAPK信号的复杂性和多样性。研究证实，MAPKs信号转导通路存在于大多数细胞内，在将细胞外刺激信号转导至细胞及其核内，并引起细胞生物学反应（如细胞增殖、分化、转化及凋亡等）的过程中具有至关重要的作用。不同的细胞外刺激可使用不同的MAPKs信号通路，通过其相互调控而介导不同的细胞生物学反应（图3–23）。

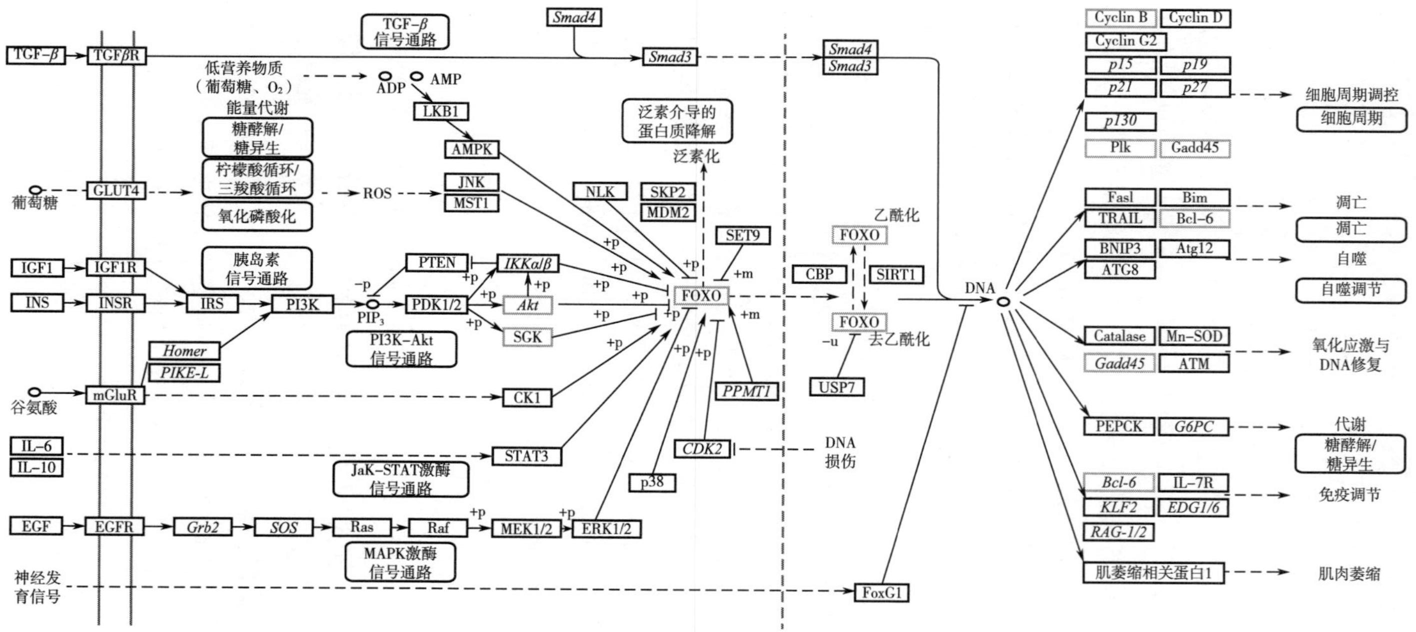

图 3-22　FoxO 信号通路

注：TGF-β：转化生长因子β；TGFBR：转化生长因子受体；GLUT4：葡萄糖转运蛋白4；IGF Ⅰ：胰岛素样生长因子Ⅰ；IGFIR：胰岛素样生长因子受体；INS：胰岛素；INSR：胰岛素受体基因；IRS：胰岛素受体底物；PI3K：磷脂酰肌醇3激酶；mGluR：代谢型谷氨酸受体；IL-6：白介素6；IL-10：白介素10；EGF：表皮生长因子；EGFR：表皮生长因子受体；AMP：腺苷酸；ADP：二磷酸腺苷；ROS：活性氧类；JNK：应激反应激酶；AMPK：腺苷酸活化蛋白激酶；Pten：磷脂酰肌醇-3,4,5-三磷酸磷酸酶；PDK：丙酮酸脱氢酶激酶；SGK：盐诱导激酶；CK1：周期素依赖性激酶1；Stat3：Stat3转录因子；Ras：小鼠肉瘤病毒癌基因；Raf：Raf原癌基因；MEK：丝裂原活化蛋白激酶激酶；MAPK：丝裂原活化蛋白激酶；NLK：NLK蛋白激酶；SET9：SET9甲基转移酶；CBP：CREB结合蛋白；SIRT1：SIRT1去乙酰化酶；PRMT1：PRMT1蛋白精氨酸甲基转移酶；USP7：USP7去泛素化酶；p38：p38丝裂原活化蛋白激酶；ERK1/2：ERK1/2丝裂原活化蛋白激酶；FOXO：FOXO转录因子家族；Acetylated：乙酰化；Deacetylated：去乙酰化；DNA damage：DNA损伤；FoxG1：FoxG1转录因子；Cyclin B：周期素B；Cyclin D：周期素D；Cyclin G2：周期素G2；Plk：Polo样激酶；FasL：Fas配体；TRAIL：TNF相关凋亡诱导配体；BNIP3：Bcl-2家族相互作用蛋白3；ATG12：自噬相关蛋白12；Catalase：过氧化氢酶；MnSOD：锰超氧化物歧化酶；ATM：蛋白激酶；PEPCK：磷酸烯醇式丙酮酸羧激酶；MG6PC：葡萄糖-6-磷酸酶；Bcl-6：Bcl-6转录抑制因子；IL-7R：白介素7受体；EDG1：促生长因子1受体；KLF2：Kruppel样因子2；RAG-1：免疫球蛋白重链可变区基因。

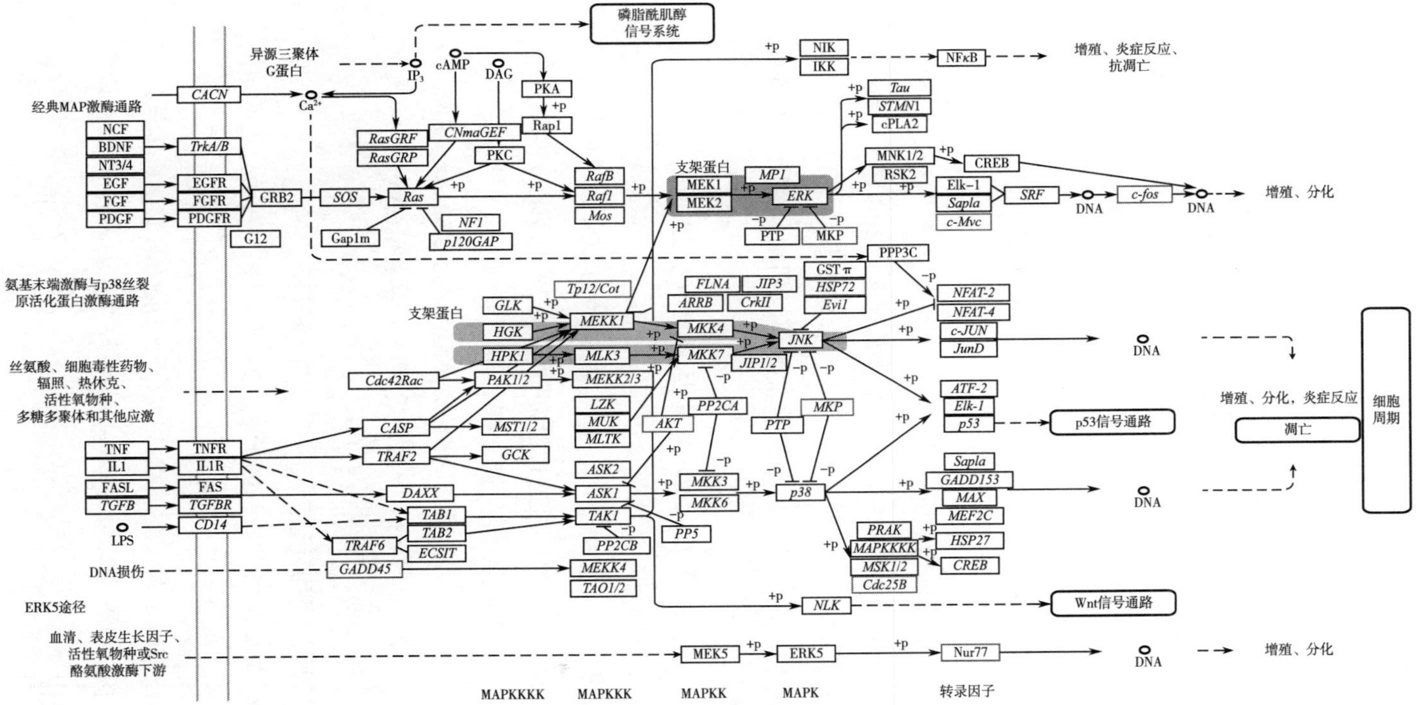

图 3-23　MAPK 信号通路

注：NGF：神经生长因子；BDNF：脑源性神经营养因子；NT3/4：神经生长因子3/4；EGF：表皮生长因子；FGF：纤维细胞生长因子；PDGF：血小板衍生生长因子；EGFR：表皮生长因子受体；FGFR：成纤维细胞生长因子受体；PDGFR：血小板衍生生长因子受体；GRB2：生长因子受体结合蛋白2；G12：G12蛋白；IP3：三磷酸肌醇；cAMP：环腺苷酸；DAG：二酰基甘油；PKA：蛋白激酶A；PKC：蛋白激酶C；NIK：核因子κB激酶亚基β；IKK：核因子κB激酶；NFκB：核因子κB；MEK1：丝裂原活化蛋白激酶1；MEK2：丝裂原活化蛋白激酶2；CPLA2：磷脂酶A2；MNK1/2：MAPK相互作用激酶1/2；RSK2：丝裂原活化蛋白激酶相关激酶2；CREB：CREB转录因子；Elk-1：ERK激酶1；Sapla：SAPLA蛋白；SRF：丝裂原活化蛋白激酶相关因子；PTP：蛋白酪氨酸磷酸酶；MKP：MAPK磷酸酶；TNF：肿瘤坏死因子；TNFR：肿瘤坏死因子受体；IL1R：白介素1受体；FASL：Fas配体；FAS：Fas受体；GLK：谷氨酰胺赖氨酸连接酶；HGK：丝氨酸/苏氨酸激酶；GSTπ：谷胱甘肽S转移酶π同工酶；MAPKKKK：丝裂原活化蛋白激酶级联反应四级激酶；MAPKKK：丝裂原活化蛋白激酶级联反应三级激酶；MAPKK：丝裂原活化蛋白激酶级联反应二级激酶；MAPK：丝裂原活化蛋白激酶。

（5）p53信号通路 p53的激活是由一些应激信号引起的，包括脱氧核糖核酸（DNA）损伤、氧化应激和激活的致癌基因。p53蛋白被用作p53调控基因的转录激活因子，主要参与了细胞周期停滞、细胞衰老或凋亡。Tonne等的研究表明，STZ溶液注射可以诱导胰腺组织细胞的DNA损伤，导致一系列p53应答基因显著上调，包括生长阻滞和细胞衰老的主调控因子p21[57]。激活p53信号通路是导致胰岛β细胞缺陷，并失去胰岛素分泌功能的主要原因之一。本节的转录组测序结果表明，在接受4周的莲子RS干预后，糖尿病小鼠胰腺组织细胞中的p53信号通路中多个重要基因，包括*Cdknla*、*Ccnb2*、*Gadd45a*和*Rrm2*，受到明显的抑制作用。对p53信号通路的抑制作用，有利于缓解高血糖对胰腺细胞的破坏作用（图3-24）。

6. 与降血糖功效相关的关键基因分析

经过对糖尿病小鼠胰腺组织的转录组分析，笔者课题组得到了511个差异表达基因。在GO和KEGG分析的基础上，进一步选出在胰腺细胞中差异表达的关键功能基因，并列于表3-19。结果表明，通过喂食莲子RS可以缓解糖尿病小鼠的症状，降低其血糖水平。

其中，*Ins1*、*isn2*、*IRS1*、*Kcnj11*和*Cacnale*基因的上调表达激活了胰岛素分泌和胰岛素信号传输；*FoxO1*和*bcl-2*基因的上调表达提升了胰腺细胞的抗氧化能力，减少组织的氧化压力；PDX-1和MafA是重要的胰腺转录因子，其上调表达也有利于胰岛素分泌；同时，通过抑制p53信号通路（*Cdknla*、*Ccnb2*、*Gadd45a*和*Rrm2*基因下调表达）可以缓解糖尿病对胰腺细胞的破坏作用。对于这些关键基因表达量变化的研究，有利于在分子水平解释莲子RS的降血糖机制：可能是直接或间接提高胰腺细胞的抗氧化能力，缓解氧化应激和细胞凋亡，并刺激胰岛素合成和分泌。

7.实时荧光定量反转录聚合酶链反应（qRT-PCR）验证

为了验证从RNA-seq数据中获得的基因的表达水平，笔者课题组从不同的生物学过程中选择了5个基因，分别是*Gryaa*、*Htra2*、*Casp3*、*Jak3*和*FoxO1*，使用qRT-PCR检测经过莲子RS干预引起的这些基因表达水平的变化，如图3-25所示。结果表明，这些基因的表达趋势与RNA-seq测序结果具有一致性，说明RNA-seq测序结果可靠。

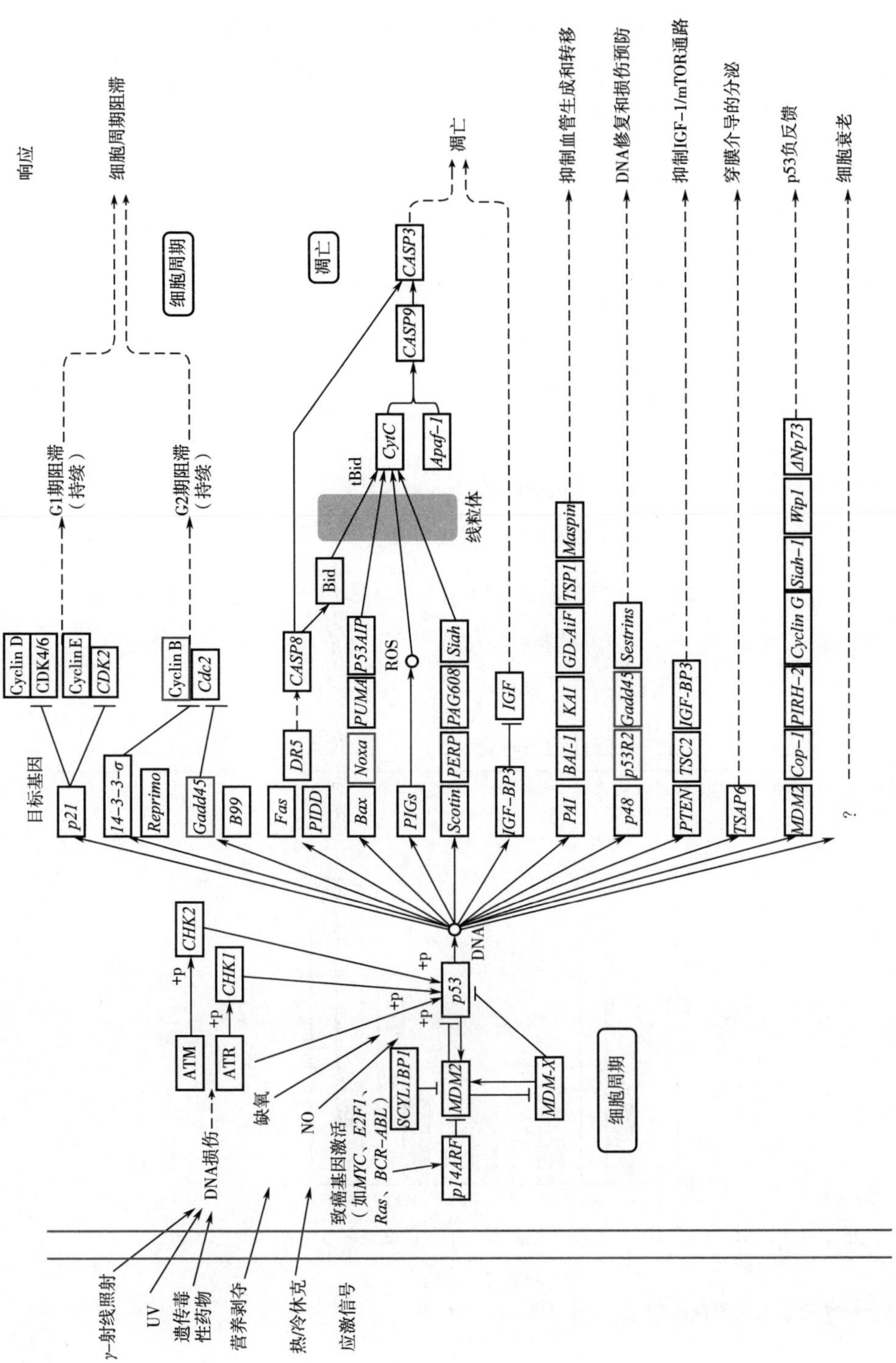

图 3-24　p53 信号通路

注：UV：紫外线；ATM：蛋白激酶；ATR：蛋白激酶；Cyclin D：周期素D；Cyclin E：周期素E；Cyclin B：周期素B。

表3-19　莲子RS干预诱导的胰腺组织中糖尿病调控基因

基因缩写	基因描述	倍数（log_2）
Ins1	胰岛素Ⅰ	+9.64
Ins2	胰岛素Ⅱ	+4.49
IRS1	胰岛素受体底物 1	+1.89
Kcnj11	内向整流钾通道亚家族成员 11	+4.91
Cacna1e	R- 型电压依赖钙离子通道 α1E 亚基	+1.92
FoxO1	forkhead box O1	+1.45
bcl-2	B 细胞白血病 / 淋巴瘤 2	+1.51
PDX-1	胰十二指肠同源因子 1	+1.65
MafA	肌腱膜纤维肉瘤癌基因同源物 A	+1.25
Cdkn1a	周期蛋白依赖性蛋白激酶抑制剂 1A（P21）	−1.69
Ccnb2	细胞周期蛋白 B2	−1.69
Gadd45a	生长停滞和 DNA 损伤可诱导蛋白 45A	−1.49
Rrm2	核苷酸还原酶 M2	−1.82

注：倍数为 RS 组相对于 CK 组的基因表达量。+ 代表上调，− 代表下调。

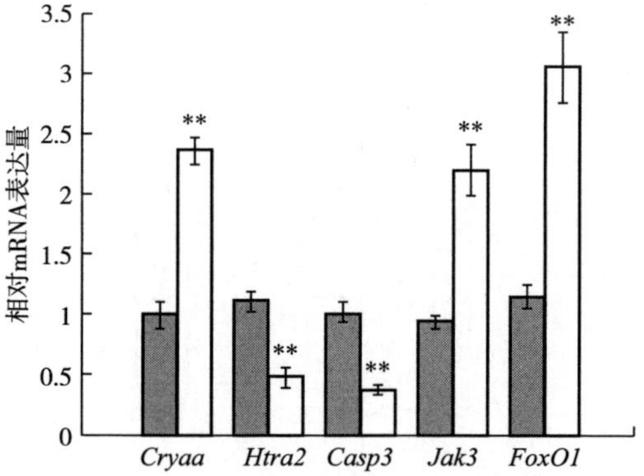

图 3-25　通过 qRT-PCR 检测所选基因的相对信使核糖核酸（mRNA）表达

■ CK组　□ RS组

注：**表示与CK组比较具有极显著性差异（P<0.01）。

三、莲子抗性淀粉降血脂功能的研究

（一）莲子RS对高脂血症小鼠生理生化指标影响的研究

当人体内脂质代谢失衡、血脂各项指标出现异常时会导致高脂血症，这严重威胁人体健康。近年来，我国血脂异常导致疾病趋势不断加剧，高脂血症患病群体不断年轻化，时时刻刻提醒着我们需要对高脂血症这一疾病具有足够的重视[57]。高脂血症的常见治疗药物为他汀类药物，但这类药物有一定的副作用，如肌痛、横纹肌溶解和肝毒性等，故其具有一定的局限性[63]。在近20年的时间里，RS的降血脂作用也在各类研究中被不断深入，各国学者利用动物实验或临床实验的形式从多角度多方面阐明RS的降脂功能[64]。

针对莲子RS的生理功能，笔者课题组已经于多方面进行了较为深入的实验研究，且提到莲子RS可以有效降低实验动物的血清脂质含量水平，但并未进行深入的系统性研究。

笔者课题组实验以高脂饲料喂养的小鼠为研究对象，设置莲子RS高、中、低3个剂量组及洛伐他汀阳性对照组，利用多种现代检测技术，从各项生理生化指标、肝脏各类指标等多方面研究莲子RS的降血脂功效。

1. 高脂血症小鼠的建模

在为期4周的高脂血症小鼠造模期间，空白对照组（NC）小鼠饲喂基础饲料，高脂模型组（MC）小鼠饲喂高脂饲料，4周后从每个组随机选取6只小鼠进行眼底静脉丛采血0.5mL，分离上层血清后，使用全自动生化分析仪测定血清中TG、TCHO、HDL-C及LDL-C含量，测定结果如表3-20所示。

表3-20　高脂血症小鼠建模结束后血清血脂4项测定结果

组别	TG/（mmol/L）	TCHO/（mmol/L）	HDL-C/（mmol/L）	LDL-C/（mmol/L）	体重/g
NC	1.18 ± 0.16^{b}	3.75 ± 0.33^{b}	2.00 ± 0.03^{b}	0.41 ± 0.04^{b}	37.00 ± 1.00^{b}
MC	2.63 ± 0.03^{a}	5.96 ± 0.90^{a}	2.54 ± 0.12^{a}	0.85 ± 0.08^{a}	43.07 ± 2.12^{a}

注：表格中不同上标字母表示差异显著，$P<0.05$。
NC：空白对照组；MC：模型对照组。

宋琪等[65]对高脂血症动物模型的综述表明，使用高脂饲料进行高脂血症动物模型的建立是目前较为常见的方法，使用高脂肪含量的饲料可在4周内建成高脂小鼠模型。由表3-20可知，经过4周的高脂饲料饲喂后，高脂模型组小鼠体重及血脂指标TG、TC、HDL-C、LDL-C测定值都显著高于空白对照组（$P<0.05$）。高脂模型建模是否成功的标准并不绝对[66]，与所用的实验动物种类、饲料中TC及甘油三酯的含量均有关。而多项实验研究[67-69]表明，血清TC含量的显著升高是高脂血症小鼠是否建模成功的重要依据，故笔者课题组实验高脂血症小鼠模型已建立成功。

2. 莲子RS对高脂小鼠外观及生活状态的影响

建模开始前，各小鼠外观无明显差异。使用高脂饲料建模4周后，空白对照组与高脂模型组小鼠间可观察到以下不同：空白对照组小鼠毛色白净均匀、毛发干燥蓬松、体型较为匀称、行动灵活较为活跃、摄食等行为均无异常；高脂模型组小鼠毛色暗沉发黄，毛发出现结成一络一络的情况，触摸能感受到明显的湿润感。高脂模型组小鼠腰腹部较空白对照组明显更为圆润，且高脂模型组小鼠行动更为迟缓，摄食不够积极。

而经过4周灌胃实验期后，LRS高中低剂量组小鼠及阳性对照组小鼠较模型对照组小鼠体型较为消瘦，行动较为灵活，但较使用基础饲料喂养的空白对照组小鼠而言，给予高脂饲料维持的各组小鼠摄食均不积极。这可能是由于高脂饲料含有猪油，口感较为油腻，味道较差，且易产生饱腹感，导致小鼠减少摄食[68]。

3. 莲子RS对高脂小鼠外观及生活状态的影响

模型建立时，NC组小鼠体重显著低于其他组别高脂模型小鼠，5组高脂模型小鼠体重无显著差异。灌胃给药期间，模型组小鼠体重增长较快，除模型组外的其他组别小鼠体重增长均更为平缓。灌胃给药期间，高脂模型组小鼠体重曲线明显与其他组曲线分离。灌胃第3~4周，MLRS组小鼠体重显著低于MC组（$P<0.05$）；从各组小鼠体重变化曲线可以看出，MLRS组控制小鼠体重增长效果较其他组别更好，如图3-26所示。

由表3-21可得，从小鼠最终体重及增长率可以看出，高脂模型组小鼠最终体重显著高于3个LRS灌胃组（$P<0.05$），该组体重增加率也显著高于3个LRS灌胃组（$P<0.05$）。由此可以推断，灌胃LRS能够在一定程度上减缓高脂饲料喂养导致的小鼠的体重增长，且灌胃LRS控制体重效果好于灌胃药物洛伐他汀。

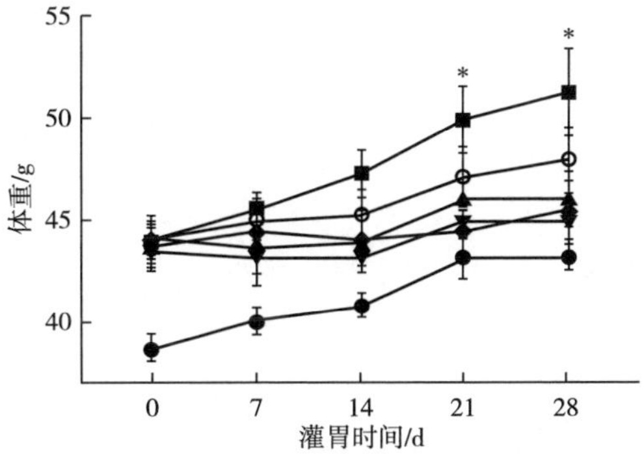

图 3-26　灌胃给药期间小鼠体重变化图

注：MC组与LRS中剂量组相比，*表示$P<0.05$。

NC：空白对照组；MC：模型对照组；LLRS：莲子抗性淀粉中剂量组；MLRS：莲子抗性淀粉中剂量组；HLRS：莲子抗性淀粉高剂量组；PC：阳性对照组。

表3-21　灌胃给药前后小鼠体重增长率

组别	初始体重 /g	最终体重 /g	体重增长率 /%
NC	38.63 ± 1.55^{b}	43.15 ± 1.54^{b}	11.72 ± 1.61^{ab}
MC	43.97 ± 1.68^{a}	51.32 ± 5.34^{a}	16.57 ± 0.95^{a}
LLRS	44.03 ± 2.92^{a}	46.03 ± 3.26^{b}	4.55 ± 0.11^{b}
MLRS	43.35 ± 1.72^{a}	44.87 ± 1.99^{b}	3.53 ± 0.43^{b}
HLRS	43.73 ± 3.08^{a}	45.37 ± 3.83^{b}	3.81 ± 0.79^{b}
PC	43.93 ± 2.02^{a}	47.92 ± 3.91^{ab}	9.04 ± 0.70^{ab}

注：表中数据为平均值 ± 标准差。
每行中不同上标字母表示差异显著，$P<0.05$。

从心脏、脾脏及肾脏系数可以看出，3个LRS灌胃组与高脂模型组间均没有显著差异，说明莲子RS的灌胃不会影响高脂血症小鼠的心脏、脾脏及肾脏。

从空白对照组小鼠肝脏指数显著低于模型对照组（$P<0.05$）可以看出，喂养高脂饲料会引发小鼠肝脏质量显著增加，这也是脂肪肝的典型症状之一，主要原因是摄入的多余脂质在肝脏内蓄积[70]。而MLRS组肝脏指数显著低于MC组（$P<0.05$），说明中剂量莲子RS灌胃可以有效减轻小鼠肝脏质量，减少肝脏内脂肪蓄积，缓解脂肪肝症状。而从脂肪指数可以看出，MC组小鼠脂肪指数显著高

于MLRS灌胃组（*P*<0.05），从而得出中剂量LRS灌胃可显著减少小鼠体内附在脂肪组织及肾周脂肪组织中脂质的堆积，对肥胖小鼠有较好的减少体脂积累的效果，如图3-27所示。

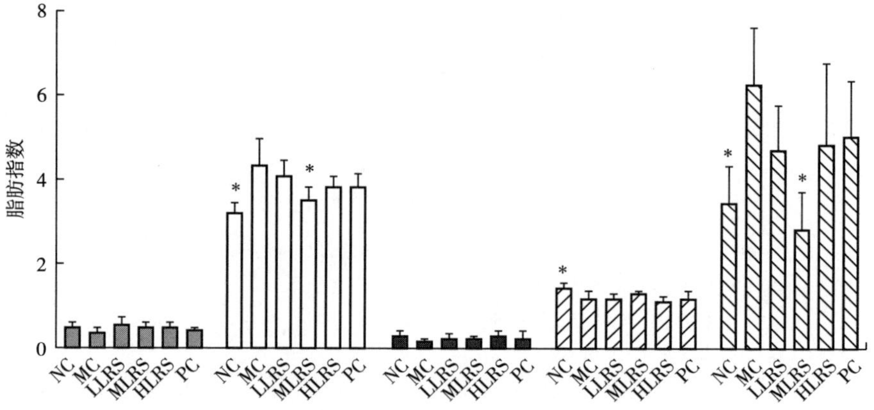

图 3-27　不同组别小鼠各脏器指数及脂肪指数对比图

心脏指数　肝脏指数　脾脏指数　肾脏指数　脂肪指数

注：与MC组相比，*表示*P*<0.05。

4. 莲子RS对高脂小鼠血脂水平的影响

笔者课题组实验中高脂模型组小鼠TG、TCHO、HDL-C、LDL-C指标均高于LRS灌胃组及洛伐他汀灌胃组（表3-22）。3个不同剂量的LRS灌胃组中，中剂量组的TG、TCHO、HDL-C、LDL-C相较于高脂模型组均有显著降低；3个剂量中以中剂量组［即每天0.3g/100g（bw）］降血脂效果最佳，且降脂效果优于洛伐他汀药物。

表3-22　不同组别小鼠的血脂水平

组别	TG/（mmol/L）	TCHO/（mmol/L）	HDL-C/（mmol/L）	LDL-C/（mmol/L）
NC	1.39 ± 0.20 [c]	2.96 ± 0.01 [d]	1.85 ± 0.11 [c]	0.39 ± 0.02 [d]
MC	2.78 ± 0.08 [a]	5.77 ± 0.32 [a]	3.07 ± 0.18 [a]	1.31 ± 0.11 [a]
LLRS	1.95 ± 0.31 [bc]	4.71 ± 0.28 [b]	2.47 ± 0.18 [b]	0.89 ± 0.09 [b]
MLRS	1.89 ± 0.27 [bc]	4.15 ± 0.34 [c]	2.29 ± 0.13 [b]	0.71 ± 0.05 [c]

续表

组别	TG/（mmol/L）	TCHO/（mmol/L）	HDL-C/（mmol/L）	LDL-C/（mmol/L）
HLRS	2.10 ± 0.23 ^{b}	4.71 ± 0.02 ^{b}	2.45 ± 0.15 ^{b}	0.90 ± 0.02 ^{b}
PC	1.98 ± 0.34 ^{bc}	5.05 ± 0.32 ^{b}	2.53 ± 0.06 ^{b}	0.87 ± 0.10 ^{b}

注：表中数据为平均值 ± 标准差。
每行中不同上标字母表示差异显著，$P<0.05$。

5. 莲子RS对高脂小鼠肝脏组织细胞形态的影响

各个组别小鼠肝脏组织切片染色结果如图3–28所示。HE染色[①]使得细胞核呈现蓝色，而细胞质及胞外基质呈红色。图中NC组的肝细胞排列整齐，形态大小正常，边界清晰，细胞核完整且多处于细胞中间位置，并且可见双核肝细胞；且肝小叶结构完整，肝细胞索排列整齐，说明NC组小鼠肝脏为健康肝脏。而MC组肝脏切片图可以明显看出，肝细胞肿胀明显，细胞间边界不清晰，细胞核缩小并被挤向细胞边缘，肝细胞内出现大量油滴聚集，导致HE染色细胞质部分颜色较浅，肝细胞内出现大量数量不等、大小不一的圆形脂肪空泡；肝小叶结构被破坏，肝细胞索排列紊乱，并且中央静脉周围的肝细胞病变最为明显，以上现象均符合脂肪肝病变性状。

由图3–28可见，剩余4个给药组小鼠的脂肪肝病变均有不同程度的改善，胞内脂滴收缩，细胞质染色颜色较深，胞内脂肪空泡变少，其中LLRS和MLRS组肝细胞内脂肪空泡几乎消失；但LLRS组靠近中心静脉处的肝细胞边界不清晰，细胞核不明显，相比之下MLRS组靠近中心静脉处的肝细胞核更为清晰，形状更加完整。HLRS组肝细胞内能观察到少量脂肪空泡，细胞核缩小，细胞边界消失，排列无序，无法观察到肝小叶完整结构。PC组肝细胞内能够观察到较多的脂肪空泡，不过较MC组已有一定程度的减少。

总体来说，高脂饲料的长期喂养已经使得模型对照组小鼠出现了脂肪肝的各项症状，肝脏细胞内出现大量脂肪滴蓄积。而LRS灌胃组小鼠的脂肪肝情况得到了不同程度的缓解，肝细胞内脂滴减少，肝小叶结构恢复完整清晰，其中MLRS组脂肪肝症状最轻，肝脏组织状态最接近空白对照组，表明中剂量LRS灌胃对高脂模型小鼠脂肪肝有较好的缓解效果。

① HE 染色：即苏木精 – 伊红染色法。——作者注

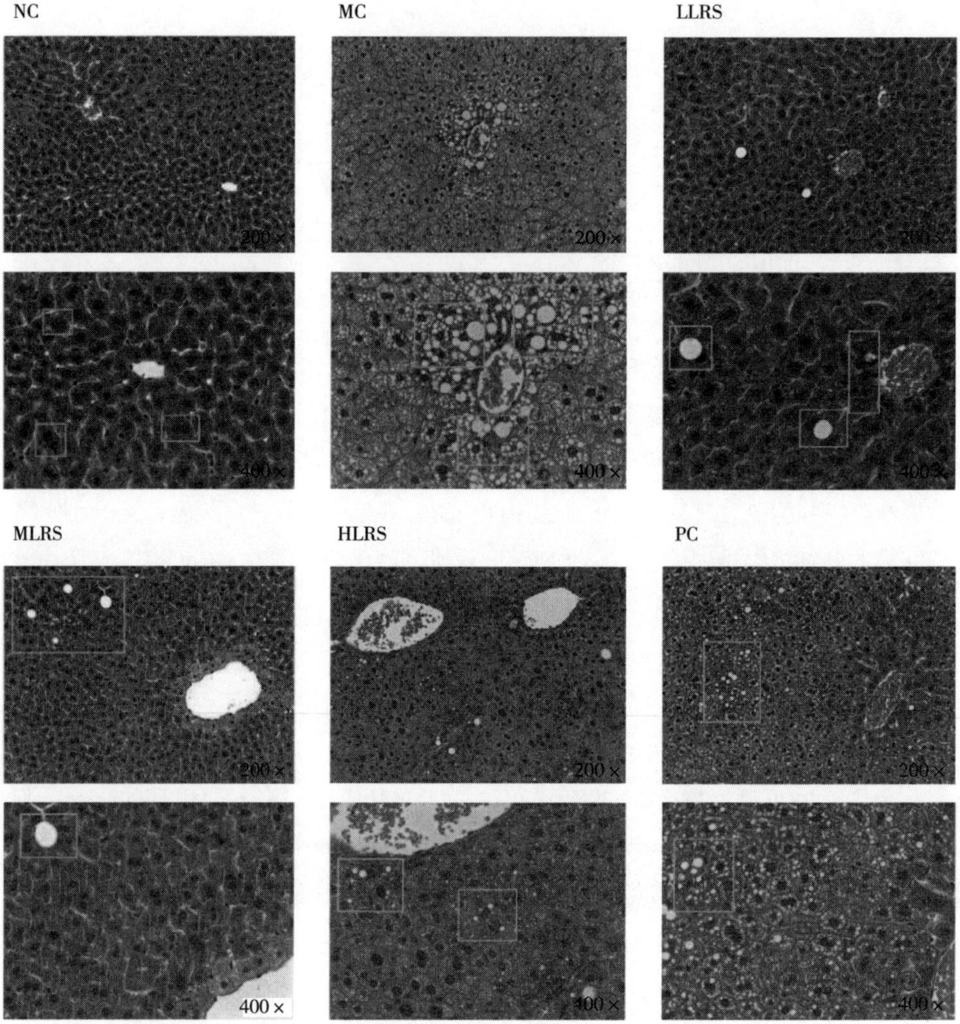

图 3-28　不同组别小鼠肝脏组织 HE 染色结果（×200 倍、×400 倍）

（二）莲子RS降血脂作用机制的研究

肝脏是脂质代谢过程中的重要器官，机体内TG、TC、脂肪酸等物质的合成、转运及降解过程均与肝脏相关。已有多项研究表明，肝脏内脂质代谢关键基因对脂质代谢过程起到了重要调控作用[71, 72]。

由前面的研究可知，莲子RS可降低高脂血症小鼠体重、肝脏和脂肪指数，降低血清中TG、TCHO、HDL-C及LDL-C含量，并能在一定程度上改善高脂血症小鼠肝脏损伤情况。在此基础上，笔者课题组采用转录组学技术对小鼠肝脏基因进行研究，探究脂质代谢关键基因的表达情况，从分子机制的角度揭示莲子RS降血脂作用的分子机制。

1. 小鼠肝脏细胞总RNA提取与质检结果

经TRIzol法提取出的各组别小鼠肝脏细胞总RNA，首先需经过初步质检，包括Nanodrop 2000检测其浓度和纯度，以及经琼脂糖凝胶电泳检测总RNA完整性。综合两项分析结果可知，各样品RNA浓度>35ng/μg，且总量大于等于1.6μg；如图3-29所示，各样本凝胶电泳图均条带清晰，无其他杂质污染，28/23S亮度均大于18/16S，$OD_{260/280}$[①]>1.8，$OD_{260/230}$[②]>1.0，检测结果均为A级，总量满足两次标准建库需求，可以进行后续实验。

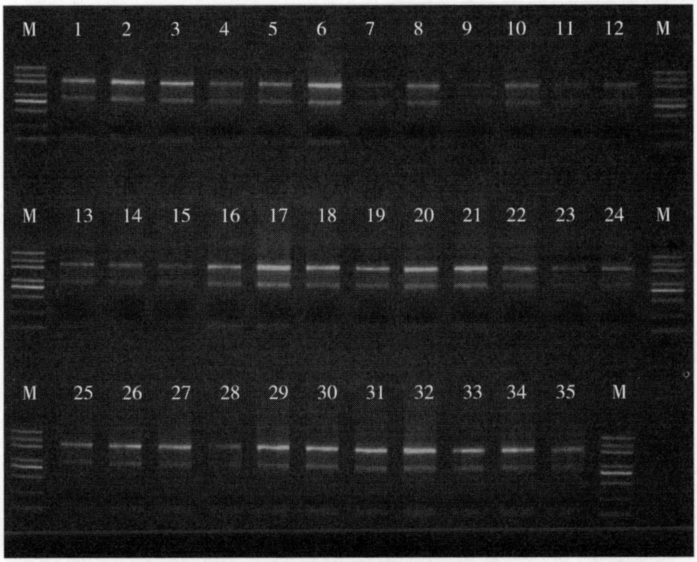

图 3-29　琼脂糖凝胶电泳检测图

初步检测结果合格后进行Agilent 2100检测。Agilent 2100检测图如图3-30所示，图中每个峰的集中度代表样品中RNA完整度，峰越集中代表样品RNA降解率越低；RIN值表示RNA样品的完整度（数值在1~10），数值越高代表RNA完整

① $OD_{260/280}$：表示 260nm 和 280nm 下吸光度的比值。——作者注

② $OD_{260/230}$：表示 260nm 和 230nm 下吸光度的比值。——作者注

性越好。由图3–30可见，图中的峰都较为集中，样品NC–1的RIN值为10，样品HLRS–3的RIN值为9.8，表示该两个样本降解率较低且完整性均较好。总RNA各项质检结果表明，小鼠肝脏总RNA提取成功，RNA总量较大，完整性较好，可以进行后续的转录组分析。

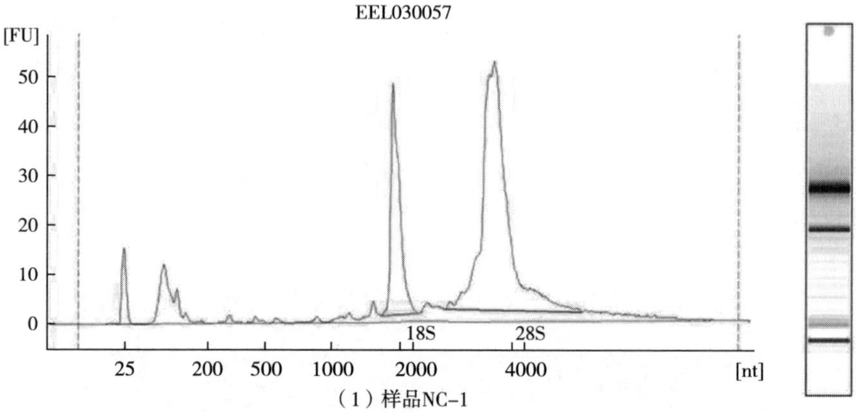

（1）样品NC–1

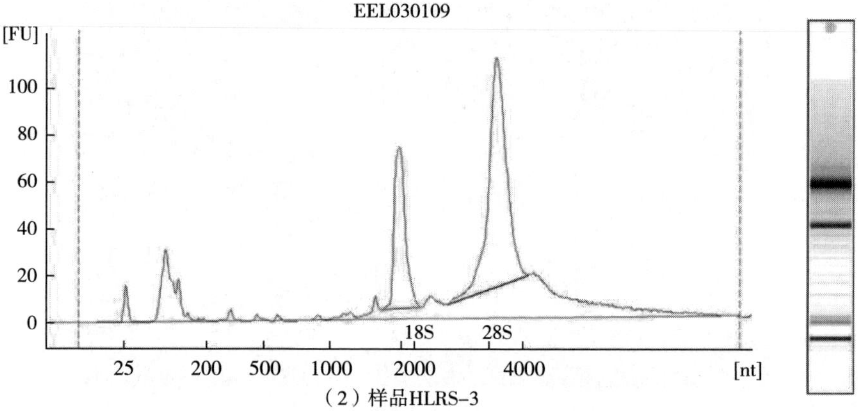

（2）样品HLRS–3

图 3–30　Agilent 2100 检测图

2. 小鼠肝脏细胞的基因表达量分析

对6个组别小鼠肝脏组织提取出的总RNA进行统计与质控分析后，进行基因表达量分析，共检测到表达基因共29664个，其中已知基因29042个，新基因622个；表达转录本共105606个，其中已知转录本93928个，新转录本11678。

对不同组别之间的共表达及特异表达的基因数量进行分析，得到6个组别的组间基因表达Venn图，如图3-31（1）(见书后插页）所示。由图3-31（1）中各组基因表达量可知，PC组基因表达量最多，为11815个基因，MC组基因表达量最少，为11043个基因；各组共表达基因数量为10419个基因，PC组特异表达基因数量最多，为247个，LLRS组特异表达基因数量最少，为65个。

然后，对6个组别之间的相关性进行分析，组间相关性热图如图3-31（2）（见书后插页）所示。图中蓝色代表组间相关性较低，红色代表组间相关性较高。由此可知，NC组和MC组与其他4个组别之间相关性较低，而LLRS组、MLRS组和HLRS组3个组之间相关性较高。由图中上方及左侧聚类树可知，NC组与MC组间被聚为一类，与其他4个组别的聚类并列。

对6个组别的样本进行主成分（PCA）分析，基于表达量对样本进行聚类，分析组内生物重复性及组间差异性。图3-32为PCA图，图中各个样本点的距离代表了样本的距离，距离越近，表明样本间相似性越高。从各组内样本差异性分析，图中各组别样本相对位置较为集中，生物重复性较好。从组间差异性这一方面分析，NC组与MC组样本位置明显区分于其他4个组别，而PC组也与3个莲子RS灌胃组分离开。由此可知，两个不同贡献率的主成分可以将各处理组别有效区分，各处理组基因表达情况均有一定的差异性。

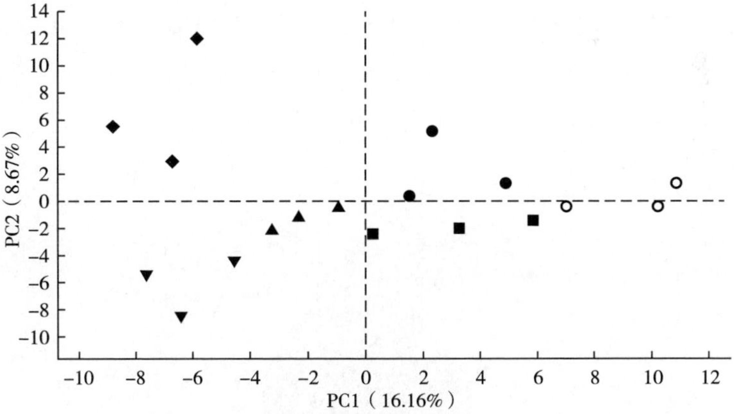

图3-32 PCA图

● HLRS ▲ LLRS ◆ MC ■ MLRS ▼ NC ○ PC

注：PC1轴表示图中主成分1对区分样本的贡献度，PC2轴表示图中主成分2对区分样本的贡献度。

综合组间基因表达的Venn分析，相关性热图及PCA分析，可以得出，在6个组别中，NC组、MC组、PC组与其他组别间的基因表达差异较大，LRS不同灌胃剂量组间差异相对较小，各组别之间生物重复性较好，对接下来的差异表达基因数据挖掘分析较为有利。

3. 小鼠肝脏细胞的基因差异表达分析

NC组与MC组间表达量差异火山图及MC组分别与3个LRS灌胃组之间的表达量差异火山图如图3-33（见书后插页）所示。图3-33中每个点代表一个特定的基因，红色点表示显著上调的基因，绿色点表示显著下调的基因，灰色点为非显著差异基因。将所有基因映射上去之后，可以获知，在左边的点为表达差异下调的基因，右边的点为表达差异上调的基因，越靠近两边和上边的点表达差异越显著。

其中，相对NC组，MC组共有330个显著表达差异的基因，其中162个基因表达量为显著上调，168个为下调；相对MC组，LLRS组共有79个显著表达差异的基因，其中46个基因表达量为显著上调，33个为下调；相对MC组，MLRS组共有206个显著表达差异的基因，其中101个基因表达量为显著上调，105个为下调；相对MC组，HLRS组共有129个显著表达差异的基因，其中59个基因表达量为显著上调，70个为下调。这表明在各RS组中，中剂量莲子RS组小鼠的肝脏基因与高脂血症小鼠差异最多，通过这些差异基因的表达改善了高脂血症小鼠的高脂血症，该结果与生理生化指标的结果一致。

将MC组相对LLRS组组间的79个显著差异基因、MC组相对MLRS组组间的206个显著差异基因、MC组相对HLRS组间的129个显著差异基因分别建立基因集，将3个基因集进行Venn分析，所得结果如图3-34所示。

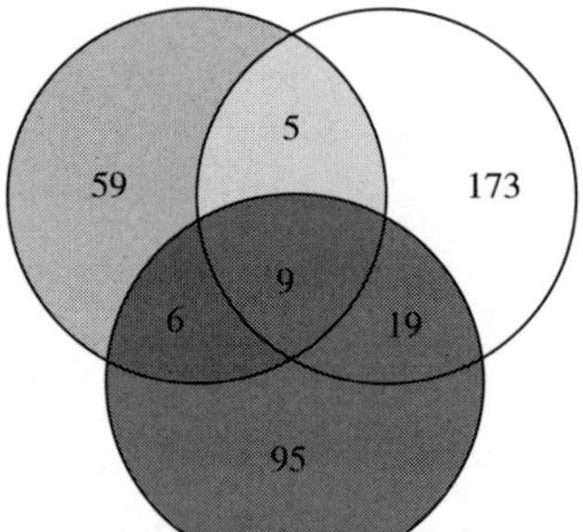

图 3-34　差异基因 Venn 图

MC-VS-LLRS　MC-VS-MLRS　MC-VS-HLRS

由图3–34可知，3个差异基因集中，共同的差异表达基因仅有9个，分别为*Tsc22d1*、*Lipin1*、*Trim25*、*Gart*、*Dopla*、*Rnf40*、*Cfd*、*Tgfbi*、*Elfl*，其中仅有*Lipin1*基因与肝脏脂质代谢有一定关联。

分析*Lipin1*在各组别中的表达情况可知，*Lipin1*在3个LRS灌胃组中的表达量均显著高于MC组，但在3个不同剂量LRS灌胃组间无显著差异，表明LRS灌胃可有效增加高脂饲料饲喂条件下的小鼠肝脏内*Lipin1*基因的表达。*Lipin1*基因是调控脂肪细胞分化与脂类代谢的关键基因，该基因编码*Lipin1*蛋白[73]。Chen等[74]的研究表明，该基因在肝脏中表达过量时会显著地抑制低密度脂蛋白–甘油三酯（VLDLTAG）的分泌，从而调控TG的合成。

4. 小鼠肝脏细胞差异表达基因的KEGG功能注释分析

利用KEGG数据库，将MC组相对LLRS组、MC组相对MLRS组、MC组相对HLRS组的3个基因集分别按照参与的Pathway通路或行使的功能进行分类。KEGG代谢通路被分为7大类：代谢、遗传信息处理、环境信息处理、细胞过程、生物体系统、人类疾病、药物开发，而此次样本差异基因集中于除药物开发外的其他6类代谢通路，多数基因功能被注释于代谢、生物体系统与人类疾病类别的代谢通路下。3个差异表达基因集的Pathway分类统计图如图3–35（见书后插页）所示，横坐标表示KEGG代谢通路的名称，纵坐标表示注释到该通路下的基因数量。

将各差异基因集经KEGG功能注释详情筛选统计后，共筛选出23个与脂质代谢相关的基因，其中MC组与LLRS组间的相关差异基因仅有2个，分别是*Lipin1*和*Ugt2b38*，均为上调基因；MC组与MLRS组间的相关差异基因有13个，其中上调基因6个，分别为*HADHA*、*Lipin1*、*Cerk*、*Il6ra*、*Fgfr2*、*Nras*；下调基因7个，分别为*Aldh3a2*、*Acoxl*、*Plin4*、*Pparg*、*Aqp8*、*Adcy6*、*Cyp2al2*；MC组与HLRS组间的相关差异基因有11个，其中上调基因2个，分别为*Cyp3a59*、*Lipin1*，下调基因9个，分别为*Elovl5*、*Elovl3*、*Cyp4a31*、*Agpat3*、*Tkfc.Cyp4al2b*、*Ppp2r5d*、*Adrala*、*Gpxlo*。

由脂质代谢相关基因数量可知，低剂量LRS对小鼠肝脏脂质代谢相关基因带来的影响较小，仅有*Lipin1*和*Ugt2b38*显著上调。而中、高剂量LRS对小鼠肝脏脂质代谢相关基因造成了更为复杂的影响，故将MC组与MLRS组间的13个相关差异基因及MC组与HLRS组间的11个相关差异基因分别建立基因集，对两个基因集进行表达量差异聚类分析后，进行GO功能富集分析和KEGG通路富集分析，以进一步探讨中、高剂量LRS的降脂功能机制。

5. 脂质代谢相关基因的GO功能富集分析

将MLRS组相对MC组与HLRS组相对MC组的脂质代谢相关差异基因分别建立的基因集进行GO功能富集分析，得到的GO富集分析柱状图如图3–36（见书后插页）所示，纵坐标表示GO term，下方横坐标表示该GO term中的基因数量，对应的是折线上的点；上方横坐标表示该富集的显著性水平，对应的是柱形图中柱子的高度，其中Padjust越小，$-\log_{10}$（padjust）值越大，该GO term越显著富集。

MLRS组相对MC组的脂质代谢相关差异基因GO功能富集如图3–36（1）（见书后插页）所示，富集显著性较高的前10个GO功能分别为细胞脂质代谢过程、脂肪酸代谢过程、脂质代谢过程、对肽激素的反应、对内源性刺激的反应、脂质修饰、对肽的反应、脂肪酸氧化、脂质氧化、一元羧酸代谢过程。

HLRS组相对MC组的脂质代谢相关差异基因GO功能富集如图3–36（2）（见书后插页）所示，富集显著性较高的前10个GO功能分别为脂肪酸衍生物的生物合成过程、细胞脂质代谢过程、内质网膜、不饱和脂肪酸代谢过程、一元羧酸代谢过程、脂质代谢过程、脂肪酸代谢过程、内质网部分、脂肪酸衍生物代谢过程、花生四烯酸羟化酶活性。

6. 脂质代谢相关基因的 KEGG 通路富集分析

将筛选出的23个脂质代谢相关基因所建立的基因集进行KEGG通路富集分析，得到为KEGG富集分析柱形图如图3–37（见书后插页）所示。纵坐标表示KEGG Pathway，下方横坐标表示比对上该通路的基因/转录本数量，对应的是折线上的不同的点；上方横坐标表示富集的显著性水平，对应的是柱子的高度。其中，FDR越小，$-\log_{10}$（padjust）值越大，该 KEGG Pathway越显著富集。

图3–37（1）（见书后插页）所示为MLRS组相对MC组的脂质代谢相关差异基因KEGG通路富集，其中显著富集的前5个通路分别为β–丙氨酸代谢、脂肪酸降解、癌症的途径、PPAR信号通路及长寿调节途径。图3–37（2）（见书后插页）所示为HLRS组相对MC组的脂质代谢相关差异基因KEGG通路富集，其中显著富集的前5个通路分别为花生四烯酸代谢、视黄醇代谢、甘油脂代谢、脂肪酸碳链延长及血管平滑肌收缩的生物合成。

7. 脂质代谢相关代谢通路分析

由以上分析可知，中剂量LRS灌胃对高脂模型小鼠肝脏的脂肪酸降解途径及PPAR代谢通路造成了显著影响。脂肪酸降解途径即长链脂肪酸降解为乙酰辅酶A的过程，如图3–38所示的脂肪酸降解途径Pathway map中，红色线框表示显著上调的关键基因。图中显示上调的基因为的羟酰辅酶A脱氢酶三功能多酶复合物亚基α（HADHA）（Gene id：025745）。该基因编码的HADHA为脂肪酸氧化酶，催化长链脂肪酸在线粒体中β氧化的最后3个步骤[75]；该基因表达量的增加可以促进长链脂肪酸转化为乙酰辅酶A[75]。Dang等发现干姜苓术干预非酒精性脂肪肝病（NAFLD）大鼠后，改善了大鼠肝脂肪变性及炎症，显著增加了HADHA的表达。Fernandez–Ramos等[76]使用花生四烯酸酰胺胆酸调节NAFLD小鼠肝脂肪稳态的实验中也呈现了类似的结论。笔者课题组实验中，中剂量LRS灌胃使得高脂模型小鼠肝脏中HADHA基因表达量增加，促进了肝脏细胞中脂肪酸氧化酶催化线粒体β氧化过程，促进长链脂肪酸分解为乙酰辅酶A，促进肝脏细胞中脂质的分解代谢，从而起到了降脂的作用。

PPAR信号通路主要作用于肝脏、脂肪细胞及骨骼肌中，主要通过PPARα、PPARδ及PPARγ 3类转录因子调控脂质代谢相关的目标基因，该信号通路对应的Pathway map如图3–39所示，图中蓝色线框表示显著下调的差异基因。由图3–39可知，对比MC组，*PPAR*γ及*Perilipin*在MLRS组表达显著降低，对应的显著差异基因分别为*Pparg*（Gene id：000440）及*Plin4*（Gene id：002831）。*PPAR*γ属于过氧化物酶体增殖物激活受体（PPARs）的3种亚型*PPAR*α、*PPAR*δ及*PPAR*γ中的一种[71]，其主要调控脂肪的合成及储存[77]。肝脏组织细胞中，*PPAR*γ的表达水平会随着脂肪沉积及变性升高，导致更多的脂肪沉积于肝脏组织内，推进脂肪肝的进程[78]。在多种具有减轻脂肪肝症状功能的物质的研究中，均观察到*PPAR*γ基因的显著下调，如岩藻黄质[79]、青钱柳多糖[71]、表没食子儿茶素[79]等。*Plin4*属于*Perilipin*家族中的一种，*Perilipin*是脂质存储液滴（LSD）蛋白[80]。正常肝脏细胞中，*Pin4*表达较弱；但高脂饮食诱发的*PPAR*γ过表达可以诱导*Pin4*表达，这表明*Pin4*可能在肝脏细胞的脂肪生成转化中起作用[81]。在笔者课题组实验中，中剂量莲子抗性淀粉灌胃使高脂模型小鼠肝脏*PPAR*γ基因的显著下调，诱导*Plin4*基因下调，减少了高脂饮食造成的肝脏中脂肪的合成及积蓄，使小鼠的脂肪肝症状得到了减轻。

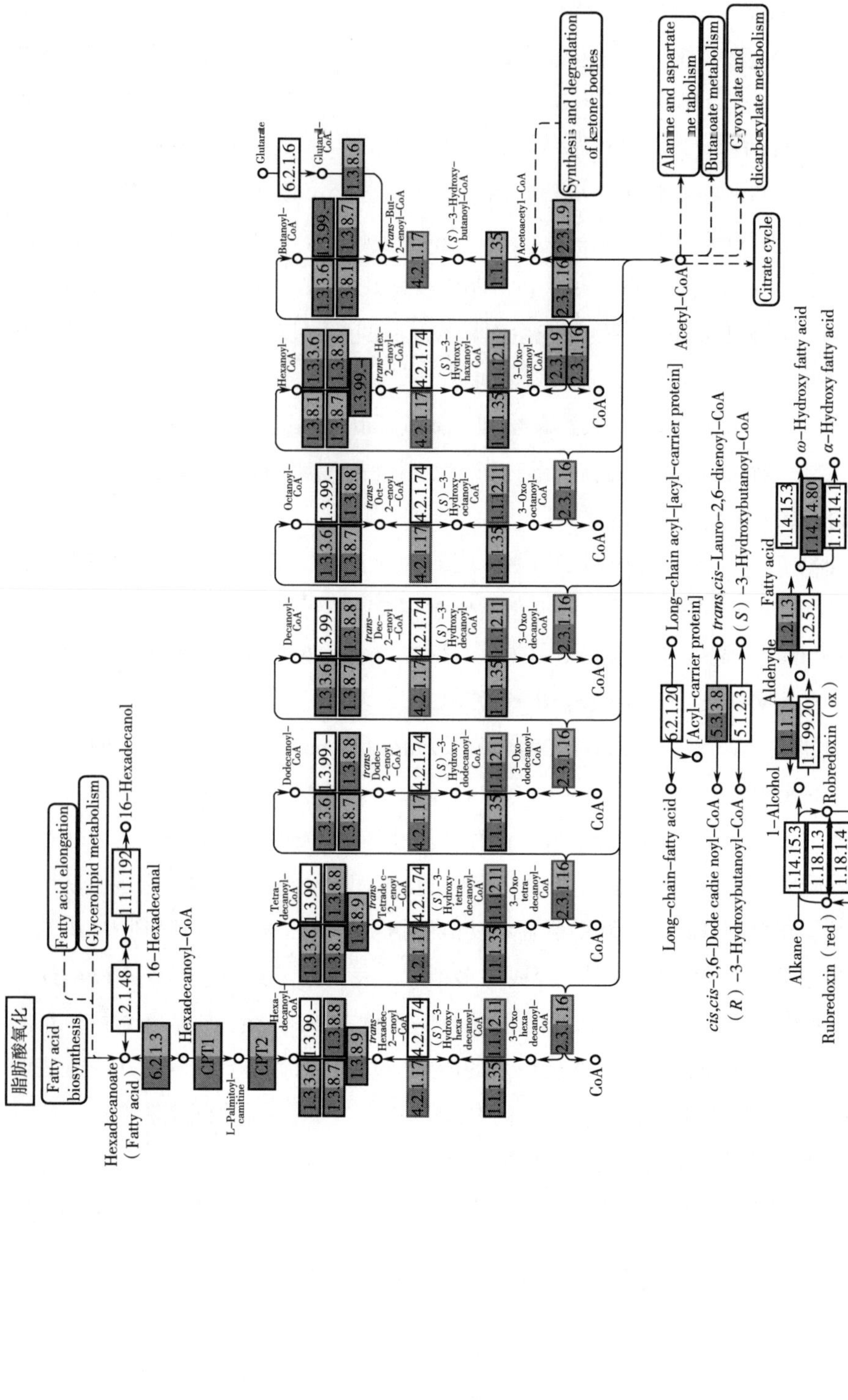

图 3-38 脂肪酸降解途径 Pathway map

注：fatty acid biosynthesis：脂肪酸生物合成；fatty acid elongation：脂肪酸延长；glyce rolipid metabolism：糖脂代谢；hexadecanoate（fatty acid）：十六酸（脂肪酸）；16–hexadecanal：16–十六烷醛；16–hexadecanol：16–十六醇；hexadecanoyl–CoA：十六烷酰辅酶A；L–palmitoyl–camitine：L–棕榈酰–卡米汀；hexa–decanoyl–CoA：十六碳酰辅酶A；tetra–decanoyl–CoA：四癸酰辅酶A；dodecanoy–CoA：十二碳酰辅酶A；decanoyl–CoA：癸酰辅酶A；octanoyl–CoA：辛酰辅酶A；hexanoyl–CoA：己酰辅酶A；butanoyl–CoA：丁酰辅酶A；glutarate：戊二酸盐；glutaryl–CoA：戊二酰辅酶A；*trans*–hexadec–2–enoyl–CoA：反–十六碳–2–烯酰辅酶A；*trans*–tetradec–2–enoyl–CoA：反–十四碳–2–烯酰辅酶A；*trans*–dodec–2–enoyl–CoA：反–十二碳–2–烯酰辅酶A；*trans*–dec–2–enoyl–CoA：反–癸–2–烯酰辅酶A；*trans*–oct–2–enoyl–CoA：反–辛–2–烯酰辅酶A；*trans*–hex–2–enoyl–CoA：反–己–2–烯酰辅酶A；*trans*–but–2–enoyl–CoA：反–丁–2–烯酰辅酶A；(*S*)–3–hydroxy–hexa–decanoyl–CoA：(*S*)–3–羟基–六癸酰辅酶A；(*S*)–3–hydroxy–tetra–decanoyl–CoA：(*S*)–3–羟基–四癸酰辅酶A；(*S*)–3–hydroxy–dodecanoyl–CoA：(*S*)–3–羟基十二烷酰基辅酶A；(*S*)–3–hydroxy–decanoyl–CoA：(*S*)–3–羟基癸酰辅酶A；(*S*)–3–hydroxy–octanoyl–decanoyl–CoA：(*S*)–3–羟基辛酰癸酰辅酶A；(*S*)–3–hydroxy–hexanoyl–decanoyl–CoA：(*S*)–3–羟基己酰癸酰辅酶A；(*S*)–3–hydroxy–butanoyl–decanoyl–CoA：(*S*)–3–羟基丁酰癸酰辅酶A；3–oxo–hexa–decanoyl–CoA：3–氧代–六癸酰辅酶A；3–oxo–tetra–decanoyl–CoA：3–氧代–四癸酰辅酶A；3–oxo–dodecanoyl–CoA：3–氧代十二烷酰基辅酶A；3–oxo–decanoyl–CoA：3–氧代癸酰辅酶A；3–oxo–octanoyl–CoA：3–氧代辛酰辅酶A；3–oxo–hexanoyl–CoA：3–氧代己酰辅酶A；acetoacetyl–CoA：乙酰乙酰辅酶A；synthesis and degradation of ketone bodies：酮体的合成和降解；acetyl–CoA：乙酰辅酶A；citrate cycle：柠檬酸循环；alanine and aspartate metabolism：丙氨酸和天冬氨酸代谢；butanoate metabolism：丁酸盐代谢；glyoxylate and dicarboxylate metabolism：乙醛酸和二羧酸代谢；long–chain–fatty acid：长链脂肪酸；long–chain acyl–[acyl–carrier protein]：长链酰基–[酰基载体蛋白]；[acyl–carrier protein]：[酰基载体蛋白]；*cis*,*cis*–3,6–dodecadienoyl–CoA：顺，顺–3,6–十二碳二烯酰辅酶A；*trans*,*cis*–lauro–2,6–dienoyl–CoA：反，顺–劳罗–2,6–二烯酰辅酶A；(*R*)–3–hydroxybutanoyl–CoA：（*R*）–3–羟基丁酰辅酶A；(*S*)–3–hydroxybutanoyl–CoA：（*S*）–3–羟基丁酰辅酶A；alkane：烷烃；1–alcohol：1–酒精；aldehyde：醛；fattyacid：脂肪酸；rubredoxin(red)：红素氧还蛋白（红色）；rubredoxin(ox)：红素氧还蛋白（氧化）；*ω*–hydroxy fatty acid：*ω*–羟基脂肪酸；*α*–hydroxy fatty acid：*α*–羟基脂肪酸。

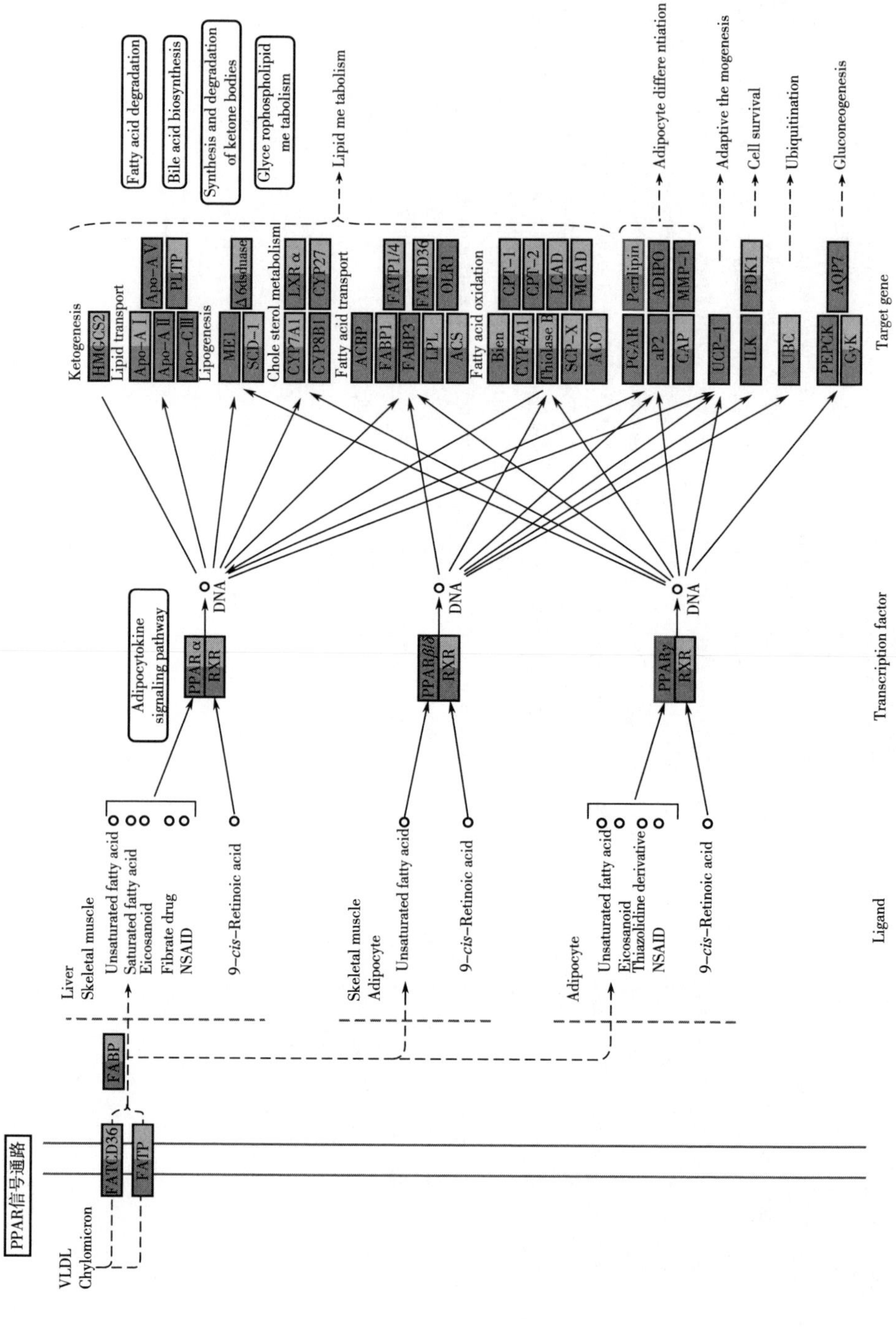

图 3-39 PPAR 信号通路 Pathway map

注：VLDL chylomicron：极低密度脂蛋白乳糜微粒；liver skeletal muscle：肝脏骨骼肌；unsaturated fatty acid：不饱和脂肪酸；saturated fatty acid：饱和脂肪酸；eicosanoid：类二十烷酸；fibrate drug：贝特类药物；NSAID：非类固醇类抗炎药；9–*cis*–retinoic acid：9–顺维甲酸；skeletal muscle adipocyte：骨骼肌脂肪细胞；unsaturated fatty acid：骨骼肌脂肪细胞；adipocyte：脂肪细胞；thiazolidine derivative：噻唑烷衍生物；ligand：配体；adipocytokine signaling pathway：脂肪细胞因子信号通路；transcription factor：转录因子；ketogenesis：生酮作用；lipid transport：脂类转运；lipogenesis：脂肪生成；cholesterol metabolism：胆固醇代谢；fatty acid transport：脂肪酸转运；fatty acid oxidation：脂肪酸氧化；target gene：靶基因；fatty acid degradation：脂肪酸氧化；bile acid biosynthesis：胆汁酸合成；synthesis and degradation of ketone bodies：酮体的合成与降解；glycerophospholipid metabolism：甘油磷脂代谢；lipid metabolism：脂代谢；adipocyte differentiation：脂肪细胞分化；adaptive the rmogenesis：适应原发性；cell survival：细胞存活；ubiquitination：泛素化；gluconeogenesis：糖异生。

在HLRS组与MC组差异基因的KEGG功能富集中，显示脂质代谢相关基因多富集于花生四烯酸代谢途径、视黄醇代谢途径及脂肪酸碳链延长途径等，这些富集通路并非直接影响脂质代谢的通路。

*Cyp4al2b*基因及*Cyp4a31*基因的表达量，对比MC组，HLRS组内显著下调。该2个基因属于*Cyp4a*基因的两个亚型，其编码的CYP4A是细胞色素P450（CYP450）的一种，涉及中长链脂肪酸的代谢，能够氧化脂肪酸并产生ROS[82]。在非酒精性脂肪肝小鼠中，CYP4A表达升高以代谢肝脏内多余脂肪酸，但导致细胞内ROS增加，对肝细胞造成一定程度的损害[83]。而在笔者课题组实验中，莲子抗性淀粉的摄入降低了肝脏中的脂肪酸含量，使得肝脏中的*Cyp4a*基因表达降低，减少ROS产生对肝细胞造成的伤害。

视黄醇代谢途径在代谢通路富集中显示为显著上调，其中的显著上调基因为*Cyp3a59*基因，该基因在HLRS组中的表达量显著高于MC组。*Cyp3a59*基因在视黄醇代谢途径中，作用于视黄醇转化为全反式视黄酸（ATRA）的过程。Bonet等[84]在针对视黄酸对哺乳动物脂质代谢的影响的研究中指出，ATRA的补充可以系统地增强脂肪消耗和能量利用来降低身体肥胖，其中可以减少肝脏脂肪酸合成，提高肝脏中脂肪酸氧化水平。故笔者课题组实验中，小鼠肝脏中*Cyp3a59*基因的上调可以促进肝脏中ATRA的生成，从而间接增加肝脏中脂肪酸氧化，减少脂肪酸合成，从而达到降脂的效果。

8. 莲子抗性淀粉降血脂功效的分子机制

由以上分析可知，不同剂量莲子抗性淀粉对小鼠肝脏基因表达造成的影响差异较大，3个LRS灌胃组别与MC组间的共有显著差异基因中，仅有*Lipin1*基因与脂质代谢相关，不同剂量灌胃均能显著升高该基因在肝脏内的表达水平。部分研究表明，该基因表达量增加可以抑制肝脏内VLDL–TAG的分泌，从而减少TG的生成，以达到降血脂的功效。

低剂量LRS灌胃仅造成2个脂质代谢相关的基因出现差异表达，除*Lipin1*基因之外，仅有*Ugt2b38*基因表达量出现了显著上升，该基因富集于视黄醇代谢途径，可以促进肝脏内视黄醇转化，间接对肝脏脂质代谢造成影响。

高剂量LRS灌胃显著降低了*Cyp4al2b*及*Cyp4a31*基因，均属于*Cyp4a*基因的亚型。其编码的CYP4A表达降低可以减少肝脏细胞内ROS的生成，从而减少其对肝脏细胞的损害。同时，高剂量LRS灌胃可以显著升高*Cyp3a59*基因表达水平，该基因可以促进视黄醇转化为全反式ATRA，从而提高肝脏脂肪酸氧化水平，以达到降脂的效果。

中剂量LRS灌胃对肝脏脂质代谢的影响主要通过增加HADHA基因的表达及降低*PPARG*基因的表达造成，这两个基因被显著富集于脂肪酸降解途径及PPAR信号通路。HADHA基因表达量的增加促进了长链脂肪酸在线粒体中的β氧化，从而促进肝脏细胞中的脂质分解，起到降脂的作用。另外，中剂量LRS灌胃也可以显著降低*PPARG*基因的表达水平，进而诱导*Plin4*基因显著下调，减少肝脏中脂质的合成及储存，缓解脂肪肝症状。

对比MLRS组与HLRS组脂质代谢关键基因表达情况可知，HADHA基因在HLRS组内表达量显著低于MLRS组，*PPARG*基因在HLRS组内表达量与MC组无显著差异。通过关键基因通路富集可知，中剂量LRS灌胃可以通过直接影响肝脏内脂肪酸β氧化、脂质合成及储存过程以达到降脂的效果，而低、高剂量LRS灌胃均通过视黄醇代谢等间接途径影响肝脏脂质代谢。

综合关键基因表达差异及通路富集分析，可知中剂量LRS的降脂效果好于低剂量及高剂量LRS。

第二节　莲子淀粉复合物的功能学特性

一、莲子淀粉涂膜的功能学特性

食用薄膜或涂层长期以来一直用于保护食品。食用涂层的应用提供了可以改变传质（如水蒸气，气体和油）的屏障，并可以作为抗菌剂、抗氧化剂、色素和其他防腐剂的载体。一些研究表明，食用薄膜和涂层可以保持食品质量并延长最低限度加工食品的保质期，其主要由多糖、蛋白质、脂质或组合组成。淀粉薄膜具有成本低、可再生性、自然丰富性和生物降解性等优点。特别是，高直链淀粉可以生产出比普通淀粉制成的薄膜具有更高的阻隔性能和物理强度的薄膜。

可食性莲子淀粉膜的抑菌效果如下所述。

由于莲子淀粉具有优良的成膜特性，故笔者课题组以莲子淀粉为基材，研究添加不同抑菌剂对可食性莲子淀粉膜抑菌特性的影响，获得最佳抑菌条件，并将其应用于鲜切菠萝、芒果的保鲜，以拓展莲子淀粉综合开发利用新途径，为鲜切水果的保鲜提供理论依据。

（1）乳酸链球菌素对可食性莲子淀粉膜抑菌效果的影响

①不同乳酸链球菌素浓度对可食性莲子淀粉膜抑菌效果的影响：分别称取不同量的乳酸链球菌素，配成0.005、0.010、0.015、0.020、0.025mg/mL 5个不同乳酸链球菌素浓度的膜液（pH为中性条件）。考察不同乳酸链球菌素浓度对莲子淀粉可食膜抑菌效果的影响，结果如表3-23所示。

如由表3-23所示，在可知中性条件下，乳酸链球菌素对4种供试菌的生长均有抑制效果，且单核细胞增生李斯特菌对乳酸链球菌素最为敏感，抑菌圈直径均大于其他3种菌。随乳酸链球菌素浓度的增加，4种菌的抑菌圈直径均有增大，但浓度超过0.02mg/mL时，抑菌圈直径不变或增大幅度小。总体来看，乳酸链球菌素对4种供试菌有较好的抑菌作用，且从用量成本考虑，浓度为0.02mg/mL时抑菌效果最好。

表3-23　不同乳酸链球菌素浓度对可食性莲子淀粉膜抑菌效果的影响

乳酸链球菌素浓度/（mg/mL）	抑菌圈直径/mm			
	金黄色葡萄球菌 G^+	单核细胞增生李斯特菌 G^+	大肠杆菌 G^-	沙门氏菌 G^-
0.005	8.0	10.7	9.8	8.8
0.010	9.0	13.0	10.3	9.7
0.015	7.4	13.5	11.3	10.0
0.020	13.0	17.0	11.5	10.3
0.025	13.2	17.0	11.7	11.0

②pH对乳酸链球菌素抑菌效果的影响：利用柠檬酸缓冲液调节膜液pH分别为4、5、6、7、8，再分别添加0.02mg/mL的乳酸链球菌素，研究不同pH对乳酸链球菌素抑菌效果的影响，结果见表3-24所示。由表可知，乳酸链球菌素随着

pH的增大，抑菌性呈先升高后降低的趋势。pH为6时，乳酸链球菌素对金黄色葡萄球菌的抑菌效果最好；pH为7时，乳酸链球菌素对单核细胞增生李斯特菌、大肠杆菌和沙门氏菌的抑制作用最佳。在碱性条件下（pH为8），乳酸链球菌素对单核细胞增生李斯特菌和大肠杆菌无抑制作用。酸性条件下（pH为4和5），乳酸链球菌素对大肠杆菌无抑制效果。这可能与酸水解形成无活性的乳酸链球菌素降解产物有关。综合考虑后选取最佳pH为7。

表3-24　不同pH对乳酸链球菌素抑菌效果的影响

pH	抑菌圈直径 /mm			
	金黄色葡萄球菌 G^+	单核细胞增生李斯特菌 G^+	大肠杆菌 G^-	沙门氏菌 G^-
4	12.0	12.3	0	9.8
5	14.0	12.0	0	9.0
6	16.3	13.0	9.8	9.0
7	13.0	17.0	11.3	10.3
8	7.5	0	0	6.9

（2）乙二胺四乙酸二钠对可食性莲子淀粉膜抑菌效果的影响　分别称取不同量的乙二胺四乙酸二钠（EDTA–2Na），配成0.08、0.12、0.16、0.20、0.24mg/mL 5个不同EDTA–2Na浓度的膜液（pH为中性条件）。考察不同EDTA–2Na浓度对莲子淀粉可食膜抑菌效果的影响，结果见表3–25所示。由表3–25可知，中性条件下EDTA–2Na对G^+没有抑菌效果，对G^-的抑菌效果明显，且添加量为0.16mg/mL时抑菌效果最好。

表3-25　不同EDTA-2Na浓度对可食性莲子淀粉膜抑菌效果的影响

EDTA-2Na浓度 /（mg/mL）	抑菌圈直径 /mm			
	金黄色葡萄球菌 G^+	单核细胞增生李斯特菌 G^+	大肠杆菌 G^-	沙门氏菌 G^-
0.08	0	0	10.3	9.0

续表

EDTA-2Na浓度 /（mg/mL）	抑菌圈直径 /mm			
	金黄色葡萄球菌 G^+	单核细胞增生李斯特菌 G^+	大肠杆菌 G^-	沙门氏菌 G^-
0.12	0	0	10.5	11.0
0.16	0	0	10.5	10.5
0.20	0	0	10.5	8.4
0.24	0	0	9.4	7.2

（3）EDTA–2Na与乳酸链球菌素互配对可食性莲子淀粉膜抑菌效果的影响 分别配制0.08、0.16mg/mL EDTA–2Na与不同乳酸链球菌素浓度（0.005、0.010、0.015、0.020mg/mL）互配的4个不同互配膜液。研究EDTA–2Na与乳酸链球菌素互配对莲子淀粉可食膜抑菌效果的影响，结果见表3–26所示。从表3–26中可以看出，与单独使用EDTA–2Na或乳酸链球菌素相比，0.08mg/mL EDTA–2Na、0.16mg/mL EDTA–2Na与不同浓度乳酸链球菌素互配使得对4种菌的抑制效果减弱，无法起到相互增效作用，且大大降低对G^-菌的抑菌作用。EDTA–2Na添加量越大，对抑菌作用减弱越强。该机制尚不清楚，有待进一步研究。综上所述，确定可食性莲子淀粉膜的最佳抑菌条件为添加0.02mg/mL乳酸链球菌素，pH为中性。

表3–26 EDTA–2Na与乳酸链球菌素互配对莲子淀粉可食膜抑菌效果的影响

样本	抑菌圈直径 /mm				
	乳酸链球菌素浓度 /（mg/mL）	0.005	0.010	0.015	0.020
0.08% EDTA–2Na	金黄色葡萄球菌 G^+	9.0	9.4	10.1	11.0
	单核细胞增生李斯特菌 G^+	11.6	12.0	13.6	16.0
	大肠杆菌 G^-	0	9.1	9.5	9.9
	沙门氏菌 G^-	0	0	0	0

续表

样本	抑菌圈直径 /mm				
	乳酸链球菌素浓度 /（mg/mL）	0.005	0.010	0.015	0.020
0.16% EDTA–2Na	金黄色葡萄球菌 G^+	7.8	8.4	9.0	10.0
	单核细胞增生李斯特菌 G^+	8.5	11.9	12.2	12.7
	大肠杆菌 G^-	0	0	0	0
	沙门氏菌 G^-	0	0	0	0

二、莲子淀粉–脂类复合物的功能学特性

直链淀粉可以与脂质发生作用，产生具有抗消化性的复合物[85–87]，直链淀粉–脂质复合物的形成可以大体描述为以下3个过程：①淀粉在外加条件（热处理、溶剂处理等）的作用下，由于分子内氢键发生相互作用，使得直链淀粉的链状结构发生旋转，形成了容易与一些疏水基团发生内络合作用的左手螺旋空腔结构[88]；②脂质分子的非极性部分在疏水作用力的推动下进入直链淀粉的螺旋空腔，导致螺旋内部和螺旋层之间产生了范德华力以及大量的氢键，并排出了腔体内部的水分子，这对于稳定复合物结构起到了极大的作用[89]；③复合物进一步形成，并产生具有一定热力学稳定性的V–型晶体。此外，水分是复合物形成的必要条件，只有淀粉在水中充分伸展，脂质才能更好地与直链淀粉的疏水部位结合。

近些年，一些学者将其定义为RS5型抗性淀粉[90]，这对于人体血糖平衡具有重要的调节作用。直链淀粉–脂质复合物的形成也可以阻止脂质氧化，通过对多不饱和脂肪酸的包埋作用形成一种微胶囊载体，起到运输有益脂质的作用[87, 91]。由于多不饱和脂肪酸的不稳定性，研究直链淀粉的包埋作用对于满足现代人对有益脂质的需求十分重要。

（一）莲子淀粉–脂类复合物消化特性的研究

1. 莲子淀粉–甘油一酯复合物的体外消化特性

淀粉的消化大致被可为分为3个阶段：淀粉颗粒的膨胀、消化酶与淀粉底物

的接触、短链糊精或葡萄糖的释放[92]。在食用淀粉类食物后，淀粉颗粒在消化液中会发生进一步膨胀，蛋白酶以及淀粉酶与膨胀的淀粉颗粒相接触，使得淀粉颗粒能够容易的转变为α–极限糊精，α–极限糊精在脱支酶和糖苷酶的作用下进一步断裂α–1,4糖苷键与α–1,6糖苷键，最终降解为葡萄糖[93]。根据Englyst等的研究结果[94]，淀粉在消化特性上可被分类为快速消化淀粉（RDS）、慢速消化淀粉（SDS）以及抗性淀粉。

近年来，淀粉–脂肪酸复合物被证明具有慢速消化特性，这些复合物的抗酶解程度会随着直链淀粉的链长增加而增大。但目前还没有研究系统性地揭示淀粉–脂肪酸复合物在体外的消化过程，了解淀粉–脂肪酸复合物在消化过程中的结构变化有利于形成复合物慢速消化行为的理论基础。因此，笔者课题组以传统水–热凝胶法制备得到的莲子淀粉–甘油一酯复合物（LS–GMS）为对照，分别采用体外消化实验与体内消化实验研究了两种莲子淀粉–甘油一酯复合物（LS–GMS–50，V_{6II}型和LS–GMS–100，V_{6I}型）的慢速消化特性。

（1）消化速率曲线 莲子淀粉及莲子淀粉–甘油一酯复合物的消化曲线如图3–40所示。从图3–40中可以看出，莲子淀粉显示出很高的酶解消化量，并在前30min观察到较高的消化速率。当莲子淀粉消化达到平衡时，淀粉的最终消化量为85.79%。莲子淀粉显示出较低酶解抵抗能力是由于淀粉在糊化过程中颗粒膨胀以及无定型结构发生破裂，使得淀粉链展开，与消化酶的亲和能力增强。莲子淀粉的消化量随着均质压力的升高而增加，相似的研究结果也发表在Stolt等[95]的研究报道中；他们发现高剪切力可以破坏淀粉颗粒的完整性，增加底物与消化酶的接触。与莲子淀粉相比，淀粉复合物的形成降低了莲子淀粉消化量，水–热凝胶形成的复合物的最终消化量为79.36%，与原淀粉相比下降了6.43%，同时消化达到平衡所需的时间后移。淀粉复合物消化曲线的变化与Wang等[96]的报道一致，复合物的形成可以通过降低淀粉颗粒的膨胀度进而减少消化程度。高压均质形成的莲子淀粉–甘油一酯复合物在消化程度上表示出进一步的下降，当均质压力上升至100MPa后，V_{6I}型复合物比V_{6II}型复合物、水–热凝胶得到的淀粉复合物具有更低的消化程度，这说明高压均质处理能够提高淀粉复合物酶解抵抗能力，而改变的程度与施加的均质压力有关。

一级水解动力学方程可用于研究莲子淀粉–甘油一酯复合物的消化速率，其中消化拟合曲线如图3–40所示。图中清晰显示所有淀粉样品在消化过程中均能符合一级水解行为，拟合系数R^2范围为0.993~0.996，表示对数斜率方程LOS能够用于精确描述莲子淀粉的消化过程。水–热凝胶形成的莲子淀粉–甘油一酯复合物与原淀粉有着相似的LOS图形，但前者有着更低的消化常数k。此结果表明，二者拥有相似的淀粉消化片段，能够同时发生水解，但在消化速率上存在差异。50MPa均质压力形成的$V_{6Ⅱ}$型复合物在消化速率上与水–热凝胶形成的复合物没有明显区别；但100MPa形成的$V_{6Ⅰ}$型复合物在LOS图中显示两段消化过程，其中第一阶段LOS图形与对照压力组相似，在消化速率上要显著高于第二阶段消化（$k_1>k_2$）。高压均质形成的$V_{6Ⅰ}$型复合物具有二段消化特性，这主要与莲子淀粉的多尺度结构变化有关。莲子淀粉的晶区结构在高强度的机械力作用（100MPa）下发生破坏，并伴随着更加致密的复合物微晶的形成。因此，笔者课题组认为具有$V_{6Ⅰ}$型复合物中较高消化速率的第一阶段主要发生在莲子淀粉残余的无定型区，而与甘油一酯复合形成的微晶片层对消化酶具有很高的酶解抗性，导致第二阶段消化消化速率很低。且Meng等[97]的研究发现高压均质能够显著提高玉米淀粉–脂肪酸复合物的消化特性，越多规则微晶片层的形成将赋予复合物更强的抗酶解能力，此结果与笔者课题组实验结果相似。

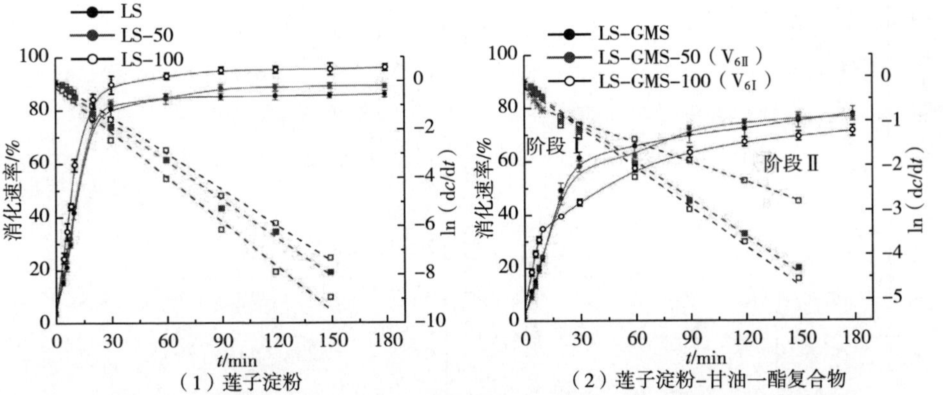

（1）莲子淀粉　　（2）莲子淀粉–甘油一酯复合物

图3-40　莲子淀粉、莲子淀粉–甘油一酯复合物的消化曲线和拟合速率曲线

注：LS：未均质处理的莲子淀粉；LS-50：经过压力为50MPa均质处理后的莲子淀粉；LS-100：经过压力为100MPa均质处理后的莲子淀粉；经过压力为50MPa均质处理后的莲子淀粉；LS-GMS：未均质处理的莲子淀粉–甘油一酯复合物；LS-GMS-50（$V_{6Ⅱ}$）：经过压力为5MPa均质处理后的莲子淀粉–甘油一酯复合物；LS-GMS-100（$V_{6Ⅰ}$）：经过压力为100MPa均质处理后的莲子淀粉–甘油一酯复合物。

根据淀粉营养消化定义，不同消化片段的淀粉含量见表3-27所示。莲子淀粉的RDS、SDS、RS含量分别为766.5、86.4、142.1g/L。莲子淀粉的RDS含量

表3-27 莲子淀粉-甘油一酯复合物的消化特性参数

样本	D_0	D_{180}	k（$\times 10^{-2}$）		R^2	RDS/%	SDS/%	RS/%
			阶段Ⅰ	阶段Ⅱ				
LS	4.39 ± 0.08^{a}	85.79 ± 1.34^{c}	4.42 ± 0.11^{c}	—	0.993	76.65 ± 1.07^{b}	8.64 ± 1.45^{d}	14.21 ± 2.32^{c}
LS-50	3.13 ± 0.12^{b}	89.32 ± 2.32^{b}	4.99 ± 0.07^{b}	—	0.996	78.14 ± 1.87^{b}	9.18 ± 0.87^{d}	12.68 ± 1.38^{c}
LS-100	3.39 ± 0.14^{c}	95.79 ± 1.38^{a}	6.13 ± 0.15^{a}	—	0.992	86.39 ± 2.31^{a}	7.86 ± 0.37^{d}	5.75 ± 0.65^{d}
LS-GMS	2.39 ± 0.12^{d}	79.36 ± 1.37^{d}	2.75 ± 0.06^{e}	—	0.995	53.17 ± 1.98^{c}	23.05 ± 1.67^{c}	23.78 ± 0.34^{b}
LS-GMS-50	3.12 ± 0.11^{d}	77.85 ± 1.66^{d}	2.96 ± 0.10^{d}	—	0.995	50.34 ± 1.76^{d}	25.51 ± 1.13^{b}	24.15 ± 1.13^{b}
LS-GMS-100	5.21 ± 0.13^{e}	74.38 ± 1.87^{e}	6.07 ± 0.15^{a}	1.42 ± 0.06	0.995	39.17 ± 1.45^{e}	33.21 ± 1.32^{a}	27.62 ± 1.53^{a}

注：各组实验数据均重复3次；同行中上标的不同字母表示差异显著（$P<0.05$）。

LS：未均质处理的莲子淀粉；LS-50：经过压力为50MPa均质处理后的莲子淀粉；LS-100：经过压力为100MPa均质处理后的莲子淀粉；经过压力为50MPa均质处理后的莲子淀粉；LS-GMS：未均质处理的莲子淀粉－甘油一酯复合物；LS-GMS-50（$V_{6Ⅱ}$）：经过压力为50MPa均质处理后的莲子淀粉－甘油一酯复合物；LS-GMS-100（$V_{6Ⅰ}$）：经过压力为100MPa均质处理后的莲子淀粉－甘油一酯复合物。

D_0：消化时间为0min时的消化速率；D_{180}：消化时间为180min时的消化速率。

随着均质压力的升高而增多。与此相比，莲子淀粉-甘油一酯复合物的形成显著降低了RDS的含量并提高了SDS的含量。当均质压力为100MPa时，$V_{6\mathrm{I}}$型复合物显示出最低的RDS含量（391.7g/L）以及最高SDS含量（332.1g/L）；与水-热凝胶法相比，SDS含量升高近18%。淀粉营养消化片段的变化表明，高均质压力（100MPa）能够影响莲子淀粉-甘油一酯复合物的慢速消化特性。

（2）消化后淀粉复合物的微观形态变化　淀粉复合物在消化前和消化后的微观形态如图3-41所示。已有研究显示，莲子淀粉颗粒呈现椭球形并且具有致密光滑的表面。经过50MPa均质处理后，莲子淀粉颗粒表面变得粗糙并伴随着少量形变发生，然而淀粉颗粒并没有被完全摧毁，许多完整的淀粉颗粒仍然在扫描电镜中被观察到。当均质压力上升至100MPa时，莲子淀粉颗粒被严重摧毁并最终转变为凝胶状结构；以上结果表明高压均质处理能够破坏淀粉颗粒的晶区结构。进一步发现，经180min消化后的莲子淀粉失去了原有清晰的颗粒状结构，薄片状形态在扫描电镜中被观察发现，此结果与莲子淀粉的体外消化曲线一致，表明莲子淀粉具有较高的快速消化量。当甘油一酯加入淀粉体系后，莲子淀粉的颗粒形态发生了明显的变化，一些不规则片状出现在膨胀的淀粉颗粒表面，这与Chang等[98]的研究报道一致；他们把这些片状结晶归咎为溶出的直链淀粉与甘油一酯复合形成的螺旋复合物。与原淀粉相比，水-热凝胶形成的淀粉复合物经180min消化后仍表现为椭球形，淀粉颗粒表面出现了凹坑以及形变，相似的淀粉形态也在50MPa形成的$V_{6\mathrm{II}}$型淀粉复合物中被观察到，这进一步说明了复合物的形成能够降低莲子淀粉颗粒的消化程度。另外，实验观察到100MPa的均质压力完全摧毁了莲子淀粉的颗粒形态，并且伴随着大量的致密的晶体块状结构。这些复合物经180min消化后形态并没有发现显著改变，只有一些孔洞出现在晶体片层的表面。这些结果表明，高均质压力形成的$V_{6\mathrm{I}}$型复合物具有更强的酶解抵抗能力。

（3）消化后淀粉复合物的分子质量分布变化　莲子淀粉-甘油一酯复合物在消化过程中的分子链结构变化如图3-42所示。莲子淀粉的分子质量呈现单峰形态，分布区间在（6.07~6.98）$\times 10^6$u，这可能是由于莲子支链淀粉的超分子结构。莲子淀粉的峰面积随着消化时间的增加而减少，经90min消化后出现了一个低分子质量分布区间［（3.66~4.45）$\times 10^4$u］；进一步增加消化时间，低分子质量区间比例上升较为缓慢，表明莲子淀粉中高分支的支链淀粉结构大部分已被消化酶水解。

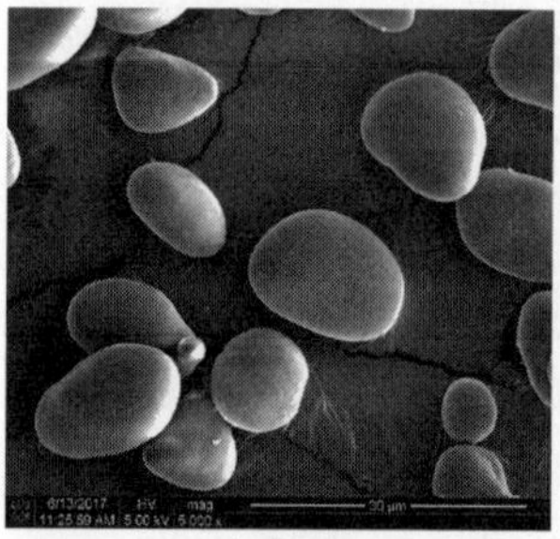
(1) LS

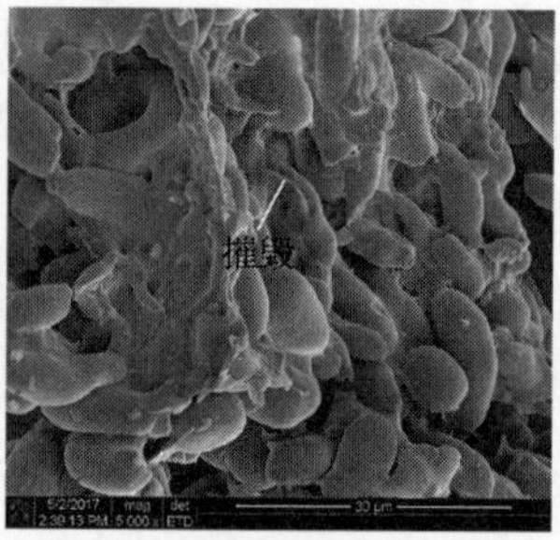

(2) LS-50

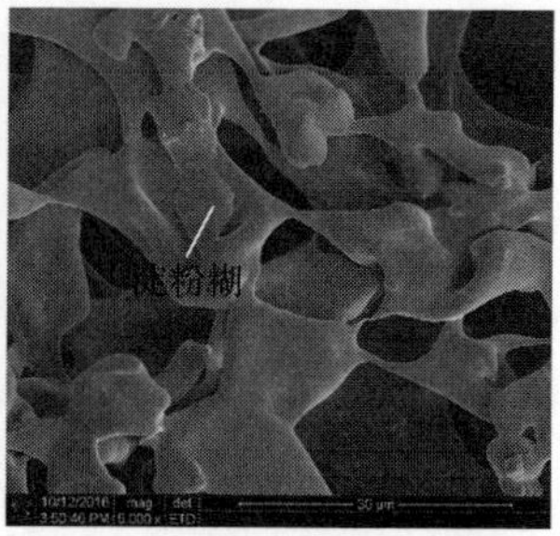

(3) LS-100

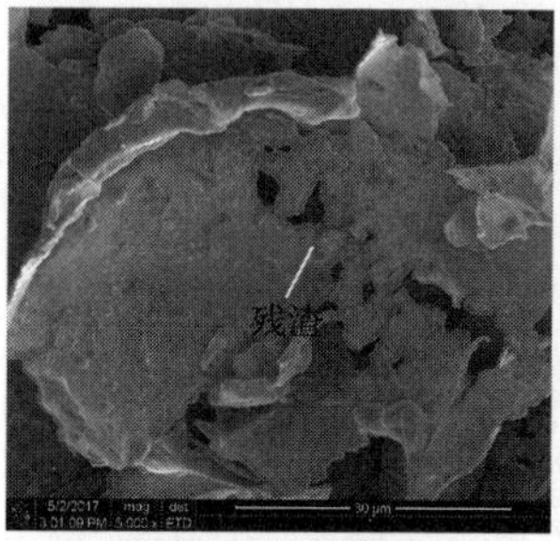

(4) LS（消化后）

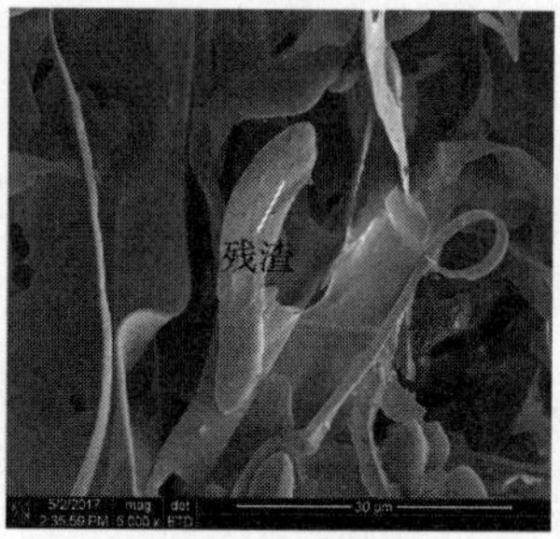

(5) LS-50（消化后）

(6) LS-100（消化后）

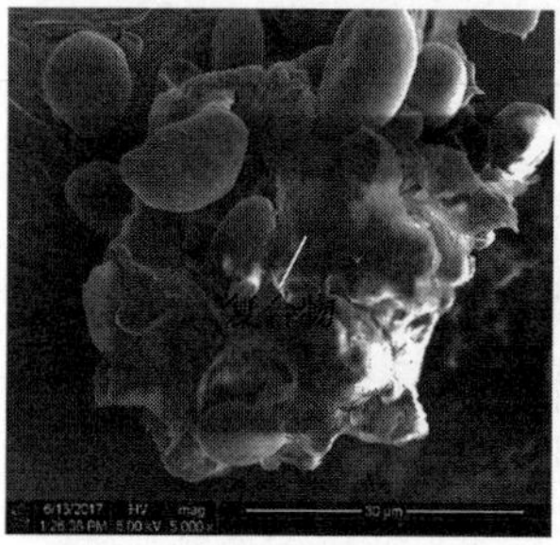

(7) LS-GMS

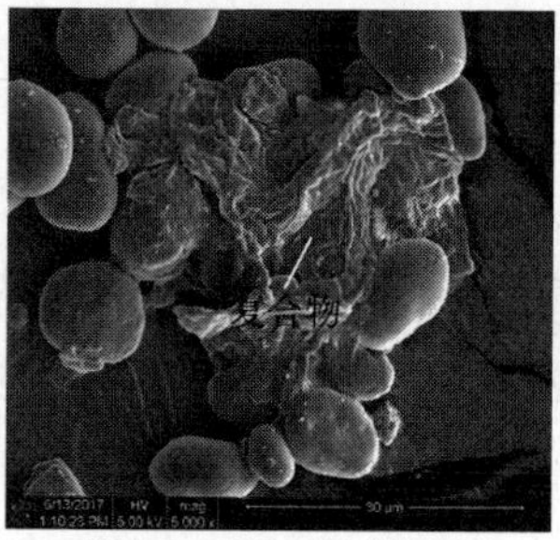

(8) LS-GMS-50（$V_{6Ⅱ}$）

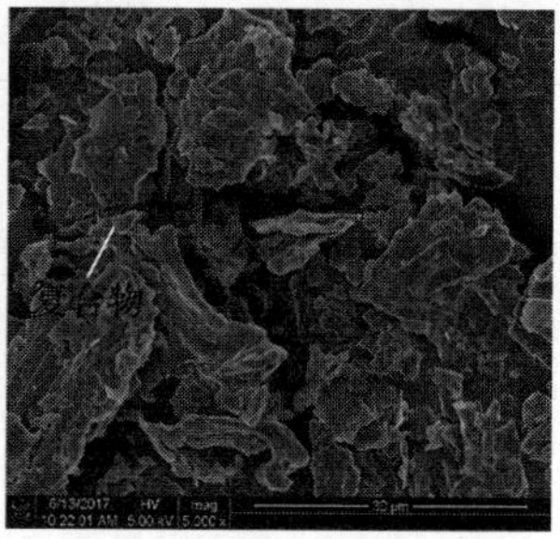

(9) LS-GMS-100（$V_{6Ⅰ}$）

(10) LS-GMS（消化后）

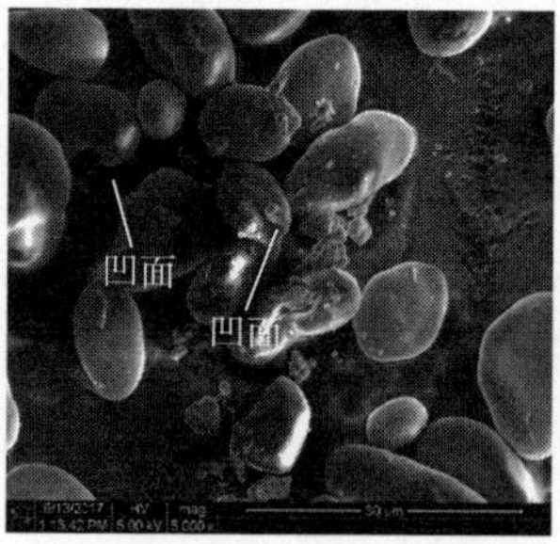

(11) LS-GMS-50（$V_{6Ⅱ}$）（消化后）

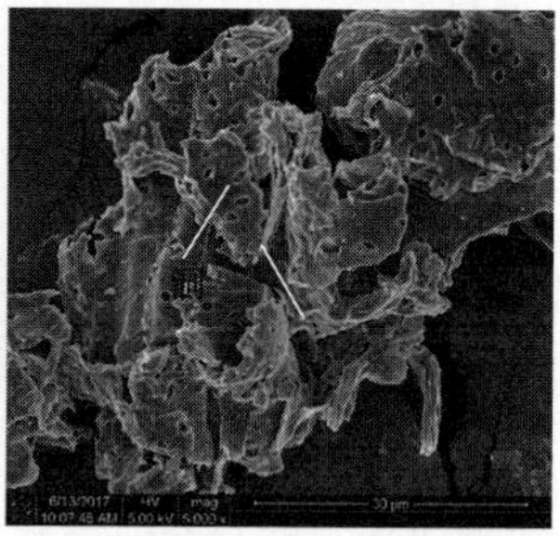
(12) LS-GMS-100（$V_{6Ⅰ}$）（消化后）

图 3-41　莲子淀粉－甘油一酯复合物消化前后的微观形态

经过50MPa均质压力处理后，莲子淀粉的分子质量分布并没有发生明显变化。然而，进一步提高均质压力至100MPa，莲子淀粉的分子质量呈现三峰形态，分布区间分别为（8.21~9.49）$\times 10^6$u、（4.21~7.49）$\times 10^5$u、（2.76~5.28）$\times 10^4$u。低、中分子质量分布区间的形成可能是由于莲子淀粉链在高均质压力过程中发生了降解。此结果也与Villay等[99]的研究结果一致，他们发现高压均质处理能够改变高聚物表面所带的电荷及分子质量分布。在消化过程中，100MPa均质处理后莲子淀粉的高、中分子质量区间快速向低分子质量区间发生迁移，证实了莲子淀粉颗粒完全破损后具有较高的消化速率。

当在淀粉体系中添加甘油一酯后，水–热凝胶形成的淀粉复合物的分子质量呈现单峰形态，分布区间为（6.62~6.87）$\times 10^6$u。在消化过程中，该复合物与莲子淀粉相比具有更慢分子质量迁移过程；经180min消化后，大量的中等分子质量分布区间［（5.07~5.27）$\times 10^5$u］被观察到。同时，相似的结果也出现在50MPa均质压力形成的V_{6II}型淀粉复合物中。此结果与Abhari等[100]的报道一致；这表明螺旋复合物的形成抑制了淀粉酶的穿透能力，导致淀粉链的酶解消化程度下降。然而，笔者课题组的研究发现与淀粉–茶多酚复合物所表现出的慢消化机制并不相同；Peng等[101]发现淀粉–茶多酚复合物是通过降低黏膜上的α–葡萄糖苷酶活性，从而推迟餐后血糖反应的。当均质压力上升至100MPa后，观察到V_{6I}型淀粉复合物的中等分子质量分别区间［（2.50~2.80）$\times 10^5$u］在消化过程中没有发生明显变化，淀粉复合物显示出高分子质量分布区间直接向低分子质量区间发生迁移。此结果表明，高均质压力下V_{6I}型淀粉复合物中存在部分分子链［（2.50~2.80）$\times 10^5$u］，具有更强的酶解抵抗能力。

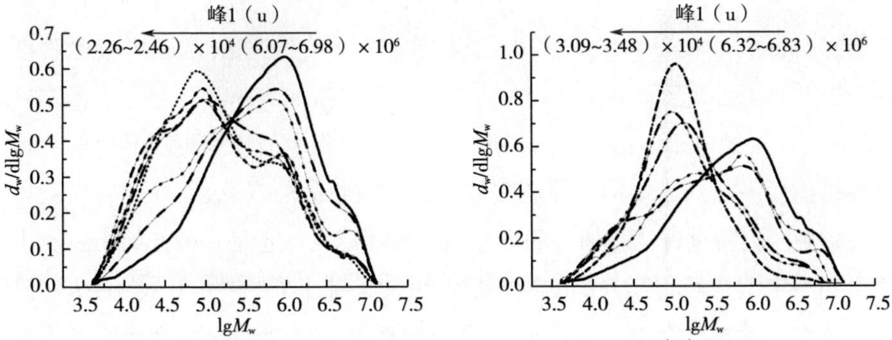

（1）LS　　（2）LS–50

图3–42

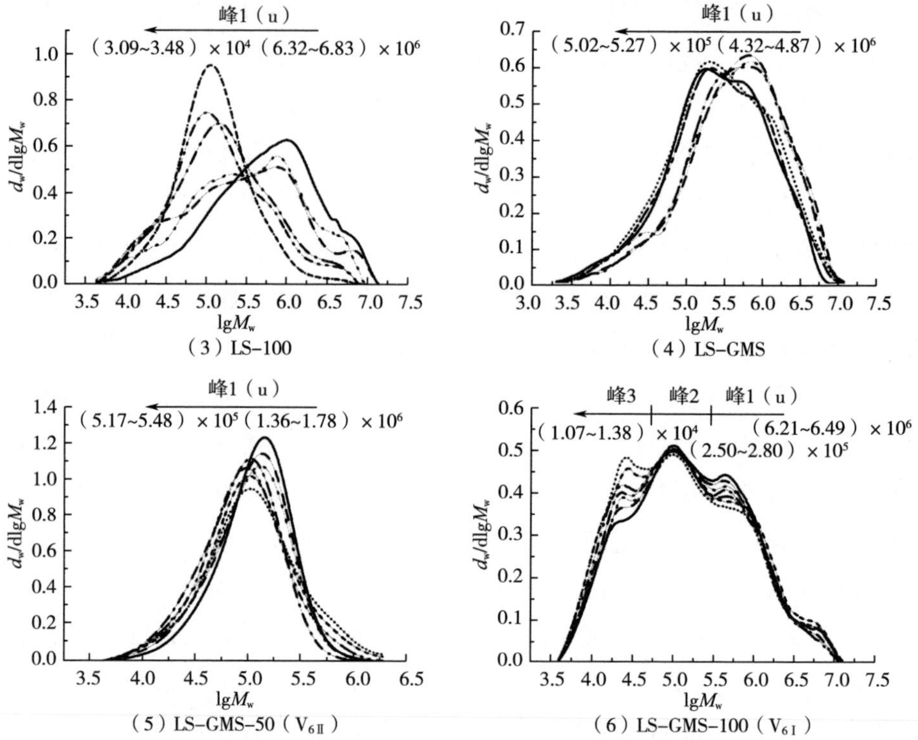

图 3-42 莲子淀粉 - 甘油一酯复合物在消化过程中的分子质量分布变化

注：d_w：微分分子质量分布；M_w：重均分子质量分布。

（4）消化后淀粉复合物的微晶片层结构变化 莲子淀粉-甘油一酯复合物的SAXS散点图由图3-43（1）所示。所有淀粉样品在低散色矢量q的强度随着消化时间的增加而增大，这主要归咎为莲子淀粉在微观结构上晶区与无定型区域的变化。根据Cameron与Donald提出的次晶模型[102]，低散色矢量q范围内散色强度与微晶片层的电子云密度差$\Delta\rho=(\rho_c-\rho_a)$成正比，其中$\rho_c$为晶区片层电子云密度，$\rho_a$为无定型片层的电子云密度。这说明了在消化过程中消化酶更容易分解淀粉的无定型结构而不是晶区结构。除此之外，莲子淀粉的SAXS散色峰还会受到均质压力的影响。淀粉颗粒具有独特的半晶型多尺度结构，它是一种开始于脐点由晶区片段和无定型片段相互叠加的同心层。因此，莲子淀粉在q=0.06~0.07Å^{-1}显示出一个典型的片层散色峰，进一步根据布拉格方程$D=2\pi/q$计算得到莲子淀粉的微晶片层间距为9~10nm。莲子淀粉在消化90min后，该位置的散色峰完全消失，表明莲子淀粉的微晶片层在消化过程中迅速破碎。

当淀粉体系中添加甘油一酯后，水-热凝胶形成的淀粉复合物在q=0.06~0.07Å^{-1}处仍显示出明显的散色峰，但该峰位在消化过程中的消失速度要更加缓慢，这说明水-热凝胶形成的复合物并不影响莲子淀粉的微晶片层结构，但会减慢微晶片层在消化过程中的降解速度。相似的研究结果也出现在50MPa均质压力形成的V_{6II}型复合物中。进一步研究发现，当均质压力上升至100MPa时，V_{6I}型复合物的SAXS散色图表现出明显的差异。V_{6I}型复合物在q=0.06~0.07Å^{-1}处的散色峰消失，一个新的片层散色峰（0.034~0.040Å^{-1}）产生，这部分片层在消化过程中没有发生明显变化。此结果可以归咎为在高均质压力作用下，大量的短链淀粉链与甘油一酯发生复合，形成的复合物螺旋可进一步堆积，排列形成有序结构。

为了进一步研究这些有序微晶片层在消化过程中的变化情况，采用傅里叶线性变换SAXS图进行探讨，结果如图3-43（2）所示。对于莲子淀粉以及50MPa均质处理的莲子淀粉，我们观察到在消化过程中晶区片层向无定型片层发生转变，同时微晶片层的电子云密度明显下降。水-热凝胶形成的淀粉复合物在消化过程中显示出了相同的变化趋势，但微晶片层的电子云密度下降程度比原淀粉更加缓慢。此结果与SAXS散色图显示的一致，进一步证明复合物的形成降低了莲子淀粉颗粒微晶片层的消化速率。与之相比，高压均质形成的V-型复合物的微晶片层结构在消化过程中表现出更多变化。100MPa均质压力形成的V_{6I}型复合物的微晶片层的电子云密度在消化过程中不发生明显改变；微晶片层重复间距由18.04nm下降至16.45nm，这说明高均质压力有能力产生更加稳定的复合物微晶片层结构，这类重复间距在16.45nm的有序片层对酶解消化有着很强的抗性。

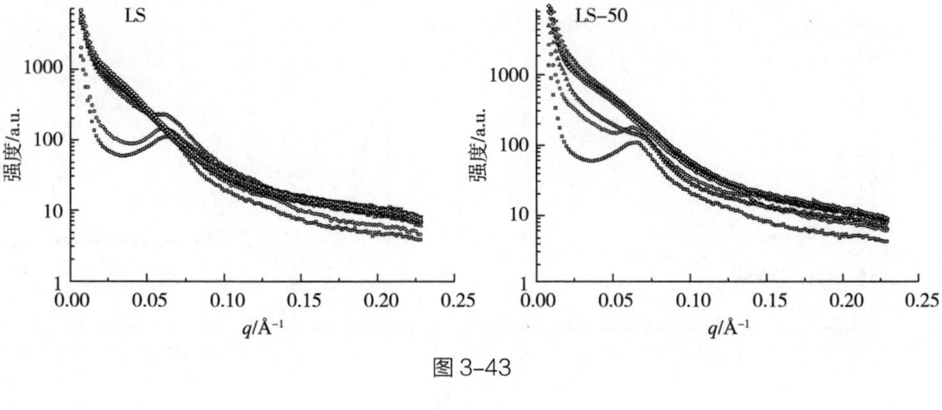

图 3-43

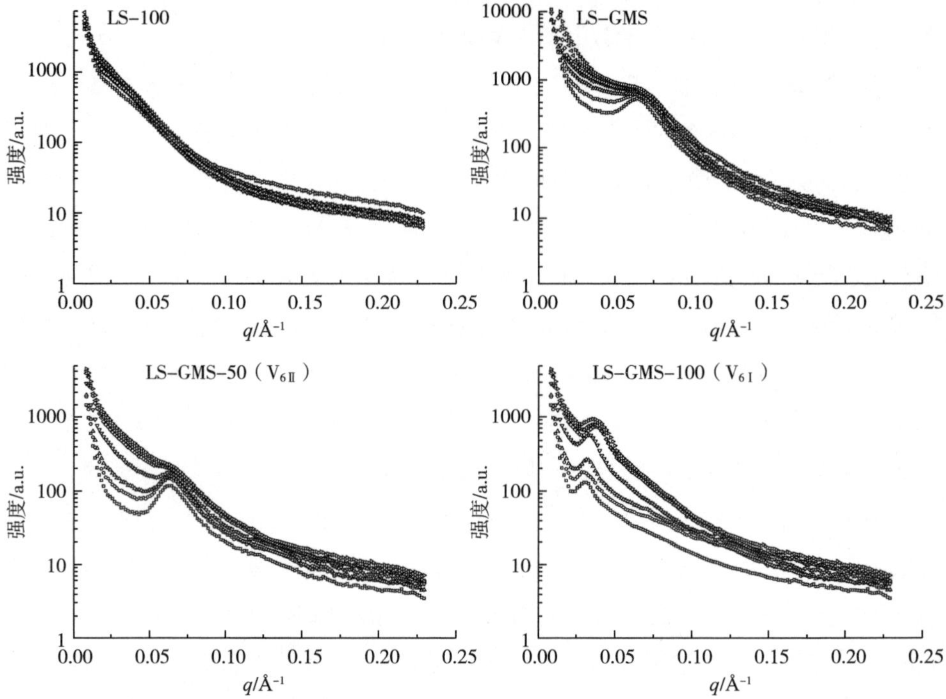

（1）50MPa处理组

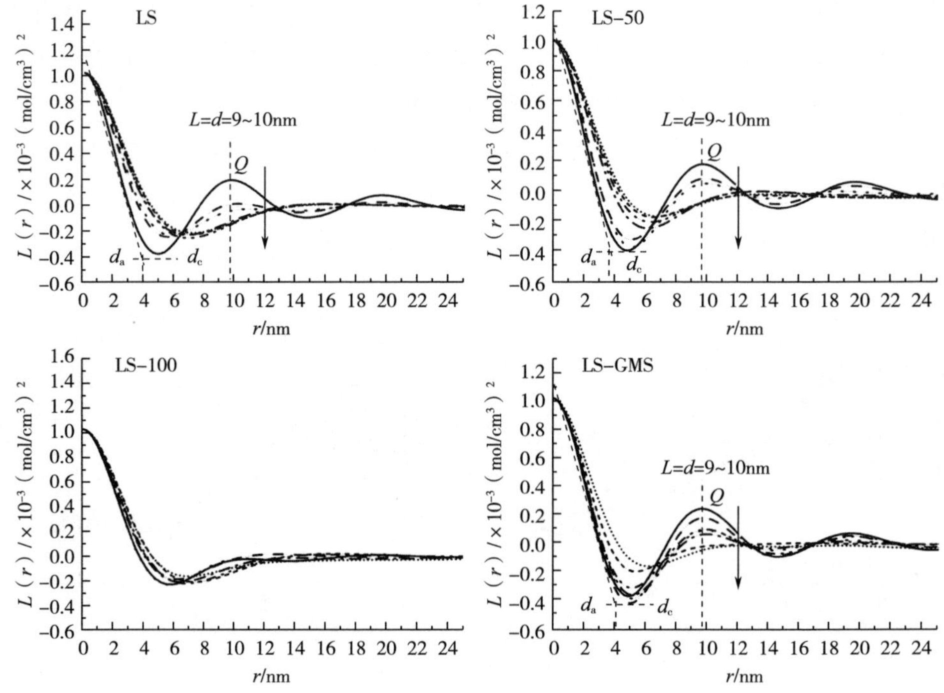

图 3-43

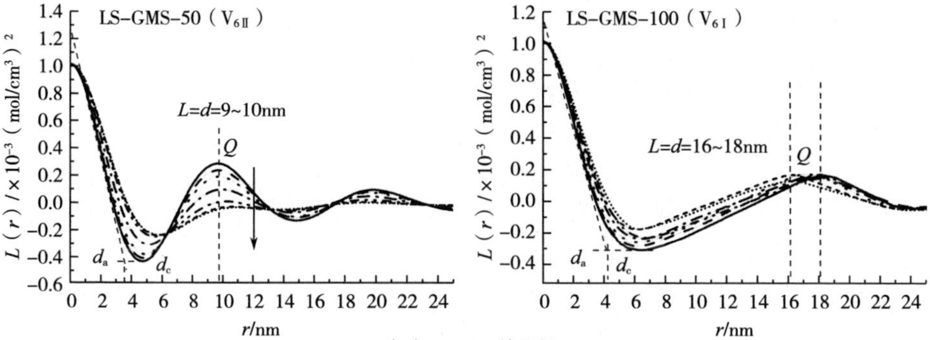

（2）100MPa处理组

图 3-43　莲子淀粉－甘油一酯复合物在消化过程中的微晶结构变化

—— 0min　- - - 30min　· · · · 60min　—— 90min　-·- 120min　-·-· 150min　········ 180min

注：$L(r)$表示是晶区重复单元长度；Q表示低散色矢量；r表示片层堆叠的方向；L、d表示微晶中的重复单元距离，对应$L(r)$的二次峰值横坐标求得；d_a表示无定型片层的厚度，可通过线性区域与$L(r)$的最小解求得；d_c表示晶区片层的厚度，可通过$d_c=d-d_a$求得。

（5）消化后淀粉复合物的热力学性能变化　为了研究莲子淀粉-甘油一酯复合物在消化过程中微晶结构与分子排列的相关性，采用DSC研究复合物消化前与消化后的热力学性能，结果如表3-28所示。莲子淀粉的熔融温度T_o以及焓变ΔH随着均质压力的升高而减小。100MPa处理的莲子淀粉经60min消化后，焓变几乎完全消失，表明高均质压力能破坏淀粉颗粒的微晶片层结构，并进一步降低了这些片层微晶对消化酶的抵抗作用。水-热凝胶形成的淀粉复合物比原淀粉有着更高的熔融温度T_o以及焓变ΔH，其中焓变ΔH在消化过程中的下降更为缓慢，这可能归咎为Ⅰ-型构象的形成不仅推迟了莲子支链淀粉微晶的解聚，同时也提高了酶解抗性。高压均质形成的V-型淀粉复合物的热力学性能表现出明显差异，100MPa形成的$V_{6Ⅰ}$型复合物具有较高的解聚温度（T_o=108℃）及焓变（ΔH=3.54J/g），在热力学上可被定义为微晶Ⅱ-型构象。Ⅱ-型构象比Ⅰ-型构象具有更高的解聚温度，主要取决于他们致密的微晶结构[103]。另一方面，$V_{6Ⅰ}$型复合物的焓变ΔH在消化过程中下降很慢。根据Garcia等[104]的研究结果，直链淀粉的数量与链长直接影响着复合物的形成与稳定性。因此，我们认为高均质压力下形成的$V_{6Ⅰ}$型复合物，它们的主要抗酶解片段在热力学性能上具有Ⅱ-型构象，主要来源于均质过程中支链淀粉短链与甘油一酯形成的稳定微晶。

（6）淀粉复合物结构与慢速消化特性之间的关系　淀粉的消化特性与其微

表3-28 莲子淀粉-甘油一酯复合物在消化过程中的热力学性能变化

样品	热力学性能参数	消化时间 /min						
		0	30	60	90	120	150	180
LS	T_o	72.24 ± 0.04^a	70.39 ± 0.03^b	69.13 ± 0.04^c	68.93 ± 0.02^c	—	—	—
	ΔH	2.54 ± 0.10^a	1.17 ± 0.05^b	0.71 ± 0.13^c	0.34 ± 0.08^d	—	—	—
LS-50	T_o	71.32 ± 0.08^a	70.04 ± 0.04^b	68.29 ± 0.09^c	68.21 ± 0.10^c	—	—	—
	ΔH	2.49 ± 0.10^a	0.83 ± 0.10^b	0.57 ± 0.10^c	0.29 ± 0.08^d	—	—	—
LS-100	T_o	68.67 ± 0.03^a	68.06 ± 0.04^b	67.69 ± 0.03^c	—	—	—	—
	ΔH	0.82 ± 0.07^a	0.63 ± 0.08^b	0.24 ± 0.10^c	—	—	—	—
LS-GMS	T_o	87.86 ± 0.40^a	87.43 ± 0.09^a	87.22 ± 0.06^a	86.32 ± 0.10^b	86.21 ± 0.13^b	85.31 ± 0.07^c	85.28 ± 0.05^c
	ΔH	2.81 ± 0.10^a	2.52 ± 0.10^b	2.36 ± 0.07^c	2.09 ± 0.11^d	1.81 ± 0.07^e	1.53 ± 0.03^f	1.38 ± 0.06^g
LS-GMS-50 (V_{6II})	T_o	86.21 ± 0.03^a	86.18 ± 0.05^a	85.23 ± 0.05^b	85.25 ± 0.06^b	85.17 ± 0.07^b	84.67 ± 0.20^c	84.31 ± 0.10^d
	ΔH	2.85 ± 0.06^a	2.68 ± 0.03^b	2.26 ± 0.09^c	2.14 ± 0.06^c	1.98 ± 0.18^d	1.62 ± 0.05^e	1.52 ± 0.07^e
LS-GMS-100 (V_{6I})	T_o	108.34 ± 0.21^a	108.12 ± 0.13^a	108.19 ± 0.06^a	107.32 ± 0.11^b	106.36 ± 0.15^c	106.37 ± 0.24^c	110.15 ± 0.25^d
	ΔH	3.54 ± 0.03^a	3.44 ± 0.06^{ab}	3.34 ± 0.04^{bc}	3.32 ± 0.04^c	3.26 ± 0.10^{cd}	3.23 ± 0.10^{cd}	3.18 ± 0.06^d

注：各组实验数据均重复 3 次；同行中上标的不同字母表示差异显著（$P<0.05$）；ΔH：熔融焓值；T_o：初始熔融温度；—表示未检测到。

晶片层的物理状态有关，体外Englyst法测试结果显示，生淀粉具有较高比例的SDS，其慢消化机制可根据A–型或B–型晶体被分别概述为“由外向里”“外部侵蚀”的酶解消化模式[105]。大体上看，凝胶的淀粉颗粒被认为具有较高的消化速率，主要归咎为淀粉颗粒在加热过程中无定型区的破裂以及持续水合作用，导致有序的微晶结构膨胀，使得内部淀粉链更容易被淀粉酶催化水解。许多研究已经表明，V–型螺旋复合物能够显著降低淀粉的消化速率以及餐后血糖上升[103]。在笔者课题组的研究中，水–热凝胶复合并没有影响莲子淀粉颗粒的微晶片层和分子质量分布，然而加热凝胶过程中淀粉颗粒膨胀溶出的直链淀粉能够立即与游离的甘油一酯发生复合，覆盖在莲子淀粉颗粒的表面，这主要归咎为二者间较强的疏水相互作用。这些复合物能够限制莲子淀粉颗粒的进一步膨胀与溶解，并且能够作为一个连续的屏障层阻止与消化酶接触，进一步减慢半晶和非晶区域水解速度，导致慢速消化特性的产生。相似的慢消化模式也在50MPa均质压力形成的$V_{6Ⅱ}$复合物中被观察发现。另外，$V_{6Ⅱ}$型复合物的无定型区域对消化酶更加敏感可能是由于淀粉颗粒表层的直链淀粉参与了复合反应使得无定型区的葡萄糖苷链运动性能提高，增加了消化酶的作用程度。

莲子淀粉–甘油一酯复合物的慢消化性能会受到高压均质处理的影响，微晶结构被认为是造成复合物消化性能变化的主要原因。高均质压力能够完全破坏淀粉颗粒的微晶片层结构，改变分子链的分子质量分布。当短链淀粉与甘油一酯发生复合过程中，高均质压力能够形成一个重复间距为16.45nm，分子质量分布在（2.50~2.80）$\times 10^5$u的稳定微晶片层，如图3–44所示。此结果可以被GPC以及SAXS的研究结果所证实，揭示这些微晶片层在消化过程中具有更强的酶解抵抗能力。这些复合物被鉴定具有较高的解聚温度（T_o=108℃）以及热力学焓变（ΔH=3.54J/g），可被定义为Ⅱ–型复合物。这个结果进一步证明了Gelders与Tufvesson等[106]的结论，Ⅱ–型复合物比无定型的Ⅰ–型复合物不仅具有更高热稳定性，同时也具有更强的酶解抗性。

2. 莲子直链淀粉–脂肪酸复合物抗消化特性的研究

淀粉是人类从食物中获得能量的主要来源，其供能约占西方人平均能量摄入的50%，在发展中国家人群中占90%；淀粉的消化吸收方式对人体健康极为重要[107]。降低淀粉的消化吸收能力不仅对人体血糖平衡具有重要的调节作用，

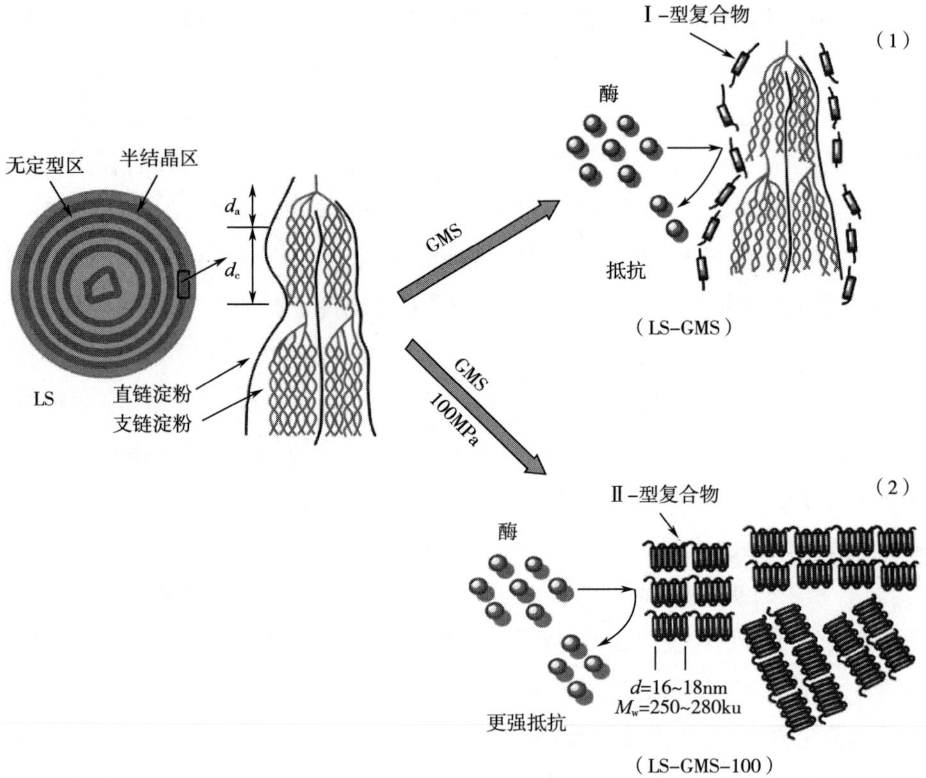

图 3-44　莲子淀粉-甘油一酯复合物的酶解抵抗示意图

还对于开发糖尿病患者食品具有重要意义。有研究表明，直链淀粉与脂质产生的复合物具有抗消化性。Hasjim等在2013年将直链淀粉-脂质复合物定义为“第五类抗性淀粉”（即RS5型抗性淀粉），其不仅可以为人体提供饱腹感并避免了碳水化合物的过量摄入，还具有一定程度的益生功能。作为新型食品营养补充剂，直链淀粉-脂质复合物具有很大的应用前景。

（1）莲子直链淀粉-不同链长脂肪酸复合物的抗消化特性的研究　20世纪90年代英国科学家等[94]将淀粉根据消化时间划分为分为快消化淀粉（RDS）、慢消化淀粉（SDS）、抗性淀粉（RS）3种组分。通过测定3种淀粉组分含量发生的变化可以明确复合物的形成对淀粉消化性的影响，结果如表3-29所示。对于莲子直链淀粉，升高超高压处理压力导致其RS含量有所降低，RDS含量和SDS含量略微增加。导致此现象的原因是升高处理压力影响了莲子直链淀粉的结晶结构，导致莲子直链淀粉结构变得疏松，更易于发生水解，这与文中小角度X射线散射部分的分形研究以及差式量热扫描仪热特性的研究结果一致。

表3-29　莲子直链淀粉-不同链长脂肪酸复合物的模拟体外消化性　单位：%

压力条件	样品	RDS	SDS	RS
500MPa	LSA	56.7 ± 2.6^{a}	26.0 ± 1.3^{a}	17.3 ± 3.9^{b}
	LSA-C12：0	54.1 ± 1.3^{a}	15.6 ± 0.8^{c}	30.3 ± 0.5^{a}
	LSA-C14：0	53.3 ± 2.8^{a}	18.2 ± 1.9^{bc}	28.6 ± 0.9^{a}
	LSA-C16：0	55.9 ± 2.1^{a}	21.7 ± 1.7^{ab}	22.4 ± 0.4^{ab}
600MPa	LSA	59.7 ± 1.6^{a}	27.1 ± 1.8^{a}	13.2 ± 0.2^{b}
	LSA-C12：0	58.1 ± 2.3^{a}	15.0 ± 1.2^{b}	26.9 ± 1.1^{a}
	LSA-C14：0	59.3 ± 2.2^{a}	16.4 ± 0.9^{b}	24.3 ± 3.1^{a}
	LSA-C16：0	57.9 ± 3.1^{a}	17.9 ± 0.2^{b}	24.2 ± 3.3^{a}

注：同一列中相同超高压处理压力下，不同小写英文字母代表差异显著，$P<0.05$。

在相同超高压处理压力下，莲子直链淀粉-不同链长脂肪酸复合物的形成明显增加了RS的含量，并降低了样品中RDS和SDS的含量。这表明复合物形成的V-型结晶具有较强的抗消化性能[108]。从表中可以看出，复合物的形成导致SDS含量降低的程度大于RDS，表明体系中的慢消化淀粉更易于转变为抗性淀粉。在相同处理压力下，3种不同链长脂肪酸形成的复合物中，RS含量的顺序为：莲子直链淀粉-月桂酸复合物（LSA-C12：0）>莲子直链淀粉-肉豆蔻酸复合物（LSA-C14：0）>莲子直链淀粉-棕榈酸复合物（LSA-C16：0）。该结果表明，直链淀粉-脂肪酸复合物的消化性和脂肪酸碳链长度呈负相关关系，即碳链越短则复合物的抗消化性越强。对于3种复合物，超高压处理压力的升高导致复合物SDS含量降低而RDS含量升高，这表明过高的处理压力不利于复合物晶体结构的抗酶解稳定性，慢消化淀粉的结晶结构更易于受超高压处理的影响。

（2）莲子直链淀粉-不同饱和度脂肪酸复合物的抗消化特性的研究　如表3-30所示为莲子直链淀粉-不同饱和度脂肪酸复合物中RDS、SDS和RS的含量。莲子直链淀粉-不同饱和度脂肪酸复合物的形成明显增加了RS的含量并降低了样品中RDS和SDS的含量。在所有莲子直链淀粉-不同饱和度脂肪酸复合物中，RS含量的顺序为：莲子直链淀粉-油酸复合物（LSA-C18：1）>莲子直链淀粉-亚油酸复合物（LSA-C18：2）>莲子直链淀粉-硬脂酸复合物（LSA-C18：0）。该结果与文中复合指数部分的研究结果一致，表明抗性淀粉RS的含量与复合程度密切相关，脂肪酸的分散性和双键数目影响了复合物的抗消化特性[109]。此外，随着超高压处理压力的升高，3种莲子直链淀粉–不同饱和度脂肪酸复合物RS含量有所降低，表明复合物的单螺旋结晶结构受到了超高压处理的影响[110]。

表3–30　莲子直链淀粉–不同饱和度脂肪酸复合物的模拟体外消化性

单位：%

压力条件	样品	RDS	SDS	RS
500MPa	LSA	56.7 ± 2.6^{a}	26.0 ± 1.3^{a}	17.3 ± 3.9^{a}
	LSA–C18 ：0	57.1 ± 3.3^{a}	16.9 ± 0.2^{b}	26.0 ± 3.1^{a}
	LSA–C18 ：1	52.3 ± 3.1^{a}	18.6 ± 0.4^{b}	29.1 ± 2.7^{a}
	LSA–C18 ：2	53.8 ± 2.9^{a}	18.8 ± 0.9^{b}	27.4 ± 3.8^{a}
600MPa	LSA	59.7 ± 1.6^{a}	27.1 ± 1.8^{a}	13.2 ± 0.2^{b}
	LSA–C18 ：0	59.9 ± 3.2^{a}	20.0 ± 1.1^{b}	20.1 ± 2.1^{ab}
	LSA–C18 ：1	56.3 ± 2.1^{a}	18.4 ± 0.6^{b}	25.3 ± 1.5^{a}
	LSA–C18 ：2	55.9 ± 3.5^{a}	21.2 ± 0.1^{b}	22.9 ± 3.4^{a}

注：同一列中相同超高压处理压力下，不同小写英文字母代表差异显著，P<0.05。

（3）莲子直链淀粉–不同链长脂肪酸复合物的消化动力学研究　模拟体外消化后的莲子直链淀粉和莲子直链淀粉–不同链长脂肪酸复合物的消化率曲线如图3–45所示。莲子直链淀粉呈现出较高的消化程度，其消化速率在消化60min后变缓，在90min时两种超高压压力（500MPa和600MPa）处理后的莲子直链淀粉的消化率都超过了80%；其中，500MPa处理后的莲子直链淀粉最终消化率为85.7%，而600MPa处理后的莲子直链淀粉最终消化率高达88.9%。

这表明高压处理后的莲子直链淀粉对淀粉酶的敏感程度较高，超高压处理莲子直链淀粉无定型结构增加[111]，导致其产生了更多淀粉酶作用的位点。从图3–45中可以看出，相同超高压处理压力下，莲子直链淀粉在各时间点对应的水解率都高于3种复合物，表明复合物的形成增强了莲子直链淀粉的抗消化性[112]。与莲子直链淀粉相比，莲子直链淀粉–不同链长脂肪酸复合物的最终消化率均低于80%，表明复合物的形成赋予了淀粉抗消化的特性。

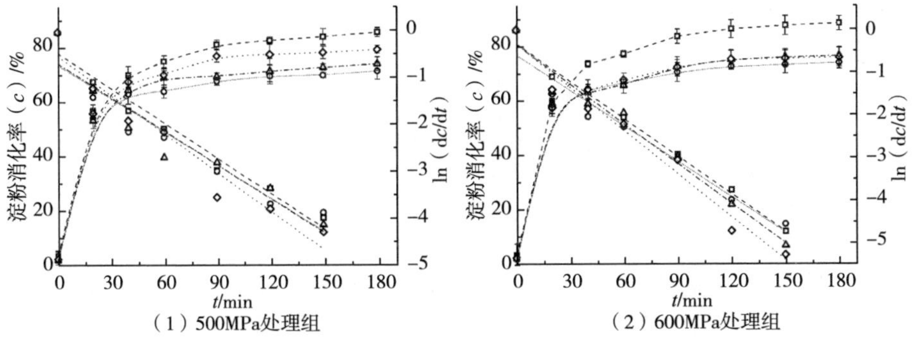

图 3-45 莲子直链淀粉 - 不同链长脂肪酸复合物的消化率曲线图

注：LSA：莲子直链淀粉；LSA-C18：0：莲子直链淀粉-硬脂酸复合物；LSA-C18：1：莲子直链淀粉-油酸复合物；LSA-C18：2：莲子直链淀粉-亚油酸复合物。

为探讨莲子直链淀粉-不同链长脂肪酸复合物的消化模式，采用一级水解动力学方程对复合物的消化率结果进行拟合。研究结果表明，莲子直链淀粉与莲子直链淀粉-不同链长脂肪酸复合物具有近似的消化模式，且只具有一个消化阶段，表明样品体系中的无定型区和结晶区同时被酶作用。Qiao等[113]发现碱处理可造成淀粉多尺度结构发生变化，导致处理后的淀粉分3个阶段消化。Chen等[112]发现淀粉-甘油一酯复合物内两种不同组分导致了体系产生了两个不同的消化阶段。在笔者课题组的研究中，莲子直链淀粉与复合物只产生同一消化模式的原因可能是由于直链淀粉与直链淀粉-脂质复合物具有相似的螺旋结构。

（4）莲子直链淀粉-不同饱和度脂肪酸复合物的消化动力学研究 莲子直链淀粉-不同饱和度脂肪酸复合物的消化率曲线如图3-46所示。莲子直链淀粉-不同饱和度脂肪酸复合物的形成降低了莲子直链淀粉消化率，增强了其抗消化性。在相同处理条件下，3种复合物消化180min后的最终消化率顺序依次为：LSA-C18：0>LSA-C18：2>LSA-C18：1，这表明18碳不饱和脂肪酸对降低莲子直链淀粉的消化性具有更为明显的效果且脂肪酸的饱和程度影响了直链淀粉的消化性[109]。此外，复合物的最终消化率随着超高压处理压力的升高而升高，表明过高的压力破坏了莲子直链淀粉-不同饱和度脂肪酸复合物晶体的抗酶解结构。对复合物的消化率结果拟合后的结果显示，莲子直链淀粉-不同饱和度脂肪酸复合物的消化模式同样类似于莲子直链淀粉，表明复合物体系中的无定型区和结晶区同时与酶发生作用。

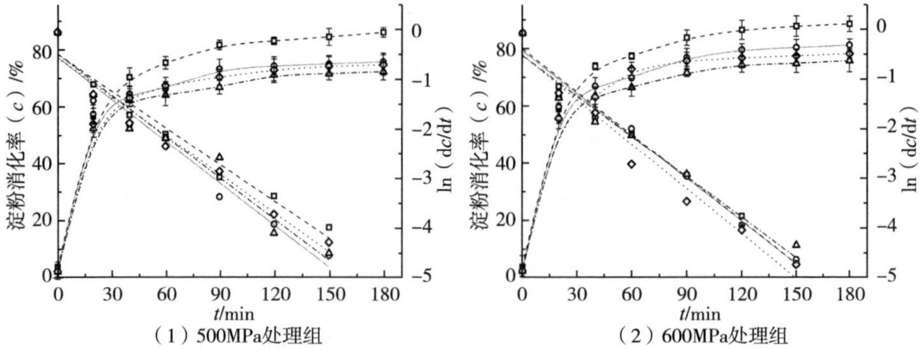

图 3-46　莲子直链淀粉 - 不同饱和度脂肪酸复合物的消化率曲线图

3. 莲子淀粉-共轭亚油酸微胶囊消化特性研究

（1）消化曲线的绘制　在不同时间段抽取样品的上清液测定其葡萄糖含量，由包埋率与结构分析结果可知，6h/300MPa条件下制备的莲子淀粉微胶囊的包埋率与结晶度均最高，因此笔者课题组实验选取该组样品，并同时选取0h/300MPa组样品、莲子原淀粉进行消化特性对比分析，结果如图3-47（1）所示。根据淀粉的消化特性，可按照不同的消化时间段，将淀粉组分分为RDS、SDS与RS。由图3-47可知，3种样品均在60min前呈现较高的消化率，尤其6h/300MPa组在0~20min范围内出现较高的消化率，这种情况是由于脱分支处理产生的线性短链中未与CLA复合的部分处于无定型的单螺旋状态，此时与消化酶接触后被消化分解成葡萄糖；当120min时几乎同时达到消化最大值，此时体系中的葡萄糖含量不再上升，表明消化反应已经停止。通过对比可以看出，莲子原淀粉的消化产生葡萄糖含量最高，达178.59mg/mL，其次为0h/300MPa样品，为172.52mg/mL，最低为6h/300MPa组，为116.96mg/mL。0h/300MPa组与原淀粉的消化率差别不大，再次表明0h/300MPa条件下除了少量直链淀粉与CLA形成V型复合物，其余大部分是由于支链淀粉致密结构的截留作用导致的物理混合，这与之前的结构分析结果相一致。而6h/300MPa组样品在消化的前20min，内部无定型的线性短链被快速消化分解后，剩余的半结晶结构在消化酶作用下消化速率降低，导致

180min后葡萄糖含量最低。

从淀粉组分的角度分析再次表明，在0~20min消化初期阶段消化率出现较大区别的原因，归结于RDS含量的增加，最高由初始的27.3%（质量分数）增加到42.2%（质量分数），这表明脱分支处理所形成的线性短链并不能全部与CLA接触并发生络合反应。同时，高静水压条件抑制了直链淀粉之间的相互作用，表明高静水压可以抑制淀粉的老化，最终这部分形成了无定型易消化的单螺旋结构。同时可以看到，体系中的SDS含量由原淀粉的65.7%（质量分数）降低到32.3%（质量分数），这与微胶囊中的半结晶区的分布有关。由XRD结果可知，0h组中的半结晶区占41.76%（质量分数），而6h组中仅占24.91%（质量分数），这表明此时体系中大部分的RS是由于直链淀粉与共轭亚油酸形成的V_6型复合物带来的，而同时高静水压处理抑制RS3型抗性淀粉（由老化或者糊化的淀粉形成的淀粉晶体）的形成，这表明笔者课题组研究采用的方法有利于制备高纯度具有V型结晶结构的RS5型抗性淀粉胶囊（直链淀粉与小分子客体物质形成的抗酶解淀粉，包括脂质、多酚、蛋白质等，其难以在胃和小肠中被消化，仅在结肠内被微生物分解[114]）。

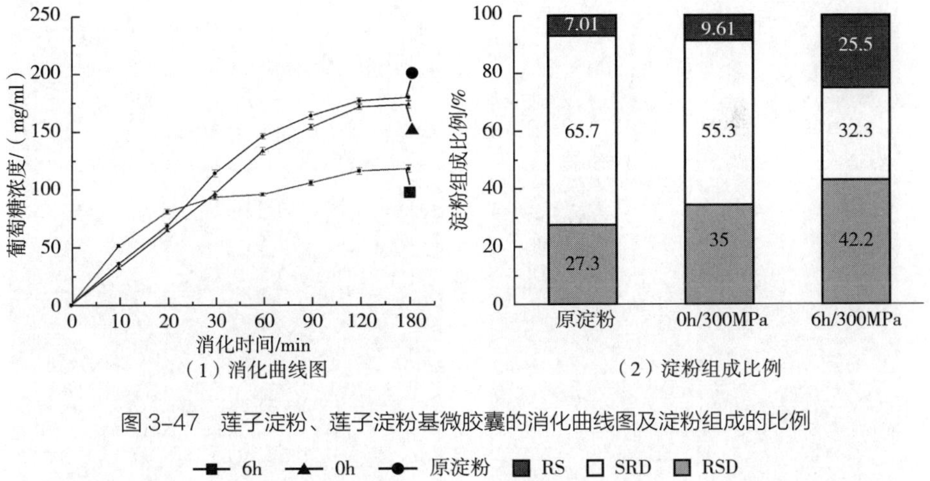

（1）消化曲线图　（2）淀粉组成比例

图3-47　莲子淀粉、莲子淀粉基微胶囊的消化曲线图及淀粉组成的比例

（2）不同阶段消化物形貌观察　分别取消化20、120、180min的消化物，离心后剩余的沉淀进行扫描电镜观察，结果如图3-48所示。图3-48（1）为原淀粉消化过程的微观结构，消化初期，在消化液的作用下，微胶囊表面的快消化淀粉

分解，呈现碎块状结构，表面覆盖一层光滑致密的结构。随着消化过程的进行，样品表面出现一些孔洞，并出现一些簇状球状结晶；当消化时间达到180min时，原本光滑致密的结构出现大量的酶解纹路与孔洞，此时样品呈现片状堆积的状态。图3-48（2）与图3-48（3）分别为莲子淀粉-共轭亚油酸微胶囊（LS-CLA）与脱分支莲子淀粉-共轭亚油酸微胶囊（P-LSCLA）消化过程的微观结构图。由图可知，由于复合体系形成的固有网状结构，在消化初期样品表面均形成了大量的孔洞并呈现出较为松散的分布状态，这也是消化初期脱分支处理样品消化率较高的原因。图3-48（3）样品表面孔洞较少，这是因为无定型的线性短链消化过程产物附着在微胶囊表面，因此结构较为致密；随着消化过程进行到120min，样品开始呈现一定的碎块状，孔洞直径增大，表明此时无定型的快消化淀粉已经完全被消化，剩余半结晶结构与微晶结构；整个消化过程结束（180min）后取最终消化的产物在扫描电镜条件下呈现均匀的颗粒状结晶，LS-CLA颗粒状结晶呈现簇状分布，这是由于支链淀粉的消化所导致。虽然在电镜图中观察到了颗粒状结晶结构，但还需进一步通过X射线衍射对结晶结构的差异进行分析。

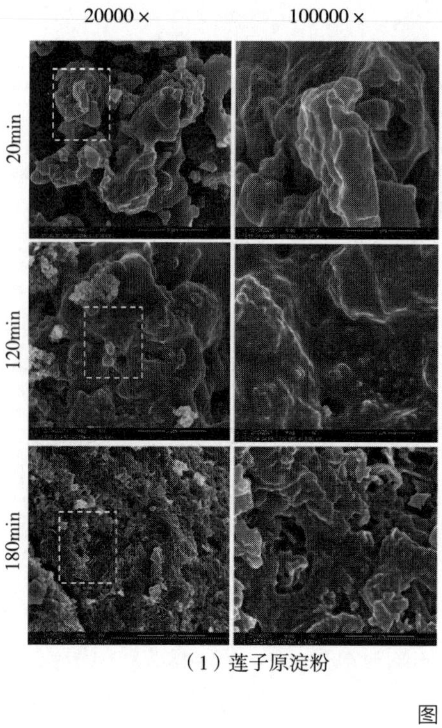

（1）莲子原淀粉

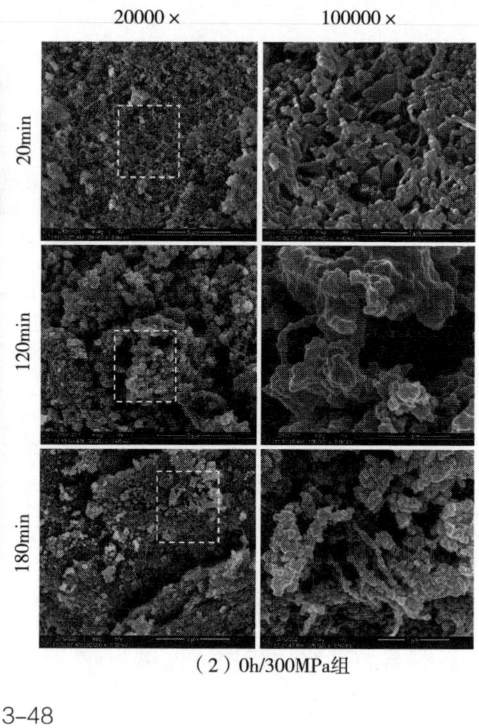

（2）0h/300MPa组

图3-48

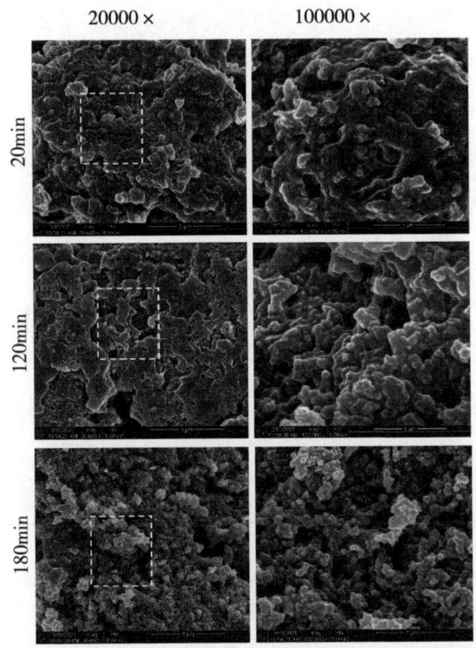

（3）6h/300MPa组

图 3-48　莲子淀粉、莲子淀粉基微胶囊消化不同阶段电镜图
（放大倍数为 20000 倍、100000 倍）

（3）不同阶段消化物结晶结构分析　对消化后的沉淀物的结晶结构进行分析（图3-49），莲子原淀粉在消化初期仍保持原有的C型结晶结构；在消化到120min时C型特征峰消失，呈现B型结晶结构，此时结晶度上升，这是由于消化作用优先水解淀粉的无定型区，而结晶区较难被水解。而LS-CLA与P-LS-CLA消化物的结晶类型区别不大，均显示为V型结晶结构，这表明无论是淀粉中溶出的直链淀粉与CLA形成的复合体系还是脱分支线性短链与CLA形成的复合物均具有抗消化的特征，而淀粉中的其他组分比较容易被消化。这与图3-48中扫描电镜观察结果一致。

4. 莲子淀粉-大豆卵磷脂复合物的消化特性

（1）莲子淀粉-大豆卵磷脂复合物消化总量及一级消化动力学　食用淀粉质食品后，淀粉底物会与人体消化液中的水解酶发生充分反应，最终降解为葡萄糖[115]。然而，较高的葡萄糖摄入量是造成机体代谢紊乱的主要原因，因而对淀粉的消化性评价成了衡量营养健康水平的固定指标[116]。其中，体外模拟是一种基于一级非线性动力学方程的消化评估方法，主要是通过考察在一定时间内不同淀粉样品与消化酶水解过程中葡萄糖的动态释放差异，相对反映淀粉在人体胃肠道内的消化程度及消化速率[117]。

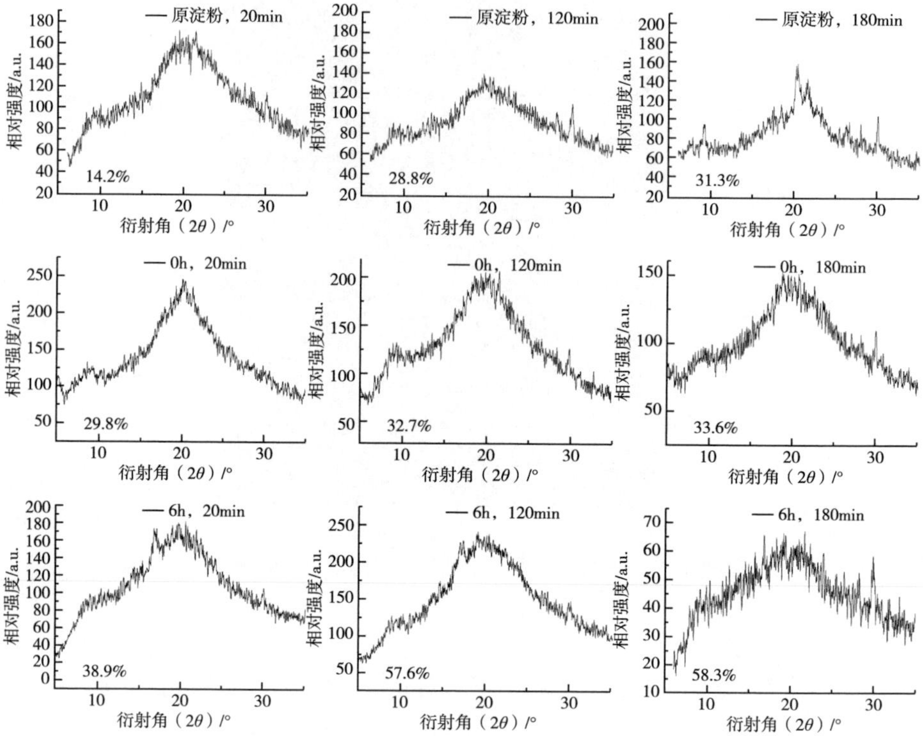

图 3-49　莲子淀粉、莲子淀粉基微胶囊消化不同阶段的 XRD 图

不同微射流压力和大豆卵磷脂添加量下莲子淀粉样品的消化水解曲线，如图3-50所示。当微射流压力为60MPa时，莲子淀粉样品LS-OPC-60在达到消化平衡后显示出较高的酶解消化总量，为（81.25 ± 2.43）%。并且，莲子淀粉样品的消化总量会随着微射流压力的升高而不断增大。特别是当微射流压力达到120MPa时，莲子淀粉样品LS-OPC-120的消化总量相比LS-OPC-60上升了（7.91 ± 0.37）%。观察结果与Tu等[118]的研究报道相似，他们发现高压剪切作用会加剧淀粉颗粒间的摩擦和碰撞，从而导致分子间键合形式以及螺旋结构被破坏，增强淀粉链对消化酶的亲和能力。然而，当大豆卵磷脂添加到淀粉体系后，在相同微射流压力下，莲子淀粉复合物样品均表现较低的酶解消化总量，其中LS-5PC-90的消化总量从LS-OPC-90的（85.12 ± 2.83）%下降至（46.45 ± 3.05）%，表明V_{6I}型复合物的形

成可有效提高原淀粉颗粒的酶解抗性，使其具有降低的消化率。此结果与Tu等[119]的研究分析一致，他们发现复合物结构中的有序螺旋排列会阻碍淀粉表面孔隙与消化酶的相互接触，进而减少酶的结合位点及水解程度。

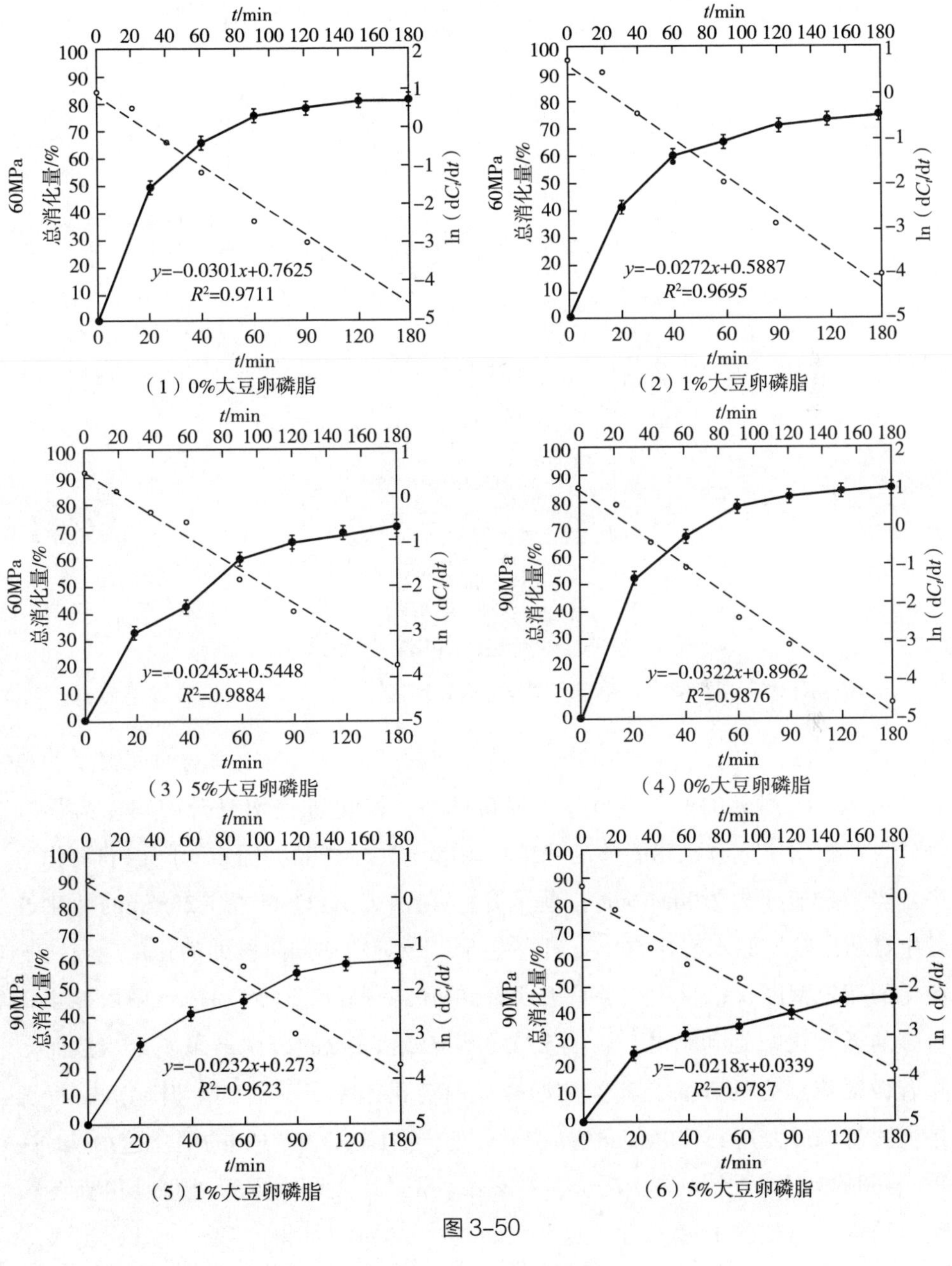

图 3-50

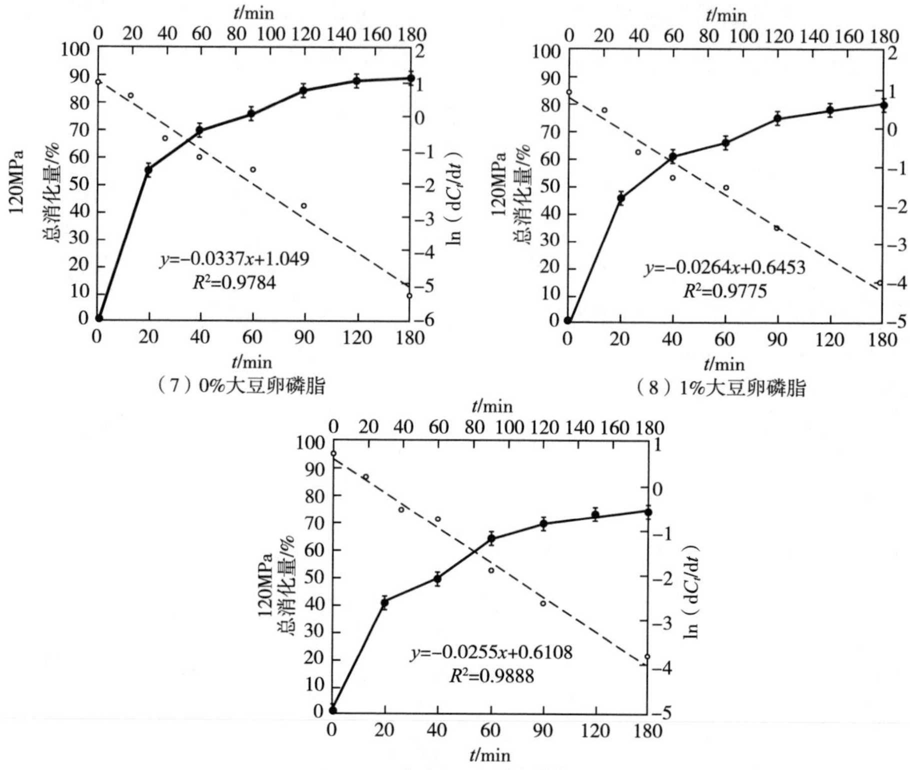

（7）0%大豆卵磷脂　（8）1%大豆卵磷脂　（9）5%大豆卵磷脂

图 3-50　莲子淀粉－大豆卵磷脂复合物的消化曲线

注：C：淀粉水解率，%；C_t：在t时间的淀粉水解率，%。

另一方面，由图3-50观察可知，莲子淀粉样品的消化速率与时间关系的拟合系数R^2均在0.96~0.99，表明所有淀粉样品的消化进程均符合一级动力学方程，且对数斜率方程LOS能够准确地反映莲子淀粉样品在固定时间内的消化速率。当微射流压力为60MPa时，莲子淀粉样品LS-OPC-60在前20min的消化过程中显示出较快的水解速率。有研究发现[112]，淀粉初期阶段的消化反应与莲子淀粉的无定型区含量呈正相关，表明经60MPa处理的莲子淀粉体系中可能含有较多的无序化螺旋和结晶，这与XRD、NMR和FTIR的研究结果一致。然而，随着微射流压力的升高，莲子淀粉样品的消化速率呈显著的上升趋势。特别是当微射流压力达到120MPa时，莲子淀粉样品LS-OPC-120的消化速率从LS-OPC-60的$3.01\times10^{-2}\text{min}^{-1}$上升至$3.37\times10^{-2}\text{min}^{-1}$，表明微射流处理会提高淀粉颗粒结构对消化酶的敏感性，这与Chen等[120]的研究结果一致。此外，当大豆卵磷脂添加到淀粉体系后，在相同微射流压力作用下，莲子淀粉复合物的消化速率均会出现不同程度地下降，其中90MPa组的LS-5PC-90消化速率最低，为 $2.18 \times 10^{-2} min^{-1}$。结果表明，在适宜微射流条件下形成的 V_{6I} 型复合物具有较强的环境抗逆性，可显著抵御消化酶对其结晶区的水解作用，这可能与其高度有序的微晶片层结构有关[121]。在高强度的微射流作用下，莲子淀粉的结晶区和空间结构虽受到破坏，但其游离的螺旋链具有较高的缔合性和可塑性。因此，当脂质分子与淀粉螺旋空腔在体系中碰面时，脂质会首先利用淀粉的无定型层进行螺旋排列和复合转化，这伴随着致密微晶区的生长和有序化结构的形成[122]。另有研究发现[123]，越规则的微晶片层螺旋结构对酶的水解抗性越强，这是因为酶难以渗透进高度紧凑的晶层排列而被阻滞在外。这些结果说明了V型复合物可显著提高原淀粉颗粒的抗酶解特性，且微晶区含量越高，酶解抗性越强。

（2）莲子淀粉-大豆卵磷脂复合物的淀粉组分含量　根据研究报道[124]，关于淀粉体外消化的组分利用性，可将淀粉分为3大类，包括SDS、SDS和RS。通过测定和计算淀粉及其复合物各组分含量间的差异变化，可明确不同微射流压力和大豆卵磷脂添加量对莲子淀粉消化组分的调控作用。由图3-51中观察可知，随着微射流压力的升高，莲子淀粉样品的RDS和SDS含量增加，而RS含量相应减少。特别是在120MPa的微射流处理下，莲子淀粉样品LS-OPC-120的RDS和SDS分别增高至（55.21 ± 2.74）%和（33.04 ± 2.27）%，而RS含量降低至（11.75 ± 2.13）%。此结果与Zeng等[125]的研究发现一致，高压微射流的剪切作用会促进淀粉晶区与无定型区的均匀消化，提高淀粉的消化特性。另有研究发现[126]，在过处理条件下的淀粉糊化作用会刺激无序化体系中短线性链的重排和缔合，但由于回生条件的不足，这种聚合形式难以形成具有完美螺旋结构的Ⅲ-抗性结晶，使其与酶接触时仍会缓慢消化，这会主要体现在SDS含量的增加。然而，当大豆卵磷脂添加到淀粉体系后，在相同微射流压力下，莲子淀粉复合物样品的RS含量会随着大豆卵磷脂添加量的升高而不断增加，其中LS-5PC-90的RS含量从LS-OPC-90的（14.64 ± 2.21）%增高至（54.84 ± 2.7）%，表明V型复合物的形成可显著增加原淀粉组分的抗性含量，具有良好的慢速消化特性，与Sudheesh等[127]的研究结果一致。

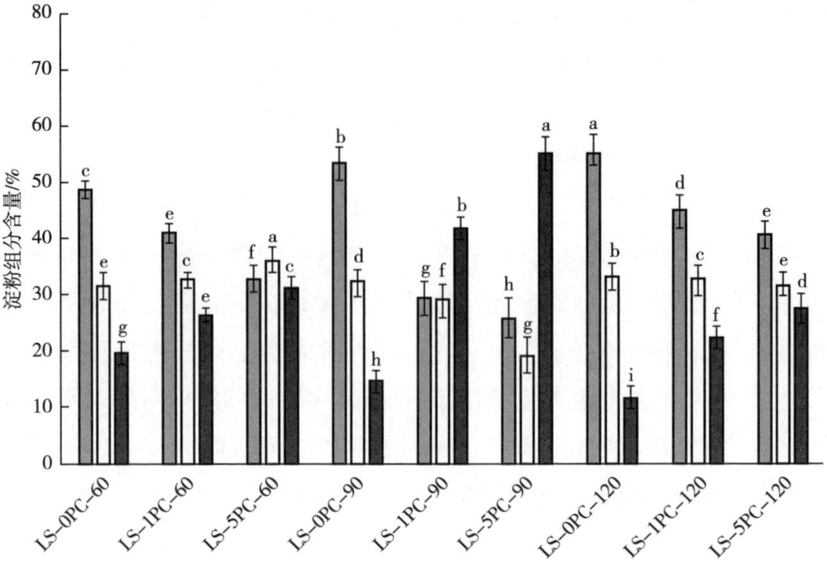

图 3–51　莲子淀粉 – 大豆卵磷脂复合物的淀粉组分含量

注：不同小写字母表示不同组间差异显著（$P<0.05$）。

（二）莲子淀粉–脂类复合物在动物体内释放行为的研究

莲子直链淀粉–共轭亚油酸微胶囊在动物体内释放行为研究

直链淀粉以及具有较高聚合度的支链淀粉侧链因其独特的左手螺旋形成的疏水空腔可以容纳脂肪酸，形成每圈6个葡萄糖单元的螺旋，这种紧密的螺旋结构因其无定型折叠位点被阻挡，形成一定的空间位阻，因此具有抵抗消化酶酶解的作用。

笔者课题组采用Wistar大鼠进行体内实验，对P–LS–CLA在动物消化道内的缓释特性进行深入研究。通过观察消化过程中标记物的扩散程度以及荧光强度，对比体外模拟消化实验，验证其在肠道的缓释作用，为脱分支莲子淀粉在高静压非热力加工条件下构建共轭亚油酸递送体系提供理论依据。

使用亲脂性染料（DIO）对共轭亚油酸进行荧光标记，制备了经DIO荧光标记的P–LS–CLA与未经包埋的共轭亚油酸（CLA）。DIO染色剂仅当其进入细胞膜磷脂双分子层之后在激光条件下才会激发出绿色荧光。对大鼠进行灌胃处理，在不同喂食时间段将大鼠处死，取消化道组织进行切片，使用激光共聚焦显微镜观察组织细胞内部荧光的强弱，以考察CLA在动物体内的释放行为。

（1）胃部组织切片分析　如图3–52所示，分别为对照组（左）未被包埋CLA与实验组（右）P–LS–CLA胃部组织切片的荧光照片，柱状图为使用显微镜所带的软件计算的荧光强度。图中绿色荧光为DIO进入上皮组织的细胞膜中时在特定激光激发波长下所发出的荧光，蓝色部分为细胞核在激光激发条件下的荧光。因此，通过观察组织的荧光可以判断CLA的扩散程度。由图3–52可知，对照组在灌胃0.5h时出现了明显的荧光，1h时荧光强度最强，表明对照组在1h时在胃部消化扩散程度最高，在6h时荧光依旧明显；而实验组在0.5h时仅出现微弱荧光，在后续的照片中呈现微弱荧光，对比荧光强度，对照组与实验组之间均呈现极显著差异。通过之前对微胶囊结构的分析，其原因是包覆在莲子淀粉螺旋空腔中的共轭亚油酸暴露在外部的甲基所携带的染色剂在触碰到胃部上皮细胞时导致的，这表明经过莲子淀粉的包埋，CLA可以有效抵御胃酸并递送至大鼠的肠道内。

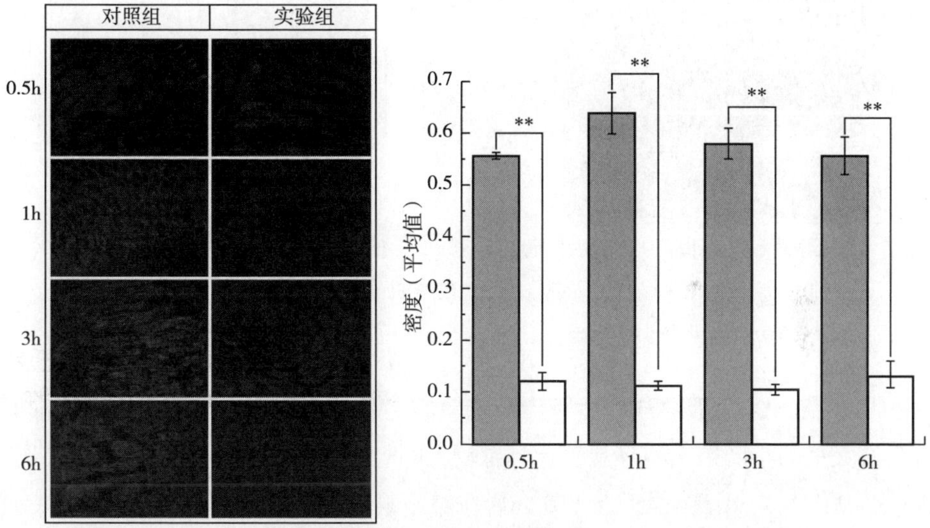

图 3–52　灌胃不同时间后大鼠胃部上皮细胞中的荧光分布与荧光强度

■ 对照组　□ 实验组

注：*表示P<0.05；**表示P<0.01。

（2）十二指肠切片分析　图3–53显示了对照组（左）与实验组（右）大鼠十二指肠组织切片荧光照片与荧光强度，由图可知，对照组与实验组在0.5 h时均显示出荧光，但实验组强度较低；在灌胃1、3、6、12h后，对照组荧光强度变化不明显，而实验组荧光强度显著增强，这表明实验组样品在十二指肠中被部分消化。并且，在3h时实验组荧光强度强于对照组，后续荧光强度变化不大但均高于对照组，这是由于在十二指肠中微胶囊部分被消化分解，使得更多的CLA被释放。在3h之后荧光强度不再增长，表明样品已经转移到消化道下一阶段；而对照组样品在1h后荧光强度已不再增长，则表明未经包埋的CLA在1h时到达下一消化部位。

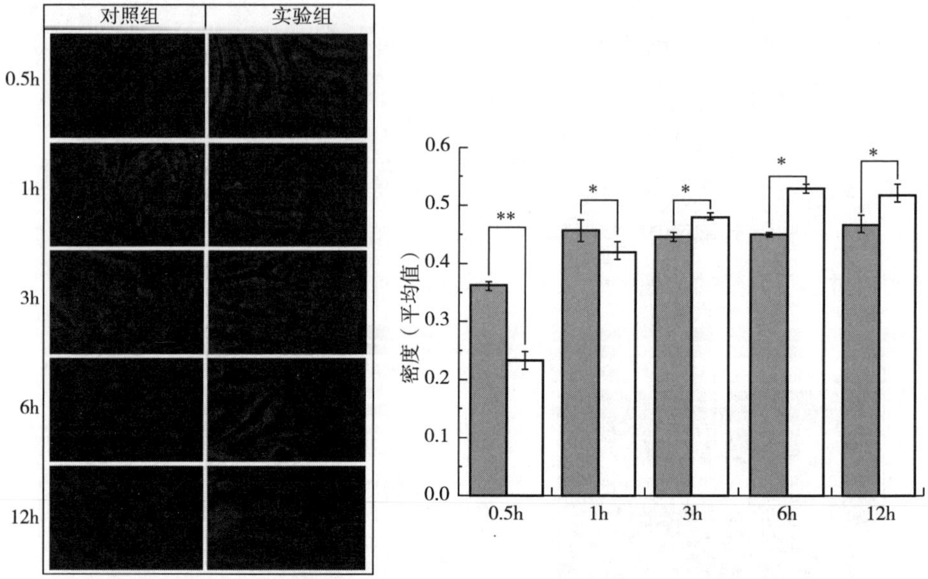

图 3-53　灌胃不同时间后大鼠十二指肠上皮细胞中的荧光分布与荧光强度

■ 对照组　□ 实验组

注：*表示$P<0.05$；**表示$P<0.01$。

（3）空肠组织切片分析　消化系统中的空肠位于十二指肠之后的部分，因其具有大量的小肠绒毛与环状壁，具有较大的吸收面积，其消化吸收能力较强。因此，从图3-54来看，大鼠灌胃0.5h后在对照组与实验组中均可见少量荧光；灌胃1h后对照组与实验组荧光强度均增强，而在3h时对照组与实验组荧光强度呈现显著性差异，表明此时未被消化的微胶囊转移到了空肠中，导致3h后的荧光强度明显提升。而随后荧光强度略有降低，这可能是由于空肠的强吸收作用导致DIO染色剂扩散过于分散，其密度降低导致荧光强度下降。

（4）回肠组织切片分析　回肠是连接空肠与结肠之间的组织。灌胃0.5h后回肠上表皮细胞的荧光强度高于实验组，并且均存在于上表皮细胞膜上，而实验组中仅在表皮细胞结缔组织观察少量荧光。与空肠中观察到的结果相似，对照组除

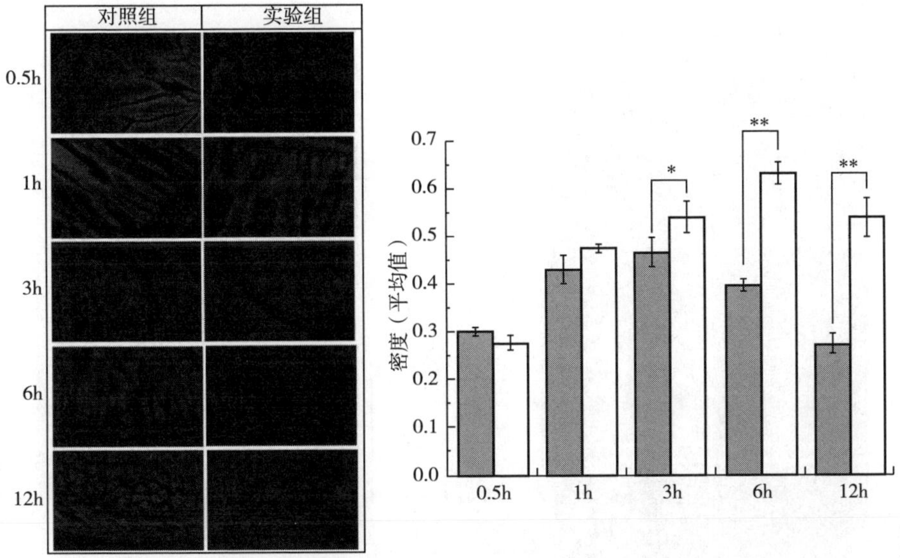

图 3-54　灌胃不同时间后大鼠空肠上皮细胞中的荧光分布与荧光强度

■ 对照组　□ 实验组

注：*表示$P<0.05$；**表示$P<0.01$。

了在0.5、1h荧光强度较高，在3h后实验组荧光强度均高于对照组，证明了对照组未经包埋的CLA在消化道内运转速度较快而导致其在肠道内的扩散量较低，而实验组在大鼠消化道内可以存留较长时间，增强肠道组织对CLA的吸收作用。对照组（左）与实验组（右）大鼠回肠组织切片荧光照片与荧光强度如图3-55所示。

（5）结肠组织切片分析　结肠位于消化系统末端，由升结肠、横结肠、降结肠和乙状结肠4部分组成，主要吸收水分与微量元素，同时也吸收少量的葡萄糖、氨基酸等营养物质，并协助排便。由图3-56可知，灌胃0.5h后对照组出现绿色荧光，1h后荧光强度增强，而相同时间下实验组荧光同回肠相似，均显著低于对照组。在灌胃3、6h后，对照组与实验组均出现较强荧光，荧光强度差异不明显；当灌胃时间到达12h时，实验组荧光强度明显强于对照组，表明微胶囊在结肠中可以延缓共轭亚油酸的释放，并且具有更高的递送效率。

（三）莲子淀粉-甘油一酯复合物对肥胖大鼠胰岛素抵抗的改善作用的研究

膳食中的大部分淀粉都具有较快的消化速率，然而有少部分的淀粉能够在胃肠道中缓慢而稳定的释放葡萄糖，这类SDS具有较低的胰岛应答水平，能够减少

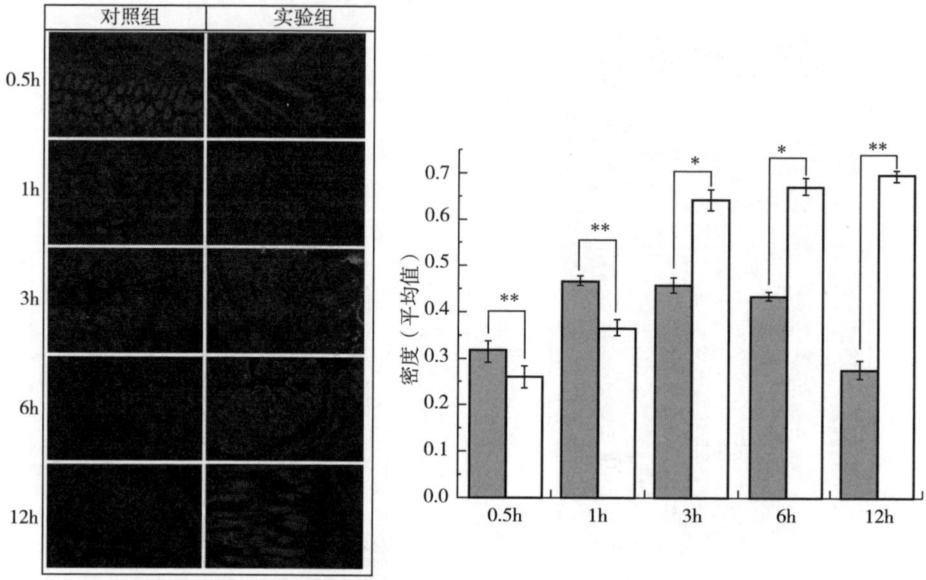

图 3-55　灌胃不同时间后大鼠回肠上皮细胞中的荧光分布与荧光强度

■ 对照组　□ 实验组

注：*表示P<0.05；**表示P<0.01。

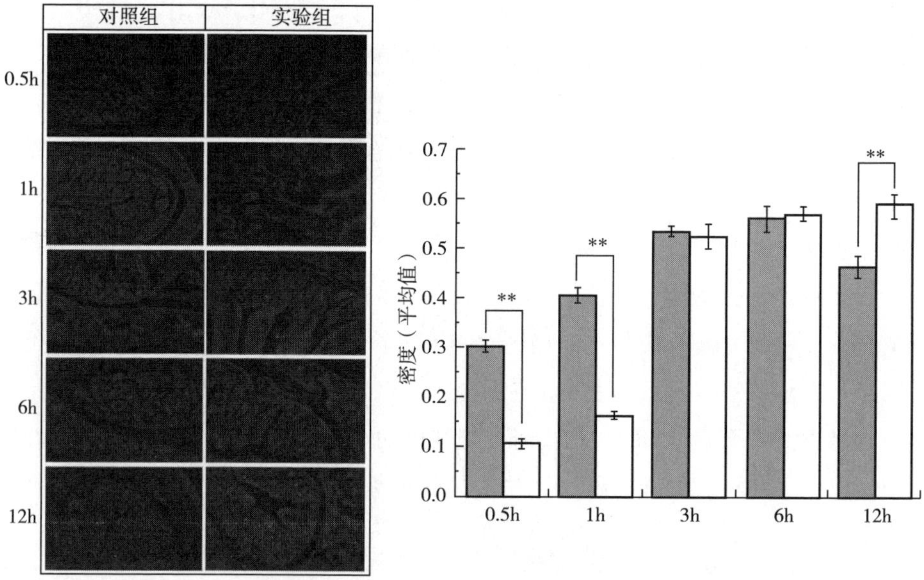

图 3-56　灌胃不同时间后大鼠结肠上皮细胞中的荧光分布与荧光强度

■ 对照组　□ 实验组

注：*表示P<0.05；**表示P<0.01。

2型糖尿病的发生以及肥胖、心血管疾病患病风险[128]。因此，改变淀粉的营养品质以便获得更高比例的慢速消化淀粉，已经引起了越来越多消费者以及食品工业的关注。

因此，笔者课题组通过动物模型构建，研究莲子淀粉-甘油一酯复合物对肥胖大鼠胰岛素抵抗的改善作用。

1. 莲子淀粉-甘油一酯复合物对大鼠餐后血糖的影响

为了进一步证实莲子淀粉-甘油一酯复合物的慢速消化特性，以健康SD大鼠为实验模型，通过测定大鼠空腹喂食复合物的餐后血糖变化来进行评价。

如图3-57所示，健康大鼠的空腹血糖值在4.8~5.2mmol/L；喂食葡萄糖后，在消化30min时，大鼠血糖达到最高值8.9mmol/L。随着消化时间的增加，血液中的葡萄糖浓度呈现下降趋势，这主要归咎为胰腺中的胰岛β-细胞分泌胰岛素，将其转化为糖原，从而使得血糖降低。经餐后3h，大鼠血糖值为5.2mmol/L，基本回归至合理水平。喂食莲子淀粉以及压力处理组莲子淀粉（50MPa和100MPa）的小鼠经30min后血糖值均达到最高点，它们之间差异不显著，为7.6~7.8mmol/L。通过计算食物曲线下的峰面积与葡萄糖曲线的峰面积比值，得到莲子淀粉、50MPa莲子淀粉处理组和100MPa莲子淀粉处理组的血糖指数分别为81.6、82.7以及81.3。另一方面，当喂食莲子淀粉-甘油一酯复合物后，大鼠餐后3h的血糖曲线发生明显变化。水-热凝胶淀粉复合物与50MPa压力形成的V_{6II}型淀粉复合物血糖曲线较为相似，在45min达到最大值7.5mmol/L，之后表现出下降趋势；餐后3h后，大鼠血糖回归至5.0mmol/L，进一步计算淀粉复合物的血糖指数分别为68.4、70.2。进一步观察发现，100MPa形成的V_{6I}型淀粉复合物在体内消化过程中表现出更缓慢的血糖释放能力。喂食后，大鼠血糖缓慢上升，并在消化60min时达到最大值7.9mmol/L；随着消化时间的增加，大鼠血糖含量下降比较缓慢，并在180min后回归至5.1mmol/L。V_{6I}型淀粉复合物的血糖指数为55.6。这些结果说明两种方法制备的莲子淀粉-甘油一酯复合物都具有慢速消化特性，其中100MPa形成的V_{6I}型淀粉复合物的慢消化特性最强，V_{6I}型淀粉复合物较水-热凝胶法制备的淀粉复合物对大鼠餐后血糖的控制有着明显的优势。这些结果与Robertson和王明珠等[52, 129]的研究结果一致，他们发现RS4型抗性淀粉与玉米淀粉-茶多酚复合物可以有效控制餐后血糖的上升速度。Yamada提出慢消化淀粉可能比RS4型抗性淀粉更能降低进食血糖指数和胰岛素分泌，从而有效控制2型糖尿病[130]。

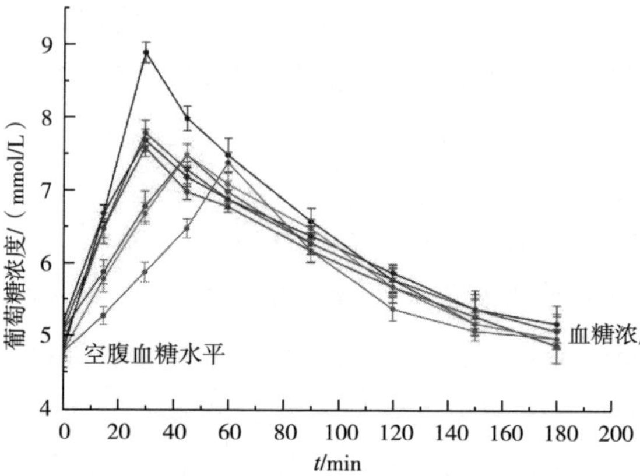

图 3-57 健康大鼠喂食莲子淀粉－甘油一酯复合物后的血糖含量变化

2. 莲子淀粉-甘油一酯复合物对肥胖大鼠胰岛素抵抗的改善作用

胰岛素抵抗（IR）是一种以代谢综合征为主要特征，由遗传与环境因素导致的胰岛作用下降的状态。Haffner等[131]研究了西班牙裔，美国白种人以及非洲裔3个人群中2型糖尿病患者的胰岛素敏感情况，发现在发展为2型糖尿病前，具有胰岛素抵抗的人群超过60%。胰岛抵抗人群通常伴随着空腹血糖升高以及血脂异常等症状，胰岛素抵抗伴随着后期胰岛β细胞功能损失是形成2型糖尿病的主要驱动力。目前，利用特殊膳食诱导胰岛素抵抗实验动物模型已经成为近年来研究的主要技术手段，已有研究表明长期摄入RS4型抗性淀粉对胰岛素抵抗小鼠的胰腺水平有一定的改善效果。

（1）胰岛素抵抗的肥胖大鼠模型验证 实验通过糖耐量水平（OGTT）、血清糖化蛋白（GSP）指标来验证胰岛素抵抗大鼠模型的成功构建。表3-31显示了喂食高脂高糖饲料8周过程中，大鼠的空腹血糖水平（FBG）变化。结果显示，喂食普通饲料的大鼠在8周时间内空腹血糖水平均保持正常范围5.0~5.6mmol/L，喂食高脂高糖饲料的大鼠在5周后，空腹血糖超过正常范围，大鼠的空腹血糖水平上升达到了6.5mmol/L，与普通饲料饲养的大鼠相比超过了2个标准差（$P<0.05$），提示大鼠开始表现出空腹血糖受损的状态。当大鼠一次性吸收大量葡萄糖时，在体内各种调节机制的作用下，肠道可以吸收所有的葡萄糖，导致血糖迅速增高，刺激胰岛分泌胰岛素；同时，肝糖原合成增加，体内利用葡萄糖水平上升，空腹糖耐量可以进一步验证大鼠的胰岛素抵抗状况。如表3-31所示，

表3-31 饲养8周过程中SD大鼠的空腹血糖、餐后血糖以及糖化血清蛋白含量变化

组别	饲养时间							
	1周	2周	3周	4周	5周	6周	7周	8周
	空腹血糖（FBG）/（mmol/L）							
普通饲料	5.2 ± 0.3[a]	5.5 ± 0.3[a]	5.3 ± 0.2[a]	5.3 ± 0.3[b]	5.4 ± 0.3[b]	5.3 ± 0.6[b]	5.4 ± 0.3[b]	5.1 ± 0.6[b]
HFS 饲料	5.3 ± 0.4[a]	5.6 ± 0.4[a]	5.5 ± 0.6[a]	6.1 ± 0.5[a]	6.5 ± 0.5[a]	6.5 ± 0.2[a]	6.6 ± 0.1[a]	6.6 ± 0.3[a]
变化的显著性	—	—	—	>1S	>2S	>2S	>2S	>2S
	餐后 2h 血糖（PBG）/（mmol/L）							
普通饲料	6.0 ± 0.8[a]	6.0 ± 0.9[a]	6.0 ± 0.6[a]	5.8 ± 0.8[b]	5.9 ± 0.6[b]	6.1 ± 0.8[b]	5.8 ± 0.8[b]	5.7 ± 0.6[b]
HFS 饲料	6.2 ± 0.8[a]	6.2 ± 0.7[a]	6.3 ± 0.9[a]	6.5 ± 0.7[a]	6.8 ± 1.1[a]	7.3 ± 0.2[a]	8.1 ± 0.6[a]	8.1 ± 0.2[a]
变化的显著性	—	—	—	>1S	>1S	>1S	>2S	>2S
	糖化血清蛋白含量 /（mmol/L）							
普通饲料	1.56 ± 0.3[a]	1.56 ± 0.4[a]	1.53 ± 0.3[b]	1.55 ± 0.4[a]	1.56 ± 0.3[a]	1.54 ± 0.4[b]	1.58 ± 0.2[b]	1.56 ± 0.4[b]
HFS 饲料	1.58 ± 0.2[a]	1.54 ± 0.3[a]	1.58 ± 0.6[a]	1.54 ± 0.5[a]	1.57 ± 0.3[a]	1.66 ± 0.3[a]	1.81 ± 0.5[a]	1.82 ± 0.5[a]

注：HFS 饲料：高脂高糖饲料。
同行中字母相同表示差异不显著（$P<0.05$）。

喂食高脂高糖饲料5d的大鼠服用葡萄糖2h的PBG为5.7mmol/L，仍在正常水平范围内，说明大鼠并未出现胰岛素抵抗的明显症状；进一步喂食高脂高糖饲料至7d后，实验发现小鼠的血糖峰值上升至10.1mmol/L，服用葡萄糖2h的PBG为8.1mmol/L，明显高于正常值（<7.8mmol/L），大鼠表现出糖耐量降低的症状，这是出现胰岛素抵抗的明显症状。空腹血糖以及餐后血糖只能显示血糖的即时水平，通过测定大鼠的糖化血清蛋白可以最终明确模型的成功构建。如表3-31所示，喂食7周后的大鼠血液中的糖化血清蛋白含量超过了1.7mmol/L。这些结果说明了大鼠开始出现了胰岛素抵抗。

（2）淀粉复合物对肥胖大鼠空腹胰岛素和C肽水平的影响 图3-58显示了莲子淀粉-甘油一酯复合物对肥胖大鼠空腹胰岛素的影响。与正常组大鼠相比，模型组大鼠经8周喂食普通饲料后表现出较高水平，说明模型组大鼠仍表现出较高的

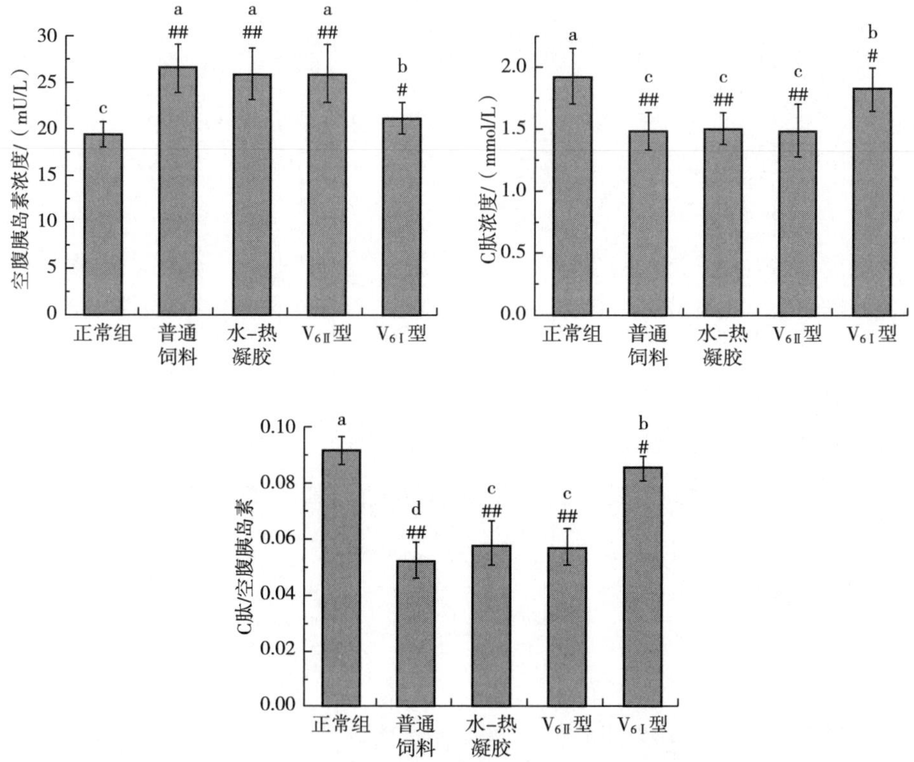

图3-58 莲子淀粉-甘油一酯复合物对胰岛素抵抗大鼠空腹胰岛素和C肽水平的影响

注：不同小写字母表示不同组间差异显著（$P<0.05$）；#表示$P<0.05$，##表示$P<0.01$。

胰岛素抵抗。喂食水-热凝胶莲子淀粉复合物与V_{6II}型莲子淀粉复合物的肥胖大鼠的空腹胰岛素含量与普通饲料组相比没有显著差异，然而喂食8周V_{6I}型莲子淀粉复合物后，大鼠空腹胰岛素含量有着明显程度的下降，下降程度约为模型组的34.56%，但该水平仍然稍高于正常组大鼠。以上结果表明，100MPa均质压力形成的V_{6I}型莲子淀粉复合物具有缓解胰岛素抵抗大鼠的空腹胰岛素水平的作用。

C肽是通过胰岛β细胞分泌，在胰岛素原生产活性胰岛素时分裂产生的与胰岛素等摩尔质量的分子多肽。血液中的C肽水平可以体现胰岛β细胞状态以及胰岛素抵抗情况。Polonsky研究表明，C肽在肝脏酶灭活过程中有较少的损失，且不受外源胰岛素的干扰，C肽与活性胰岛素的浓度比值可以反映肝脏对胰岛素的降解情况[132]。正常血糖的维持需要多种内在因素的相互作用，包括胰岛素分泌和清除、靶细胞对胰岛素的敏感性以及葡萄糖效应。胰岛β细胞的胰岛素分泌功能及机体对胰岛素的清除功能在反映有效血胰岛素浓度方面体现出重要作用。图3-58显示，喂食8周普通饲料的模型组大鼠血液中的C肽含量和胰岛素清除率较低，只有正常大鼠C肽含量的73.21%以及82.51%，这说明模型组大鼠的胰岛β细胞功能降低，影响到肝脏胰岛素的清除能力。喂食水-热凝胶复合物与50MPa压力形成的V_{6II}型复合物并没有缓解该症状，8周后的C肽水平以及胰岛素清除率仍然只有正常大鼠的70.87%以及83.20%。进一步研究发现，喂食V_{6I}型莲子复合物对提升肥胖大鼠血液中的C肽含量有一定的帮助。喂食8周后，肥胖大鼠血液中的C肽水平以及胰岛素清除率与模型组相比提高了16.93%以及9.75%，已达到正常大鼠C肽水平以及胰岛素清除率的92.3%与90.47%。此结果也与莲子淀粉-甘油一酯复合物影响空腹胰岛素的研究一致，表明V_{6I}型莲子淀粉复合物对缓解胰岛素抵抗起到了一定作用。

（3）淀粉复合物对肥胖大鼠胰岛β细胞功能的影响　笔者课题组实验通过稳态模型的胰岛素抵抗指数（HOMA-IRI）、胰岛素敏感性指数（HOMA-ISI）以及胰岛素分泌指数（HOMA-β）对胰岛素抵抗大鼠的胰岛β细胞功能进行评价。图3-59中看出，与正常组大鼠相比，模型组大鼠在喂食普通饲料8周后仍然表现出较高的胰岛素抵抗，模型组大鼠的HOMA-IRI、HOMA-ISI为正常组的183.5%以及68.96%，HOMA-β为正常组的118.6%。模型组大鼠胰岛素分泌指数的升高，是大鼠产生胰岛素抵抗的典型特征，长期的胰岛素分泌过度可能会产生高胰岛素血症，进而转化为2型糖尿病。与普通饲料相比，喂食水-热凝胶莲子淀粉复合物以及V_{6II}型莲子淀粉复合物8周后，肥胖大鼠的胰岛素抵抗状况没有得到明显改善，HOMA-IRI、HOMA-ISI以及HOMA-β与模型组相比没有发生明显变化。进一步观察发现，喂食V_{6I}型莲子淀粉复合物对大鼠胰岛素抵抗有较好的改善作用。喂食8周后，肥胖大鼠的HOMA-IRI与HOMA-β下降，HOMA-ISI上升，为正常组大鼠的124%、93.2%以及88.4%。这说明100MPa均质压力形成的V_{6I}型莲子淀粉复合物具有修复胰岛β细胞功能，降低大鼠胰岛素抵抗的效果。

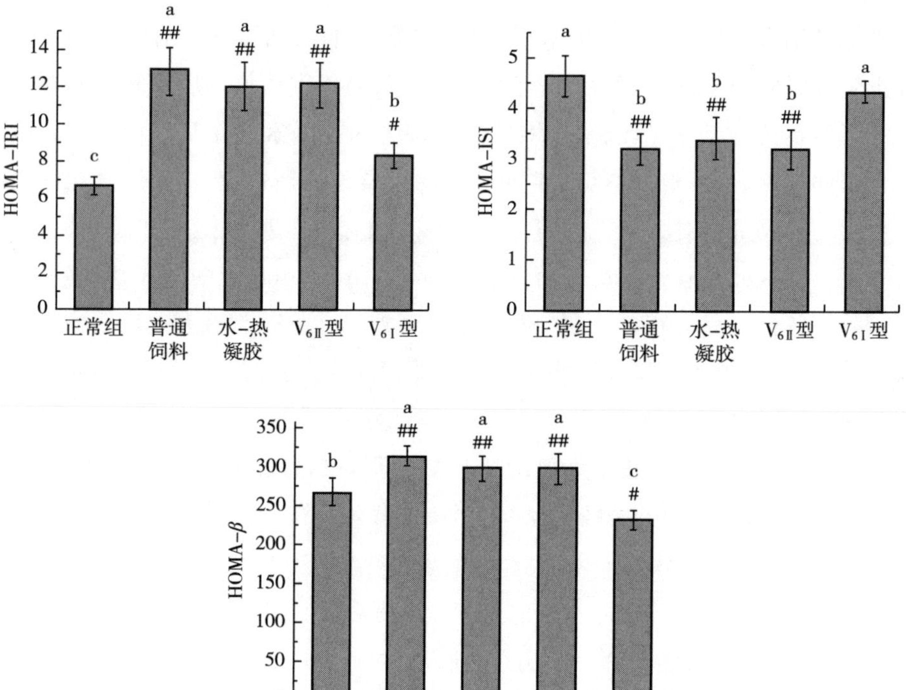

图3-59　莲子淀粉－甘油－酯复合物对胰岛素抵抗大鼠的胰岛β细胞功能的影响

注：不同小写字母表示不同组间差异显著（$P<0.05$）；#表示$P<0.05$，##表示$P<0.01$。

三、其他莲子淀粉复合物的功能学特性

1. 莲子淀粉-壳聚糖复合物消化特性的研究

壳聚糖是天然的带正电荷的阳离子多糖聚合物，被广泛用于功能性食品的生产加工中以减少机体胃肠道中脂肪与碳水化合物等成分的消化吸收[133, 134]。Si

等[135]的研究表明，高直链玉米淀粉和壳聚糖复合物对高脂饲料喂养大鼠的肥胖和糖尿病的预防具有协同作用，该复合物比单一的高直链玉米淀粉或壳聚糖更能有效地控制大鼠的体重和改善血脂组成。

前期研究结果表明，相比单一莲子淀粉，在所有莲子淀粉与亲水性胶体复合体系中，冷藏7d时莲子淀粉–壳聚糖复合物结构有序化程度最高，提示该复合物可能具有慢速消化特性。为验证莲子淀粉和壳聚糖具有协同提高体系慢消化特性，本节分析复合物颗粒结构、糊化特性以及消化过程中直链淀粉含量、分子有序结构含量、微观形态的变化，研究莲子淀粉–壳聚糖复合物的消化特性，阐明壳聚糖影响莲子淀粉消化特性的作用机制，明确莲子淀粉与亲水性胶体的协效性，为开发具有慢消化功能的淀粉类食品提供了一定的科学依据。

（1）莲子淀粉–壳聚糖复合物的体外消化特性　莲子淀粉及其壳聚糖（CS）复合物的水解曲线及消化特性如图3–60和表3–32所示。莲子淀粉属于高直链淀粉含量的特异性淀粉，直链淀粉含量约为40%[136]。正如Zhang等[18]的研究，经过压热–冷却处理能够促进莲子淀粉体系的RS含量，高达（35.43 ± 2.76）%。与单一的莲子淀粉相比，消化0~120min，莲子淀粉–壳聚糖的消化速率较低，RDS含量明显降低以及SDS含量显著增加（$P<0.05$），RS含量的变化无显著性差异（$P>0.05$）。研究表明，提高SDS含量被认为可以通过降低血糖反应获得健康效应[137, 138]。由此说明，壳聚糖对莲子淀粉SDS含量的提高作用，有助于进一步开发健康的慢消化功能产品。

表3–32　莲子淀粉–壳聚糖复合物的淀粉组分（RDS、SDS与RS）　单位：%

组别	RDS	SDS	RS
6% LS	52.24 ± 0.86^a	12.34 ± 3.43^b	35.43 ± 2.76^a
6% LS–0.40% CS	44.19 ± 2.64^b	18.13 ± 1.64^a	37.68 ± 5.90^a

注：同一列上标小写字母的不同表示差异性显著（$P<0.05$）。

（2）莲子淀粉–壳聚糖复合物的溶解度和膨胀度　在95℃下，测定壳聚糖对莲子淀粉溶解度和膨胀度的影响，结果见表3–33。与单一莲子淀粉相比，莲子淀粉–壳聚糖复合物的溶解度和膨胀度均明显降低（$P<0.05$），表明莲子淀粉–壳聚糖具有优良的抗热稳定性，反映莲子淀粉–壳聚糖复合物形成高度有序的分子

结构。因为淀粉的溶解行为与其结构特征密切相关，一般情况下，淀粉晶体的相对结晶度、分子有序结构（如双螺旋）或分子间相互作用力（如氢键）的增加将会导致淀粉的溶解度和膨胀度降低[139, 140]。这可能是莲子淀粉–壳聚糖复合物抗酶解性增加的原因之一。溶解度和膨胀度的降低可能引起消化酶与淀粉底物的接触面积减少，在一定程度上延缓了莲子淀粉–壳聚糖复合物的消化。

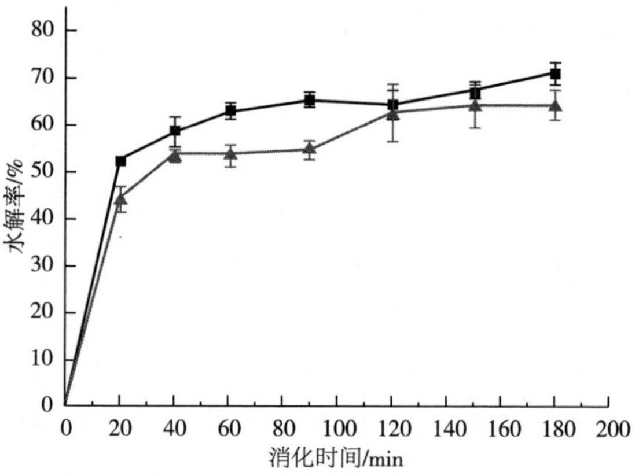

图 3–60　莲子淀粉 – 壳聚糖复合物的体外水解曲线

表3–33　莲子淀粉–壳聚糖复合物的溶解度和膨胀度

组别	溶解度 /%	膨胀度 /（g/g，以干重计）
LS	15.16 ± 0.23[a]	2.46 ± 0.05[a]
LS–CS	14.51 ± 0.43[b]	2.02 ± 0.13[b]

注：同一列上标小写字母的不同表示差异性显著（P<0.05）。

（3）莲子淀粉–壳聚糖复合物的糊化特性　淀粉糊化过程涉及水分吸收、颗粒溶胀和颗粒破裂等，通过加热与冷却处理测定其稳定性[141, 142]。莲子淀粉–壳聚糖复合物的糊化特性如图3–61和表3–34所示。结果表明，壳聚糖会降低糊化过程中莲子淀粉的黏度，添加0.40%（质量分数）壳聚糖后莲子淀粉的峰值黏度由（864 ± 18）mPa · s降低至（612 ± 21）mPa · s（P<0.05），其回生值从（343 ± 5）mPa · s减少到（329 ± 5）mPa · s（P<0.05）。通常来说，加热–冷却处理会导致淀粉黏度降低，该处理方法增强了淀粉分子链间相互作用或分子结构，

降低了淀粉无定型区的水合程度及淀粉颗粒溶胀程度，从而降低体系的黏度[143, 144]。糊化特性的结果与溶解度、膨胀度的结果相一致，提示莲子淀粉–壳聚糖黏度的降低可能是由淀粉颗粒有序结构的增强引起的。壳聚糖改性的玉米淀粉中也出现黏度下降的现象，与壳聚糖和淀粉的酯键作用及其逐渐形成的组织结构有关，限制了淀粉的溶胀和崩解[138]。Han和Bemiller报道[145]，峰值黏度的增加可以反映淀粉颗粒结构变得更为松散、更容易水合溶胀，从而导致水解程度增加。因此，可以观察到莲子淀粉–壳聚糖复合物的黏度值与快速消化淀粉和慢速消化淀粉含量密切相关。

表3–34　莲子淀粉–壳聚糖复合物的糊化特性　　单位：mPa · s

组别	峰值黏度	回生值
LS	864 ± 18[a]	343 ± 5[a]
LS–CS	612 ± 21[b]	329 ± 5[b]

注：同一列上标小写字母的不同表示差异性显著（$P<0.05$）。

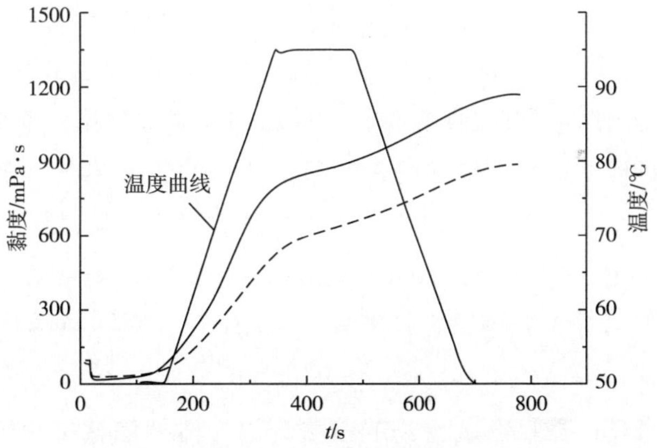

图 3–61　莲子淀粉 – 壳聚糖复合物的糊化曲线

—— 6%LS　- - - -　6%LS–0.40%CS

（4）莲子淀粉–壳聚糖复合物的直链淀粉含量　体外消化过程中，莲子淀粉–壳聚糖复合物的直链淀粉含量如表3–35所示。压热–冷却处理后莲子淀粉的直链淀粉含量约为（32.03 ± 3.17）%（质量分数）。莲子淀粉–壳聚糖复合物的直链淀粉含量显著高于单一莲子淀粉的（44.38 ± 3.06）%（质量分数，

$P<0.05$）。上述结果表明，壳聚糖的存在引起复合体系直链淀粉含量的增加，直链淀粉含量的增加会使分子间交联和聚集程度增加，加速淀粉凝胶的结构性重组过程。

表3–35　体外消化过程中莲子淀粉–壳聚糖复合物的直链淀粉含量

单位：%

组别	体外消化时间		
	0min	20min	120min
6% LS	32.03 ± 3.17^{b}	40.47 ± 1.67^{b}	49.82 ± 2.15^{a}
6% LS–0.40% CS	44.38 ± 3.06^{a}	49.18 ± 2.08^{a}	53.82 ± 3.45^{a}

注：同一列上标小写字母的不同表示差异性显著（$P<0.05$）。

在体外消化过程中，莲子淀粉–壳聚糖复合物的直链淀粉含量随着消化时间的增加逐渐增加，可能是由于支链淀粉的易酶解特性引起的；虽然在长期贮藏过程中，支链淀粉短侧链分子可以缔合形成双螺旋结构，但其对酶的敏感性高于直链淀粉[146]。直链淀粉通过双螺旋缔合形成的半晶体结构表现为分形网络结构，结构致密，颗粒聚集体增加，表现对淀粉酶的高抗性作用[146, 147]。因此，支链淀粉先被酶解后，引起直链淀粉含量增加。通过对比，消化20min后，莲子淀粉–壳聚糖复合物的直链淀粉含量高于单一的莲子淀粉，这可能是其SDS含量的增加的关键因子所在。研究表明，直链淀粉含量与胃肠道模拟消化体系中淀粉水解呈负相关[148, 149]。消化120min后，莲子淀粉–壳聚糖复合物的直链淀粉含量与单一的莲子淀粉没有显著差异（$P\geqslant0.05$），与二者RS含量的差异不显著相对应。

（5）莲子淀粉–壳聚糖复合物的拉曼光谱　体外消化过程中，莲子淀粉–壳聚糖复合物的拉曼光谱如图3–62所示。所有样品均具有2910、1335、1264、1143、1084、1053、943、856、480cm^{-1}等淀粉特征峰。相比于单一的莲子淀粉，莲子淀粉–壳聚糖复合物没有出现新增的拉曼峰。

480cm^{-1}峰与C—O—C环键的拉伸振动有关，该峰的半峰宽度（FWHH）可以反映淀粉样品的结构和结晶度变化，FWHH越低则其分子有序结构程度越高[150]。图3–63显示了体外消化过程中莲子淀粉–壳聚糖复合物拉曼480cm^{-1}的半峰宽FWHH值的变化。与单一的莲子淀粉［（17.56 ± 0.28）cm^{-1}］相比，6%（质量分数）莲子淀粉–0.40%（质量分数）壳聚糖复合物的FWHH值减少（16.59 ± 0.31）cm^{-1}，表明壳聚糖可以促进压热–冷却处理莲子淀粉的分子结构和结晶度的形成；这可能是因为直链淀粉含量增加引起直链淀粉重结晶程度的增加，进而引起长期老化过程中支链淀粉重结晶程度的增加。Raguzzoni等[151]报道壳聚糖的添加能够稍微提高淀粉的长期老化程度，这可能是淀粉和壳聚糖在短时间尺度上的相重排的结果。

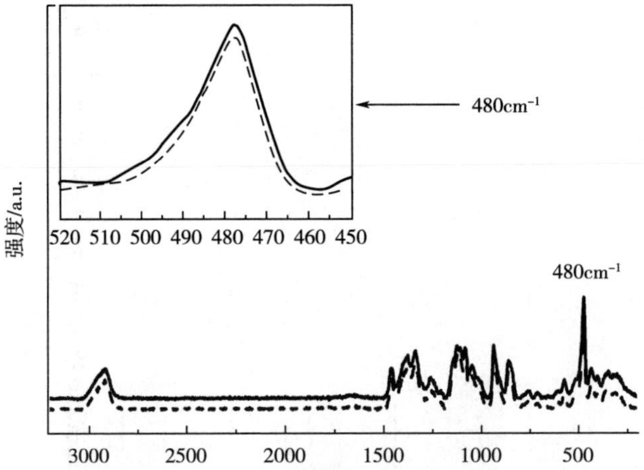

（1）未消化淀粉

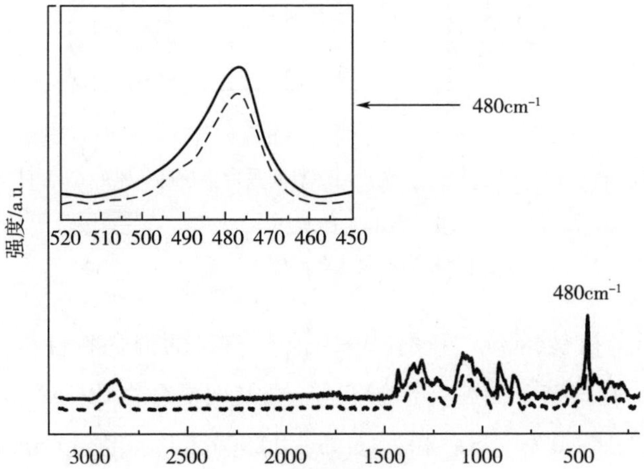

（2）消化120min淀粉残留物

图 3–62

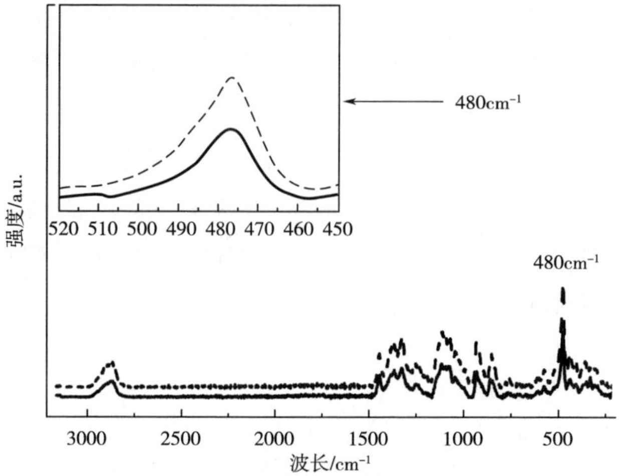

（3）消化120min淀粉残留物

图 3-62 莲子淀粉－壳聚糖复合物的拉曼光谱

---- 6%LS–0.40%CS —— 6%LS

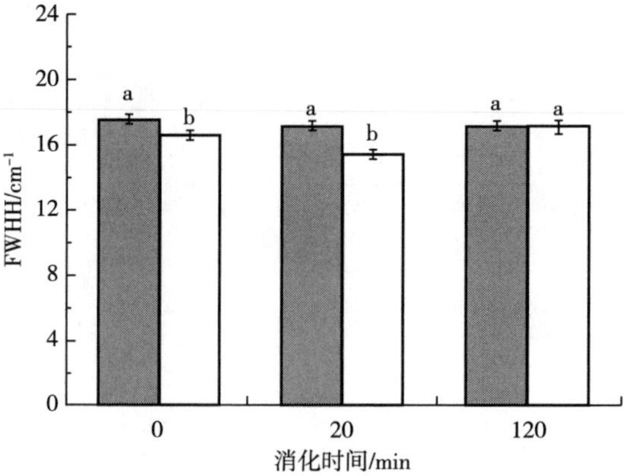

图 3-63 体外消化过程中莲子淀粉－壳聚糖复合物拉曼 480cm^{-1} 的 FWHH 值

■ 6%LS □ 6%LS–0.40%CS

注：不同小写字母表示不同组间差异显著（P<0.05）。

研究表明，拉曼480cm^{-1}峰的FWHH值与淀粉的消化特性呈负相关[150]。经过20min体外消化，莲子淀粉与莲子淀粉–壳聚糖复合物的拉曼480cm^{-1}的FWHH值分别为（17.21 ± 0.26）cm^{-1}和（15.45 ± 0.29）cm^{-1}。经过120min体外消化，莲子淀粉与莲子淀粉–壳聚糖复合物的拉曼480cm^{-1}峰的FWHH值分别增加至（17.23 ± 0.24）cm^{-1}和（17.15 ± 0.43）cm^{-1}。结果表明，经过酶解的初始阶段，莲子淀粉的有序结构显著增加，随后便急速下降。在香蕉淀粉[338]和高直链大米淀粉[339]中也发现了相似的结果，淀粉结晶度在消化过程中呈先升后降趋势。这是因为酶解的初始阶段，淀粉的无定型区为消化酶水解，导致淀粉的结晶区占比增加[153]；莲子淀粉–壳聚糖复合物的体外消化过程中，淀粉有序结构的变化与淀粉水解率、淀粉组分特性关联密切。与单一的莲子淀粉相比，消化20min后莲子淀粉–壳聚糖复合物的FWHH值减小，且低于单一的莲子淀粉，提示莲子淀粉–壳聚糖复合物结构有序化程度更高；相应地，其RDS含量降低，SDS含量增加。然而，经过120min消化，莲子淀粉–壳聚糖复合物拉曼480cm^{-1}峰的FWHH值与单一的莲子淀粉没有显著性差异（P>0.05）；相应地，其RS含量相近。

（6）莲子淀粉–壳聚糖复合物的红外光谱　图3–64表示体外消化过程中莲子

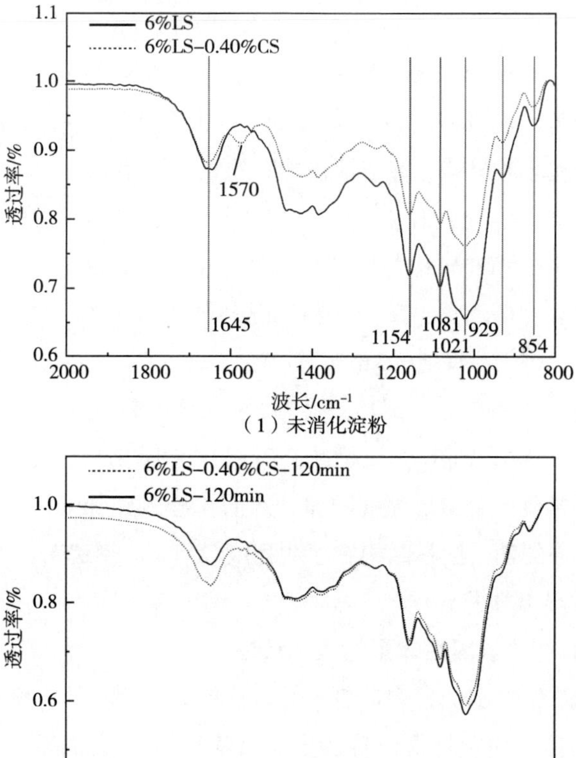

（1）未消化淀粉

（2）消化20min淀粉残留物

图 3–64

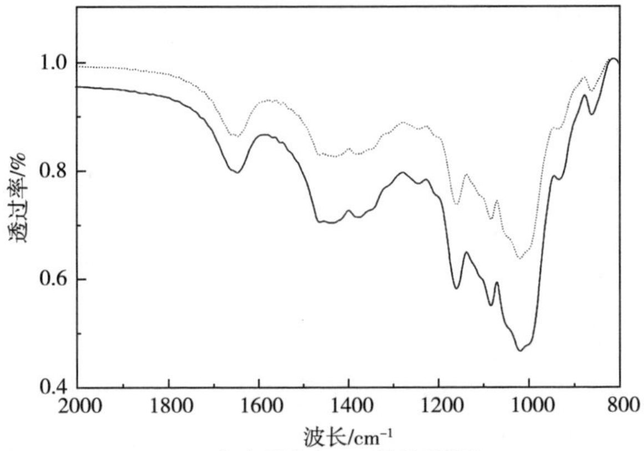

（3）消化120min淀粉残留物

图 3-64　体外消化过程中莲子淀粉－壳聚糖复合物的红外光谱

—— 6%LS-20min　······· 6%LS-0.40%CS-20min

淀粉及其壳聚糖复合物的红外光谱图。莲子淀粉-壳聚糖复合物的波谱带1570cm^{-1}特征峰（壳聚糖氨基与莲子淀粉羟基间的相互作用），在酶解20min便消失了，说明消化酶容易破坏壳聚糖与莲子淀粉之间的相互作用。

图3-65表示体外消化过程中莲子淀粉及其壳聚糖复合物的$R_{1047/1035}$值，该值的变化与拉曼480cm^{-1}峰FWHH值的变化规律相似，消化20min后莲子淀粉及其壳聚糖复合物的$R_{1047/1035}$值增加，莲子淀粉-壳聚糖复合物的$R_{1047/1035}$值显著高于单一的莲子淀粉（$P<0.05$）；消化120min，其$R_{1047/1035}$值降低，莲子淀粉-壳聚糖复合物的$R_{1047/1035}$值与单一莲子淀粉无显著性差异（$P>0.05$）。这进一步说明，与单一的莲子淀粉相比，莲子淀粉-壳聚糖复合物结构有序化程度更高（$P<0.05$）；相应地，其RDS含量降低，SDS含量增加。然而，经过120min消化，莲子淀粉-壳聚糖复合物与单一的莲子淀粉结构有序化程度没有显著性差异（$P\geqslant0.05$）；相应地，其RS含量无显著性差异。

2. 莲子淀粉-绿原酸复合体系的消化特性

淀粉是生物圈中碳水化合物最普遍的储藏形式，淀粉及淀粉基食品在膳食构成中占有重要地位，为维持人们日常生命活动提供了大量能量（为基础代谢总量的70%~80%）[154]。通常来说，淀粉基食品的消化必将引起人体血糖水平升高；相应地，长期高淀粉质膳食结构与慢性代谢性疾病的产生密切相关，如肥胖、糖尿病、心血管疾病、癌症等[155]。研究发现，根据淀粉消化速率的快慢以及程度

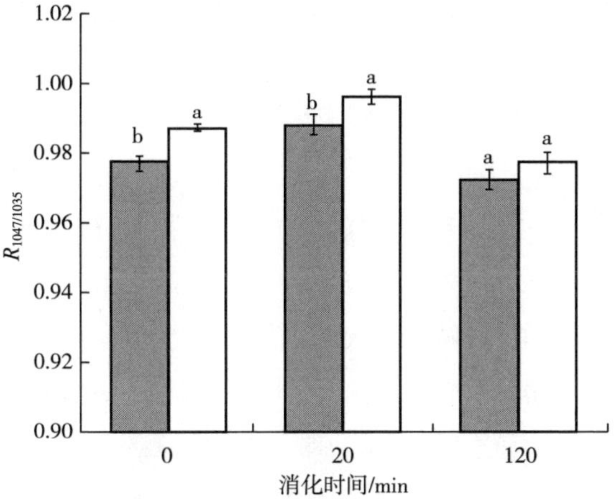

图 3-65 体外消化过程中莲子淀粉－壳聚糖复合物的 $R_{1047/1035}$

■ 6%LS □ 6%LS–0.40%CS

注：不同小写字母表示不同组间差异显著（P<0.05）。

可将淀粉组成分为RDS（在小肠中快速消化和吸收，餐后血糖应答水平较高）、SDS（在小肠中缓慢消化吸收，能够长时间维持血糖平衡）和RS（在小肠中无法消化，但可作为益生元促进肠道有益菌群的增值）3类[156]。因此，改变淀粉的消化特性、提高SDS和RS的含量已经成为淀粉基食品改性加工的重要方向。

在食品加工领域，淀粉与小客体分子复合改性是拓宽淀粉基食品功能特性的常用方式。例如，酚类化合物具有高活性的羟基基团，能与淀粉的羟基相互作用形成氢键，干预淀粉聚合物链的排列[157]。此外，大量研究表明，酚类物质可直接抑制淀粉水解酶（主要为α–淀粉酶）的活性，延缓碳水化合物的消化与吸收[158]。可见，利用多酚化合物作为复合客体是改良淀粉基食品营养功能特性的有效方法之一。由复合体系多尺度结构的研究结果可知，在微波过程中，绿原酸（CGA）能够与淀粉分子形成多种复合方式；与单一淀粉相比，CGA协同微波处理能促进体系“无规则”堆积结构致密化，提示该复合体系可能具有独特的慢消化特性。

为更深入地明晰微波诱导莲子淀粉–绿原酸复合行为和消化特性的关联，选择LS–CA–200（CGA主要附着于淀粉颗粒表面）和LS–CA–300（CGA分子侵入淀粉并形成紧密交联的复合体系）作为研究对象，系统研究不同复合行为对消化性能的调控，以期为构建具有不同营养功能的淀粉–多酚复合物提供理论依据。

（1）消化过程中莲子淀粉-绿原酸复合体系的形态变化 图3-66为不同消化时间时莲子淀粉与莲子淀粉-绿原酸复合体系微观形态的变化情况。从图3-66中可以看出，天然莲子淀粉颗粒以椭圆形为主，表面致密且完整。在整个消化过程中，原淀粉仅在表面处发生少量酶解现象，表明在笔者课题组实验的酶解时间范围内，淀粉水解酶不足以渗透到淀粉颗粒内部。进一步研究发现，低强度微波处理后（200W），莲子淀粉颗粒发生轻微的变形（LS-200），此时淀粉体系不再具备完整的水解酶屏障，在酶解时间20min后，淀粉表面出现大量的凹陷裂纹；酶解时间120min后，淀粉表面甚至出现明显的破裂口，证实此时莲子淀粉具有较高的消化速率。当微波功率到达300W时，淀粉的颗粒结构发生严重塌陷扭曲，从LS-300的形态演变可知，由于失去颗粒结构，淀粉体系在消化初期（20min）就已经发生大规模酶解反应，且在消化完成后（120min），淀粉体系仅剩下部分球形结晶体，说明此时莲子淀粉中结构较为松散的部分（无定型域）已经基本完全酶解。这与Guo等[159]的研究结果一致，他们认为有序晶片组成的亚微米球晶是抗消化淀粉的主要成分。不同于纯淀粉组，当CGA加入淀粉体系后，在相同的时间点，上述酶解现象均明显减弱，说明莲子淀粉-绿原酸复合物的形成能有效抑制淀粉酶的作用。结合之前的研究结果，LS-CA-200的慢消化特性可归咎于CGA的屏障作用，在微波加热的早期，高频交变磁场能促进分子（水、淀粉）快速振动，引发淀粉膨胀并通过表面的纳米孔隙释放出一些短链成分（大部分为直链淀粉）；此时，溶出的短链成分将会和体系中游离的CGA相互交联，形成少量复合物覆盖于淀粉的表面（LS-CA-200图中的不规则片状碎片），导致淀粉酶的接触比表面减小，从而抑制了淀粉酶的作用。对于LS-CA-300，较高的微波-热能转换效率将促使更多处于自由扩散的短链组分在熔融状态下汇聚形成紧密的连续相覆盖在淀粉团聚体表面，进一步阻碍淀粉酶的渗透；因此相较于单一淀粉体系，LS-CA-300图中可以观察到大量厚实的块状聚集体（致密的连续相粉碎之后的截面），同时这些组分经过消化后并没发生显著变化，表明此类聚集体具有抗酶解能力。除此之外，大量CGA进入淀粉体系内部，参与淀粉分子的重排也将进一步提高团聚体无定型区域的致密性。上述结果与复合体系介电特性、多尺度结构的研究结果相一致，表明在微波过程中，CGA能够通过与淀粉相互作用优化体系外界面以及无定型堆积区域的排布形式，从而阻隔淀粉酶与底物的接触。

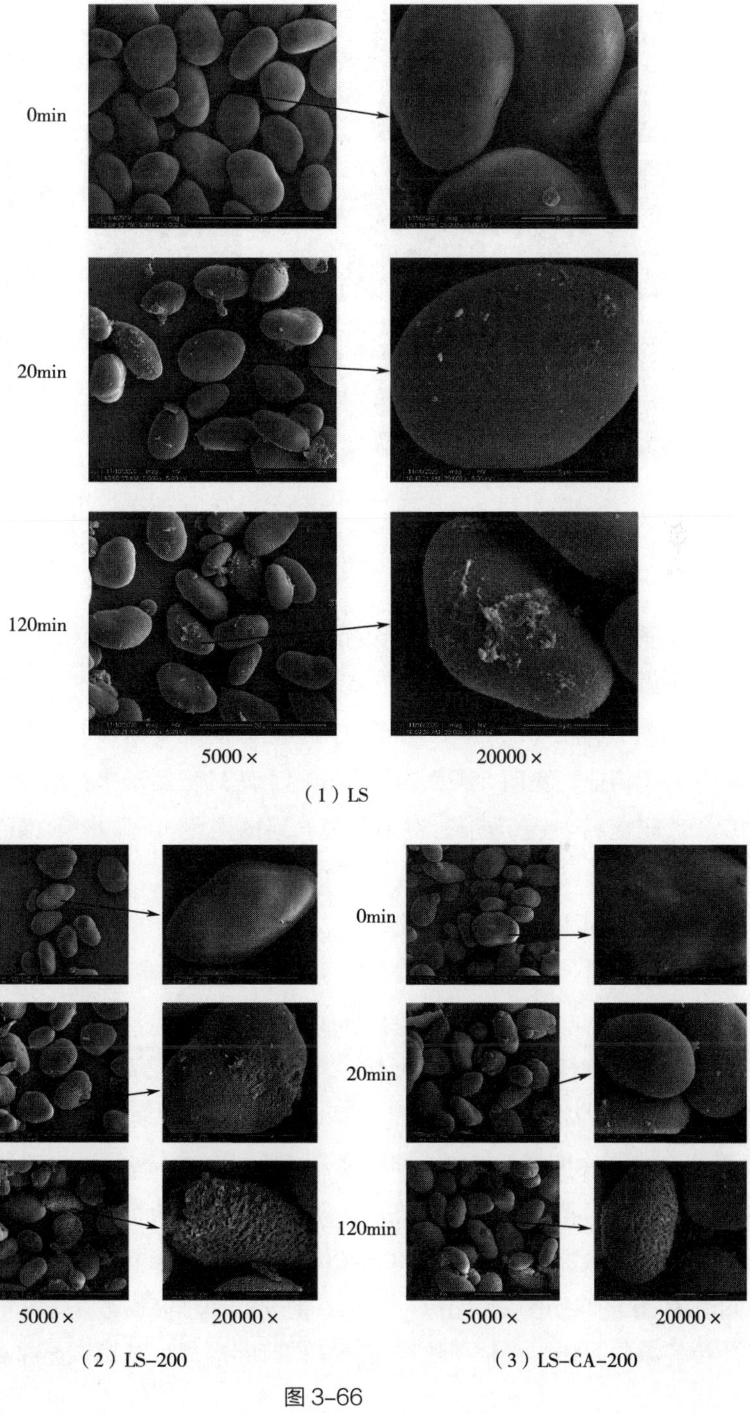
0min
20min
120min
5000 ×
20000 ×
（1）LS
0min
20min
120min
5000 ×
20000 ×
（2）LS-200
0min
20min
120min
5000 ×
20000 ×
（3）LS-CA-200

图 3-66

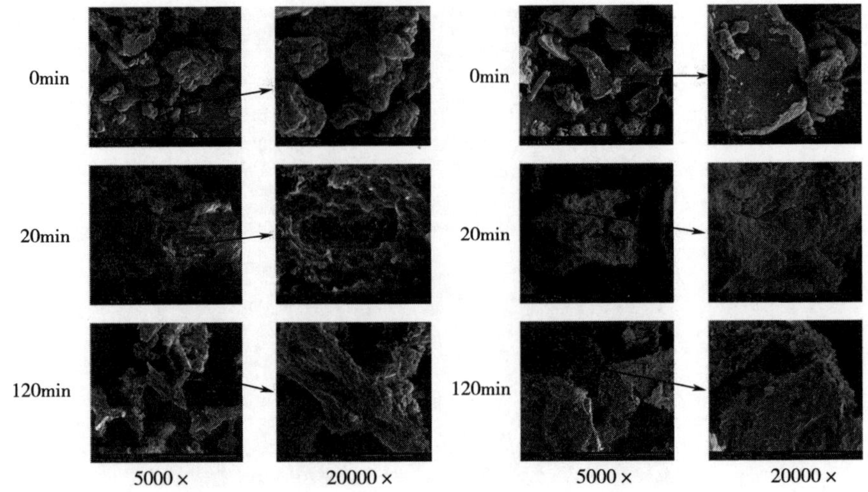

（4）LS-300　　（5）LS-CA-300

图 3-66　消化过程中莲子淀粉及莲子淀粉 - 绿原酸复合体系的形态变化

（2）莲子淀粉-绿原酸复合体系的消化特性　图3-67显示了莲子淀粉与莲子淀粉-绿原酸复合体系的消化曲线以及相应的对数斜率（LOS）拟合曲线。可以看出，天然莲子淀粉（native LS）的LOS图上只能观测到一个线性范围，服从一级水解动力学特征，表明淀粉酶对原淀粉的水解过程属于单相消化模式。微波处理之后，莲子淀粉与莲子淀粉-绿原酸复合组的消化过程均呈典型的双相消化模式（LOS拟合曲线转变为两条不连续的线性区域），表明此时淀粉体系中存在两个具有较大水解速率差异的可消化级分。更确切地说，在这类消化模式中，淀粉酶的水解实际上是一个准二级过程，体系内部不同结构的淀粉消化片段可同时发生水解，但由于水解速率常数以及目标底物浓度的差异，可消化级分将呈现出明显的阶段化水解特征（第一级分的消化速率k_1显著高于第二级分的消化速率k_2）。此结果与Li等[160]的报道一致，他们发现淀粉在消化过程中同时存在两种异质水解模式，连续消化模式（SDP）和顺序消化模式（PDP）。进一步研究发现，与单一的莲子淀粉组相比，低微波功率复合组与高微波功率复合组显示出明显的动力学差异。在低微波功率组（LS-CA-200），复合组与单一莲子淀粉组拥有相似的LOS消化曲线，只是在消化速率上存在差异；而在高微波功率组，复合组LOS消化曲线的第二阶段（慢消化级分）的转变时间明显早于单一淀粉组，这可归咎于消化过程中复合体系内CGA组分的缓释周期。研究发现，淀粉-多酚复合物的消化性能与多酚自身的生理活性密切相关；其中，在体外模拟消化中，植物化合物不断释放和衍生，导致各种酚类化合物的生物可及性显著增加，是影响淀粉水解速率的重要因素[161]。由图3-68可知，LS-CA-200组中的CGA缓释周期远低于LS-CA-300组，说明在消化过程中前者的水解动力学对CGA分子存在较低的时间依赖性和剂量依赖性；相比之下，由于LS-CA-300组的CGA溶出量更大，在消化过程中能够充分分散到整个体系中，有利于其与淀粉水解酶发生特异性结合，由此提早转入慢消化阶段。除此之外，从颗粒的微观形态变化来看，低微波功率条件下的单一淀粉组（LS-200）与莲子淀粉-绿原酸复合组（LS-CA-200）之间也存在一定差异。如图3-66（2）（LS-200）和图3-66（3）（LS-CA-200）所示，消化120min后复合组的淀粉保持着相对完整的颗粒内部结构；相比而言，

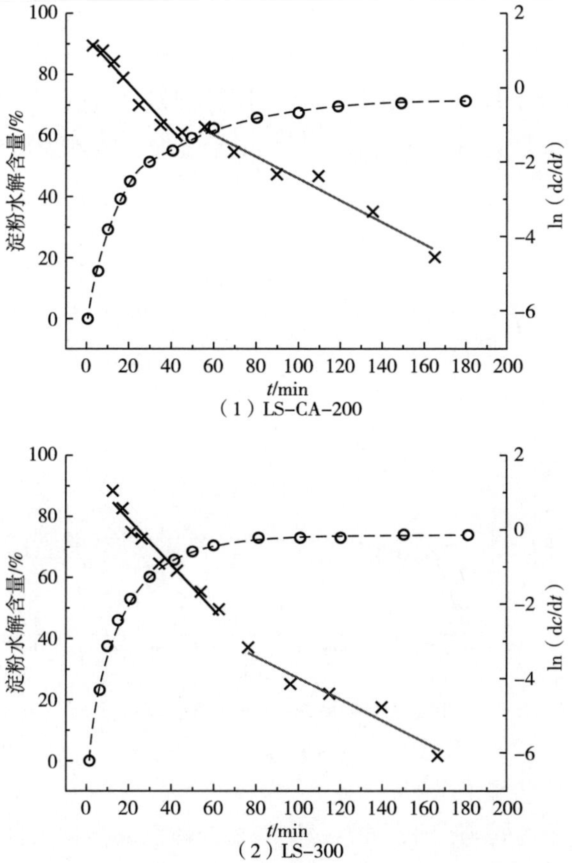

图 3-67

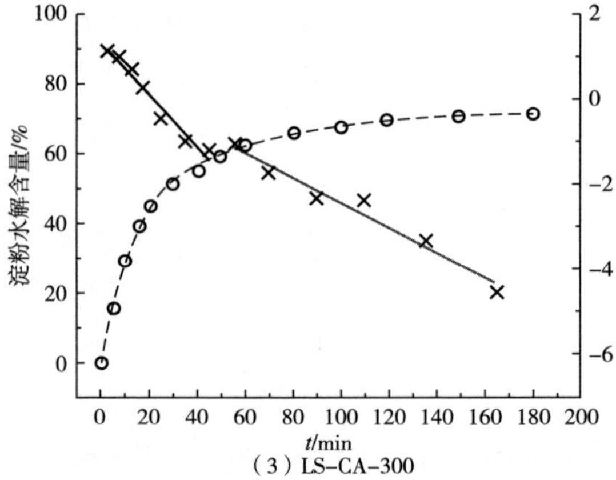

（3）LS–CA–300

图 3–67　莲子淀粉及莲子淀粉 – 绿原酸复合体系的消化曲线及 LOS 拟合曲线

- -o- - 消化曲线　× LOS 绘图数据　—— 第一阶段拟合曲线　—— 第二阶段拟合曲线

单一淀粉组颗粒表面出现大量的凹陷裂纹，部分区域甚至出现明显的破裂口。这主要是由于CGA分子具有空间屏障作用，使得淀粉水解酶难以侵入淀粉颗粒。因此，LS–CA–200消化时，淀粉酶主要作用于表面，表现为从外至内的穿透水解；而在不具备CGA外层的LS–200中，部分淀粉水解酶可直达颗粒内核，在内外部同时发生作用。

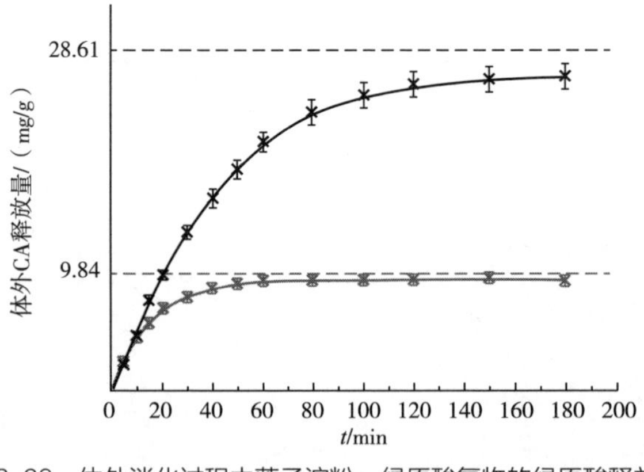

图 3–68　体外消化过程中莲子淀粉 – 绿原酸复物的绿原酸释放量

—×— LS–CA–200　—×— LS–CA–300

表3–36为莲子淀粉与莲子淀粉–绿原酸复合体系的消化级分组成。如表3–36所示，微波处理后，单一淀粉组与复合组快消化淀粉级分RDS和慢消化淀粉级分

SDS含量普遍增加，抗性淀粉级分普遍减少，表明微波作用提高了淀粉的消化性。一般来说，淀粉酶的扩散、吸附和催化是决定淀粉酶水解效率的3个主要因素，其中酶的扩散是淀粉开始水解的关键步骤[162]。天然淀粉具有完善的颗粒结构和致密的表面屏障，是一类弱扩散介质；相应地，与其他样品组相比，天然淀粉的RS含量最高。需要指出的是，在笔者课题组研究中，RDS、SDS和RS不特指淀粉的固有“结构或性质”，而是由体外酶解速率差异推导出的动力学消化级分[163]。基于此，淀粉颗粒的内核基质常被认为是SDS和RS的主要组分。经过微波处理后，淀粉失去原有形态，表面结构变得粗糙多孔，为淀粉酶的扩散提供大量传播通道和附着位点，使原先属于RS的不可消化组分转化为SDS和/或RDS。横向比较发现，莲子淀粉–绿原酸复合组的RS和SDS含量显著高于单一淀粉组（$P<0.05$），表明CGA的引入显著提高了淀粉基质的慢消化特性，符合上述消化曲线的变化。由此可见，CGA分子对淀粉酶的抑制作用同样是决定淀粉体系水解行为的关键因素之一。

表3–36　莲子淀粉及莲子淀粉–绿原酸复合体系的消化参数

消化参数	样品				
	LS	LS–200	LS–CA–200	LS–300	LS–CA–300
k_1（$\times 10^{-2}$）	2.63 ± 0.21^{d}	4.27 ± 0.11^{c}	4.19 ± 0.04^{c}	6.42 ± 0.14^{a}	6.04 ± 0.12^{b}
R^2（k_1）	0.918	0.943	0.925	0.985	0.958
k_2（$\times 10^{-2}$）	—	1.48 ± 0.02^{c}	0.91 ± 0.06^{d}	3.15 ± 0.09^{a}	2.91 ± 0.07^{b}
R^2（k_2）	—	0.868	0.868	0.879	0.968
RDS/%	25.2 ± 2.1^{cd}	28.9 ± 1.7^{c}	24.2 ± 0.6^{d}	53.5 ± 3.4^{a}	45.3 ± 2.3^{b}
SDS/%	11.5 ± 0.5^{d}	16.8 ± 0.7^{c}	17.3 ± 2.1^{c}	20.2 ± 1.4^{b}	25.1 ± 0.2^{a}
RS/%	63.3 ± 8.2^{a}	54.3 ± 4.4^{b}	58.5 ± 2.0^{ab}	26.3 ± 2.1^{c}	29.6 ± 0.6^{c}

注：同一行中不同的上标小写字母表示各样品之间差异显著，$P<0.05$。

（3）微波环境中CGA分子调控莲子淀粉消化性能的机制探讨　基于莲子淀粉–绿原酸复合体系中CGA分子的复合方式和淀粉水解特性的研究结果，对微波环境中CGA分子调控莲子淀粉消化性能的分子机制进行探讨。由复合体系结构特征以及消化曲线的研究结果可知，微波环境中CGA分子调控莲子淀粉消化性能可分为两个阶段。第一阶段，微波糊化阶段，淀粉体系将所吸收的电场能量转化为热能，导致原有不同尺度层次上的有序结构单元发生破坏，此时短链组分运动自由性增加，形成致密且稳定的连续相覆盖于淀粉残骸表面。对于莲子淀粉-绿原酸复合体系，更强的微波介电热效应将促进支链淀粉侧链发生断裂，导致更多的短链组分加入外膜连续相的构成，阻隔淀粉酶的侵入。此外，之前的研究结果也显示出CGA分子可以促进淀粉分子链的无序堆积，并形成具有抗酶解能力的特定弱结构域。第二阶段，消化水解阶段，类似于微胶囊基质容器，水解过程中部分CGA分子发生解离，作为酶抑制剂干预α-淀粉酶的水解作用，由此进一步提高莲子淀粉的慢消化性能，其中CGA组分的缓释行为与其和莲子淀粉的复合方式以及作用位点有关，因此抑制效应的时间依赖性和剂量依赖性会发生相应的变化，由此改变莲子淀粉的水解模式。

综上所述，在微波环境中，CGA分子调控莲子淀粉消化性能的分子机制为：一方面CGA分子通过干预微波能量传递以及与淀粉分子发生非共价相互作用导致淀粉分子链重排、聚集形成具有抗水解能力的特定结构单元，增加酶-底物相互作用所需的能量；另一方面，在消化过程中，CGA组分不断释放，导致游离多酚分子的生物可及性增加，降低淀粉酶的活性。由此可见，在微波加工过程中，利用酚类化合物能够有效改善淀粉体系的慢消化特性。

3. 莲子淀粉-茶多酚复合物的消化特性分析

（1）传导加热法（CH）制备莲子淀粉-茶多酚复合物的消化特性研究 近年来，利用食品成分间的相互作用来调节食物的感官与功能特性已成为食品学科的研究热点。多酚与淀粉的相互作用在食品中普遍存在，大多数情况下可赋予食品优良特性并产生一定的功能效应。传导加热法是制备淀粉-多酚复合物最常用的方法[164]，即将茶多酚加入水中，与淀粉混合后在高温下反应形成复合物。笔者课题组利用动态体外大鼠胃-十二指肠模型对淀粉体系的消化进行研究。

将传导加热处理复合物的消化速率与对照组［物理混合物（PM）］进行比较，消化一定时间后的葡萄糖浓度如图3-69所示。结果表明，传导加热处理复合物的消化速率低于对照组（PM），其消化180min后的葡萄糖浓度相比对照组（PM）降低了约14%，表明该复合物具有一定的抗酶解性。另外，通过扫描电镜显著观察到了复合物消化后的形貌变化（图3-70）。经过180min的仿生消化后，物理混合物被大量酶解，表面出现酶解的纹路及孔洞；而传导加热处理复合物表面的酶解痕迹较少，意味着酶解量的减少，V型复合物的形成降低了淀粉的消化效率。

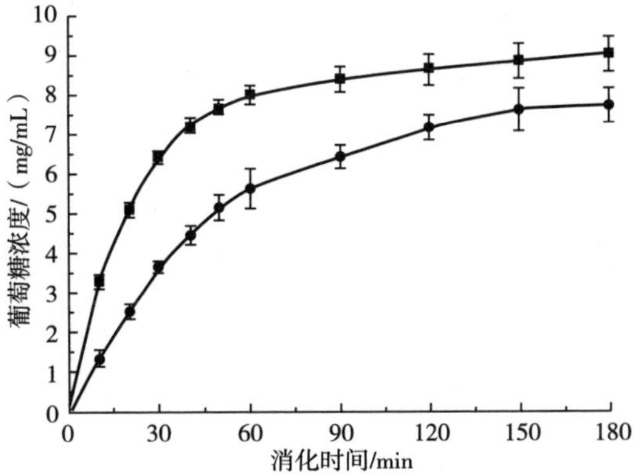

图 3-69 传导加热复合物的消化曲线图

（1）PM （2）CH

图 3-70 传导加热复合物消化后的扫描电镜图

（2）微波-超声波协同制备莲子淀粉-茶多酚复合物的消化特性研究 微波-超声波协同处理是一种经济有效的淀粉改性方法，可以增强传质，加速反应效率，使目标产物的产率更高，在科学和工业研究中具有巨大的潜力。淀粉经微波-超声波协同处理后颗粒完整性会被破坏，理化性质也会发生很大变化。微波有加热作用，可导致分子间氢键的断裂[165]。超声波可降解淀粉聚合物，从而释放出更多的直链淀粉，在热条件下使其与客体分子发生相互作用。因此，微波-超声波协同处理有利于直链淀粉的迁移，增强传质从而加速反应效率。因此，笔者课题组将微波-超声波协同处理应用于莲子淀粉-茶多酚复合物的制备（LS-

GTP），利用动态体外大鼠胃-十二指肠模型对淀粉的消化特性进行研究。

对照组（PM）与不同的微波-超声波协同处理的复合物样品的消化速率的比较结果如图3-71所示。结果表明，微波-超声波协同处理复合物的消化速率低于对照组（PM），6种淀粉的消化效率依次为：对照组（PM）>U200-M175处理组>U400-M175处理组>U600-M175处理组>U1000-M175处理组>U800-M175处理组。淀粉在加热过程中，颗粒破裂使其表面积增大，导致淀粉链对酶的敏感性增加。但微波-超声波协同处理的复合物出现较低的消化率，主要有以下两点原因：①茶多酚能够结合和沉淀蛋白质，即茶多酚具有使消化酶变性的潜能；②微波-超声波协同处理下，直链淀粉改变其线圈的螺旋结构，并与茶多酚形成一个V型复合物。这种构象进一步促进螺旋的聚集，导致其对淀粉酶的敏感性降低[166]，使得剩余淀粉量随着V型复合物含量的增加而逐渐增加[167]。另外，消化曲线中非包容性复合物的消化效率与其茶多酚的含量未呈现正相关关系，这可能是因为微波-超声波协同处理和低pH的胃液导致部分非包容性复合物中茶多酚的分子降解[168]。

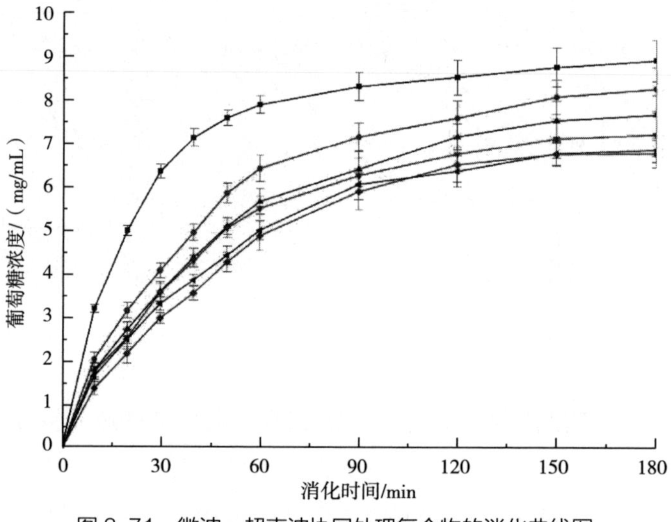

图 3-71　微波 - 超声波协同处理复合物的消化曲线图

—■— PM　—●— U200-M175　—▲— U400-M175　—▼— U600-M175　—◆— U800-M175　—◀— U1000-M175

注：图中“M”和“U”分别代表微波和超声波，其后的数字代表功率。

通过扫描电镜观察到复合物消化后的颗粒形貌发生了显著变化（图3-72）。经过180min的仿生消化后，对照组（PM）被大量酶解，而经U200-M175处理的

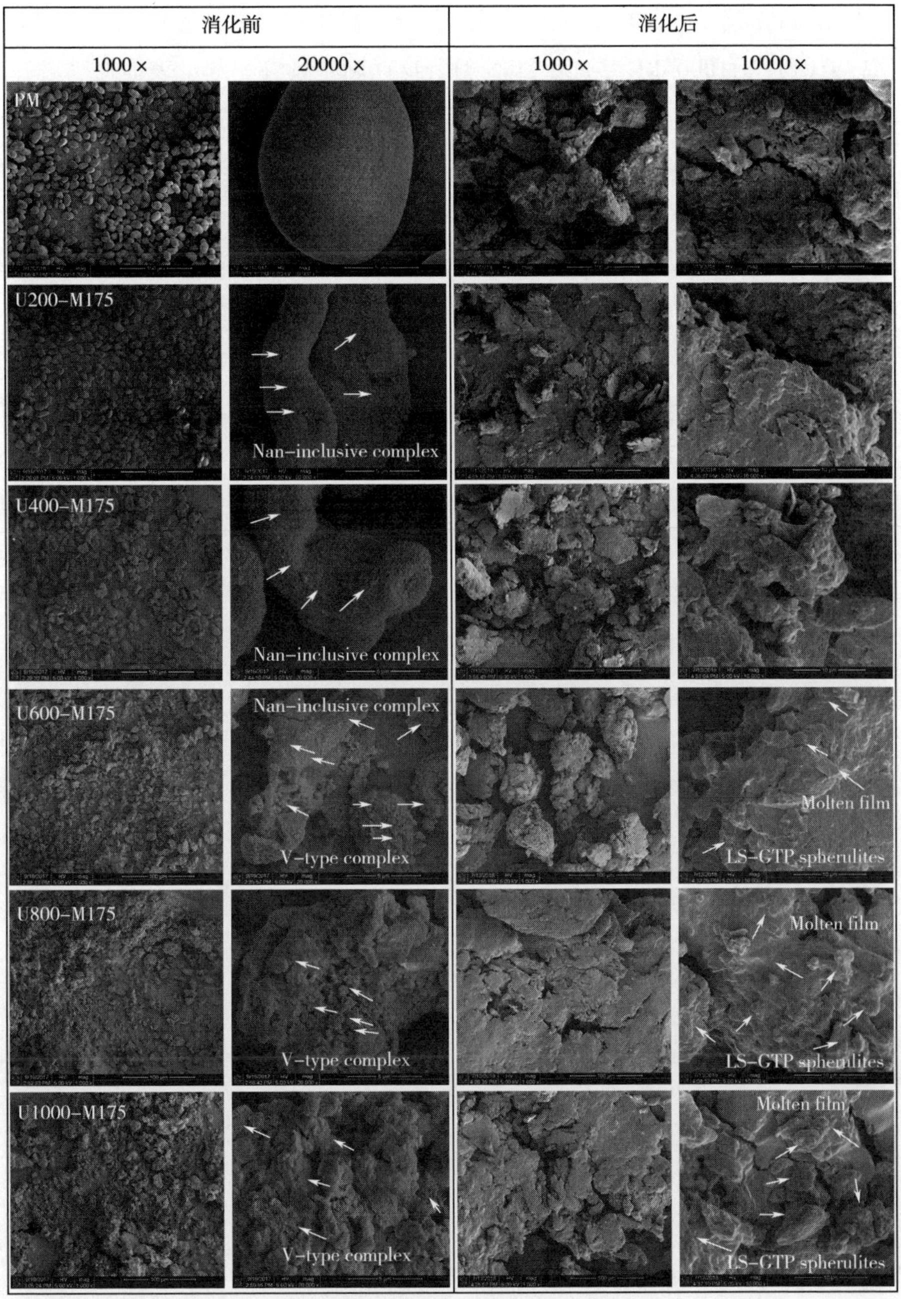

图 3–72　微波－超声波协同处理复合物在消化前的电镜图（1000× 和 20000×）和消化后的电镜图（1000× 和 10000×）

注：Non–inclusive complex：不包含混合物；V–type complex：V型混合物；LS–GTP spherulites：LS–GTP球晶；Molten film：熔盐。

复合物，其酶解剩余物呈现出“片状”的堆积。随着功率的进一步提高（“U600-M175”到“U1000-M175”），酶解剩余物逐渐聚集在一起，表面似乎被一层薄膜覆盖，在薄膜上有许多莲子淀粉-茶多酚球晶。这就说明V型复合物的形成降低了淀粉链的消化效率。Chai等[157]的研究也说明类似的结果，即一定量直链淀粉-多酚复合物的形成可以产生缓慢消化的高直链淀粉。

（3）高压均质处理制备莲子淀粉-茶多酚复合物的消化特性研究 高压均质技术是近年来应用于食品加工领域的一项新技术，其在短时内升压，产生强烈的剪切、撞击、振荡、气穴和升温作用足以破坏淀粉分子链有序结构，增加直链淀粉溶出，为淀粉与小分子复合物的形成提供有利条件。课题组Chen等研究了高压均质下莲子直链淀粉-脂肪酸复合物的相互作用，结果表明，高压均质下莲子淀粉颗粒遭到破坏与脂肪酸形成复合物，呈现C+V型晶体结构，并具有一定的抗消化特性。笔者课题组采用高压均质技术制备莲子淀粉-茶多酚复合物（LS-GTP），研究该复合物的多消化特性。

①不同压力处理复合物的消化特性分析：采用动态体外大鼠胃-十二指肠模型研究复合物的消化率，图3-73表示对照组（PM）以及不同均质压力处理下复合物间存在的明显差异。经180min消化后，高压均质处理复合物的葡萄糖浓度低于对照组（PM），且呈压力依赖性下降。这表明高压下生成的V型复合物具有较强的酶抗性。另外，图中非包容性复合物的大量存在并未表现出相应的高抗消化能力，这可能是由于胃酸导致的分子降解。

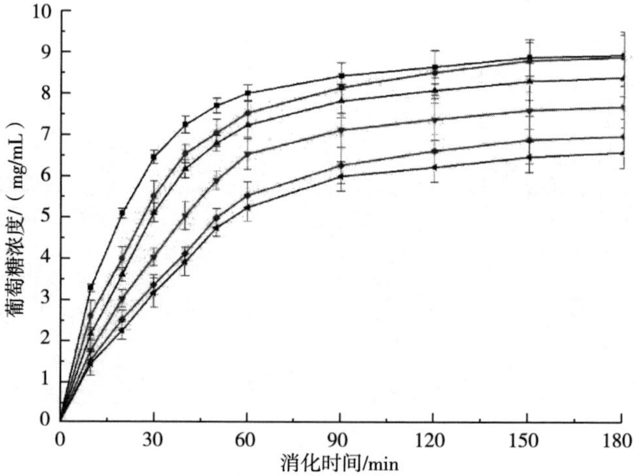

图 3-73　不同高压均质压力复合物的消化曲线

PM　60MPa　90MPa　120MPa　150MPa　180MPa

采用动态体外大鼠胃-十二指肠模型消化180min后，复合物的形貌见图3-74。随着压力的增加，酶解剩余物团簇逐渐变得致密，表明该改性淀粉已经实现了慢

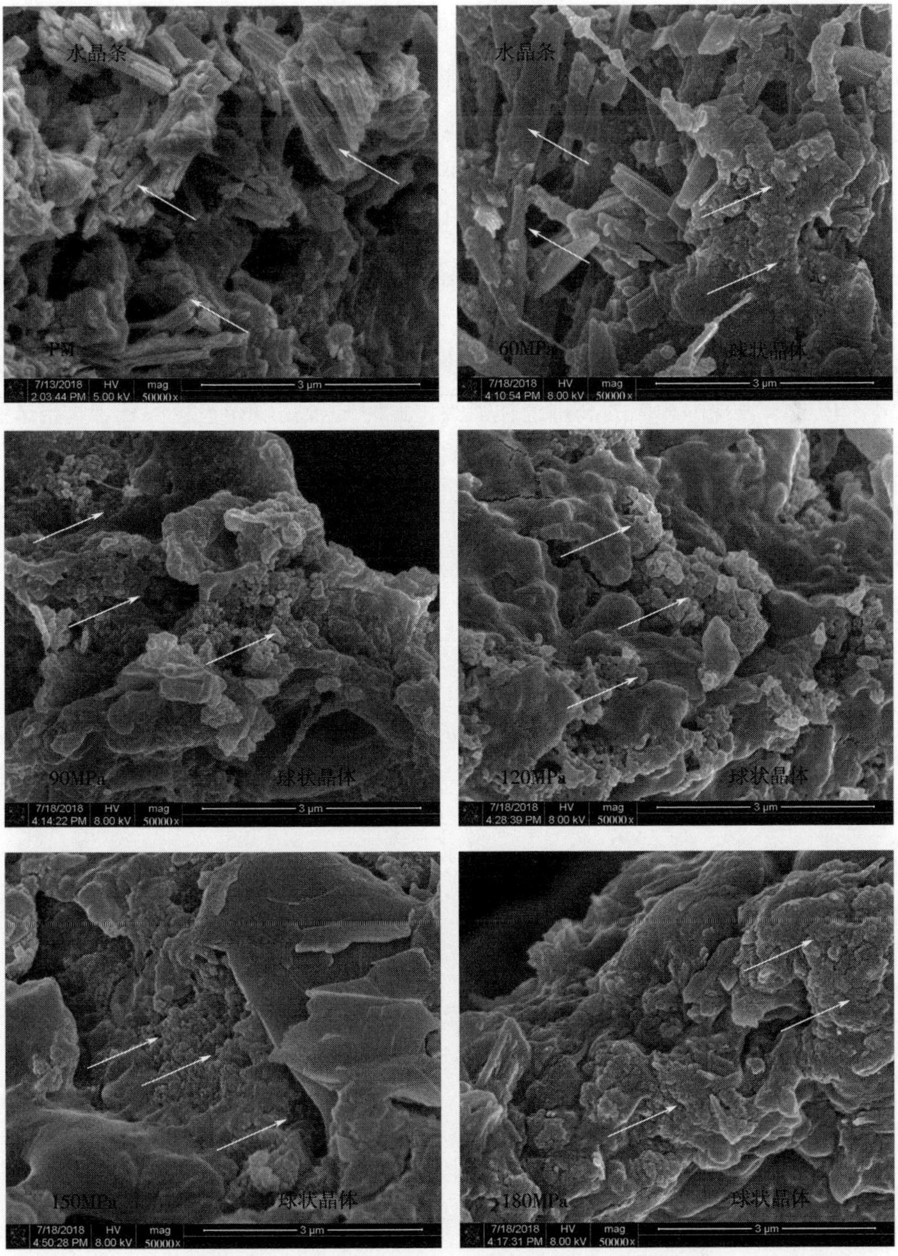

图 3-74　不同高压均质压力复合物消化后的扫描电镜图

消化。对于莲子淀粉–茶多酚的物理混合物，大部分颗粒已经被水解，整体形成多孔残留物。与之相反，一些球形晶体浓密地覆盖在高压均质处理复合物的表面和内部，表明V型复合物的存在。随着压力的增加，球形晶体数量增加并紧密附着在颗粒表面，晶体结构变得越来越致密，表明其具有很强的抗消化性能。这是由于疏水作用力促进直链淀粉与茶多酚形成复合物，从而起到阻隔酶与底物接触的作用。

②不同处理次数复合物的消化特性分析：不同高压均质处理次数后复合物的消化率如图3–75所示，高压均质复合物与对照组（PM）相比，其消化率明显降低，且随着处理次数的增加消化率逐渐降低。消化物中葡萄糖浓度排序为：对照组（PM）>1次处理组>3次处理组>5次处理组>7次处理组>9次处理组。这表明复合物中的茶多酚能够使酶变性或降低淀粉链的酶敏感性，以降低体系的消化率，使得抗酶解的淀粉量逐渐增加。在处理次数低于5时，复合物中茶多酚含量较高，但并未表现出相应的高抗消化能力，此时复合物以非包容性复合物形式存在，胃酸导致其发生分子降解。

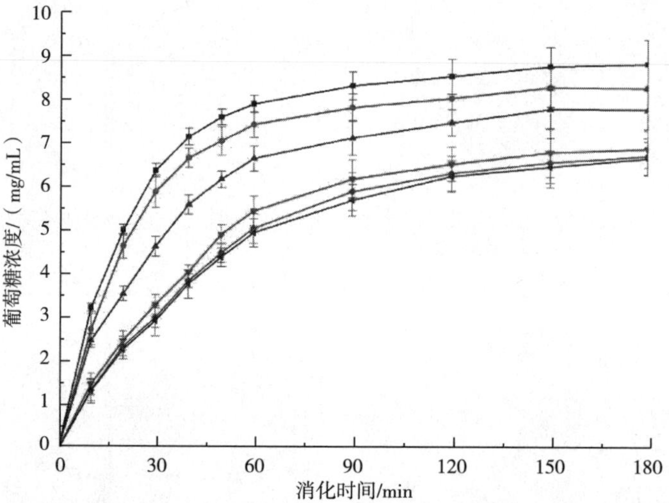

图 3–75　不同高压均质处理次数复合物的消化曲线

不同处理次数处理复合物在消化180min后，其形貌如图3–76所示。随着处理次数的增加，酶解剩余物团簇逐渐变得致密，表面孔洞减少，取而代之的是大量的复合物球晶，复合物具有酶抗性并阻隔酶与淀粉间相互接触。

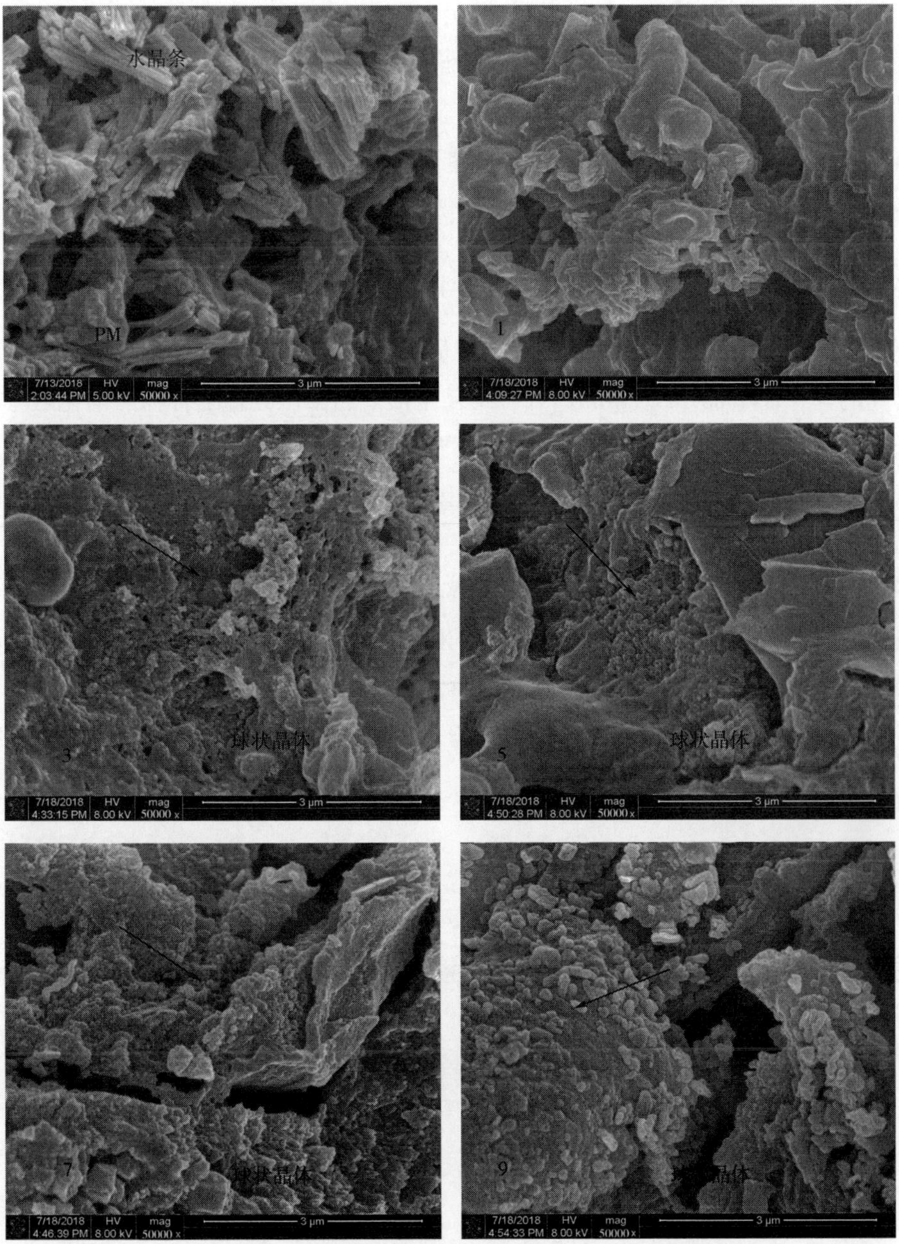

图 3-76 不同高压均质处理次数复合物消化后的扫描电镜图

③超高压制备莲子淀粉-茶多酚复合物的消化特性研究：超高压又称为高静水压，是一种非热力食品加工技术，可引起生物大分子的聚集和凝胶化，从而影

响食品的功能特性。在超高压处理过程中，水分子进入淀粉颗粒内部，使结晶区的淀粉双螺旋打开，此时淀粉分子有序性降低，为小分子物质进入淀粉与其产生相互作用提供机会。

笔者课题组将超高压技术应用于莲子淀粉–茶多酚复合物（LS–GTP）的制备，研究莲子淀粉–茶多酚复合物的消化特性。采用动态体外大鼠胃–十二指肠模型研究超高压下复合物的消化过程。

a. 不同压力处理复合物的消化特性分析：动态体外大鼠胃–十二指肠模型消化图（图3–77）显示了各复合物的葡萄糖浓度水平。对照组（PM）的酶解率随时间的延长而增加，在90min达到一个稳定值。超高压处理复合物的消化效率均低于对照组（PM），其消化率顺序为：对照组（PM）>200MPa压力处理组>400MPa压力处理组>600MPa压力处理组。这是因为茶多酚的存在。一方面，多酚能够结合和沉淀蛋白质，使酶失活[169]。另一方面，茶多酚与淀粉的相互作用也会降低淀粉的消化率，复合物中的茶多酚越多，抗消化效果越明显[166]。此外，由CH–π键连接的松散复合物没有表现出相应的抗酶解能力，这可能是因为胃酸使复合物发生降解。使用扫描电镜对消化180min后的超高压复合物残基形态进行显微观察，如图3–78所示。对照组（PM）样品迅速被酶解，淀粉残余物

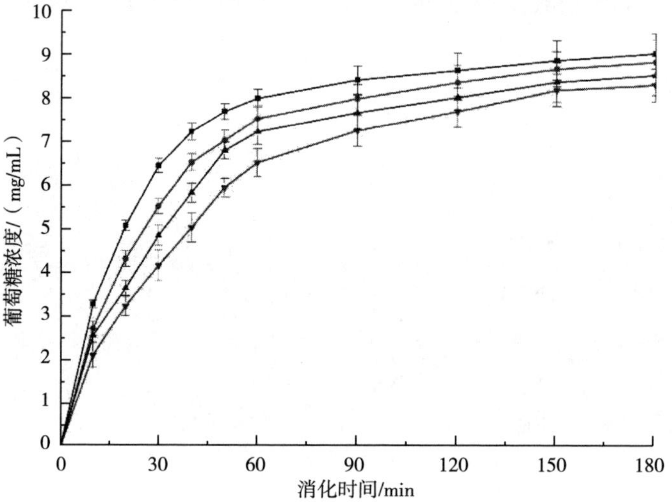

图 3–77　不同超高压压力复合物的消化曲线

PM　200MPa　400MPa　600MPa

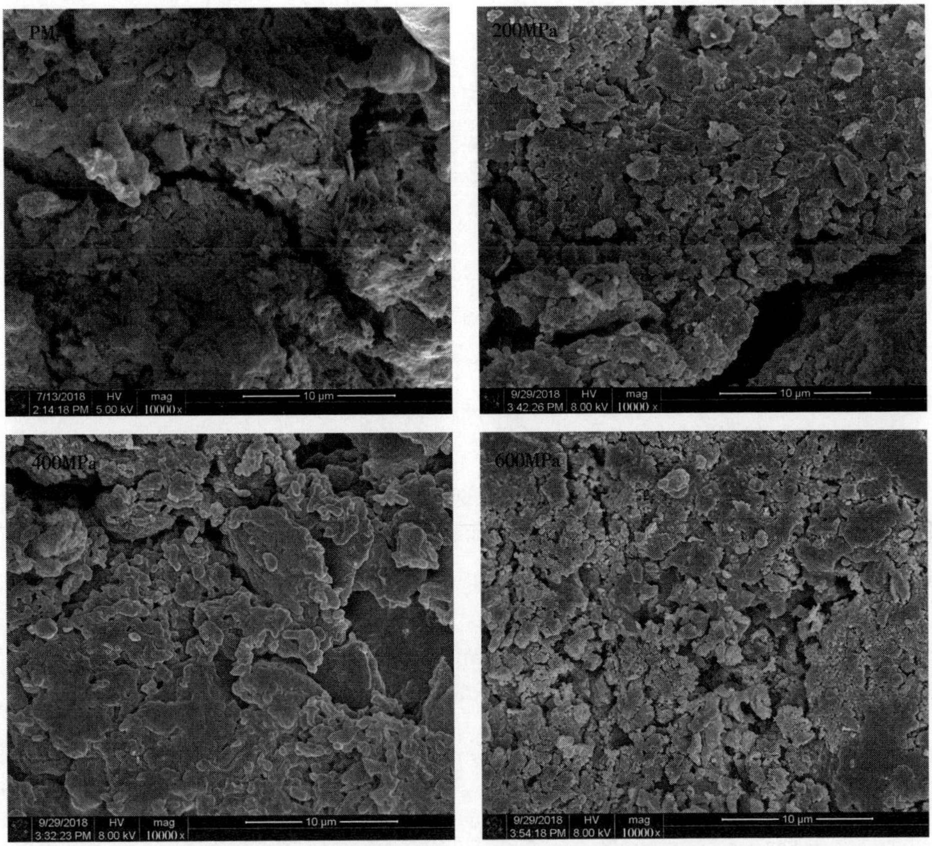

图 3-78　不同超高压压力复合物消化后的扫描电镜图

聚集在一起，表面粗糙。但超高压处理复合物的残余物形貌同对照组（PM）有很大差异，其颗粒变大，表面由酶解产生的孔洞变小。这表明随着压力的增加，淀粉酶对复合物的侵蚀程度逐渐减小，淀粉残余物表面粗糙度降低，酶解逐渐受到抑制。

b. 不同处理次数复合物的消化特性分析：600MPa超高压条件下不同处理次数复合物的消化特性曲线图如图3-79所示。由图3-79可知，由于茶多酚与淀粉间的相互作用，超高压处理复合物与对照组（PM）相比显示出较低的消化率。不同处理次数复合物间的消化率呈下降趋势，表明消化率与复合物的含量有关。

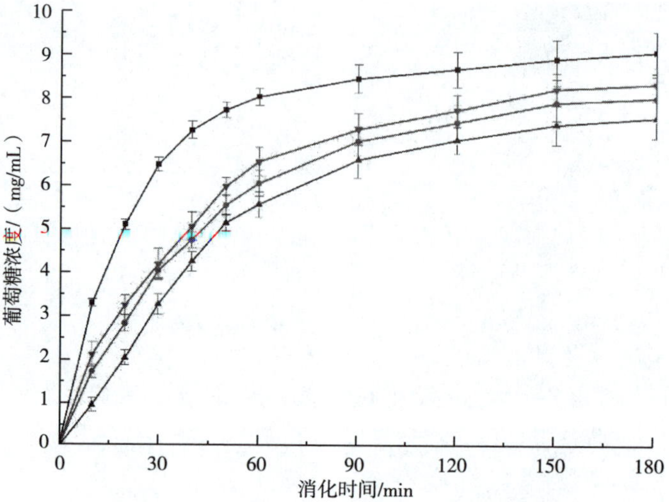

图 3-79　不同超高压处理次数复合物的消化曲线

同样地，通过扫描电镜对消化180min后的淀粉残余物表观形态进行观察，如图3-80所示，超高压处理复合物与物理混合物的表观形貌相比，酶解度有一定降低，尤其当处理次数达到3次时，淀粉残余物的表面粗糙度明显降低，这同样表明复合物的存在使酶解受到抑制。

4. 莲子交联抗性淀粉-海藻酸钠益生菌微胶囊消化特性的研究

采用乳化法制备的莲子交联抗性淀粉益生菌微胶囊相较于未经包埋的植物乳杆菌而言，经莲子交联抗性淀粉包埋后的菌株在各方面的性质均有明显的提高，但菌体附着在淀粉的外壁上，易造成菌株原料的浪费和带来微生物污染的风险。海藻酸钠（SA）是一种可生物降解的食品级聚合物，结构简单，在水溶液中存在阳离子时容易形成凝胶。然而单独由SA制备的微粒具有物理不稳定性、多孔和亲水性结构，会导致生物活性物质迅速释放，添加其他物质如淀粉、果胶等可提高SA的稳定性。海藻酸盐和抗性淀粉聚合物可以形成一种可大规模生产的淀粉混合物[169]。这些混合物是食品级微胶囊，安全且成本较低。

因此，采用乳化法，制备不同莲子交联抗性淀粉-海藻酸钠益生菌微胶囊（LC2-SA-PM、LC6-SA-PM、LC12-SA-PM），研究LC-SA-PM在模拟胃液、肠液、胃肠液中的消化特性。

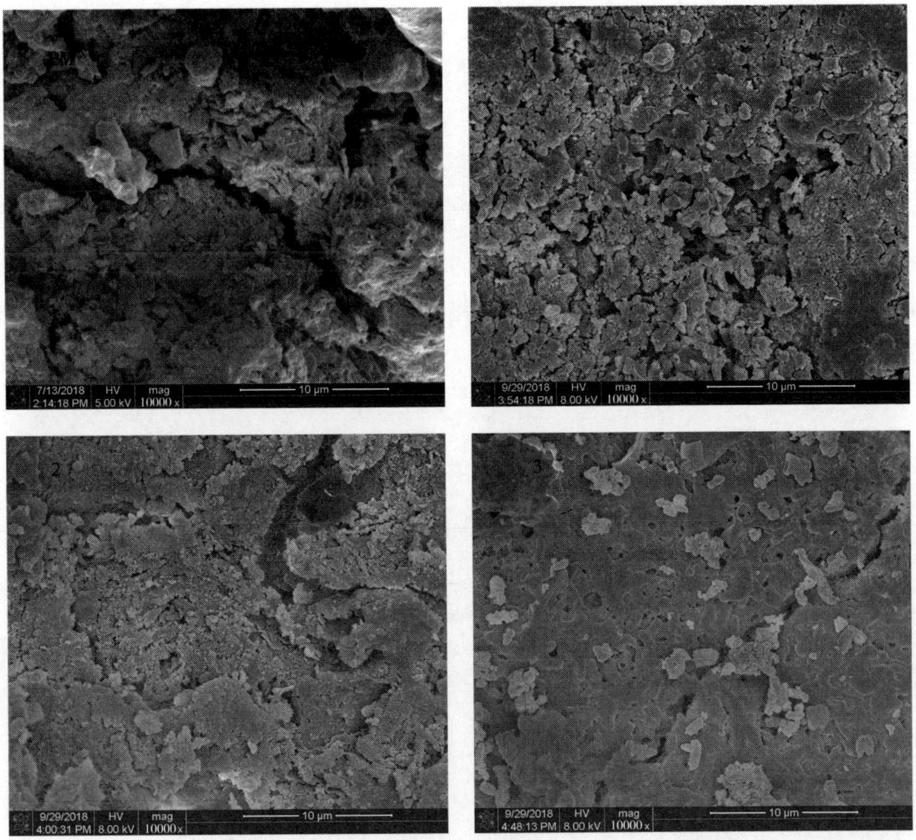

图 3-80　不同超高压处理次数复合物消化后的扫描电镜图

（1）益生菌微胶囊在模拟胃液中的耐受性　图3-81为LC-SA-PM在模拟胃液环境下处理120min内的活菌数的变化。由图3-81可知，LC2-SA-PM、LC6-SA-PM和LC12-SA-PM中的植物乳杆菌（*Lactobacillus plantarum*）在模拟胃液中处理60min后活菌数分别下降了3.39、2.72和1.76个对数值，而游离的植物乳杆菌下降了5.67个对数值；LC12-SA-PM在120min后活菌数仍有6.81lgCFU/g，这说明LC-SA-PM显著提高了植物乳杆菌的活菌量，提高了2个对数值以上的活菌数，且随着壁材LSCS交联度的增高，其与SA复合对植物乳杆菌的保护作用增强。结合LC-SA-PM的FTIR光谱图可知，这可能是因为LS-CS12与SA的相互作用力最强。此外，对比之前研究中LSCS-PM在模拟胃液环境中的活菌数，可以发现在模拟胃液中处理60min后LC2-SA-PM、LC6-SA-PM和LC12-SA-PM中的活菌数分别提高了0.10、0.53和0.55个对数值，这说明在LSCS的基础上增加一层SA作为壁材可以增强对植物乳杆菌的保护作用，为菌体提供了抵抗环境压力的物理屏障。在低pH的酸性条件下，Ga^{2+}从SA与Ga^{2+}形成的凝胶解离出来，将海藻酸盐转化为海藻酸，凝胶由于失水而更加致密，故被包裹的植物乳杆菌在微胶囊中仍保持完好。这与Dan C. Vodnar等[170]研究结果相似，他们以SA和壳聚糖为壁材，对两种乳酸菌［嗜热链球菌（*Streptococcus thermophilus*）和德氏乳杆菌亚种（*Lactobacillus delbrueckii*）］进行包埋，研究发现海藻酸盐形成的水凝胶屏障延缓了胃液对细胞的渗透。

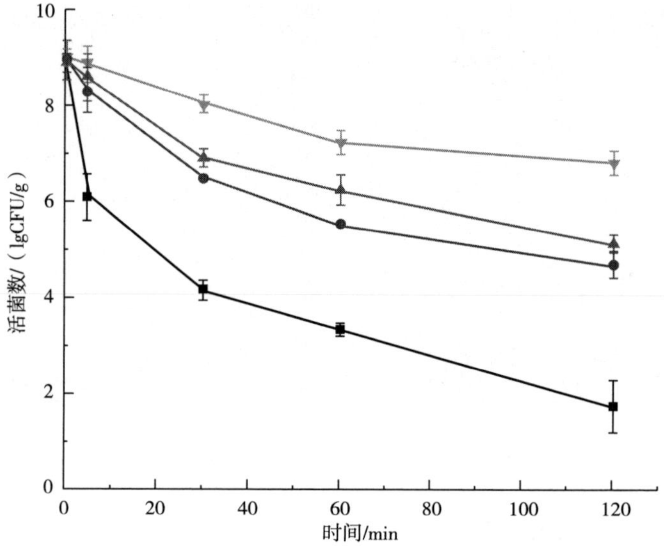

图 3-81　莲子交联抗性淀粉 - 海藻酸钠益生菌微胶囊在模拟胃液中的耐受性

—■— 乳杆菌　—●— LC2-SA-PM　—▲— LC6-SA-PM　—▼— LC12-SA-PM

（2）益生菌微胶囊在模拟肠液中的释放性　图3-82为LC-SA-PM在模拟肠液环境下处理120min内的植物乳杆菌的释放特性。从图3-82中可以看出，在模拟肠液消化120min后LC2-SA-PM、LC6-SA-PM和LC12-SA-PM中活菌数分别为6.98、7.06和7.75lgCFU/g，其中LC6-SA-PM和LC12-SA-PM中的活菌数达到7.0lgCFU/g以上。这说明随着微胶囊壁材LSCS交联度的增加，植物乳杆菌的释放量越大，LC6-SA-PM和LC12-SA-PM较LC2-SA-PM有更好的肠溶解性。但与LSCS单层包埋菌体的释放量相比，LCSA-PM中菌体释放量降低1个对数值左右，这说明壁材LC–SA双层包埋比LSCS单层包埋更难释放菌体。虽然海藻酸盐凝胶在弱碱性溶液中会膨胀，使得菌体在肠液的碱性环境中释放，但结合本节LC–SA–PM的晶体结构分析可知，SA与LSCS较强的相容性会抑制菌体的释放，故LC–SA–PM的肠溶性要低于LSCSPM。

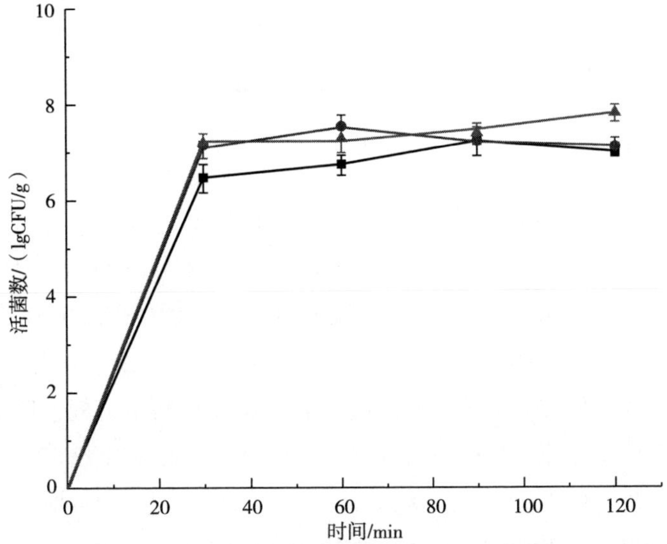

图 3–82　莲子交联抗性淀粉 – 海藻酸钠益生菌微胶囊在模拟肠液中的耐受性

（3）益生菌微胶囊在连续模拟胃肠液中的消化性　将LC–SA–PM进行体外模拟消化实验，探究其在连续胃肠液消化过程中对植物乳杆菌的保护作用。表3–37为LC2–SA–PM、LC6–SA–PM和LC12–SA–PM在连续模拟胃肠液中活菌数的变化。在连续模拟胃肠液消化后，LC2–SA–PM、LC6–SA–PM和LS12–CS–PM中活菌数分别为5.49、6.22和7.01lgCFU/g，这表明LC6–SA–PM和LS12–CS–PM均可以在肠道内起到益生作用。此外，与之前LSCS–PM在连续模拟胃肠液中的消化性实验相比，LC6–SA–PM也可以在肠道内起到益生作用，且LC6–SA–PM和LC12–SA–PM释放的活菌数比LS6–CS–PM、LS12–CS–PM提高了近1个对数值，这说明在壁材中添加SA，显著提高了微胶囊中植物乳杆菌在连续模拟胃肠液中的耐受性。

表3-37 莲子交联抗性淀粉-海藻酸钠益生菌微胶囊在连续模拟胃肠液中的消化性

消化方式	样品			
	植物乳杆菌	LC2-SA-PM	LC6-SA-PM	LC12-SA-PM
模拟胃液 60min/（lgCFU/g）	3.35 ± 0.14^{c}	5.49 ± 0.02^{b}	6.22 ± 0.31^{b}	7.24 ± 0.23^{a}
连续模拟胃肠液 /（lgCFU/g）	3.07 ± 0.31^{d}	5.19 ± 0.43^{c}	6.09 ± 0.25^{b}	7.11 ± 0.22^{a}

注：同一行中不同的上标小写字母表示各样品之间差异显著，$P<0.05$。

5. 莲子多孔淀粉益生菌微胶囊消化特性的研究

微胶囊壁材能为益生菌提供物理屏障的保护作用，以减轻外界环境对益生菌的影响。理想的益生菌微胶囊应具有较好的耐热性，能保护益生菌通过胃液，还能在肠道中崩解释放菌体，最终使得益生菌在肠道中定植并发挥作用，因此对益生菌微胶囊特性的研究十分重要。为此，本文以未包埋的嗜酸乳杆菌为对照，通过测定嗜酸乳杆菌微胶囊的模拟胃液耐受性、模拟胃肠液消化性等指标对微胶囊的特性进行评价，以期阐明微胶囊结构对微胶囊消化特性影响的规律。

（1）嗜酸乳杆菌微胶囊模拟胃液耐受性实验分析 益生菌进入机体内时会先经过胃液，而胃液低酸环境极易造成益生菌大量死亡，使其到达肠道的数量极低，从而无法对机体产生益生功效[171, 172]。因此，提高益生菌对机体低酸环境的耐受性，以保证有足够数量的益生菌能到达肠道内发挥其益生作用是十分重要的[173]。冯超[174]以海藻酸钠和脱脂乳为复合壁材，利用微胶囊技术包埋植物乳杆菌，在随后的模拟胃液耐受性实验中发现，植物乳杆菌微胶囊的胃液耐受性要显著高于未包埋的植物乳杆菌。姚泽晨[175]制备了植物乳杆菌微胶囊，在其之后的胃液耐受性实验发现，使用微胶囊技术包埋嗜酸乳杆菌能够使其免受外界酸性环境的侵蚀，因而具有较高的活菌数。

因此，笔者课题组实验以活菌数为指标，研究嗜酸乳杆菌和嗜酸乳杆菌微胶囊对胃液的耐受性。由图3-83可知，嗜酸乳杆菌和嗜酸乳杆菌微胶囊初始活菌数分别为（9.81 ± 0.09）lgCFU/g和（9.72 ± 0.10）lgCFU/g。经过胃液消化1h后，嗜酸乳杆菌和嗜酸乳杆菌微胶囊的活菌数分别为（7.13 ± 0.07）lgCFU/g和（9.10 ± 0.08）lgCFU/g，与初始活菌数相比分别下降了2.68lgCFU/g和0.62lgCFU/g。而经胃液消化2h，嗜酸乳杆菌和嗜酸乳杆菌微胶囊的活菌数分别为（4.68 ± 0.11）lgCFU/g和（8.52 ± 0.02）lgCFU/g，与初始活菌数相比分别下降了5.13lgCFU/g和1.20lgCFU/g。这说明嗜酸乳杆菌和嗜酸乳杆菌微胶囊在模拟胃液环境中均受到了胃液的侵蚀，并且嗜酸乳杆菌的活菌数下降程度远大于嗜酸乳杆菌微胶囊。这可能是嗜酸乳杆菌直接暴露在胃液的低酸环境中，大量益生菌死亡，而嗜酸乳杆菌微胶囊的壁材能够为菌体提供物理屏障，避免了菌体与胃液直接接触，从而能够较好地保护菌体。这些结果与王少君[176]的研究一致，他以乳清蛋白和海藻酸钠为复合壁材，利用微胶囊技术将嗜酸乳杆菌包埋起来，随后进行了胃液耐受性实验，结果发现在模拟胃液条件下处理120min后，游离菌体的活菌数下降了3.0lgCFU/g，而微胶囊中菌体的活菌数仅仅下降了1.0lgCFU/g，同样说明微胶囊壁材能够为菌体提供更好的保护作用。另外，罗丹阳[177]通过模拟益生菌胃液中的存活率实验发现，未包埋菌体的活菌数和微胶囊内菌体的活菌数均在胃液消化2h后出现下降，相比之下未包埋菌体的活菌数下降得更多，而微胶囊内菌体的活菌数无显著下降，说明微胶囊能够阻挡大部分胃液，从而使得菌体的活菌数仍保持较高数量。综上所述，经过微胶囊包埋的菌体能够在胃液消化2h后保持较高的活菌数，这有利于菌体进入肠道定植从而发挥其益生作用。

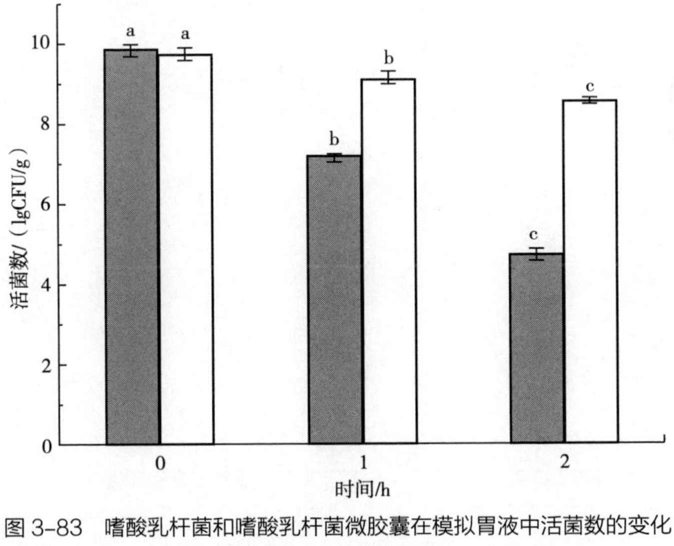

图 3-83　嗜酸乳杆菌和嗜酸乳杆菌微胶囊在模拟胃液中活菌数的变化

■ 游离　□ 微胶囊

注：不同小写字母表示不同组间差异显著（P<0.05）。

（2）嗜酸乳杆菌微胶囊模拟胃肠液消化实验分析 益生菌要想发挥益生作用就必须在人体肠道中定植，就要选择合适的微胶囊壁材。首先，壁材要保护益生菌通过胃液；其次，有足够多数量的益生菌在肠道内被释放出来。若微胶囊壁材保护作用较弱，就无法抵挡胃液的侵蚀，而微胶囊壁材过于牢固，就会导致微胶囊会随着粪便排出去，而无法在肠道内释放发挥作用。如李宁[178]以单层海藻酸钠包埋双歧杆菌属，发现经过胃液消化2h后，双歧杆菌微胶囊内的活菌数非常低，进入肠道也无法发挥作用。而姚泽晨[175]以海藻酸钠和阿拉伯木聚糖为复合壁材，利用微胶囊技术包埋植物乳杆菌并进行了模拟胃肠道实验，研究发现植物乳杆菌微胶囊能够保护菌体顺利通过胃液，还能够在肠道内充分释放而发挥作用。

因此，笔者课题组实验以嗜酸乳杆菌的活菌数为指标，研究了在模拟胃肠液中对嗜酸乳杆菌微胶囊释放性的影响，如图3-84所示。观察可知，随着肠液消化时间的增加，嗜酸乳杆菌微胶囊所释放的活菌数也逐渐增加。当嗜酸乳杆菌微胶囊在肠液消化1h时，嗜酸乳杆菌微胶囊所释放的活菌数为（4.68 ± 0.11）lgCFU/g，而经过肠液消化2h后，能够明显看到嗜酸乳杆菌微胶囊释放的活菌数达到（7.12 ± 0.13）lgCFU/g。经过肠液消化4h后，嗜酸乳杆菌微胶囊释放的活菌数达到（7.56 ± 0.14）lgCFU/g，与肠液消化2h微胶囊所释放的活菌数并无显著性差异。这说明嗜酸乳

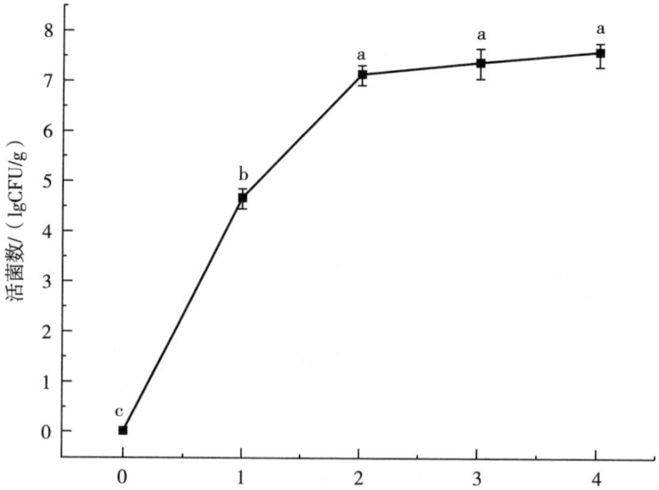

图 3-84 嗜酸乳杆菌微胶囊在模拟肠液中活菌数释放的变化

注：不同小写字母表示不同组间差异显著（$P<0.05$）。

杆菌微胶囊在肠液消化2h后能够在肠道内充分释放。此外，在肠液中处理4h后，嗜酸乳杆菌微胶囊所释放出的活菌数大于10^7CFU/g，因此能够对机体发挥益生作用。另外，罗丹阳[177]通过肠液释放性实验，发现单层海藻酸钙凝胶微胶囊在肠液中消化1h后已经释放了大量的菌体，并且在之后的消化时间内趋于稳定，而海藻酸钙–壳聚糖双层微胶囊和海藻酸钙–壳聚糖–阿拉伯胶三层微胶囊都需要在肠道中消化3h才能释放出大量的菌体。

6. LRS3–青春双歧杆菌高黏附体系微胶囊的消化特性研究

（1）LRS3–青春双歧杆菌高黏附体系微胶囊在模拟胃液中的存活量　图3–85可以看出，微胶囊化和未经微胶囊化的LRS3–青春双歧杆菌高黏附体系微胶囊在模拟胃液中均呈现出活菌数降低的趋势。未经微胶囊化的菌悬液经模拟胃液处理30min后，活菌数从9.73lgCFU/g下降到5.12lgCFU/g，下降了4.5个对数值，120min后活菌数下降到了2.34lgCFU/g，而在150min后活菌数为0.34lgCFU/g。由于青春双歧杆菌不耐酸，胃部pH为0.9~1.5，不利于青春双歧杆菌生存，因而导致其活菌数下降。LRS3–青春双歧杆菌高黏附体系微胶囊在模拟胃液中处理30min后，活菌数从9.73lgCFU/g下降到8.16lgCFU/g，下降1个对数值，120min后活菌数下降到了5.46lgCFU/g，150min后仍有4.25lgCFU/g的菌体存活。与未经微

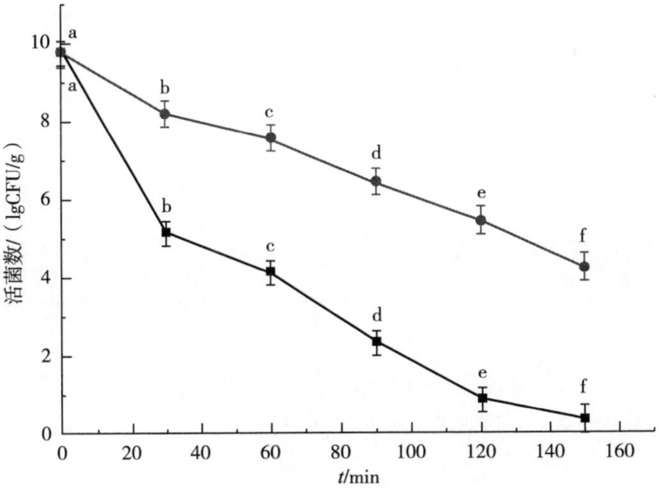

图 3–85　LRS3–青春双歧杆菌高黏附体系微胶囊在模拟胃液中活菌数

—■— 原菌液　—●— 微胶囊

注：不同小写字母表示不同组间差异显著（$P<0.05$）。

胶囊化的青春双歧杆菌相比较，微胶囊化显著提高了黏附体系菌株在模拟胃液中的活菌数。实验结果表明，利用内源乳化法制备的LRS3-青春双歧杆菌高黏附体系微胶囊，可以在一定程度上保护青春双歧杆菌在胃中的损失，保证有充足数量的青春双歧杆菌在人体内发挥益生作用。

（2）LRS3-青春双歧杆菌高黏附体系微胶囊在模拟肠液中的释放 从图3-86可以看出，随着LRS3-青春双歧杆菌高黏附体系微胶囊在模拟人工肠液中的处理时间的增加，在肠液中各种酶的作用下，被包埋的青春双歧杆菌菌体逐渐被释放出来。从图3-85中数据可以看出，LRS3-青春双歧杆菌高黏附体系微胶囊在经模拟肠液处理30min后，青春双歧杆菌活菌数增加至7.4lgCFU/g；经过60min模拟肠液处理后，活菌数增加至8.23lgCFU/g，90~120min模拟肠液处理后活菌数基本不再发生变化。上述结果说明通过内源乳化法所制备的LRS3-青春双歧杆菌高黏附体系微胶囊具有很好的肠液溶解性，可以为人体提供足够数量的青春双歧杆菌并发挥益生作用。

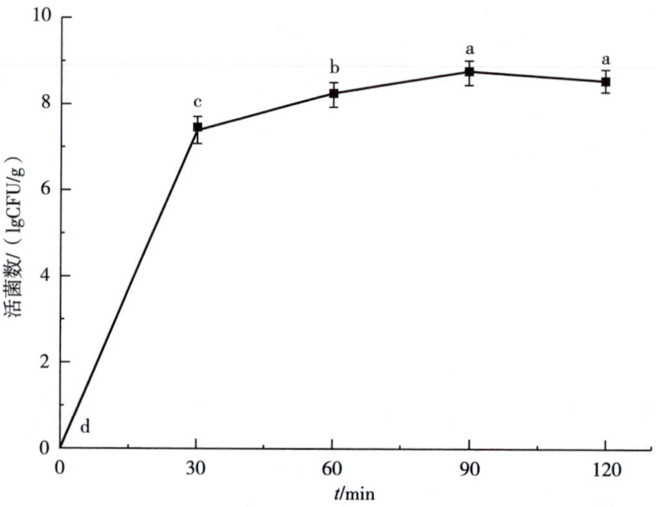

图 3-86 LRS3-青春双歧杆菌高黏附体系微胶囊在模拟肠液中释放的活菌数

注：不同小写字母表示不同组间差异显著（$P<0.05$）。

参考文献

[1] 郭泽镔. 超高压处理对莲子淀粉结构及理化特性影响的研究[D]. 福州：福建农林大学，2014.

[2] 杨梅，管咏梅，董欢欢，等. 以淀粉为主成分的食药物质中抗性淀粉的理化性能、生理功能及应用研究进展[J]. 食品工业科技，2023，44（5）：486−495.

[3] Huiyuan Z，Hans−Rudolf B. Eating for pleasure or calories[J]. Current Opinion in Pharmacology，2007，7（6）：607−612.

[4] 江萍，张倩，秦礼康. 蕨菜多糖的提取及其对双歧杆菌生长的影响[J]. 山地农业生物学报，2001，20（3）：223−225.

[5] 朱俊晨，李世敏，魏小青. 双歧杆菌对人体的生理作用及研究进展[J]. 中国微生态学杂志，2000，（1）：56−58.

[6] He T，Priebe M G，Zhong Y，et al. Effects of yogurt and bifidobacteria supplementation on the colonic microbiota in lactose−intolerant subjects[J]. Journal of Applied Microbiology，2008，104（2）：595−604.

[7] Rastall A R. Functional Oligosaccharides：Application and manufacture[J]. Annual Review of Food Science and Technology，2010，1（1）：305−339.

[8] 曾绍校，林鸳缘，郑宝东. 莲子及莲子淀粉对双歧杆菌增殖作用的影响[J]. 福建农林大学学报（自然科学版），2009，38（4）：417−419.

[9] Malgorzata W，Maria S S，Mietana，et al. Utilization of resistant starch of native tapioca，corn and waxy corn starches and their retrograded preparations by *Bifidobacterium*[J]. International Journal of Food Sciences and Nutrition，2007，59（1）：80−87.

[10] Soral S M，Wronkowska M，Biedrzycka E，et al. Native and physically−modified starches−utilization of resistant starch by bifidobacteria（*in vitro*）[J]. Polish Journal of Food and Nutrition Sciences，2005，14/55（3）：273−279.

[11] Wang X，Conway P L，Brown I L，et al. *In vitro* utilization of amylopectin and high−amylose maize（amylomaize）starch granules by human colonic bacteria[J]. Applied and Environmental Microbiology，1999，65（11）：4848−4854.

[12] Crittenden R，Laitila A，Forssell P，et al. Adhesion of bifidobacteria to granular starch and its implications in probiotic technologies[J]. Applied and Environmental Microbiology，2001，67（8）：3469−3475.

[13] Lehmann U，Jacobasch G，Schmiedl D. Characterization of resistant starch type Ⅲ from banana（*Musa acuminata*）[J]. Journal of Agricultural and Food Chemistry，2002，50（18）：5236−5240.

[14] 曾红华. 抗性淀粉的理化性质及其益生效应[D]. 长沙：长沙理工大学，2013.

[15] Lesmes U，Beards E J，Gibson G R，et al. Effects of resistant starch type Ⅲ polymorphs on human colon microbiota and short chain fatty acids in human gut models[J]. Journal of Agricultural and Food Chemistry，2008，56（13）：5415−5421.

[16] Flint H J, Bayer E A, Rincon M T, et al. Polysaccharide utilization by gut bacteria: Potential for new insights from genomic analysis[J]. Nature Reviews Microbiology, 2008, 6 (2): 121–131.

[17] Yi Z, Hongliang Z, Ying W, et al. Structural characteristics and crystalline properties of lotus seed resistant starch and its prebiotic effects[J]. Food Chemistry, 2014, 155 (15): 311–318.

[18] Zhang Y, Wang Y, Zheng B, et al. The *in vitro* effects of retrograded starch (resistant starch type 3) from lotus seed starch on the proliferation of *Bifidobacterium adolescentis*[J]. Food & Function, 2013, 4 (11): 1609–1616.

[19] Wang X, Brown I L, Evans A J, et al. The protective effects of high amylose maize (amylomaize) starch granules on the survival of *Bifidobacterium* spp. in the mouse intestinal tract[J]. Journal of Applied Microbiology, 1999, 87 (5): 631–639.

[20] Ambalam P, Kondepudi K K, Balusupati P, et al. Prebiotic preferences of human lactobacilli strains in co–culture with bifidobacteria and antimicrobial activity against *Clostridium difficile*[J]. Journal of Applied Microbiology, 2015, 119 (6): 1672–1682.

[21] Lee S K, Kim Y B, Ji G E. Note: Purification of amylase secreted from *Bifidobacterium adolescentis*[J]. Journal of Applied Microbiology, 1997, 83 (3): 267–272.

[22] Crittenden R, Laitila A, Forssell P, et al. Adhesion of bifidobacteria to granular starch and its implications in probiotic technologies[J]. Applied and Environmental Microbiology, 2001, 67 (8): 3469–3475.

[23] 谢涛，张淑远，王美桂. 马铃薯抗性淀粉消化前后的益生作用与结构变化[J]. 食品科学，2014，35（15）：105–108.

[24] 俞涵丽，安彦峰，艾连中，等. 乳杆菌抑菌和黏附性能的研究[J]. 现代食品科技，2013，29（6）：1247–1251.

[25] 刘韩，关宏，杨文钦，等. 青春双歧杆菌工业化培养基以及生长条件的筛选[J]. 东北农业大学学报，2010，41（9）：112–116.

[26] Ka T, Ab T, Ge W, et al. Short–chain fatty acid–supplemented total parenteral nutrition enhances functional adaptation to intestinal resection in rats[J]. Gastroenterology, 1997, 112 (3): 792–802.

[27] 林杨. 抗性淀粉的制备工艺及其发酵特性的研究[D]. 哈尔滨：东北农业大学，2008.

[28] 冯铄涵，骞宇，张璐，等. 抗性淀粉种类对大鼠肠道代谢产物和血脂的影响[J]. 食品科学，2012，33（19）：289–294.

[29] 何梅，洪洁，杨月欣，等. 抗性淀粉对大鼠肠道菌群的影响[J]. 卫生研究，2005（1）：85–87.

[30] 王子花，申瑞玲，李文全. 短链脂肪酸的产生及作用[J]. 畜牧兽医科技信息，2007（2）：12–13.

[31] Morita T, Kasaoka S, Ohhashi A, et al. Resistant proteins alter cecal short–chain fatty acid profiles in rats fed high amylose cornstarch[J]. The Journal of Nutrition, 1998, 128 (7): 1156–1164.

[32] 骞宇. 抗消化淀粉对实验鼠肠道生理环境和胃肠功能性作用的影响[D]. 重庆：西南

大学，2013.

[33] Yong-Lai F，Jiping Z，Robert S. Development of a headspace solid-phase microextraction method combined with gas chromatography mass spectrometry for the determination of phthalate esters in cow milk[J]. Analytica Chimica Acta，2005，538(1)：41-48.

[34] 方建东. 抗性淀粉对小鼠肠道菌群的影响以及作用机制的研究[D]. 杭州：浙江工商大学，2014.

[35] 傅红师，英强，莫善兢. 短链脂肪酸对人结肠癌Caco-2细胞增殖分化的影响与临床意义[J]. 中华消化杂志，2003（8）：21-23.

[36] 朱翠兰，赵新淮. 粗玉米抗性淀粉的模拟肠道发酵产酸与外源乳酸菌关联性[J]. 食品与发酵工业，2012，38（2）：27-32.

[37] Morita T，Kasaoka S，Hase K，et al. Psyllium shifts the fermentation site of high-amylose cornstarch toward the distal colon and increases fecal butyrate concentration in rats[J]. The Journal of nutrition，1999，129（11）：2081-2087.

[38] Maathuis A，Hoffman A，Evans A，et al. The effect of the undigested fraction of maize products on the activity and composition of the microbiota determined in a dynamic *in vitro* model of the human proximal large intestine[J]. Journal of the American College of Nutrition，2009，28（6）：657-666.

[39] 汪颖. 莲子抗性淀粉制备、性质及其对双歧杆菌增殖效应的研究[D]. 福州：福建农林大学，2013.

[40] 刘芸，曹宜，刘波等. 植物蛋白发酵乳酸菌对模拟胃肠道环境的耐受性研究[J]. 福建农业学报，2013，28（7）：709-713.

[41] 杨光，杨波，丁霄霖. 微波辐射对抗性淀粉形成的影响[J]. 食品科学，2008（10）：118-120.

[42] Felipe F L，Cristina T A. Effect of melt-processing and ultrasonic treatment on physical properties of high-amylose maize starch[J]. Ultrasonics Sonochemistry，2010，17（4）：637-641.

[43] Da Rocha Fernandes J，Ogurtsova K，Linnenkamp U，et al. IDF Diabetes atlas estimates of 2014 global health expenditures on diabetes[J]. Diabetes Research and Clinical Practice，2016，117：48-54.

[44] Vanessa D. De Mello D E L. Dietary fibers：Current trends and health benefits in the metabolic syndrome and type 2 diabetes[J]. Arq Bras Endocrinol Metab，2009，53（5）：509-518.

[45] Ahmad A，Catherine T，Ali T，et al. Functional foods and lifestyle approaches for diabetes prevention and management[J]. Nutrients，2017，9（12）：1310-1328.

[46] 郑宝东，王琦，郑亚凤，等. 抗性淀粉的生物学功效及在食品加工中的应用[J]. 食品科学技术学报，2015，33（5）：1-7.

[47] Manios Y，Moschonis G，Mavrogianni C，et al. Postprandial glucose and insulin levels in type 2 diabetes mellitus patients after consumption of ready-to-eat mixed meals[J]. European Journal of Nutrition，2017，56（3）：1359-1367.

[48] Tomomi H, Seiya I, Chihiro I, et al. Resistant starch improves insulin resistance and reduces adipose tissue weight and CD11c expression in the adipose tissues of OLETF rats[J]. Nutrition, 2013, 30 (5): 590–595.

[49] Weickert M O, Pfeiffer A F H. Impact of dietary fiber consumption on insulin resistance and the prevention of type 2 diabetes[J]. The Journal of Nutrition, 2018, 148(1): 7–12.

[50] Won H C, So Y G, Jiyun A, et al. Cooked rice prevents hyperlipidemia in hamsters fed a high–fat/cholesterol diet by the regulation of the expression of hepatic genes involved in lipid metabolism[J]. Nutrition Research, 2013, 33 (7): 572–579.

[51] Zhongkai Z, Fang W, Xiaochong R, et al. Resistant starch manipulated hyperglycemia/ hyperlipidemia and related genes expression in diabetic rats[J]. International Journal of Biological Macromolecules, 2015, 75: 316–321.

[52] Robertson M D, Bickerton A S, Dennis A L, et al. Insulin–sensitizing effects of dietary resistant starch and effects on skeletal muscle and adipose tissue metabolism[J]. The American Journal of Clinical Nutrition, 2005, 82 (3): 559–567.

[53] Peng–Cheng W, Shan Z, Bing–You Y, et al. Anti–diabetic polysaccharides from natural sources: A review[J]. Carbohydrate Polymers, 2016, 148: 86–97.

[54] Prentki M, Nolan C J. Islet beta cell failure in type 2 diabetes[J]. The Journal of Clinical Investigation, 2006, 116 (7): 1802–1812.

[55] Li B, Dong C, Li P, et al. Identification of candidate genes associated with porcine meat color traits by genome–wide transcriptome analysis[J]. Scientific Reports, 2016, 6 (1): 35224.

[56] Liu Y, Lian Z, Liu G, et al. RNA sequencing reveals retinal transcriptome changes in STZ–induced diabetic rats[J]. Molecular Medicine Reports, 2016, 13 (3): 2101–2109.

[57] Tonne J M, Sakuma T, Deeds M C, et al. Global gene expression profiling of pancreatic islets in mice during streptozotocin–induced β–cell damage and pancreatic GLP–1 gene therapy[J]. Disease Models & Mechanisms, 2013, 6 (5): 1236–1245.

[58] Jianjun W, Songshan S, Huijun W, et al. Mechanisms underlying the effect of polysaccharides in the treatment of type 2 diabetes: A review[J]. Carbohydrate Polymers, 2016, 144: 474–494.

[59] Fu Z, R. G E, Liu D. Regulation of insulin synthesis and secretion and pancreatic beta–cell dysfunction in diabetes[J]. Current Diabetes Reviews, 2012, 9 (1): 25–53.

[60] Buteau J, Accili D. Regulation of pancreatic beta–cell function by the forkhead protein FoxO1[J]. Diabetes, Obesity & Metabolism, 2007, 9 (2): 140–149.

[61] Zhang F, Xu X, Zhang Y, et al. Gene expression profile analysis of type 2 diabetic mouse liver[J]. PloS One, 2013, 8 (3): e57766.

[62] Zhu H, Chen G, Meng G, et al. Characterization of pumpkin polysaccharides and protective effects on streptozotocin–damaged islet cells[J]. Chinese Journal of Natural Medicines, 2015, 13 (3): 199–207.

[63] Alejandro P, Ana T D R, Pablo D, et al. Usefulness of compounds with monacolin

K in a case of statins intolerance[J]. Clínica e Investigación en Arteriosclerosis（English Edition），2018，30（6）：268–270.

[64] Nichenametla S N，Weidauer L A，Wey H E，et al. Resistant starch type 4–enriched diet lowered blood cholesterols and improved body composition in a double blind controlled cross–over intervention[J]. Molecular Nutrition & Food Research，2014，58（6）：1365–1369.

[65] 宋琪，马于巽，张艳贞，等. 基于血脂数据变化的实验性高脂血症动物模型制备[J]. 中国公共卫生，2020，36（11）：1566–1573.

[66] Kris–Etherton P M，Dietschy J. Design criteria for studies examining individual fatty acid effects on cardiovascular disease risk factors：Human and animal studies[J]. The American Journal of Clinical Nutrition，1997，65（5）：1590S–1596S.

[67] 李静，杨俐萍，朱顺星，等. 含黄油的高脂饲料诱导高脂血症小鼠模型特征的研究[J]. 实验动物科学，2018，35（6）：41–46.

[68] 鲍和，张昌龙，苏娅萍，等. 高脂饮食诱导建立小鼠高脂血症模型[J]. 西北药学杂志，2019，34（1）：47–51.

[69] 刘超，何卫保，朱桐林，等. 高脂饮食诱导高脂血症大鼠及不同器官病理变化[J]. 中国油脂，2020，45（9）：81–84.

[70] 倪家敏，周飞，黄暨生，等. 高糖高脂诱导大鼠代谢相关脂肪性肝病模型的建立[J]. 药物评价研究，2021，44（3）：487–491.

[71] 李楠. 青钱柳多糖对大鼠抗氧化及脂代谢相关基因表达的研究[D]. 南昌：江西农业大学，2015.

[72] 刘浩. 金钗石斛总生物碱对高胆固醇血症模型小鼠肝脏脂肪代谢的影响及其机制研究[D]. 遵义：遵义医科大学，2020.

[73] Lauren S C，Jennifer R D，Loren G F，et al. Lipins，lipinopathies，and the modulation of cellular lipid storage and signaling[J]. Progress in Lipid Research，2013，52（3）：305–316.

[74] Chen Z，Gropler M C，Norris J，et al. Alterations in hepatic metabolism in fld mice reveal a role for lipin 1 in regulating VLDL–triacylglyceride secretion[J]. Arteriosclerosis，Thrombosis，and Vascular Biology，2008，28（10）：1738–1744.

[75] Florencia H，María B M，Daiana F，et al. The offspring from rats fed a fatty diet display impairments in the activation of liver peroxisome proliferator activated receptor alpha and features of fatty liver disease[J]. Molecular and Cellular Endocrinology，2020，511：110818.

[76] Fernándezramos D，Lopitzotsoa F，Delacruzvillar L，et al. Arachidyl amido cholanoic acid improves liver glucose and lipid homeostasis in nonalcoholic steatohepatitis via AMPK and *mTOR* regulation[J]. World Journal of Gastroenterology，2020，26（34）：5101–5117.

[77] Huimin L，Jing W，Meihong L，et al. Antiobesity effects of ginsenoside Rg1 on 3T3–L1 preadipocytes and high fat diet–induced obese mice mediated by AMPK[J]. Nutrients，2018，10（7）：830.

[78] Xiujing F, Wen Y, Xinda L, et al. Apigenin, a modulator of PPARγ, attenuates HFD-induced NAFLD by regulating hepatocyte lipid metabolism and oxidative stress via Nrf2 activation[J]. Biochemical Pharmacology, 2017, 136: 136-149.

[79] 黄莉莉，黄小强，张小琴，等. 岩藻黄质对高脂饮食诱导的肥胖小鼠胰岛素抵抗的影响[J]. 中国中药杂志，2021，46（1）：171-176.

[80] Gasparin C C, Leite N, Tureck L V, et al. Effects of polymorphisms in APOB, APOE, HSD11β1, PLIN4, and ADIPOQ genes on lipid profile and anthropometric variables related to obesity in children and adolescents[J]. Genetics and Molecular Biology, 2018, 41（4）: 735-741.

[81] Montserrat A D L R, Sander K. Regulation of lipid droplet-associated proteins by peroxisome proliferator-activated receptors[J]. BBA-Molecular and Cell Biology of Lipids, 2017, 1862（10）: 1212-1220.

[82] 高惠芳，曹雅茹，夏宏光，等. 高脂饮食诱导CYP4A高表达参与小鼠非酒精性脂肪肝病程研究[J]. 安徽医科大学学报，2019，54（11）：1678-1682.

[83] 高惠芳. 细胞色素P4504A11通过ROS诱导的脂质过氧化和炎症参与非酒精性脂肪肝病程的发展研究[D]. 合肥：安徽医科大学，2019.

[84] Bonet M L, Ribot J, Palou A. Lipid metabolism in mammalian tissues and its control by retinoic acid[J]. BBA-Molecular and Cell Biology of Lipids, 2012, 1821（1）: 177-189.

[85] Ahmadi-Abhari B, Woortman A J J, Hamer R J, et al. Assessment of the influence of amylose-LPC complexation on the extent of wheat starch digestibility by size-exclusion chromatography[J]. Food Chemistry, 2013, 141（4）: 177-189.

[86] Kiyoshi K, Setsuko T, Tomoko S, et al. Complex formation, thermal properties, and *in vitro* digestibility of gelatinized potato starch—fatty acid mixtures[J]. Food Hydrocolloids, 2011, 27（1）: 228-234.

[87] Bin Z, Qiang H, Fa X L, et al. Structural characterizations and digestibility of debranched high-amylose maize starch complexed with lauric acid[J]. Food Hydrocolloids, 2012, 28（1）: 174-181.

[88] Cesar A L, Alex H D V, Siewert J M. Amylose folding under the influence of lipids[J]. Carbohydrate Research, 2012, 364: 1-7.

[89] Putseys J A, Lamberts L, Delcour J A. Amylose-inclusion complexes: Formation, identity and physico-chemical properties[J]. Journal of Cereal Science, 2010, 51（3）: 238-247.

[90] Raigond P, Ezekiel R, Raigond B. Resistant starch in food: A review[J]. Journal of the Science of Food and Agriculture, 2015, 95（10）: 1968-1978.

[91] Yongfeng A, Jovin H, Jay-Lin J. Effects of lipids on enzymatic hydrolysis and physical properties of starch[J]. Carbohydrate Polymers, 2013, 92（1）: 120-127.

[92] Miao M, Jiang B, Cui S W, et al. Slowly digestible starch—A review[J]. Critical Reviews in Food Science and Nutrition, 2015, 55（12）: 1642-1657.

[93] Brayer G D, Sidhu G, Maurus R, et al. Subsite mapping of the human pancreatic

alpha–amylase active site through structural, kinetic, and mutagenesis techniques[J]. Biochemistry, 2000, 39 (16): 4778–4791.

[94] Englyst H N, Kingman S M, Cummings J H. Classification and measurement of nutritionally important starch fractions[J]. European Journal of Clinical Nutrition, 1992, 46 (2): S33–50.

[95] Stolt M, Oinonen S, Autio K. Effect of high pressure on the physical properties of barley starch[J]. Innovative Food Science and Emerging Technologies, 2000, 1 (3): 167–175.

[96] Shujun W, Jinrong W, Jinglin Y, et al. Effect of fatty acids on functional properties of normal wheat and waxy wheat starches: A structural basis[J]. Food Chemistry, 2016, 190: 285–292.

[97] Shuang M, Ying M, Jie C, et al. Preparation of corn starch—fatty acid complexes by high - pressure homogenization[J]. Starch–Stärke, 2014, 66 (9–10): 809–817.

[98] Fengdan C, Xiaowei H, Qiang H. Effect of lauric acid on the V–amylose complex distribution and properties of swelled normal cornstarch granules[J]. Journal of Cereal Science, 2013, 58 (1): 89–95.

[99] Villay A, Lakkis de Filippis F, Picton L, et al. Comparison of polysaccharide degradations by dynamic high–pressure homogenization[J]. Food Hydrocolloids, 2011, 27 (2): 278–286.

[100] Ahmadi–Abhari S, Woortman A J J, Hamer R J, et al. Influence of lysophosphatidylcholine on the gelation of diluted wheat starch suspensions[J]. Carbohydrate Polymers, 2013, 93 (1): 224–231.

[101] Peng S, Xue L, Leng X, et al. Slow digestion property of octenyl succinic anhydride modified waxy maize starch in the presence of tea polyphenols[J]. Journal of Agricultural and Food Chemistry, 2015, 63 (10): 2820–2829.

[102] Cameron R E, Donald A M. A small–angle X–ray scattering study of the annealing and gelatinization of starch[J]. Polymer, 1992, 33 (12): 2628–2635.

[103] Putseys J A, Lambers L, Delcour J A. Amylose–inclusion complexes: Formation, identity and physico–chemical properties[J]. Journal of Cereal Science, 2010, 51 (3): 238–247.

[104] Garcia M C, Pereira–da–Silva M A, Taboga S, et al. Structural characterization of complexes prepared with glycerol monoestearate and maize starches with different amylose contents[J]. Carbohydrate Polymers, 2016, 148: 371–379.

[105] Zhang G, Hamaker B R. Slowly digestible starch: Concept, mechanism, and proposed extended glycemic index[J]. Critical Reviews in Food Science and Nutrition, 2009, 49 (10): 852–867.

[106] Fredrik T, Vida S, Inger B, et al. Digestibility of starch systems containing amylose - glycerol monopalmitin complexes[J]. LWT–Food Science and Technology, 2001, 34 (3): 131–139.

[107] Guo Z, Jia X, Zhao B, et al. C–type starches and their derivatives: Structure and function[J]. Annals of the New York Academy of Sciences, 2017, 1398 (1): 47–61.

[108] Bingyan C，Xiangze J，Song M，et al. Slowly digestible properties of lotus seed starch–glycerine monostearin complexes formed by high pressure homogenization[J]. Food Chemistry，2018，252：115–125.

[109] George A A，Massimo M，Milena C，et al. Effects of the amount and type of fatty acids present in millets on their *in vitro* starch digestibility and expected glycemic index（eGI）[J]. Journal of Cereal Science，2015，64：76–81.

[110] Le–Bail P，Houinsou–Houssou B，Kosta M，et al. Molecular encapsulation of linoleic and linolenic acids by amylose using hydrothermal and high–pressure treatments[J]. Food Research International，2015，67：223–229.

[111] Zebin G，Shaoxiao Z，Xu L，et al. Structural and physicochemical properties of lotus seed starch treated with ultra–high pressure[J]. Food Chemistry，2015，186：223–230.

[112] Bingyan C，Xiangze J，Song M，et al. Slowly digestible properties of lotus seed starch–glycerine monostearin complexes formed by high pressure homogenization[J]. Food Chemistry，2018，252：115–125.

[113] Dongling Q，Fengwei X，Binjia Z，et al. A further understanding of the multi–scale supramolecular structure and digestion rate of waxy starch[J]. Food Hydrocolloids，2017，65：24–34.

[114] Gutiérrez T J，Tovar J. Update of the concept of type 5 resistant starch（RS5）：Self–assembled starch V–type complexes[J]. Trends in Food Science & Technology，2021，109：711–724.

[115] Veda K，Debarati M，Haritha B，et al. Cooking fat types alter the inherent glycaemic response of niche rice varieties through resistant starch（RS）formation[J]. International Journal of Biological Macromolecules，2020，162：1668–1681.

[116] Deepa G，Singh V，Naidu K A. A comparative study on starch digestibility，glycemic index and resistant starch of pigmented（'Njavara' and 'Jyothi'）and a non–pigmented（'IR 64'）rice varieties[J]. Journal of Food Science and Technology，2010，47（6）：644–649.

[117] Iain A B，Saloni G，Matt D W，et al. Starch digestion in the upper gastrointestinal tract of humans[J]. Starch–Stärke，2018，70（9–10）：1700111.

[118] Zongcai T，Yuebin Y，Hui W，et al. Effect of dynamic high - pressure microfluidization on the morphology characteristics and physicochemical properties of maize amylose[J]. Starch–Stärke，2013，65（5–6）：390–397.

[119] Tu D，Ou Y，Zheng Y，et al. Effects of freeze–thaw treatment and pullulanase debranching on the structural properties and digestibility of lotus seed starch–glycerin monostearin complexes[J]. International Journal of Biological Macromolecules，2021，177：447–454.

[120] Bingyan C，Zebin G，Song M，et al. Preparation and characterization of lotus seed starch–fatty acid complexes formed by microfluidization[J]. Journal of Food Engineering，2018，237：52–59.

[121] 游卿翔. 动态高压微射流对莲子淀粉结构及理化性质影响的研究[D]. 福州：福建农林大学，2020.

[122] Oyeyinka S A, Singh S, Amonsou E O. A review on structural, digestibility and physicochemical properties of legume starch-lipid complexes[J]. Food Chemistry, 2021, 349: 129165.

[123] Hui L, Jiahao L, Yu X, et al. *In vitro* digestibility of rice starch granules modified by β-amylase, transglucosidase and pullulanase[J]. International Journal of Biological Macromolecules, 2019, 136: 1228-1236.

[124] Soong Y Y, Goh H J, Henry C J K. The influence of saturated fatty acids on complex index and *in vitro* digestibility of rice starch[J]. International Journal of Food Sciences and Nutrition, 2013, 64 (5): 641-647.

[125] Shaoxiao Z, Xiaoting W, Shan L, et al. Structural characteristics and physicochemical properties of lotus seed resistant starch prepared by different methods[J]. Food Chemistry, 2015, 186: 213-222.

[126] Wei L, Yan H, Zhengbiao G, et al. In structure and *in vitro* digestibility of waxy corn starch debranched by pullulanase[J]. Food Hydrocolloids, 2017, 67: 104-110.

[127] Cherakkathodi S, Kappat V S, Balasubhramaniam B, et al. Energetic neutral atoms assisted development of kithul (*Caryota urens*) starch-lauric acid complexes: A characterisation study[J]. Carbohydrate Polymers, 2020, 250: 116991.

[128] Nugent A P. Health properties of resistant starch[J]. Nutrition Bulletin, 2005, 30 (1): 27-54.

[129] 王明珠. 茶多酚对淀粉慢消化特性的影响和机制研究[D]. 无锡：江南大学，2010.

[130] Yamada S, Hirai R, Inoue G, et al. Comparison of glycemic variability between basal-bolus and premixed insulin therapy[J]. Journal of Diabetes Mellitus, 2013, 3 (2): 45-51.

[131] Haffner S M, Stern M P, Mitchell B D, et al. Incidence of type Ⅱ diabetes in Mexican Americans predicted by fasting insulin and glucose levels, obesity, and body-fat distribution[J]. Diabetes, 1990, 39 (3): 283-288.

[132] Polonsky K S, Rubenstein A H. C-peptide as a measure of the secretion and hepatic extraction of insulin. Pitfalls and limitations[J]. Diabetes, 1984, 33 (5): 486-494.

[133] Helgason T, Weiss J, McClements D J, et al. Examination of the interaction of chitosan and oil-in-water emulsions under conditions simulating the digestive system using confocal microscopy[J]. Journal of Aquatic Food Product Technology, 2008, 17 (3): 216-233.

[134] Barbara K. Application of chitin- and chitosan-based materials for enzyme immobilizations: A review[J]. Enzyme and Microbial Technology, 2003, 35 (2): 126-139.

[135] Xu S, Padraig S, Chris B, et al. Enhanced anti-obesity effects of complex of resistant starch and chitosan in high fat diet fed rats[J]. Carbohydrate Polymers, 2017, 157: 834-841.

[136] Yi Z, Xu L, Shaoxiao Z, et al. Nutritional composition, physiological functions and processing of lotus (*Nelumbo nucifera* Gaertn.) seeds: a review[J]. Phytochemistry Reviews, 2015, 14 (3): 321-334.

[137] Natasha Y, John A, Elisabeth G, et al. *in vitro* starch hydrolysis of chitosan incorporating whey protein and wheat starch composite gels[J]. Heliyon, 2017, 3 (10): e00421.

[138] Yongjia D, Xu S, Wenting S, et al. Effect of interactions between starch and chitosan on waxy maize starch physicochemical and digestion properties[J]. CyTA–Journal of Food, 2017, 15 (3): 327–335.

[139] Montri C, Manop S. Pasting and rheological properties of native and anionic tapioca starches as modified by guar gum and xanthan gum[J]. Food Hydrocolloids, 2005, 20 (5): 641–649.

[140] Shadrach O A, Oyebiodun G L. The physico–functional characteristics of starches from cowpea (*Vigna unguiculata*), pigeon pea (*Cajanus cajan*) and yambean (*Sphenostylis stenocarpa*) [J]. Food Chemistry, 1999, 65 (4): 469–474.

[141] Anjum N, Feroz A, Muhammad A H, et al. Effect of guar and xanthan gums on functional properties of mango (*Mangifera indica*) kernel starch[J]. International Journal of Biological Macromolecules, 2016, 93: 630–635.

[142] Fonseca–Florido H A, Gómez–Aldapa C A, López–Echevarría G, et al. Effect of granular disorganization and the water content on the rheological properties of amaranth and achira starch blends[J]. LWT–Food Science and Technology, 2018, 87: 280–286.

[143] Sung K K, Jae E K. Formation of resistant starch in corn starch and estimation of its content from physicochemical properties[J]. Starch–Stärke, 2009, 61 (9): 514–519.

[144] Meijuan X, Ahmed S M S, Yu L, et al. The changes in structural, physicochemical, and digestive properties of red adzuki bean starch after repeated and continuous annealing treatments[J]. Starch–Stärke, 2018, 70 (9–10): 1700322.

[145] Jung–Ah H, James N B. Preparation and physical characteristics of slowly digesting modified food starches[J]. Carbohydrate Polymers, 2006, 67 (3): 366–374.

[146] Zhou Z, Hua Z, Yang Y, et al. Molecular Characteristics of new wheat starch and its digestion behaviours[J]. Journal of Integrative Agriculture, 2014, 13 (5): 1146–1153.

[147] Putaux J, Chanzy H, Buleon A. Network formation in dilute amylose and amylopectin studied by TEM[J]. Macromolecules, 2000, 33 (17): 6516–6422.

[148] Lingshang L, Long Z, Xiuling C, et al. The relationship between enzyme hydrolysis and the components of rice starches with the same genetic background and amylopectin structure but different amylose contents[J]. Food Hydrocolloids, 2018, 84: 406–413.

[149] Henan H, Qian L, Wenjun B, et al. Relationship between physicochemical characteristics and *in vitro* digestibility of chestnut (*Castanea mollissima*) starch[J]. Food Hydrocolloids, 2018, 84: 193–199.

[150] Jinkai Z, Yuyang Z, Yanwen W, et al. Physicochemical properties and *in vitro* digestibility of starch from naturally air–dried chestnut[J]. International Journal of Biological Macromolecules, 2018, 117: 1074–1080.

[151] Josiane C R, Ivonne D, José A L D S. Influence of a cationic polysaccharide on starch functionality[J]. Carbohydrate Polymers, 2016, 150: 369–377.

[152] Huanhuan J, Yayuan Z, Yan H, et al. Digestibility and changes to structural

characteristics of green banana starch during *in vitro* digestion[J]. Food Hydrocolloids, 2015, 49: 192–199.

[153] Man J, Yang Y, Zhang C, et al. Structural changes of high–amylose rice starch residues following *in vitro* and *in vivo* digestion[J]. Journal of Agricultural and Food Chemistry, 2012, 60 (36): 9332–9341.

[154] Guodong L, Zhengbiao G, Yan H, et al. Structure, functionality and applications of debranched starch: A review[J]. Trends in Food Science & Technology, 2017, 63: 70–79.

[155] Willett W, Manson J, Liu S. Glycemic index, glycemic load, and risk of type 2 diabetes[J]. The American Journal of Clinical Nutrition, 2002, 76 (1): 274S–280S.

[156] Klaus N E, Sophie V, Hans N E, et al. Glycemic index of cereal products explained by their content of rapidly and slowly available glucose[J]. British Journal of Nutrition, 2003, 89 (3): 329–340.

[157] Chai Y, Wang M, Zhang G. Interaction between amylose and tea polyphenols modulates the postprandial glycemic response to high–amylose maize starch[J]. Journal of Agricultural and Food Chemistry, 2013, 61 (36): 8605–8615.

[158] Xiaqing W, Mingming H, Xing H, et al. Inhibitory mechanism of epicatechin gallate on α–amylase and α–glucosidase and its combinational effect with acarbose or epigallocatechin gallate[J]. Journal of Molecular Liquids, 2019, 290: 111202.

[159] Zebin G, Xiangze J, Xiong L, et al. Insight into the formation, structure and digestibility of lotus seed amylose–fatty acid complexes prepared by high hydrostatic pressure[J]. Food and Chemical Toxicology, 2019, 128: 81–88.

[160] Cheng L, Yiming H. Combination of parallel and sequential digestion kinetics reveals the nature of digestive characteristics of short–term retrograded rice starches[J]. Food Hydrocolloids, 2020, 108: 106071.

[161] Jagadeesan G, Muniyandi K, Manoharan A L, et al. Understanding the bioaccessibility, α–amylase and α–glucosidase enzyme inhibition kinetics of *Allmania nodiflora* (L.) R.Br. ex Wight polyphenols during *in vitro* simulated digestion[J]. Food Chemistry, 2022, 372: 131294.

[162] Wang S, Luo H, Zhang J, et al. Alkali–induced changes in functional properties and *in vitro* digestibility of wheat starch: The role of surface proteins and lipids[J]. Journal of Agricultural and Food Chemistry, 2014, 62 (16): 3636–3643.

[163] Yu T, Ming L, Aoxing T, et al. RS content and eGI value of cooked noodles (Ⅰ): Effect of cooking methods[J]. Foods, 2020, 9 (3): 328.

[164] Wokadala C O, Suprakas S R, Mohammad N E. V–amylose structural characteristics, methods of preparation, significance, and potential applications[J]. Food Reviews International, 2012, 28 (4): 412–438.

[165] Chengmin H, Yufang C, Wenning C, et al. Microwave–assisted methylation of cassava starch with dimethyl carbonate[J]. Carbohydrate Research, 2011, 346 (9): 1178–1181.

[166] Cai W T, Zhang L M, Zhang S, et al. Physicochemical properties and *in vitro* digestion

of maize starch and tea polyphenols composites[J]. Proceedings of the 2012 International Conference on Applied Biotechnology（ICAB 2012）, 2014, 249：627–634.

[167] Stolt M, Oinonen S, Autio K. Effect of high pressure on the physical properties of barley starch[J]. Innovative Food Science and Emerging Technologies, 2000, 1（3）：167–175.

[168] Alice M, Cassandra B, Maryline A, et al. Microwave, ultrasound, thermal treatments, and bead milling as intensification techniques for extraction of lipids from oleaginous *Yarrowia lipolytica* yeast for a biojetfuel application[J]. Bioresource Technology, 2016, 211：190–199.

[169] Koh L W，Wong L L，Loo Y Y，et al. Evaluation of different teas against starch digestibility by mammalian glycosidases[J]. Journal of Agricultural and Food Chemistry，2010，58（1）：148–154.

[170] Dan C V，Carmen S，Ancuţa M R，et al. Morphology，FTIR fingerprint and survivability of encapsulated lactic bacteria（*Streptococcus thermophilus* and *Lactobacillus delbrueckii* subsp. *bulgaricus*）in simulated gastric juice and intestinal juice[J]. International Journal of Food Science & Technology，2010，45（11）：2345–2351.

[171] Paulraj K，R. S K，N. Y，et al. Cryopreservation and microencapsulation of a probiotic in alginate–chitosan capsules improves survival in simulated gastrointestinal conditions[J]. Biotechnology and Bioprocess Engineering，2011，16（6）：1106–1114.

[172] S. M，A. K P，K. S. Effect of alginate concentrations on survival of microencapsulated *Lactobacillus casei* NCDC–298[J]. International Dairy Journal，2005，16（10）：1190–1195.

[173] Graziela B B，Marco A Z A. Effect of microencapsulation on survival of *Lactobacillus plantarum* in simulated gastrointestinal conditions，refrigeration，and yogurt[J]. Journal of Food Engineering，2010，103（2）：123–128.

[174] 冯超. 植物乳杆菌微胶囊制备技术及其消化道耐受性研究[D]. 南昌：南昌大学，2012.

[175] 姚泽晨. 植物乳杆菌微胶囊及其壁材对小鼠肥胖的预防作用[D]. 无锡：江南大学，2019.

[176] 王少君. 嗜酸乳杆菌La–5微胶囊的制备及在乳制品中的应用[D]. 长春：吉林大学，2013.

[177] 罗丹阳. 益生菌的肠道输送技术研究[D]. 广州：华南理工大学，2020.

[178] 李宁. 双歧杆菌微胶囊制备工艺及功能特性的研究[D]. 保定：河北农业大学，2007.

第四章

莲子多酚的功能学特性

多酚作为果实生长的一种次生代谢物，以3种形态存在于植物体内，包括游离态、酯化态和结合态[1]。游离酚以原花青素、类黄酮为主，而酚酸在酯化酚、结合酚中占有更大比例[2, 3]。其中结合酚主要通过醚键、酯键和碳碳键等共价键与结构蛋白、纤维素和果胶等大分子物质结合形成不溶性酚类物质，存在于植物细胞壁中[4]，这些化学物质在细胞壁中起物理和化学屏障作用，对病原微生物的入侵具有一定的防御作用。

多酚作为植物中一个重要的功能性成分，被认为具有抗氧化、抑菌、抗癌、抗炎、降脂等功效。莲子富含酚类化合物，如咖啡酸、绿原酸（CGA）、对羟基苯甲酸、没食子酸等。中国湘红莲子皮60%乙醇提取物的总酚含量为233.63mg/g，总黄酮含量为166.02mg/g，其对ABTS清除能力的IC_{50}为1.385mg/mL[5]。Rai等[6]研究表明，莲子醇提物的多酚含量为7.61%，其具有清除DPPH、NO的作用，可增加肝脏、肾脏中SOD与CAT的水平，抑制硫代巴比妥酸的产生。而油中过氧化物和茴香胺的含量也可被莲子中酚类物质有效地抑制[7]。Liu[8]等报道莲子中总酚含量为（7.26 ± 0.02）mg/g，黄酮含量为（0.89 ± 0.08）mg/g，且对DPPH自由基具有一定的清除能力。

第一节 莲子多酚抗氧化功能的研究

莲子多酚是莲子中的多酚物质的总称。研究表明，莲子富含酚类物质，其总酚含量为62mg/g（以没食子酸计），这与其具有较高的药用价值相关度较高[9, 10]。当人体内自由基产生得过多或清除能力下降时，会导致各种严重病变，因此清除过量ROS自由基具有重要的生理意义[11]。特别是从日常食品资源中进行筛选，寻找对自由基具有良好清除能力的清除剂，是一个极具意义的研究课题。

抗氧化活性体外测定方法主要有油脂过氧化值法和比色法等方法[9]。油脂过氧化值法是利用抗氧化剂对食用油脂氧化的抑制能力来比较抗氧化能力的强弱。而比色法主要是依据抗氧化剂对自由基具有捕获能力或对氧化剂具有还原能力的原理；当生物抗氧化剂加入自由基或氧化剂中后，其在最大吸收波长处的吸光度（*OD*）将下降，而抗氧化能力与*OD*下降值之间呈线性相关关系，因而可用分光光度计进行定量分析，常用的有Schaal烘箱法、邻苯三酚自氧化、芬顿反应体系法等。

一、莲子多酚的制备

将莲子干品破碎并过40目筛后，按1：10（mg：mL）加入90%（体积分数）的乙醇–水混合溶液，用保鲜膜封口以防止微波过程中乙醇挥发。在300 W功率进行微波加热至沸腾，静置30min，过滤，提取两次，合并两次提取液，离心20min（转速4000r/min）后，取上清液进行减压浓缩以回收乙醇。加入适量的水，用石油醚萃取去除脂类物质，水溶相用乙酸乙酯萃取3次。旋转蒸发除去乙酸乙酯，浓缩液经冷冻干燥后得纯度为92%的莲子多酚淡黄色粉末。

二、莲子多酚对·OH的清除作用

采用芬顿反应体系法[12]，比较莲子多酚、茶多酚和维生素C在芬顿反应体系中对·OH的清除能力，结果如图4–1所示。

如图4–1所示，莲子多酚、茶多酚和维生素C对H_2O_2氧化Fe^{2+}均有一定的抑制作用。莲子多酚去除·OH能力最大为39.51%，茶多酚最大为46.63%，维生素C最大为72.73%，莲子多酚对·OH的清除能力与茶多酚相当，而维生素C则高于前二者。同时，3种溶液在浓度较低的范围内，其抗氧化能力随着浓度增大而增大；但当莲子多酚溶液浓度超过0.0075mg/mL、茶多酚和维生素C溶液浓度超过0.0025mg/mL后，随着浓度增大，其抗氧化能力反而下降。这可能是由于多酚和维生素C溶液浓度越高，酚类物质对自身的抗氧化消耗也越大，表现出的清除自由基能力下降。

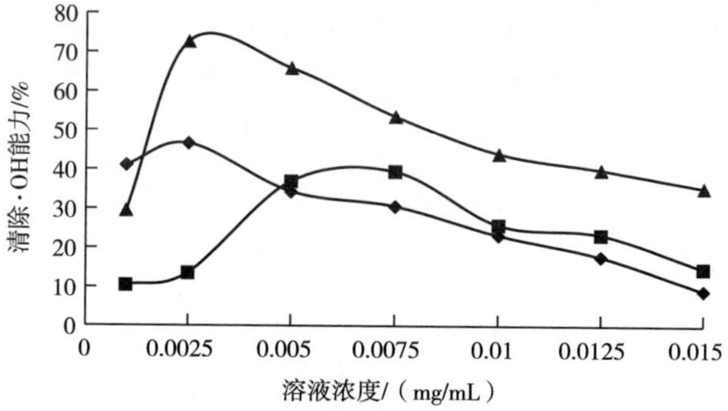

图 4-1　莲子多酚清除·OH 的能力

三、莲子多酚对·O_2^-的清除作用

采用邻苯三酚自氧化法[13, 14]，比较莲子多酚、茶多酚和维生素C清除·O_2^-的能力，结果如图4–2所示。

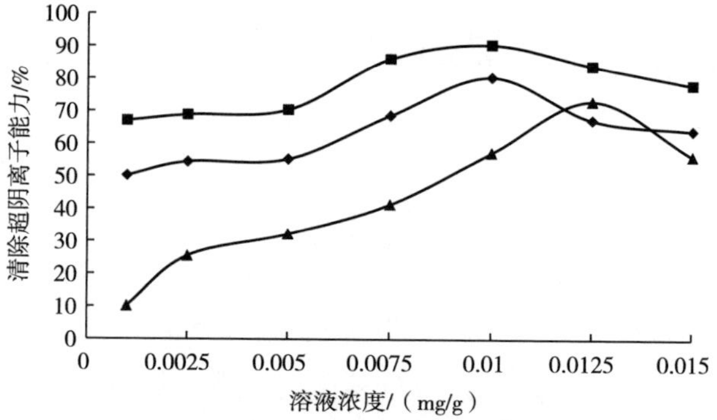

图 4-2　莲子多酚清除·O_2^-的能力

由图4–2可见，莲子多酚与茶多酚对·O_2^-均有良好的清除作用，清除能力最大为90.43%；茶多酚和维生素C对·O_2^-的清除能力分别最大为80.43%和73.08%；与茶多酚和维生素C相比，莲子多酚的清除能力要更强。同时，这3种溶液在浓度较低的范围内，其抗氧化能力随着浓度增大而增大；但当两种酚溶液浓度超过

0.01mg/mL，维生素C溶液浓度超过0.0125mg/mL时，随着浓度增大，抗氧化能力下降。

四、莲子多酚抗油脂自动氧化能力的研究

采用Schaal烘箱法[15]评价莲子多酚的抗油脂自动氧化性能。结果如图4–3和图4–4所示，茶多酚和莲子多酚都能够延长油脂氧化的反应发生期，延缓过氧化物的生成速率。但莲子多酚的抗猪油氧化的作用强于茶多酚，而二者抗花生油氧化能力则相当。

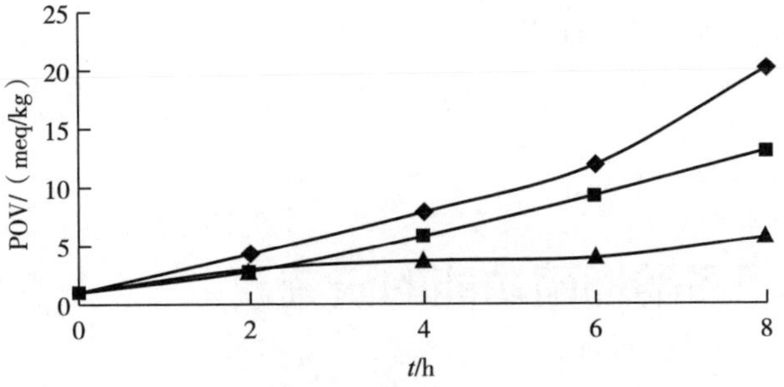

图 4–3　莲子多酚对猪油的抗氧化能力

—◆— 空白　—■— 茶多酚　—▲— 莲子多酚

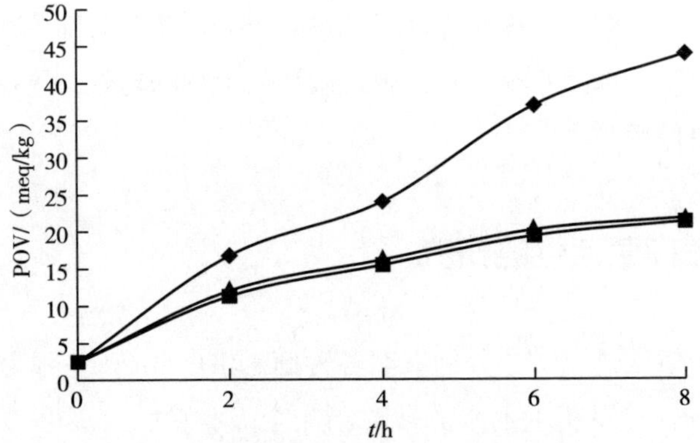

图 4–4　莲子多酚对花生油的抗氧化能力

—◆— 空白　—■— 莲子多酚　—▲— 茶多酚

注：POV：过氧化量。

在实验浓度范围内，莲子多酚对·OH具有一定的清除能力；对超氧阴离子·O_2^-的清除效果显著；对·OH自由基的清除能力与茶多酚相当，对·O_2^-自由基的清除能力优于茶多酚和维生素C；当莲子多酚溶液浓度超过一定范围后，其清除自由基的能力随浓度增加而下降。这说明莲子多酚作为一种较有效的天然抗氧化剂，使用时应当适量，否则有可能引起食品色泽的改变；莲子多酚能在一定程度上延缓猪油和花生油的氧化过程，说明其具备一定的抗油脂自动氧化能力。

莲子多酚具有较好的清除氧自由基的能力，说明其含有可以清除人体内过剩的氧自由基的物质。氧自由基与机体衰老关系密切，提示莲子多酚可能具有抗衰老作用；同时，莲子多酚具有较好的抗氧化能力，笔者课题组的研究成果为开发莲子多酚抗氧化、抗衰老产品提供理论依据。

第二节 莲子多酚抑菌功能的研究

研究资料显示，植物多酚具有较强的抗氧化作用，以及明显的抑菌、抗老化、抑制TC上升和抗癌等功效，摄取一定量的植物多酚对预防和抑制疾病的发生很有效。感冒、口腔炎、皮肤疮疡以及胃肠炎等疾病多与细菌及病毒等微生物感染关系密切。不少食品有杀灭和抑制致病性微生物的功效，能够起到抗病毒、消炎杀菌及驱虫作用[16]。

一、莲子多酚抑菌活性的研究

采用纸片扩散法进行[17]：分别吸取各种菌悬液0.2mL于平板上，用无菌三角玻璃棒涂布均匀。待平板上的水分被琼脂完全吸收后，用无菌镊子将沾有莲子多酚溶液的小滤纸片轻贴于平板上，纸片一贴就不可再拿起。每个平板贴5张纸片，每张纸片间距不少于24mm，纸片中心距平皿边缘不少于15mm。待晾干后倒置于恒温培养箱，霉菌33℃，培养48h；细菌37℃，培养24h。用千分尺测定抑菌圈直径大小来衡量莲子多酚对这7种菌的抑制活性。同时，采用上述操作，以相同浓度茶多酚溶液为阳性对照，并以生理盐水为空白对照。

结果如表4-1所示，在实验浓度下，莲子多酚和茶多酚对黑曲霉（*Aspergillus niger*）和绿色木霉（*Trichoderma viride*）两种真菌均无明显抑制作用。莲子多酚对金黄色葡萄球菌、大肠杆菌、沙门氏菌属、枯草芽孢杆菌和单核细胞增生李斯特菌均有明显抑制作用，且效果与茶多酚相近。且对革兰氏阳性菌（金黄色葡萄球菌、单核细胞增生李斯特菌、枯草芽孢杆菌）的抑制效果强于对革兰氏阴性菌（沙门氏菌属、大肠杆菌）的抑制效果。

表4-1　莲子多酚的抑菌活性

菌种	抑菌圈直径 A_0/mm		
	生理盐水	茶多酚	莲子多酚
绿色木霉	—	—	—
黑曲霉	—	—	—
金黄色葡萄球菌	—	11.0	11.1
单核细胞增生李斯特菌	—	10.3	10.6
枯草芽孢杆菌	—	9.8	10.1
大肠杆菌	—	8.3	8.0
沙门氏菌属	—	8.0	7.8

注：—表示无明显抑菌作用；A_0表示平均值。

二、pH对莲子多酚抑菌活性的影响

采用磷酸氢二钠（Na_2HPO_4）和磷酸二氢钠（NaH_2PO_4）配制5个不同pH梯度的缓冲溶液，并用这5种pH缓冲溶液制备培养基，使培养基初始pH分别为5、6、7、8、9。同时，将小滤纸片置于莲子多酚溶液中浸泡，晾干后放入平板中，置于恒温培养箱中培养24 h后，测量其抑菌圈直径大小[18]。金黄色葡萄球菌、大肠杆菌和枯草芽孢杆菌在pH≤5和pH≥9时不能生长。结果如表4-2所示，在pH为6~8范围内，莲子多酚对金黄色葡萄球菌、枯草芽孢杆菌、沙门氏菌属、大肠杆菌和单核细胞增生李斯特菌均有一定的抑制作用，且在该范围内，改变pH条件对莲子多酚的抑菌活性影响不大。

表4-2 不同pH对莲子多酚抑菌活性的影响

菌种	抑菌圈直径 /mm				
	pH=5	pH=6	pH=7	pH=8	pH=9
金黄色葡萄球菌	7.6	8.2	11.1	8.3	7.5
单核细胞增生李斯特菌	8.8	9.1	10.4	8.7	8.6
枯草芽孢杆菌	7.4	8.1	10.0	8.2	8.5
大肠杆菌	7.1	7.4	8.0	7.2	7.0
沙门氏菌属	6.7	7.3	7.8	7.1	6.9

三、温度对莲子多酚抑菌活性的影响

将莲子多酚溶液放置于室温条件下10d、4℃条件下10d以及分别于90℃、100℃和121℃温度下热处理15min后，将小滤纸片分别置于不同温度条件下热处理过的莲子多酚溶液中浸泡，晾干后放入平板中，置于恒温培养箱中培养24h后，测量抑菌圈直径大小[18]。

结果如表4-3所示，低温长时间放置和高温短时加热对莲子多酚抑菌活性影响不明显。

表4-3 温度对莲子多酚抑菌活性的影响

菌种	抑菌圈直径 /mm				
	4℃ / 10d	室温 / 10d	90℃ / 15min	100℃ / 15min	121℃ / 15min
金黄色葡萄球菌	11.6	11.0	11.7	11.2	10.0
单核细胞增生李斯特菌	10.5	8.8	9.8	9.7	9.6
枯草芽孢杆菌	10.1	9.1	9.8	9.5	9.0

续表

菌种	抑菌圈直径 /mm				
	4℃ / 10d	室温 / 10d	90℃ / 15min	100℃ / 15min	121℃ / 15min
大肠杆菌	8.0	7.2	7.4	7.5	6.9
沙门氏菌属	7.9	7.3	7.1	6.9	6.4

四、浓度对莲子多酚抑菌活性的影响

将莲子多酚配制成浓度分别为0.1、0.2、0.3、0.4、0.5、0.6、0.7、0.8、0.9、1mg/mL的溶液，以生理盐水作空白对照。分别用上述浓度莲子多酚溶液制备培养基，在115℃下湿热灭菌15min后，待冷却至50℃左右，倒入无菌平皿。冷却后，用0.1mL无菌移液管吸取0.1mL各种菌悬液至平板上，用无菌三角玻璃棒涂布均匀，待干后，置于恒温培养箱中培养24h。以完全没有菌落生长的浓度为莲子多酚对该菌种的最低抑菌浓度[19]。

结果如表4–4所示，莲子多酚对金黄色葡萄球菌、枯草芽孢杆菌和单核细胞增生李斯特菌的最低抑菌浓度分别为0.3mg/mL、0.4mg/mL和0.4mg/mL，对大肠杆菌和沙门氏菌属的最低抑菌浓度分别为0.8mg/mL和0.9mg/mL。

表4–4　莲子多酚最低抑菌浓度测定结果

莲子多酚浓度 / （mg/mL）	菌种				
	金黄色葡萄球菌	单核细胞增生李斯特菌	枯草芽孢杆菌	大肠杆菌	沙门氏菌属
0.1	+	+	+	+	+
0.2	+	+	+	+	+
0.3	–	+	+	+	+
0.4	–	–	–	+	+
0.5	–	–	–	+	+

续表

莲子多酚浓度/（mg/mL）	菌种				
	金黄色葡萄球菌	单核细胞增生李斯特菌	枯草芽孢杆菌	大肠杆菌	沙门氏菌属
0.6	-	-	-	+	+
0.7	-	-	-	+	+
0.8	-	-	-	-	+
0.9	-	-	-	-	-
1	-	-	-	-	-

注：+表示有菌落生长，-表示无菌落生长。

第三节 莲子结合酚对3T3-L1细胞的分化及脂质代谢影响的研究

3T3-L1前脂肪细胞属于小鼠源的成纤维细胞系，在体外诱导后可以分化为成熟的脂肪细胞，使细胞的形态学改变、诱导多种脂肪代谢酶的表达、脂质积累等，可充分展示体细胞的特点，因此被广泛用于天然产物的体外抗肥胖研究。笔者课题组采用3T3-L1前脂肪细胞，诱导其分化，通过油红O染色观察分化效果，并对细胞内TG进行定量分析。此外，利用荧光定量PCR（qPCR）和蛋白免疫印迹等技术手段对影响细胞脂质生成相关的基因和蛋白质分别进行了分析，从而探讨莲子结合酚调控脂质代谢的作用机制。

一、莲子结合酚对3T3-L1细胞毒性评价的研究

将提取过游离态多酚[20]后的残渣，进行真空冷冻干燥，分别称取2g置于加有磁力搅拌转子的三角瓶，加入提取试剂，室温下边搅拌边氮气消化

10min，橡胶塞密封，继续搅拌至不同时间；待结束后将所得水解液冷却，用浓盐酸调节pH至中性，离心（10000r/min，5min），弃去残渣，所得上清液即为结合酚。

细胞毒性实验是在96孔板中加入100μL细胞悬液（浓度为1×10^4个/细胞）于37℃、5%CO_2的培养箱中培养24h。然后，向培养板中加入100μL含有不同浓度莲子结合酚（LBP）的完全培养基，继续培养24h或48h。之后每孔加入10μL CCK-8溶液（尽量不要在孔中生成气泡），并将培养板在培养箱内孵育1h，于450 nm的波长下测定其*OD*。

采用LBP处理3T3-Ll细胞24h或48h，分析不同浓度LBP对3T3-L1细胞的毒性，结果如图4-5所示。当细胞给药24h，细胞活力在LBP浓度为0~100μg/mL范围内接近100%，与未处理组无显著性差异。当细胞给药48h，LBP对3T-L1细胞毒性展现了相似的现象。因此，选择LBP浓度为25μg/mL、50μg/mL和100μg/mL进行后续实验。

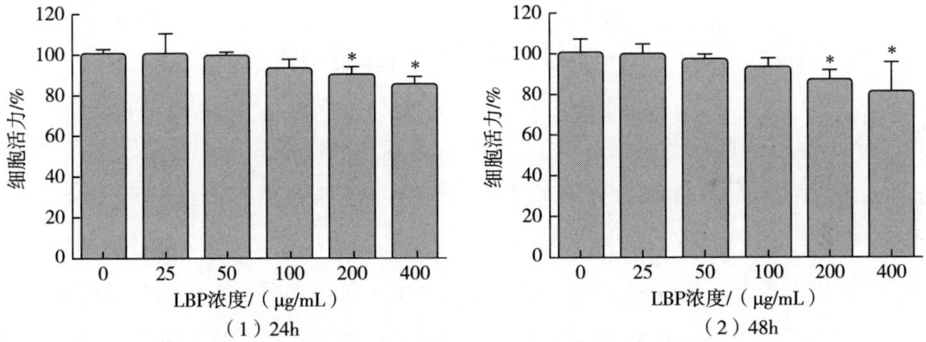

图4-5　LBP处理24h和48h对3T3-L1细胞活力的影响

注：与对照组相比，*表示$P<0.05$。

如图4-6所示，3T3-Ll细胞分化成熟后会在胞内聚集大量脂滴，而油红O染色可以直观反映脂肪细胞的分化程度。通过对诱导分化10d后的细胞进行油红O染色实验，发现未处理组（0μg/mL）细胞内布满红色脂滴，而LBP处理的细胞内脂滴数量随着LBP处理浓度的增大而减少，接近于CGA处理的细胞，初步结果表明，LBP能有效抑制3T3-Ll前脂肪细胞分化为成熟的脂肪细胞。

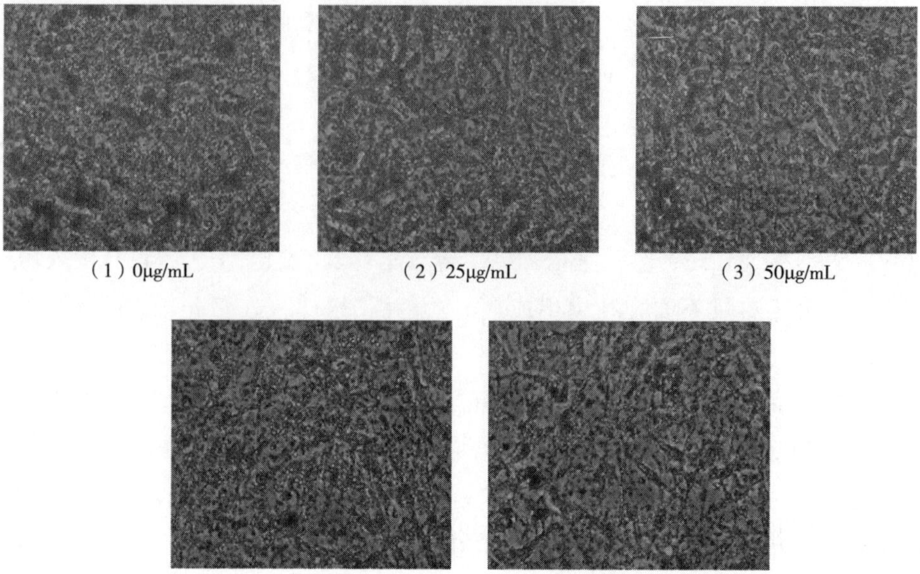

（1）0μg/mL （2）25μg/mL （3）50μg/mL

（4）100μg/mL （5）100μg/mL（CGA）

图 4-6 3T3-L1 细胞诱导分化 10d 后油红 O 染色

二、莲子结合酚对3T3-L1细胞脂质积累的影响

对3T3-L1细胞进行诱导分化，将3T3-L1前脂肪细胞以2×10^5密度接种到6孔板中，用含有10%（体积分数）胎牛血清的DEME培养基培养细胞至完全融合；待细胞发生接触抑制后（2d），换用含有0.5mmol/L广谱的磷酸二酯酶抑制剂、1μmol/L甲基二乙氧基硅烷、10μg/mL胰岛素和10%（体积分数）胎牛血清分化培养基，诱导分化2d。然后，再换用含有10μg/mL胰岛素、10%（体积分数）胎牛血清分化培养基和不同浓度的LBP（0μg/mL、25μg/mL、50μg/mL和100μg/mL）或100μg/mL的CGA的培养基继续诱导分化8d（此时显微镜下可明显地观察到亮晶晶的油滴）；每2d换液一次。

细胞分化结束时，细胞用PBS洗两次，室温下用1mL多聚甲醛固定30min。然后用油红O染液染色1h。移去多余的染色液后，用PBS再冲洗两次，并在倒置显微镜下拍照。之后，用100%异丙醇提取细胞脂质，然后在520nm波长处测量*OD*，定量脂肪细胞内脂质含量。结果如图4-7所示，表明3T3-L1细胞内脂质含量随着LBP浓度的增加而显著减少。

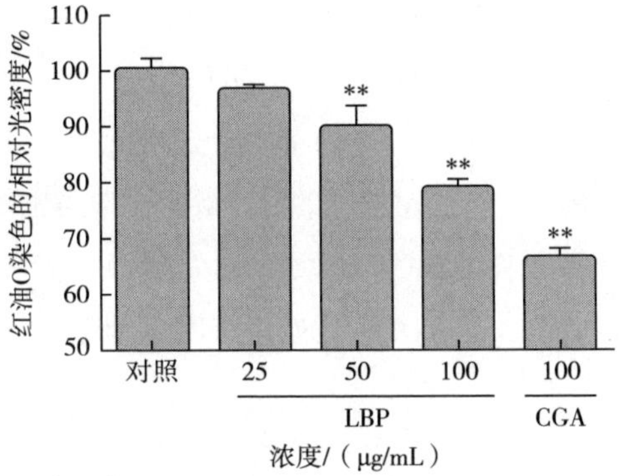

图 4-7　LBP 处理对 3T3-L1 脂质沉积的影响

注：与对照组相比，*表示$P<0.05$，**表示$P<0.01$。

三、莲子结合酚对3T3-L1细胞TG的影响

细胞分化第10天时，收集细胞，用TG测定试剂盒检测分化后细胞TG含量，结果如图4-8所示，随着LBP浓度的增加，3T3-L1脂肪细胞的TG定量逐渐降低。当LBP处理浓度为100μg/mL，细胞内TG含量最低，接近于CGA处理组，为对照组的62.04%。

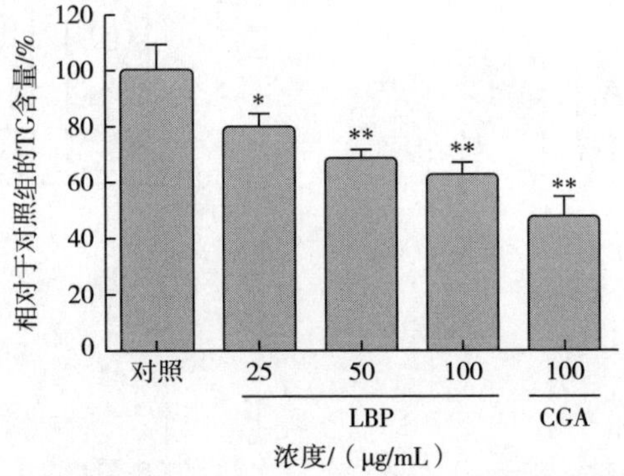

图 4-8　LBP 对 3T3-L1 细胞 TG 含量的影响

注：与对照组相比，*表示$P<0.05$，**表示$P<0.01$。

四、莲子结合酚对3T3-L1细胞脂质代谢相关基因的影响

为研究LBP对前脂肪细胞分化和脂质代谢的影响，采用实时荧光定量聚合

酶链反应（qPCR）技术对影响3T3-L1细胞脂质代谢相关基因的mRNA水平进行了分析。结果表明，LBP处理可使PPARγ、CEBPα和SREBP-1c 3个脂肪分化调控因子的mRNA水平显著降低［图4-9（1）、（2）和（3）］。此外，LBP还可抑制脂质代谢相关的酶如脂肪酶（LPL）、脂肪酸合成酶（FAS）、脂肪细胞型脂肪酸结合蛋白（aP2）的mRNA表达水平［图4-9（4）、（5）和（6）］。另外，脂联素被认为参与了脂肪酸的氧化过程，而100μg/mL的LBP处理可明显地促进脂联素的mRNA表达。

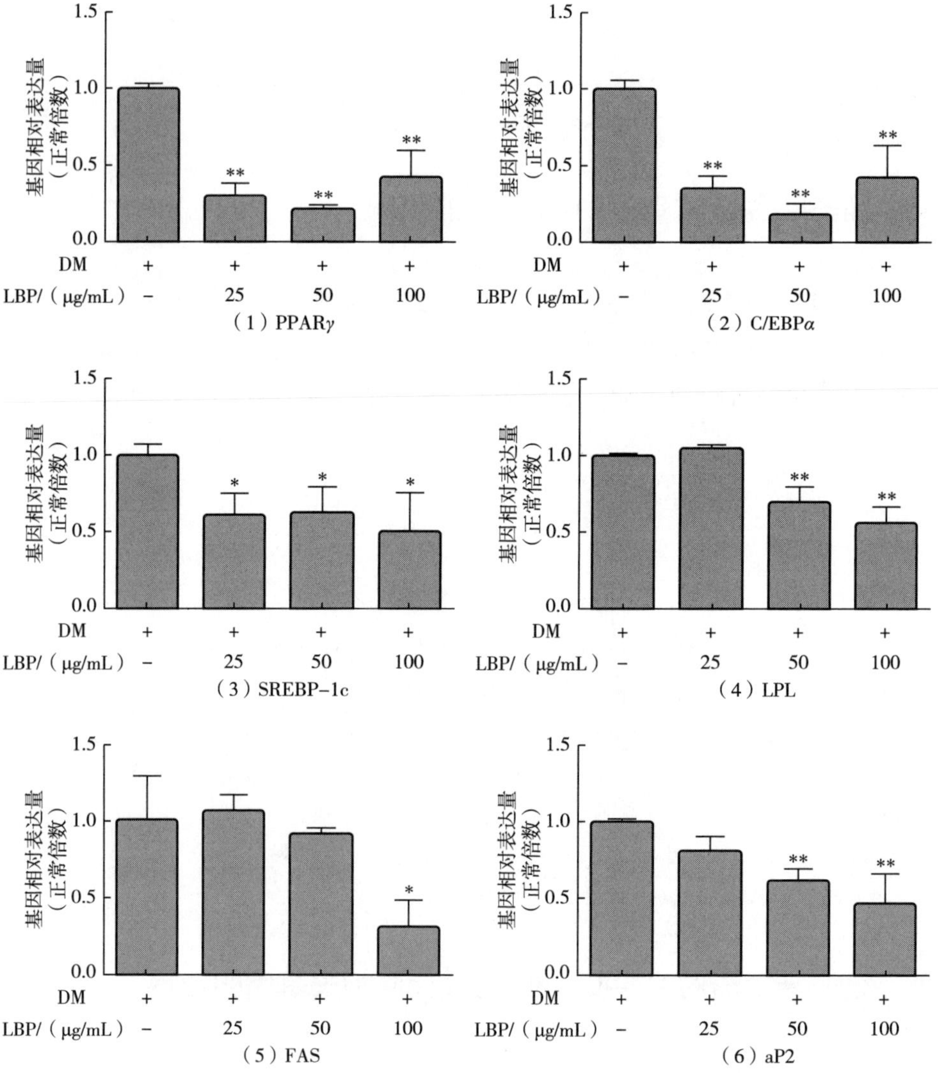

图 4-9

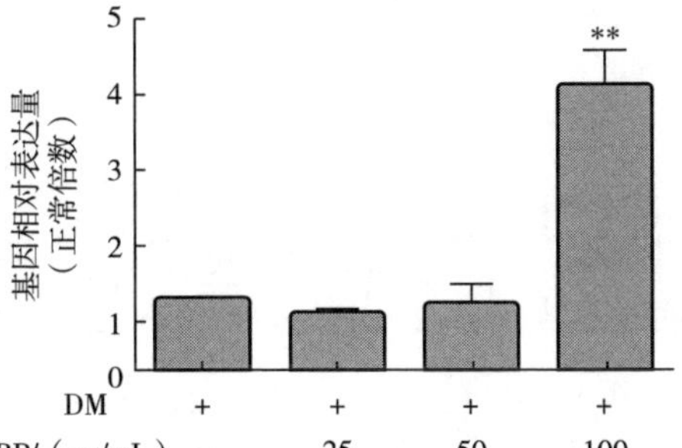

（7）脂联素

图 4-9 LBP 对 3T3-L1 细胞脂质代谢相关基因的 mRNA 相对表达量的影响

注：与对照组相比，*表示$P<0.05$，**表示$P<0.01$。
DM：分化培养基。

五、莲子结合酚对3T3-L1细胞AMPK磷酸化的影响

为探讨AMPK的激活是否参与LBP对细胞脂质生成的抑制作用，实验用蛋白免疫印迹技术研究LBP对AMPK磷酸化的影响。结果表明，与未处理3T3-L1细胞相比，经过LBP刺激后，p-AMPK/AMPK和p-ACC/ACC的比值呈剂性增加（图4-10），表明LBP可能激活细胞内的AMPK信号通路而增强3T3-L1胞的脂质代谢。

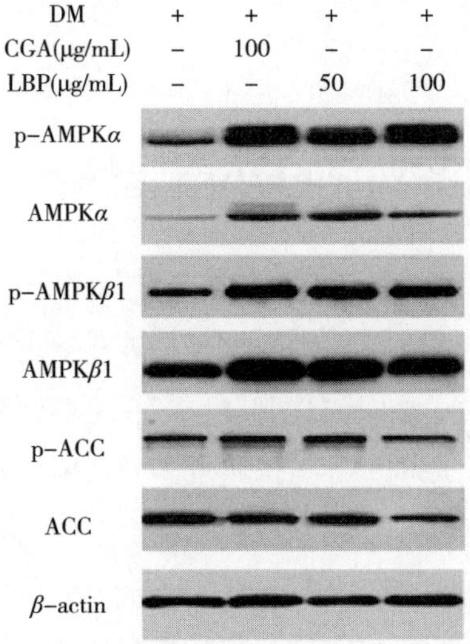

（1）蛋白质的表达量

图 4-10

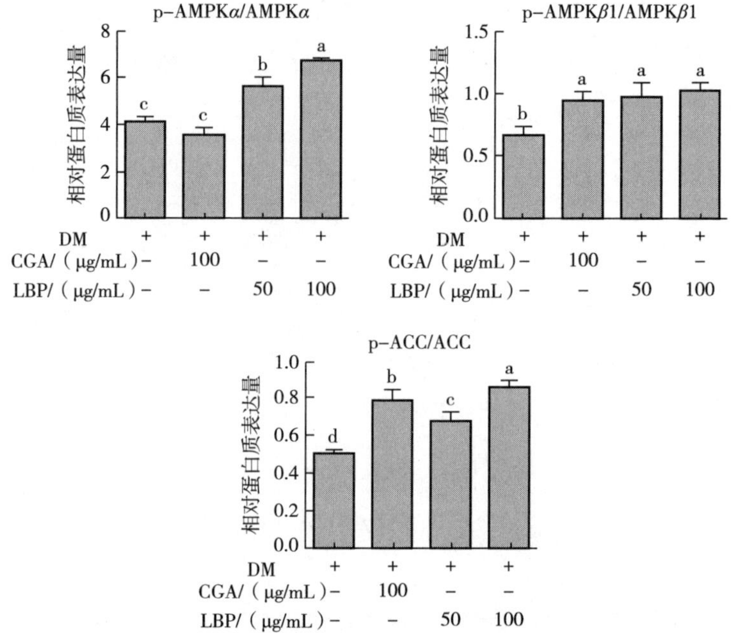

（2）蛋白质表达量对应的灰度值

图 4–10　LBP 对激活 3T3–L1 细胞 AMPK 信号通路的影响

注：不同小写字母表示差异显著（$P<0.05$）。
β–actin：β–肌动蛋白。

第四节 莲子结合酚对肥胖小鼠脂质代谢影响的研究

当前，随着人们生活水平的日益提高，世界范围内肥胖病的发生逐年上升。肥胖主要分为营养性肥胖、内分泌性肥胖、下丘脑性肥胖和遗传性肥胖[21]。而饮食造成的营养性肥胖主要原因为能量摄入过多导致脂肪堆积。为了模拟人类由于营养过剩诱发的肥胖，当前主要通过高热量饲料（如高脂饲料、高脂高糖饲料等）来诱导遗传易感性的动物（ICR小鼠、C57BL/6J和大鼠）肥胖。体内研究发现酚类提取物可抑制肥胖小鼠体重增长和脂肪增生，并促进脂肪细胞凋亡。鉴于此，笔者课题组采用高脂饮食诱导ICR小鼠建立肥胖模型，对其体重，主要脏器如肝脏、脂肪质量和血液生化指标进行测定，同时用苏木精-伊红（HE）染色观察脂肪组织和肝脏病理形态变化，并进一步通过qPCR和蛋白免疫印迹技术探究LBP对肥胖小鼠脂质代谢的影响机制。

一、莲子结合酚对肥胖小鼠体重和肝器组织质量的影响

将ICR小鼠在温度（23±1）℃、相对湿度（55±5）%、12h的光照/黑暗循环环境下适应1周后随机分为4组（n=6）：正常组［ND，饲料：22.3%（质量分数）蛋白质、60.6%（质量分数）碳水化合物和4.0%（质量分数）脂肪，吴氏动物中心］；高脂组［HFD，饲料：21.6%（质量分数）蛋白质、43.1%（质量分数）碳水化合物和18.4%（质量分数）脂肪］；LBP组每天给予HFD+400mg/kg莲子结合酚；CGA组每天给予HFD+150mg/kg CGA。莲子结合酚和CGA溶于生理盐水中，经口腔连续灌胃6周，每3d测量一次小鼠体重。另外，所有小鼠均自由饮食（饲料和水）。

LBP对高脂饮食小鼠体重及脏器的影响分别如图4-11和表4-5所示。由图4-11可以看出，实验初期各组小鼠体重呈现无显著性差异；饲养6周结束后，与HFD组相比，LBP组和CGA组小鼠体重上浮缓慢，接近于正常饮食组（ND），表明LBP

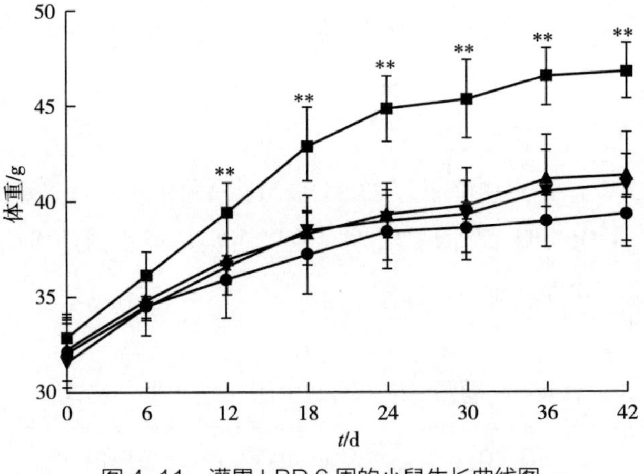

图 4-11　灌胃 LBP 6 周的小鼠生长曲线图

注：与正常组相比，*表示P<0.05，**表示P<0.01。

和CGA能减缓高脂饮食小鼠体重的增加。由表4–5看出，同ND组相比，HFD组小鼠的肝脏、附睾脂肪质量均显著增加（$P<0.05$），表明持续长期的高脂饮食会诱发小鼠体内脂肪蓄积。然而，LBP和CGA灌胃组小鼠的肝脏、附睾脂肪质量均显著降低（$P<0.05$）。此外，不同组间的肾脏和脾脏的质量则没有明显的变化。

表4–5 灌胃LBP6周对小鼠脏器指标的影响 单位：g

组别	ND	HFD	LBP	CGA
初始体重	32.25 ± 1.65[a]	32.93 ± 1.17[a]	31.96 ± 1.73[a]	31.53 ± 0.86[a]
最终体重	39.31 ± 1.71[b]	46.82 ± 1.40[a]	41.36 ± 1.18[b]	40.79 ± 1.07[b]
体重增加量	7.26 ± 1.87[b]	13.59 ± 1.28[a]	10.13 ± 0.63[b]	9.33 ± 2.14[b]
附睾脂肪质量	0.66 ± 0.11[c]	2.02 ± 0.39[a]	1.35 ± 0.28[b]	1.18 ± 0.26[b]
肝脏质量	1.46 ± 0.07[b]	1.82 ± 0.20[a]	1.57 ± 0.09[b]	1.50 ± 0.13b
肾脏质量	0.12 ± 0.07[a]	0.12 ± 0.02[a]	0.11 ± 0.02[a]	0.11 ± 0.02[a]
脾脏质量	0.57 ± 0.03[a]	0.64 ± 0.04[a]	0.66 ± 0.04[a]	0.66 ± 0.04[a]

注：表中数据为平均值 ± 标准差。
每行中不同上标字母表示差异显著，$P<0.05$。

二、莲子结合酚对小鼠血脂水平的影响

小鼠禁食12h，水合氯醛麻醉，称重后摘取眼球，通过乙二胺四乙酸（EDTA）抗凝管收集全血，3000r/min离心，取上清液测定血浆中TG、TC、HDL–C、LDL–C，结果如表4–6所示。结果表明，与HFD组相比，LBP组的TG、TC和LDL–C水平分别降低了23.94%、18.51%和29.09%，而HDL–C的水平和LDL–C/HDL–C比值明显增加，说明高脂膳食会造成小鼠的血脂偏高，引发体内代谢紊乱，而LBP处理则可以缓解这一症状。

表4–6 灌胃LBP 6周对小鼠血脂水平的影响

组别	ND	HFD	LBP	CGA
TG/（mmol/L）	1.37 ± 0.28[b]	1.88 ± 0.15[a]	1.43 ± 0.39[b]	1.39 ± 0.20[b]
TC/（mmol/L）	4.09 ± 0.50[c]	5.78 ± 0.75[a]	4.71 ± 0.82[bc]	5.19 ± 0.62[ab]

续表

组别	ND	HFD	LBP	CGA
LDL-C/（mmol/L）	0.34 ± 0.11[b]	0.55 ± 0.10[a]	0.39 ± 0.07[b]	0.43 ± 0.07[b]
HDL-C/（mmol/L）	1.92 ± 0.06[b]	2.10 ± 0.09[b]	2.60 ± 0.24[a]	2.48 ± 0.27[a]
LDL-C/HDL-C	0.19 ± 0.01[b]	0.29 ± 0.04[a]	0.15 ± 0.03[b]	0.18 ± 0.01[b]

注：表中数据为平均值 ± 标准差。
每行中不同上标字母表示差异显著，P<0.05。

三、莲子结合酚对小鼠血浆AST、ALT和BUN水平的影响

小鼠禁食12h，水合氯醛麻醉，称重后摘取眼球，通过EDTA抗凝管收集全血，3000r/min离心，取上清液测定血浆中天冬氨酸转氨酶（AST）、丙氨酸转氨酶（ALT）和血尿素氮（BUN）的含量。由表4-7可以看出，与ND组相比，HDF组小鼠血浆AST和ALT水平均有所升高。而LBP干预后，AST活性明显降低（P<0.05），ALT活性也有所下降，表明高脂饮食会对小鼠的肝细胞造成损害，而灌胃LBP可对HFD小鼠的肝细胞损伤具有一定的保护作用。此外，LBP小鼠血浆中BUN水平明显降低（P<0.05），表明LBP可保护小鼠因长期高脂膳食带来的肾脏损伤。

表4-7 灌胃LBP6周对小鼠血浆AST、ALT、BUN水平的影响

组别	ND	HFD	LBP	CGA
ALT/（U/L）	32.50 ± 7.14[a]	45.00 ± 9.63[a]	36.50 ± 9.33[a]	35.75 ± 4.79[a]
AST/（U/L）	119.00 ± 8.16[b]	140.00 ± 14.14[a]	116.00 ± 13.47[b]	118.40 ± 17.61[b]
BUN/（mmol/L）	8.11 ± 0.53[ab]	8.41 ± 0.92[a]	7.60 ± 0.47[b]	7.52 ± 1.01[b]

注：表中数据为平均值 ± 标准差。
每行中不同上标字母表示差异显著，P<0.05。

四、莲子结合酚对小鼠肝脏及脂肪组织病理学影响

（一）LBP对小鼠肝脏组织病理学影响

不同组小鼠肝脏HE染色结果如图4-12（1）所示，ND组小鼠的肝脏组织形

态表现正常，肝细胞大小均匀一致，结构排列匀称，肝细胞完整，无明显脂滴出现。而HFD组小鼠肝脏出现了脂质蓄积的现象，内含数量大小不一的脂滴。LBP组和CGA组小鼠，肝细胞较完整，偶见为数不多的脂肪滴。此外，肝脏中TG含量测定结果［图4-12（2）］显示，LBP和CGA组的TG含量明显低于HFD，分别下降了31.08%、41.89%，说明LBP和CGA能较好地改善高脂小鼠肝组织病理状态。

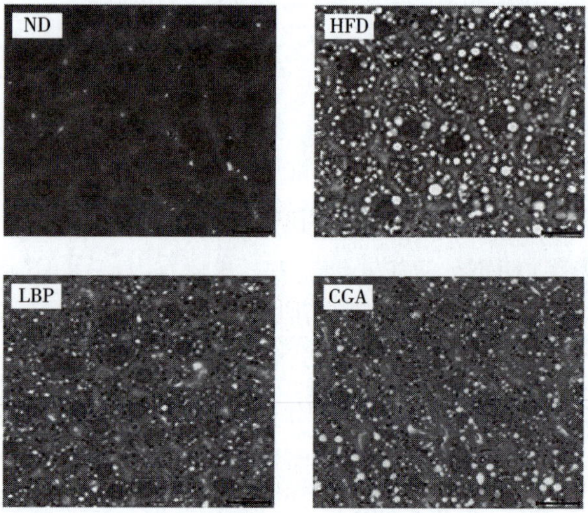

（1）肝脏HE染色结果

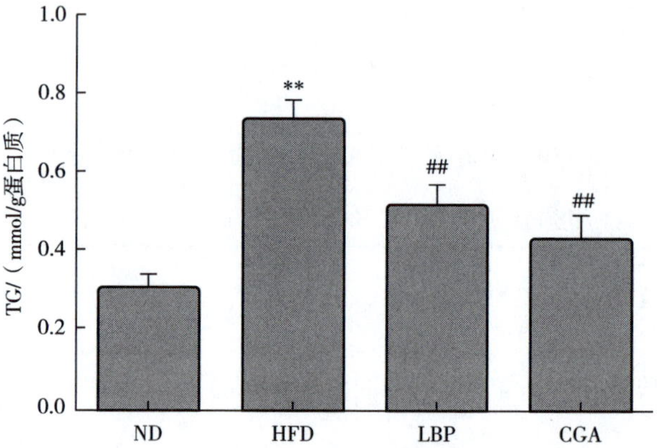

（2）肝脏中TG的含量

图 4-12　LBP 灌胃 6 周对小鼠肝脏病理学（200×）和肝脏 TG 含量的影响

注：与正常相比，*表示$P<0.05$，**表示$P<0.01$；与模型组相比，#表示$P<0.05$，##表示$P<0.01$。

（二）LBP对小鼠脂肪组织病理学影响

对附睾脂肪组织进行HE染色，结果如图4-13（1）所示，与ND组比，HFD组小鼠附睾脂肪组织细胞体积明显增大，细胞排列疏松，而LBP组和CGA组小鼠附睾脂肪组织细胞体积明显小于HFD组［图4-13（2）］。

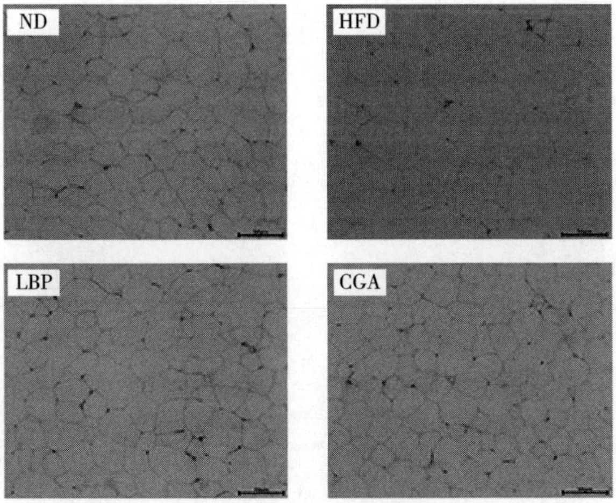

（1）附睾组织HE染色结果

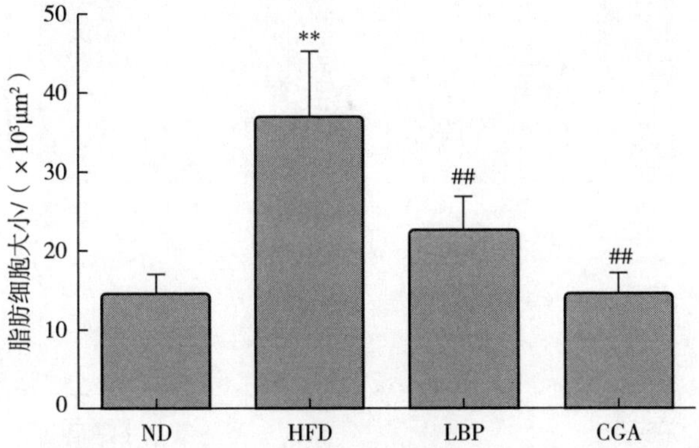

（2）脂肪细胞大小

图4-13　灌胃LBP 6周对小鼠附睾脂肪病理学和脂肪细胞大小的影响

注：与正常相比，*表示P<0.05，**表示P<0.01；与模型组相比，#表示P<0.05，##表示P<0.01。

五、莲子结合酚对脂肪组织mRNA表达水平的影响

为研究LBP对高脂饮食小鼠脂质代谢的情况，笔者课题组采用qPCR技术测

定LBP对脂肪组织中与脂肪生成相关基因的转录水平影响。结果表明，与HFD组相比，LBP处理可显著地下调PPARγ、C/EBPα和SERBP-1c 3个脂肪转录因子的mRNA水平，结果如图4-14（1）、（2）和（3）所示。而脂肪代谢相关的酶如脂肪酶、脂肪酸合成酶、脂肪细胞型脂肪酸结合蛋白的mRNA表达水平［图4-14（4）、（5）和（6）］也能被LBP有效地抑制。此外，脂肪组织中GPR43和脂联素的mRNA表达水平在LBP的干预下，分别下调和上调。

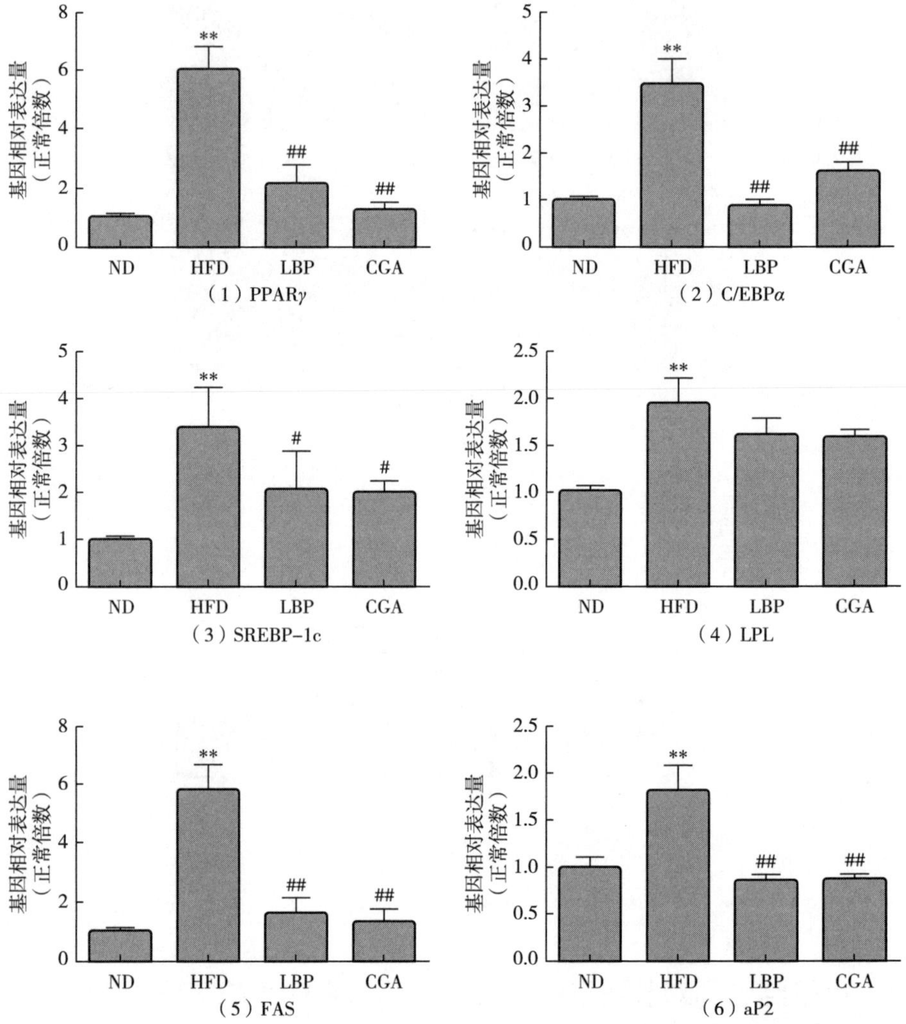

图 4-14

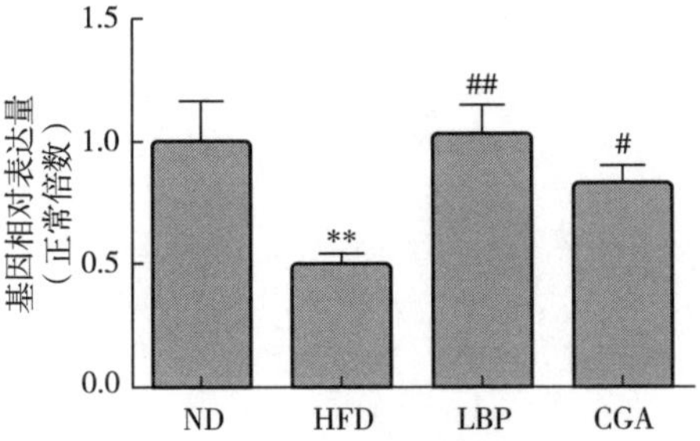

（7）脂联素

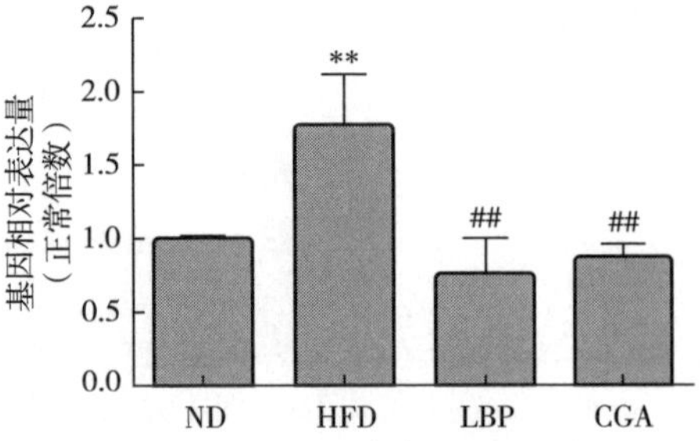

（8）GPR43

图 4-14　LBP 对附睾脂肪脂质代谢相关基因的 mRNA 相对表达量的影响

注：与正常相比，*表示$P<0.05$，**表示$P<0.01$；与模型组相比，#表示$P<0.05$，##表示$P<0.01$。

六、莲子结合酚对脂肪组织AMPK 磷酸化的影响

实验用蛋白免疫印迹技术研究LBP对脂肪组织AMPK磷酸化的影响。各组小鼠脂肪中AMPK蛋白表达水平如图4-15所示，与HFD组相比，LBP组的p-AMPK*α*/AMPK*α*的比值显著增加，上调了8.53%，表明LBP可能潜在地激活细胞中的AMPK*α*而p-AMPK*β*1/AMPK*β*1比值在LBP组和HFD组中没有明显的差异。此外，LBP组中AMPK的靶蛋白ACC磷酸化水平也明显较高，较HFD组上调了24.67%。因此，LBP可能具有激活AMPK信号通路的作用。

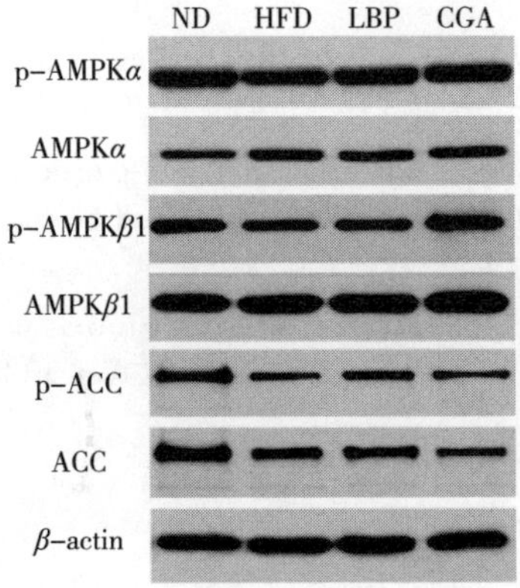

（1）蛋白质表达水平

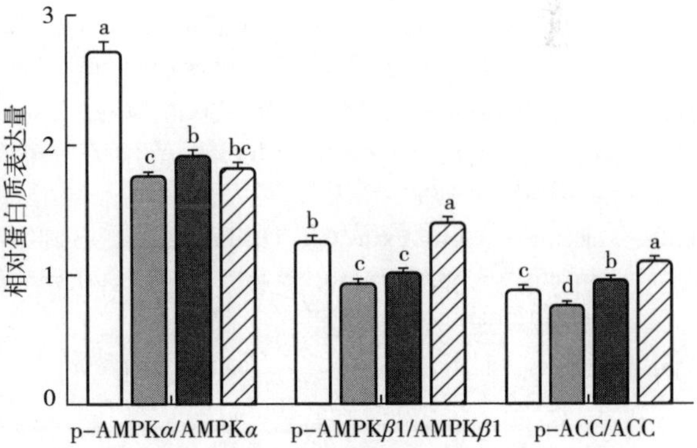

（2）蛋白质表达量对应的灰度值

图 4-15　LBP 对附睾脂肪 AMPK 信号通路的影响

□ ND　■ HFD　■ LBP　▨ CGA

注：不同小写字母表示差异显著（$P<0.05$）。

参考文献

[1] 赵扬帆，林鸳缘，郑宝东. 姬松茸酚类物质抗氧化活性的研究[J]. 农产品加工（学刊），2008（4）：44–46.

[2] 熊建华，刘仲华，黄建安，等. 巴拉圭茶多酚大孔吸附树脂分离工艺及总多酚、多酚流分的抑菌作用研究[J]. 江西农业大学学报，2007（4）：690–694.

[3] 唐裕芳，张妙玲，冯波，等. 茶多酚的抑菌活性研究[J]. 浙江林学院学报，2005（5）：553–557.

[4] Chandrasekara A，Shahidi F. Content of insoluble bound phenolics in millets and their contribution to antioxidant capacity[J]. Journal of Agricultural and Food Chemistry，2010，58（11）：6706–6714.

[5] Wukitch S J，Boivin R L，Bonoli P T，et al. Investigation of performance limiting phenomena in a variable phase ICRF antenna in Alcator C–Mod[J]. Plasma Physics and Controlled Fusion，2004，46（9）：1479.

[6] Holtekjølen A K，Kinitz C，Knutsen S H. Flavanol and bound phenolic acid contents in different barley varieties[J]. Journal of Agricultural and Food Chemistry，2006，54（6）：2253–2260.

[7] Fereidoon S，Judong Y. Insoluble–Bound Phenolics in Food[J]. Molecules，2016，21（9）：1216.

[8] Gow–Chin Y，Pin–Der D，Hui–Ju S. Antioxidant properties of lotus seed and its effect on DNA damage in human lymphocytes[J]. Food Chemistry，2005，89（3）：379–385.

[9] 高航，高延芬，徐虹. 莲子红衣醇提物的抗氧化和抗褐变活性[J]. 食品科学，2013，34（11）：83–87.

[10] Rai S，Wahile A，Mukherjee K，et al. Antioxidant activity of *Nelumbo nucifera*（sacred lotus）seeds[J]. Journal of Ethnopharmacology，2006，104（3）：322–327.

[11] Yi Z，Baodong Z，Yuting T，et al. Microwave–assisted extraction and anti–oxidation activity of polyphenols from lotus（*Nelumbo nucifera* Gaertn.）seeds [J]. Food Science and Biotechnology，2012，21（6）：1577–1584.

[12] Haiying L，Nongxue Q，Huihuang D，et al. Polyphenols contents and antioxidant capacity of 68 Chinese herbals suitable for medical or food uses[J]. Food Research International，2008，41（4）：363–370.

[13] 陈美珍，余杰，郭慧敏. 大豆分离蛋白酶解物清除羟自由基作用的研究[J]. 食品科学，2002（1）：43–47.

[14] 于晶，郝再彬，苍晶，等. 黄酮类化合物的活性研究进展[J]. 东北农业大学学报，2008，39（12）：125–130.

[15] 赵国建，李桂峰，董周永，等. 石榴籽中多酚的提取及其抗氧化作用研究[J]. 西北植物学报，2008，28（12）：2532–2537.

[16] 许申鸿，杭瑚，李运平. 超氧化物歧化酶邻苯三酚测活法的研究及改进[J]. 化学通

报，2001（8）：516–519.

[17] 周志，汪兴平，张家年，等. 微波在茶多酚提取技术上的应用研究[J]. 湖北民族学院学报（自然科学版），2001（2）：8–10.

[18] 蒲昭和. 常选食抑菌食品[J]. 家庭医学，2006（3）：47.

[19] 严赞开，邱虎. 淫羊藿甙的抑菌试验[J]. 中国食品添加剂，2005（4）：65–67.

[20] Lin S L，Wang Z Y，Hu J M，et al. Polyphenolics from fresh lotus seeds：Enzyme-assisted ethanol extraction optimization and its antioxidant activity[J]. Current Topics in Nutraceutical Research，2018，16（1）：85–96.

[21] 姚晓敏，孙向军，黄时. 芦荟及其抑菌作用的研究[J]. 食品科技，2001（4）：23–25.

[22] 李博萍，潘竞，锵韩超. 减肥中药及方剂的药理研究进展[J]. 中草药，1999（7）：548–551.

[23] Zhao Y，Wu J，Li J V，et al. Gut microbiota composition modifies fecal metabolic profiles in mice[J]. Journal of Proteome Research，2013，12（6）：2987–2999.

[24] Huang J，Chen L，Xue B，et al. Different flavonoids can shape unique gut microbiota profile *in vitro*[J]. Journal of Food Science，2016，81（9）：H2273–H2279.

[25] Angelakis E，Armougom F，Million M，et al. The relationship between gut microbiota and weight gain in humans[J]. Future Microbiology，2012，7（1）：91–109.

[26] Cheng K，Renyuan G，Xuebing Y，et al. Probiotics improve gut microbiota dysbiosis in obese mice fed a high-fat or high-sucrose diet[J]. Nutrition，2019，60：175–184.

[27] Maria D C F P，Joaquim P M. Intestinal microbiota in digestive diseases[J]. Arquivos de Gastroenterologia，2017，54（3）：255–262.

[28] Węgielska I，Suliburska J. The role of intestinal microbiota in the pathogenesis of metabolic diseases[J]. Acta Scientiarum Polonorum，Technologia Alimentaria，2016，15（2）：201–211.

[29] Ruozhi Z，Ehsan K，Shadi S，et al. Impact of Saskatoon berry powder on insulin resistance and relationship with intestinal microbiota in high fat - high sucrose diet-induced obese mice[J]. The Journal of Nutritional Biochemistry，2019，69：130–138.

[30] Jianqiang Z，Yuan K，Jie Y，et al. Consumption of drinking water *N*-Nitrosamines mixture alters gut microbiome and increases the obesity risk in young male rats[J]. Environmental Pollution，2019，248：388–396.

[31] Xu J，Liu T，Li Y，et al. Jamun（*Eugenia jambolana* Lam.）fruit extract prevents obesity by modulating the gut microbiome in high-fat-diet-fed mice[J]. Molecular Nutrition & Food Research，2019，63（9）：1801307.

[32] Beatriz A A，Janet A G，Sergio O S. Bound phenolics in foods，a review[J]. Food Chemistry，2014，152：46–55.

[33] Gabriele R，Sudarshana R B，Gianluca G，et al. Edible nuts deliver polyphenols and their transformation products to the large intestine：An *in vitro* fermentation model combining targeted/untargeted metabolomics[J]. Food Research International，2018，116：786–794.

[34] Fernando C，Cristina A，Sara T，et al. Benefits of polyphenols on gut microbiota and

implications in human health[J]. The Journal of Nutritional Biochemistry, 2013, 24(8): 1415–1422.

[35] Zhao L, Zhang Q, Ma W, et al. A combination of quercetin and resveratrol reduces obesity in high–fat diet–fed rats by modulation of gut microbiota [J]. Food & Function, 2017, 8(12): 4644–4656.

[36] Brian C, Jessie H, Kristina M, et al. A polyphenol–rich fraction obtained from table grapes decreases adiposity, insulin resistance and markers of inflammation and impacts gut microbiota in high–fat–fed mice[J]. The Journal of Nutritional Biochemistry, 2016, 31: 150–165.

第五章

莲子低聚糖的功能学特性

糖类物质根据单糖的聚合程度可分为单糖、双糖、低聚糖和多糖，低聚糖亦称为寡糖，是由3~9个单糖单元经糖苷键脱水缩合而成的聚合物。

莲子低聚糖（LOS）是从莲子中分离而来的天然低聚合度碳水化合物，是由D–果糖连接组成糖链。LOS中的3种组分都含有羧基，其中LOS1和LOS2的单糖基为*α*–糖苷键构型，以吡喃环形式存在。此外，LOS的提取液中包含有甘露醇的存在。研究发现，LOS能够促进益生菌体外增殖和SCFAs生成，抑制致病性大肠杆菌黏附Caco–2细胞，是潜在的益生因子[1]。

第一节 莲子低聚糖对益生菌增殖效应的研究

通常使用益生元进行饮食干预提高双歧杆菌属和乳杆菌属菌体数量，它们已被报道具有各种健康益处，如免疫调节作用[2]、通过产生SCFAs和拮抗作用限制致病菌生长[3]、调节黏膜障碍与功能[4]等。迄今为止，各种来源的碳水化合物，如阿拉伯低聚糖、低聚半乳糖、低聚果糖、低聚木糖和菊粉都已表现出良好的益生元效果。许多双歧杆菌属菌种能够利用低聚糖，但只有一小部分菌种能在菊粉中生长，其中丁酸是益生菌利用菊粉发酵的主要产物[5]。定植在人体肠道的双歧杆菌属和乳杆菌属有着不同的发酵能力，这与它们消耗碳水化合物的机制紧密相关。在目前已经报告的研究中，双歧杆菌属菌株利用碳水化合物的文章多于乳杆菌属[6]。因为双歧杆菌属中8%的基因用于代谢碳水化合物，这也许可以解释它们为何比乳杆菌属更容易利用碳水化合物[7]，因此肠道内源性微生物群落变化通常是由饮食和年龄改变的共同结果[8]。已有数据表明，青春双歧杆菌在成人中更占优势，而短双歧杆菌（*Bifidobacterium breve*）和动物双歧杆菌亚种（*Bifidobacterium animalis* subsp. *animalis*）则通常可从婴儿肠道中分离得到[9]。各菌种的相对丰度将会影响肠道健康，因此现在常使用特定的策略调整碳水化合物成分和含量以开发出具有特定功能的食品[10]，而了解这些碳水化合物对特定菌种的增殖差异已成为必不可少的前提。

一、莲子低聚糖对双歧杆菌属增殖效应的研究

（一）LOS提取工艺流程

速冻莲子→筛选去芯→料水比1g：10mL加水浸泡→打浆→酶解处理→酵母处理→沸水浸提2h→抽滤→脱蛋白质→离心（4000r/min、10min）→真空浓缩→乙醇醇析→离心（4000r/min、10min）→上清液→真空浓缩→纯化→真空浓缩→冷冻干燥→莲子低聚糖干品。

LOS提取工艺流程的操作要点如下。

①酶解处理[11]：打浆液于65℃下α–淀粉酶酶解，碘试剂法确定酶解终点。冷却至55℃，该温度下加入木瓜蛋白酶酶解至蛋白质浓度恒定。

②酵母处理[12]：酿酒酵母以1g/mL添加量加入，37℃发酵，浆液的糖浓度恒定时为终点。

③脱蛋白[13]：采用TCA法脱蛋白，提取液中加入1.5倍体积5g/mL TCA溶液混合均匀，4℃静置6h，离心后取上清液，重复处理，水合茚三酮试剂检验蛋白质是否除尽。

④乙醇醇析：向提取液加入3倍体积的95g/mL乙醇，搅拌后沉降过夜。

⑤纯化[14]：浓缩液经大孔吸附树脂柱（3.4cm × 30cm），树脂柱采用湿法装柱，低聚糖上柱后用去离子水洗脱，流速1.25mL/min，苯酚–硫酸法跟踪检测，收集含糖组分。

（二）不同碳源对双歧杆菌属增殖效应的影响

分别以相同浓度5g/L的LOS、低聚木糖（XOS）和低聚果糖（FOS）替代基础培养基的GLU为处理组，GLU培养基为对照组。各培养基115℃湿热灭菌20min，取菌种母液以16g/L的接菌量接种培养基。37℃厌氧培养48h，测定各培养基的双歧杆菌属菌体浓度和pH，每个处理设3个重复。

不同碳源对双歧杆菌属生长的影响如图5–1所示。结果表明，LOS能被双歧杆菌属选择性发酵，发酵后的菌体浓度可达到1.47g/L，是GLU的2.4倍，FOS的2.69倍，XOS的2.96倍，处理组的菌体浓度与对照组相比具有极显著性差异

（$P<0.01$）。其中，LOS培养基的pH最低（$P<0.01$），GLU培养基次之。这是由于双歧杆菌属在发酵糖类物质时，菌体数量快速提升，同时产生大量代谢产物如乳酸、SCFAs（包括乙酸、丙酸和丁酸）和气体（包括H_2、CO_2和CH_4）。结果表明，相较于其他3种碳源，双歧杆菌属能更好地利用LOS。

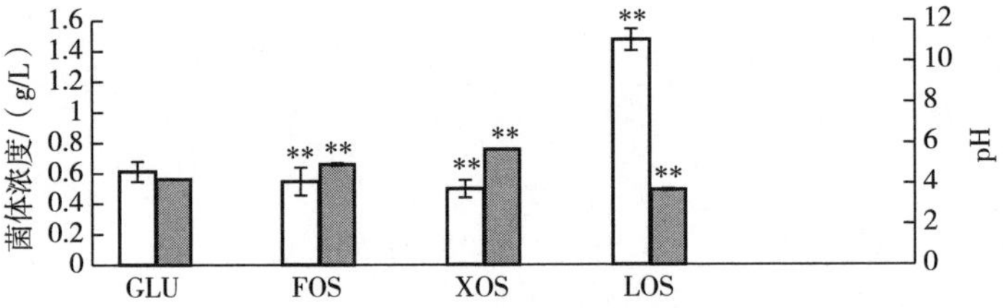

图 5-1　不同碳源对双歧杆菌属增殖效应的影响

□ 菌体浓度　■ pH

注：*表示$P<0.05$；**表示$P<0.01$。

（三）不同浓度的LOS对双歧杆菌属增殖效应的研究

LOS分别以1、3、5、7、10g/L的浓度取代GLU添加到基础培养基中，115℃湿热灭菌20min，取菌种母液以16g/L的接菌量接种培养基。37℃厌氧培养48h，测定各培养基的双歧杆菌属菌体浓度和pH，每个处理设3个重复。

如图5-2所示，随着LOS的添加量增加，双歧杆菌属的菌体浓度也不断增大。但当添加浓度达到7g/L之后，菌体浓度趋于平缓，表明菌体几乎不再生长。结果表明，培养基中LOS的添加量并非越多越好，当LOS浓度达到7g/L以上时，低聚糖对双歧杆菌属的生长具有抑制作用，这可能是由于高渗透压的低聚糖对细菌有脱水作用，反而抑制了菌体生长。因此，LOS作为双歧杆菌属体外培养的碳源时，添加量要适宜，7g/L的添加浓度即可达到很好的增殖效果。培养基中pH随着糖浓度的增加而不断降低，当培养基中LOS的浓度达到7g/L后，菌体生长停滞使培养基的pH下降趋势趋于平缓。

（四）双歧杆菌属生长曲线的测定

以相同浓度5g/L的LOS取代基础培养基中的GLU作为实验培养基，115℃湿热灭菌20min，取菌种母液以16g/L的接菌量分别接种基础培养基和实验培养基。

37℃厌氧培养60h，分别于0、6、12、18、24、30、36、42、48、54、60h取样测定双歧杆菌属菌体浓度和pH，每个处理设2个重复。以培养时间为横坐标，菌体浓度为纵坐标，绘制生长曲线。

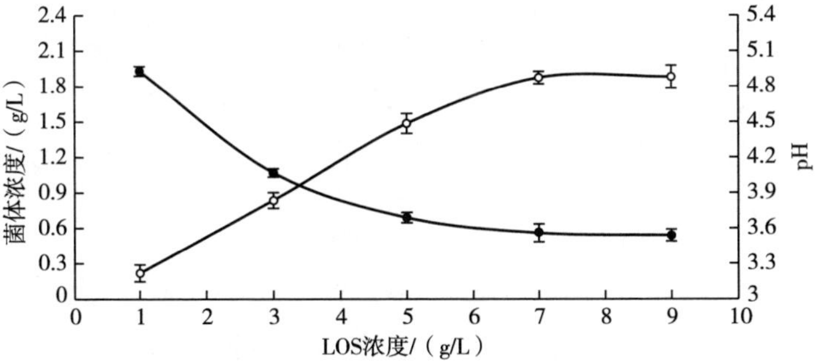

图 5-2　不同浓度 LOS 对双歧杆菌属增殖效应的影响

—○— 菌体浓度　—●— pH

如图5-3所示，在相同的糖浓度下，LOS比GLU更有利于双歧杆菌属的增殖。结果表明，LOS培养基的双歧杆菌属进入对数期速率比GLU培养基中的双歧杆菌属快，并且最终菌体浓度比GLU培养基高，与不同碳源对双歧杆菌属增殖效应的影响所得的结论一致。纯化的LOS与未纯化的LOS相比，更有利于提高双歧杆菌属生长速率（生长速率提高2.34%，代时时间缩短2.29%），但增殖效果不如未纯化的LOS，这可能是由于未纯化的LOS中包含其他未知增殖因子所致。如图5-4所示，随双歧杆菌属菌体浓度的提高，pH不断降低，降低趋势与菌体浓度负相关。

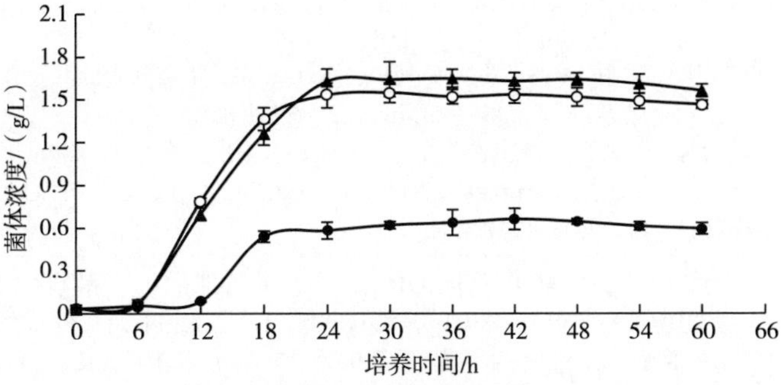

图 5-3　双歧杆菌属生长曲线的测定

—○— LOS（纯化）—●— GLU　—▲— LOS

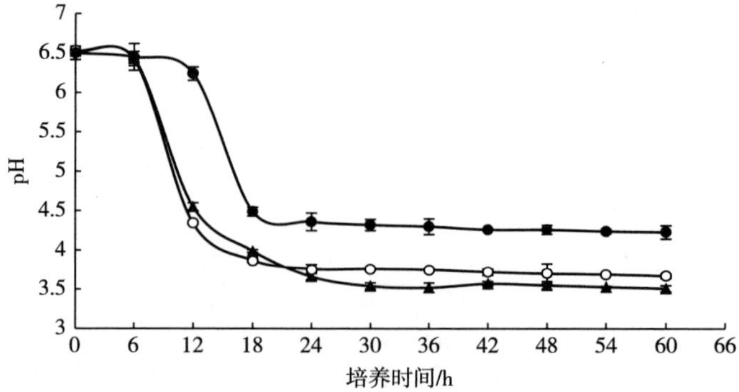

图 5-4 双歧杆菌属生长过程中 pH 的变化

—○— LOS（纯化） —●— GLU —▲— LOS

二、莲子低聚糖各单体对益生菌体外发酵特性的研究

（一）实验培养基

实验用培养基如表5-1所示。

表5-1 培养基配方与配制方法

培养基编号	配方组成
CM 0787	牛肉膏 10g，蛋白胨 5g，酵母粉 3g，D（+）– 葡萄糖 5g，淀粉 1g，氯化钠 5g，乙酸钠 3g，L- 半胱氨酸盐酸盐 0.5g，去离子水 1000mL，115ºC 湿热灭菌 20min，多黏菌素 B 0.02g，pH=6.8 ± 0.2（25℃）
CM 0794	肉汤提取物 3g，脲蛋白胨 10g，胰蛋白胨 5g，植酮 3g，酵母粉 5g，肝浸出物 150mL，D（+）– 葡萄糖 10g，可溶性淀粉 0.5g，溶液 A 10mL，溶液 B 5mL，吐温 –80 1g，琼脂 15g，L– 半胱氨酸盐酸盐 10mL，马血 50mL，去离子水 825mL。 肝浸出物制备：加 10g 肝粉于 170mL 去离子水中，50~60℃下保温 1h，加热至沸腾，维持 5min，pH=6.9 ± 0.1，过滤。 溶液 A 配方：K_2HPO_4 10g，KH_2PO_4 10g，蒸馏水 100mL。 溶液 B 配方：$MgSO_4 \cdot 7H_2O$ 4g，NaCl 0.2g，$FeSO_4 \cdot 7H_2O$ 0.2g，$MnSO_4 \cdot xH_2O$ 0.2g，蒸馏水 100mL
CM 0789	酪蛋白胨（胰酶消化）10g，肉汤提取物 10g，酵母粉 5g，D（+）– 葡萄糖 20g，吐温 -80 1g，K_2HPO_4 2g，乙酸钠 5g，柠檬酸二铵 2g，七水硫酸镁 0.2g，一水硫酸锰 0.05g，去离子水 1000mL，pH=6.3 ± 0.1
CM 0006	酪蛋白胨 10g，牛肉粉 8g，酵母粉 4g，D（+）– 葡萄糖 20g，硫酸镁 0.2g，乙酸钠 5g，柠檬酸三铵 2g，吐温 –80 1g，K_2HPO_4 2g，硫酸锰 0.05g，去离子水 1000mL，pH=6.2 ± 0.2

（二）小鼠粪便中SCFAs及乳酸含量测定

根据Feria-Gervasio等[15]的方法稍作改进，分别配制5mmol/L至25mmol/L 5个梯度浓度的甲酸、乙酸、丙酸、丁酸、异丁酸、乳酸标准溶液以及1~5mmol/L 5个梯度浓度的戊酸、异戊酸标准溶液。采用气相色谱法进行定量分析，所得结果以浓度作为横坐标（mmol/L），峰面积作为纵坐标绘制标准曲线。色谱条件为：HP-INNOWAX色谱柱（30m × 0.320mm × 0.25μm）；起始温度100℃，保持0.5min，再以4℃/min的升温速度加热至200℃，总过程运行20.3min。进样量0.2μL，载气为氮气，流速20mL/min；燃气氢气流速30mL/min，助燃气空气流速300mL/min，尾吹氮气流量19mL/min；FID检测器温度240℃，进样口温度240℃；采用不分流的方式。实验所得标准曲线方程如表5-2所示。

表5-2　SCFAs标准曲线方程

脂肪酸	保留时间 /min	标准曲线方程	R^2
乙酸	8.986 ± 0.075	y=62.415x−86.667	0.999
丙酸	9.986 ± 0.066	y=119.533x−42.163	0.999
乳酸	13.042 ± 0.006	y=83452.34x+1579.27	0.999
异丁酸	10.271 ± 0.083	y=151.972x−21.665	0.999
丁酸	11.087 ± 0.047	y=180.075x−64.895	0.999
异戊酸	11.544 ± 0.029	y=203.217x−26.577	0.999
戊酸	12.414 ± 0.020	y=185.125x−17.403	0.999

乳酸含量的测定主要通过Fernández等所述的高效液相色谱法（HPLC）进行测定[16]。测定时将粪便样品制成粪便溶液，随后将25mL浓度为4.5mmol的H_2SO_4加入5mL浓度为1g/mL的粪便溶液中，充分混合，提取1h，并以12000 × g离心5min。50μL的上清液使用HPX-87H Aminex 离子交换柱（300mm × 7.8mm，Bio-Rad公司，美国）进行等度分离，分离条件为：流速0.7mL/min，柱温65℃，流动相H_2SO_4（3mmol/L），检测器RID，采用外标法定量。

测定样品时，取粪便0.5000g于5mL离心管中，冰浴10min后，加入4mL灭菌去离子水，磁力旋转搅拌2min以上，直至粪便完全溶解。粪便悬浊液5000×g（4℃下）离心20min后，取上清液重复离心一次。收集二次离心上清液并过0.45μm滤膜后注入1.5mL气相进样瓶中，每个样品独立重复测定3次，以同样条件测定粪便中SCFAs的含量。

（三）LOS各单体对嗜酸乳杆菌生长过程及产SCFAs、乳酸的影响

如图5-5所示，碳源对嗜酸乳杆菌最终增殖效果的影响依次是LOS3-Ⅰ>GLU>LOS4>FOS>LOS3-Ⅱ。嗜酸乳杆菌在生长过程中利用不同碳源代谢主要产生乙酸和乳酸，含量如表5-3所示。其中，LOS3-1对嗜酸乳杆菌增殖作用显著（$P<0.05$）。GLU和LOS4培养基中嗜酸乳杆菌的乳酸产量差异不显著（$P>0.05$）。

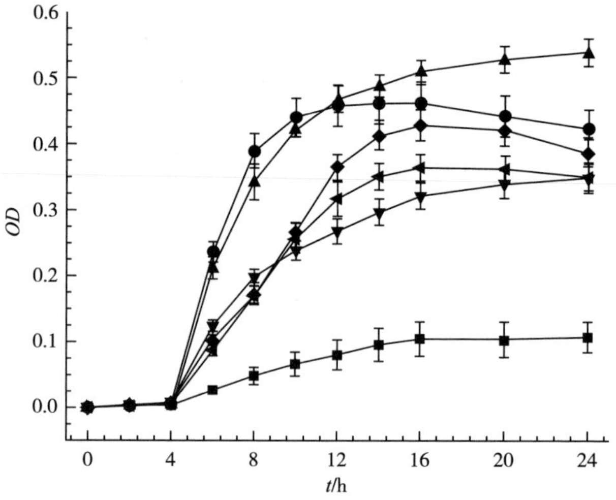

图5-5　LOS对嗜酸乳杆菌生长过程的影响

表5-3　LOS对嗜酸乳杆菌产SCFAs和乳酸的影响

碳源	时间 /h	乙酸 /mmol	乳酸 /mmol
对照	10	1.521（0.083）^{h}	11.119（0.215）^{f}
	24	1.493（0.020）^{h}	13.316（0.565）^{f}

续表

碳源	时间 /h	乙酸 /mmol	乳酸 /mmol
LOS3-Ⅰ	10	23.914（1.245）[d]	83.996（3.859）[b]
	24	31.645（1.353）[a]	106.225（0.450）[a]
LOS3-Ⅱ	10	8.389（0.328）[g]	48.187（1.764）[e]
	24	22.369（0.839）[d]	72.013（1.707）[c]
LOS4	10	14.583（0.007）[f]	47.493（2.533）[e]
	24	28.455（1.536）[b]	83.321（2.003）[b]
GLU	10	7.403（0.388）[g]	86.581（2.648）[b]
	24	17.704（0.848）[e]	85.575（4.091）[b]
FOS	10	18.248（0.773）[e]	45.177（0.690）[e]
	24	26.496（1.011）[c]	66.846（2.184）[d]

注：括号内为标准差，不同小写字母表示同一脂肪酸在不同碳源与时间的脂肪酸含量差异显著（$P<0.05$）。

（四）LOS各单体对保加利亚乳杆菌生长过程及产SCFAs、乳酸的影响

如图5-6所示，保加利亚乳杆菌在以GLU为碳源的培养基中生长效果最佳；保加利亚乳杆菌在以LOS3-1，LOS4和FOS为碳源的培养基中随着时间的延长其菌体数量及生长速率并无显著增长；在LOS4作为碳源的培养基中，保加利亚乳杆菌菌体数量在对数期生长速率略高于以LOS3-1、LOS3-2和FOS为碳源的培养基。由此可以看出，保加利亚乳杆菌可能只能利用GLU促生长繁殖，而无法有效利用低聚糖作为碳源。

保加利亚乳杆菌在生长过程中利用不同碳源代谢产生乙酸和乳酸含量如表5-4所示，以GLU为碳源的培养基，保加利亚乳杆菌生长数量和生长速率均显著高于其他培养基，LOS4次之。

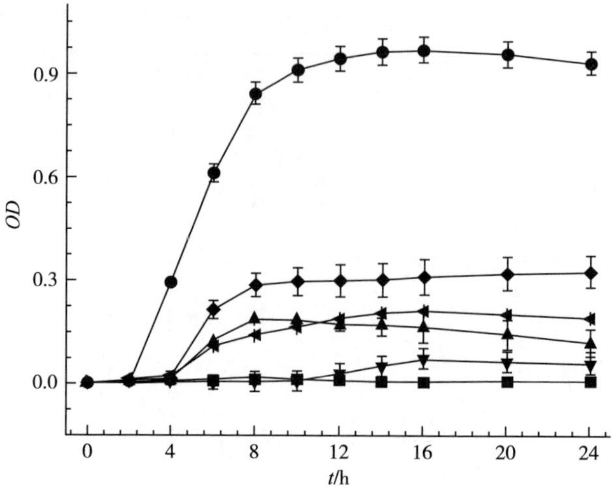

图 5-6 LOS 对保加利亚乳杆菌生长过程的影响

表5-4 LOS对保加利亚乳杆菌产SCFAs和乳酸的影响

碳源	时间 /h	乙酸 /mmol	乳酸 /mmol
对照	10	2.001（0.132）fg	11.916（0.623）b
	24	1.999（0.009）fg	12.081（0.584）b
LOS3-1	10	2.429（0.055）ef	38.183（1.498）e
	24	2.468（0.055）ef	37.633（1.282）ef
LOS3-2	10	1.687（0.099）g	28.179（1.016）g
	24	1.877（0.094）fg	30.193（1.282）fg
LOS4	10	3.015（0.028）de	53.903（0.247）d
	24	3.431（0.193）cd	70.971（3.480）c
GLU	10	11.280（0.757）a	155.711（4.565）b
	24	11.392（0.558）a	172.709（9.804）a
FOS	10	4.051（0.120）bc	30.083（1.072）g
	24	4.672（0.009）b	44.040（2.073）e

注：括号内为标准差，不同小写字母表示同一脂肪酸在不同碳源与时间的脂肪酸含量差异显著（$P<0.05$）。

（五）LOS各单体对青春双歧杆菌生长过程及产SCFAs、乳酸的影响

如图5-7所示，青春双歧杆菌在LOS4为碳源的培养基中菌体数量均显著高于添加其他碳源的培养基，GLU对青春双歧杆菌的增殖作用次之，只有LOS3-2低于阳性对照组。由此可知，LOS对青春双歧杆菌具有较好的增殖作用[17]，主要是单体LOS4造成的。

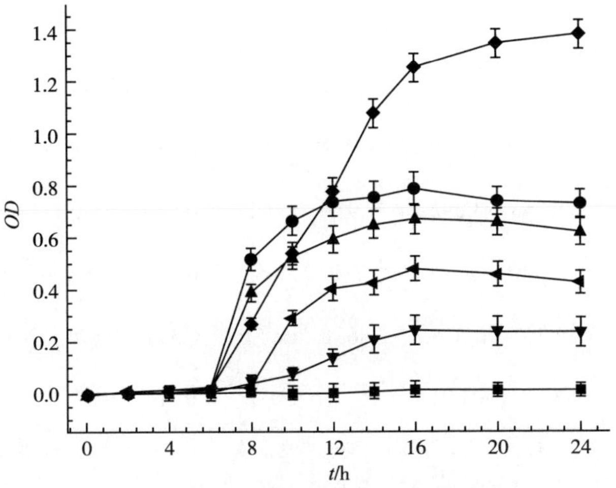

图 5-7　LOS 对青春双歧杆菌生长过程的影响

乙酸和乳酸被认为是典型的双歧杆菌属发酵终产物[18]。青春双歧杆菌在生长过程中利用不同碳源代谢产生乙酸、乳酸、丙酸、丁酸，含量如表5-5所示。各碳源培养基中，除丙酸含量之外，其余脂肪酸含量的变化趋势均与青春双歧杆菌生长曲线相对应，表明LOS4对青春双歧杆菌有显著增殖作用（$P<0.05$）。

表5-5　LOS对青春双歧杆菌产SCFAs和乳酸的影响

碳源	时间 /h	乙酸 /mmol	乳酸 /mmol	丙酸 /mmol	丁酸 /mmol
对照	10	11.028（0.259）^{i}	7.372（0.039）^{f}	0.388（0.008）^{f}	0.411（0.024）^{d}
	24	11.391（0.103）^{i}	7.742（0.190）^{f}	0.390（0.009）^{f}	0.412（0.028）^{d}

续表

碳源	时间 /h	乙酸 /mmol	乳酸 /mmol	丙酸 /mmol	丁酸 /mmol
LOS3-1	10	78.448（2.127）[d]	55.258（2.468）[c]	0.464（0.023）[de]	0.435（0.019）[bcd]
	24	113.328（0.126）[c]	77.604（0.622）[b]	0.655（0.038）[a]	0.498（0.032）[a]
LOS3-2	10	20.498（0.367）[h]	14.162（0.406）[g]	0.453（0.029）[e]	0.432（0.004）[bcd]
	24	45.844（1.911）[g]	30.368（0.947）[e]	0.443（0.006）[e]	0.466（0.028）[ab]
LOS4	10	30.528（1.114）[g]	20.852（1.144）[f]	0.419（0.019）[ef]	0.421（0.021）[cd]
	24	121.951（1.679）[b]	81.932（0.047）[b]	0.534（0.001）[bc]	0.464（0.004）[abc]
GLU	10	75.553（3.292）[e]	51.913（2.740）[d]	0.438（0.018）[ef]	0.438（0.014）[bcd]
	24	143.361（2.992）[a]	98.945（5.943）[a]	0.428（0.017）[ef]	0.506（0.001）[a]
FOS	10	32.263（0.276）[g]	22.681（0.951）[f]	0.507（0.025）[cd]	0.431（0.025）[bcd]
	24	67.186（0.694）[f]	46.791（2.738）[d]	0.561（0.036）[b]	0.473（0.003）[ab]

注：括号内为标准差，不同小写字母表示同一脂肪酸在不同碳源与时间的脂肪酸含量差异显著（$P<0.05$）。

（六）LOS各单体对短双歧杆菌生长过程及产SCFAs、乳酸的影响

如图5-8所示，短双歧杆菌在GLU培养基中菌体数量最高，在以LOS3-1为碳源的培养基中对数期生长速率最高。碳源对短双歧杆菌增殖作用的促进效果依次为GLU>FOS>LOS3-1>LOS4>LOS3-2。

短双歧杆菌在生长过程中利用不同碳源代谢产生乙酸、乳酸、丙酸、丁酸，含量如表5-6所示。GLU为碳源的培养基中短双歧杆菌在24h时代谢产生乙酸、乳酸和丁酸含量显著高于其他培养基（$P<0.05$），但发酵过程中丙酸含量并未显著增加（$P>0.05$）。如生长曲线图5-8所示，在GLU培养基中，短双歧杆菌生长在生长速率和菌体数量上均显著高于其他培养基（$P<0.05$）。短双歧杆菌菌株在葡萄糖和乳糖中增长结果良好，这与其他文献的结果一致[19]。

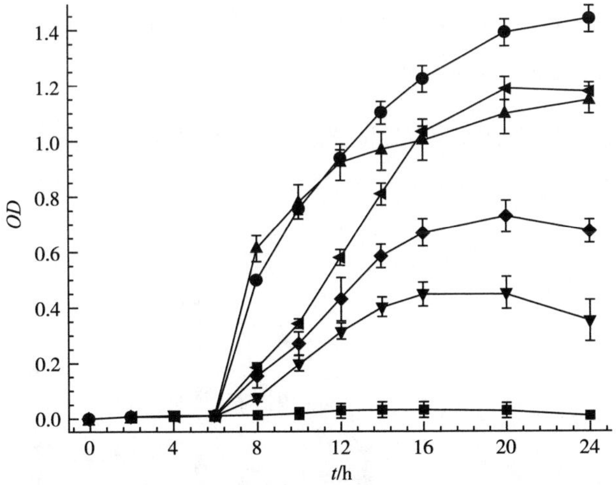

图 5-8　LOS 对短双歧杆菌生长过程的影响

表5-6　LOS对短双歧杆菌产SCFAs和乳酸的影响

碳源	时间 /h	乙酸 /mmol	乳酸 /mmol	丙酸 /mmol	丁酸 /mmol
对照	10	11.028（0.259）[i]	7.372（0.039）[f]	0.388（0.008）[f]	0.411（0.024）[d]
	24	11.391（0.103）[i]	7.742（0.190）[f]	0.390（0.009）[f]	0.412（0.028）[d]
LOS3-1	10	78.448（2.127）[d]	55.258（2.468）[c]	0.464（0.023）[de]	0.435（0.019）[bcd]
	24	113.328（0.126）[c]	77.604（0.622）[b]	0.655（0.038）[a]	0.498（0.032）[a]
LOS3-2	10	20.498（0.367）[h]	14.162（0.406）[g]	0.453（0.029）[e]	0.432（0.004）[bcd]
	24	45.844（1.911）[g]	30.368（0.947）[e]	0.443（0.006）[e]	0.466（0.028）[ab]
LOS4	10	30.528（1.114）[g]	20.852（1.144）[f]	0.419（0.019）[ef]	0.421（0.021）[cd]
	24	121.951（1.679）[b]	81.932（0.047）[b]	0.534（0.001）[bc]	0.464（0.004）[abc]
GLU	10	75.553（3.292）[e]	51.913（2.740）[d]	0.438（0.018）[ef]	0.438（0.014）[bcd]
	24	143.361（2.992）[a]	98.945（5.943）[a]	0.428（0.017）[ef]	0.506（0.001）[a]
FOS	10	32.263（0.276）[g]	22.681（0.951）[f]	0.507（0.025）[cd]	0.431（0.025）[bcd]
	24	67.186（0.694）[f]	46.791（2.738）[d]	0.561（0.036）[b]	0.473（0.003）[ab]

注：括号内为标准差，不同小写字母表示同一脂肪酸在不同碳源与时间的脂肪酸含量差异显著（$P<0.05$）。

（七）LOS各单体对婴儿双歧杆菌（*Bifidobacterium infantis*）生长过程及产SCFAs、乳酸的影响

如图5-9所示，碳源对婴儿双歧杆菌增殖作用的影响依次为GLU>LOS4>LOS3-1>FOS>LOS3-2。

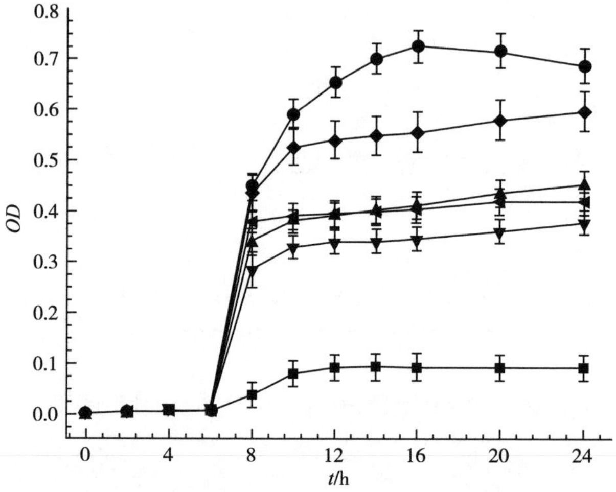

图5-9 LOS对婴儿双歧杆菌生长过程的影响

婴儿双歧杆菌在生长过程中利用不同碳源代谢产生乙酸、乳酸、丙酸、丁酸，含量如表5-7所示。GLU为碳源的培养基中的婴儿双歧杆菌在24h时代谢产生乙酸、乳酸和丙酸的含量显著高于其他培养基（$P<0.05$），丁酸随着发酵时间的增长并无显著变化（$P>0.05$）。发酵10h后，LOS4为碳源的培养基与GLU为碳源的培养基乙酸和乳酸含量无显著差异（$P>0.05$），这与LOS4为碳源的培养基和GLU为碳源的培养基中婴儿双歧杆菌生长对数期（6~10h）的生长速率与菌体数量变化趋势相同。

表5-7 LOS对婴儿双歧杆菌产SCFAs和乳酸的影响

碳源	时间/h	乙酸/mmol	乳酸/mmol	丙酸/mmol	丁酸/mmol
对照	10	11.749（0.447）^{g}	8.079（0.189）^{h}	0.417（0.026）^{f}	0.468（0.030）^{ab}
	24	12.737（0.031）^{g}	8.925（0.104）^{h}	0.415（0.032）^{f}	0.451（0.004）^{bc}

续表

碳源	时间 /h	乙酸 /mmol	乳酸 /mmol	丙酸 /mmol	丁酸 /mmol
LOS3-1	10	33.844（1.565）^{f}	22.346（0.285）^{g}	0.456（0.031）^{de}	0.441（0.002）^{bcd}
	24	47.143（2.247）^{d}	32.223（0.978）^{d}	0.492（0.011）^{bc}	0.478（0.022）^{ab}
LOS3-2	10	32.170（0.157）^{f}	21.842（0.412）^{g}	0.420（0.011）^{f}	0.395（0.017）^{e}
	24	41.411（1.306）^{e}	28.514（0.944）^{e}	0.442（0.002）^{def}	0.394（0.016）^{e}
LOS4	10	53.247（3.404）^{c}	34.801（0.531）^{c}	0.446（0.003）^{def}	0.467（0.029）^{ab}
	24	59.009（3.282）^{b}	38.570（0.393）^{b}	0.465（0.010）^{cd}	0.494（0.012）^{a}
GLU	10	53.873（1.750）^{c}	35.993（0.257）^{c}	0.518（0.008）^{b}	0.408（0.024）^{de}
	24	74.539（3.786）^{a}	48.509（0.266）^{a}	0.570（0.014）^{a}	0.442（0.001）^{bcd}
FOS	10	36.149（0.145）^{f}	25.131（0.660）^{f}	0.424（0.001）^{ef}	0.422（0.011）^{cde}
	24	44.536（2.204）^{de}	30.082（1.882）^{e}	0.498（0.019）^{bc}	0.465（0.026）^{ab}

注：括号内为标准差，不同小写字母表示同一脂肪酸在不同碳源与时间的脂肪酸含量差异显著（P<0.05）。

（八）LOS各单体对动物双歧杆菌（*Bifidobacterium animalis*）生长过程及产SCFAs、乳酸的影响

如图5-10所示，动物双歧杆菌能够迅速利用葡萄糖作为碳源进行增殖，但在以LOS3-1，LOS3-2，LOS4，FOS为碳源的培养基中，动物双歧杆菌不能有效利用低聚糖促进生长，其生长速率及菌体数量与空白组并无显著差异（P>0.05）。由此可得，动物双歧杆菌可能只能利用葡萄糖促进自身生长繁殖，而无法有效利用低聚糖作为碳源。

动物双歧杆菌在生长过程中利用不同碳源代谢产生乙酸、乳酸、丙酸、丁酸，含量如表5-8所示。GLU为碳源的培养基中，动物双歧杆菌在10、24h时代谢产生乙酸、乳酸和丁酸含量显著高于其他培养基（P<0.05），丙酸随着发酵时间的增长并无显著变化（P>0.05）。LOS3-1、LOS3-2为碳源的培养基中，动物双歧杆菌在10、24h时产生乙酸、乳酸、丙酸、丁酸并无显著差异（P>0.05），而LOS4为碳源的培养基中，动物双歧杆菌在10、24h时产生的乙酸、丙酸、丁酸含量并无显著差异（P>0.05）。如图5-10所示，这3种碳源培养基中，动物双歧

杆菌在10、24h时的生长速率和菌体数量无显著差异（$P>0.05$）。

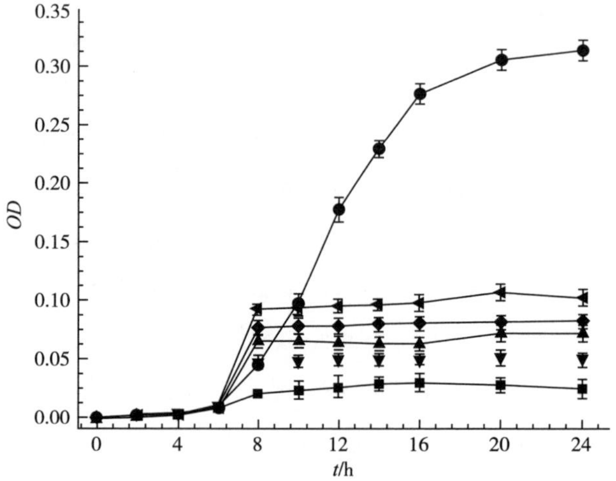

图 5-10　LOS 对动物双歧杆菌生长过程的影响

表5-8　LOS对动物双歧杆菌产SCFAs和乳酸的影响

碳源	时间 /h	乙酸 /mmol	乳酸 /mmol	丙酸 /mmol	丁酸 /mmol
对照	10	11.226（0.370）^{f}	7.647（0.242）^{f}	0.402（0.002）^{f}	0.472（0.030）^{ab}
	24	11.368（0.402）^{f}	7.614（0.148）^{f}	0.406（0.003）^{f}	0.474（0.032）^{ab}
LOS3-1	10	16.682（0.646）^{e}	11.548（0.483）^{de}	0.413（0.015）^{ef}	0.473（0.020）^{ab}
	24	18.199（0.214）^{de}	12.644（0.180）^{cde}	0.418（0.010）^{ef}	0.510（0.027）^{a}
LOS3-2	10	16.800（0.828）^{e}	11.312（0.259）^{e}	0.441（0.008）^{cde}	0.461（0.000）^{b}
	24	18.227（0.724）^{de}	12.243（0.337）^{cde}	0.447（0.013）^{bcd}	0.471（0.010）^{ab}
LOS4	10	17.835（0.798）^{de}	12.518（0.781）^{cde}	0.415（0.008）^{ef}	0.474（0.029）^{ab}
	24	19.491（1.309）^{cd}	13.263（0.691）^{b}	0.426（0.023）^{def}	0.482（0.024）^{ab}
GLU	10	21.127（1.104）^{bc}	14.702（0.928）^{b}	0.468（0.001）^{bc}	0.478（0.015）^{ab}
	24	35.008（0.215）^{a}	24.303（1.463）^{a}	0.471（0.006）^{b}	0.493（0.025）^{ab}

续表

碳源	时间 /h	乙酸 /mmol	乳酸 /mmol	丙酸 /mmol	丁酸 /mmol
FOS	10	19.029（0.487）[d]	12.893（0.088）[cd]	0.530（0.025）[a]	0.478（0.023）[ab]
	24	22.610（1.123）[b]	15.233（0.329）[b]	0.537（0.012）[a]	0.469（0.007）[ab]

注：括号内为标准差，不同小写字母表示同一脂肪酸在不同碳源与时间的脂肪酸含量差异显著（P<0.05）。

（九）LOS各单体对长双歧杆菌（*Bifidobacterium longum*）生长过程及产SCFAs、乳酸的影响

如图5-11所示，长双歧杆菌在以LOS4为碳源的培养基中的增殖效果与其他碳源相比，影响并无显著差异（P>0.05）。

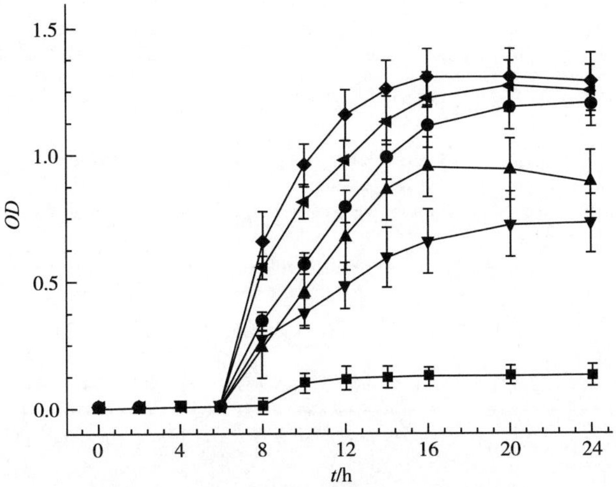

图 5-11　LOS 对长双歧杆菌生长过程的影响

长双歧杆菌在生长过程中利用不同碳源代谢产生乙酸、乳酸、丙酸、丁酸，含量如表5-9所示。10h时，长双歧杆菌利用LOS4发酵产生乙酸、乳酸的含量显著高于其他碳源（P<0.05）；在24h后，长双歧杆菌利用LOS4与LOS3-1发酵产生的丁酸含量显著高于其他碳源（P<0.05）；以LOS4为碳源的培养基中，发酵过

程中丙酸含量虽呈显著增加趋势，但其含量显著低于LOS3-1和FOS为碳源的培养基（$P<0.05$），表明长双歧杆菌在生长过程中所产生的丙酸可能被利用生成丁酸。长双歧杆菌的最终菌体数量高于其他双歧杆菌的数量，表明其利用不同类型的碳水化合物的能力较强。

表5-9　LOS对长双歧杆菌产SCFAs和乳酸的影响

碳源	时间 /h	乙酸 /mmol	乳酸 /mmol	丙酸 /mmol	丁酸 /mmol
对照	10	10.998（0.685）[g]	7.452（0.284）[g]	0.401（0.005）[g]	0.437（0.000）[f]
	24	10.663（0.281）[g]	7.284（0.371）[g]	0.405（0.010）[g]	0.442（0.007）[ef]
LOS3-1	10	45.100（2.588）[f]	29.398（0.713）[g]	0.463（0.000）[f]	0.463（0.028）[def]
	24	100.485（4.680）[c]	65.678（1.108）[d]	0.653（0.021）[a]	0.578（0.007）[a]
LOS3-2	10	38.948（2.544）[f]	25.284（0.011）[g]	0.417（0.026）[g]	0.477（0.011）[bcde]
	24	63.682（2.505）[e]	43.914（1.779）[f]	0.532（0.014）[cd]	0.453（0.020）[def]
LOS4	10	105.296（4.122）[c]	72.421（2.339）[c]	0.494（0.002）[def]	0.503（0.013）[b]
	24	146.612（9.338）[a]	95.730（0.535）[a]	0.556（0.007）[c]	0.550（0.010）[a]
GLU	10	65.940（1.486）[de]	45.853（1.969）[f]	0.476（0.027）[f]	0.466（0.001）[cdef]
	24	128.109（4.464）[b]	87.79（1.828）[b]	0.520（0.025）[cde]	0.472（0.025）[bcde]
FOS	10	74.980（2.181）[d]	51.389（3.025）[e]	0.479（0.029）[ef]	0.500（0.027）[bc]
	24	142.391（9.263）[a]	96.455（5.257）[a]	0.604（0.025）[b]	0.481（0.005）[bcd]

注：括号内为标准差，不同小写字母表示同一脂肪酸在不同碳源与时间的脂肪酸含量差异显著（$P<0.05$）。

（十）LOS各单体对双歧双歧杆菌（*Bifidobacterium bifidum*）生长过程及产SCFAs、乳酸的影响

如图5-12所示，双歧双歧杆菌在葡萄糖为碳源的培养基中增殖效果最佳，其次是LOS3-1和FOS，LOS4和LOS3-2增殖效果不佳。双歧双歧杆菌在生长过程中利用不同碳源代谢产生乙酸、乳酸、丙酸、丁酸，含量如表5-10所示。GLU为碳源的培养基中双歧双歧杆菌在10、24h时代谢产生乙酸、乳酸含量最

高，但随着培养时间的延长，丙酸含量并无显著变化（$P>0.05$）；LOS3-1为碳源的培养基中双歧双歧杆菌乳酸产量显著高于FOS为碳源的培养基（$P<0.05$），乙酸含量无显著差异（$P>0.05$），但丙酸和丁酸含量均显著低于FOS为碳源的培养基（$P<0.05$）。

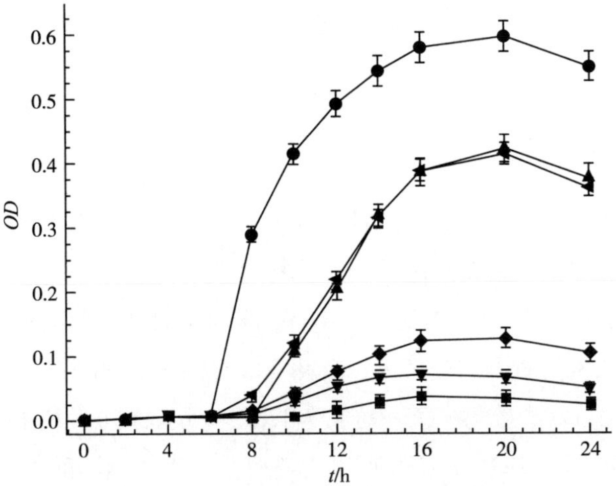

图 5-12　LOS 对双歧双歧杆菌生长过程的影响

表5-10　LOS对双歧双歧杆菌产SCFAs和乳酸的影响

碳源	时间 /h	乙酸 /mmol	乳酸 /mmol	丙酸 /mmol	丁酸 /mmol
对照	10	9.174（0.608）^{h}	5.944（0.120）^{h}	0.385（0.011）^{e}	0.408（0.018）^{gh}
	24	11.584（0.278）^{g}	8.176（0.447）^{g}	0.389（0.014）^{e}	0.398（0.001）^{h}
LOS3-1	10	16.515（1.009）^{f}	11.308（0.392）^{f}	0.415（0.008）^{de}	0.457（0.013）^{ef}
	24	47.080（1.128）^{b}	33.631（1.875）^{b}	0.484（0.002）^{b}	0.528（0.032）^{bc}
LOS3-2	10	11.796（0.132）^{g}	8.310（0.229）^{g}	0.418（0.017）^{de}	0.402（2.006）^{h}
	24	21.136（0.274）^{e}	14.758（0.962）^{e}	0.433（0.007）^{cd}	0.473（0.005）^{de}
LOS4	10	11.880（0.134）^{g}	8.197（0.466）^{g}	0.390（0.026）^{e}	0.402（0.023）^{h}
	24	36.534（0.846）^{d}	24.812（0.862）^{d}	0.400（0.021）^{de}	0.495（0.022）^{cd}

续表

碳源	时间 /h	乙酸 /mmol	乳酸 /mmol	丙酸 /mmol	丁酸 /mmol
GLU	10	44.444（1.401）c	30.411（0.089）c	0.437（0.011）cd	0.408（0.004）gh
	24	53.127（2.186）a	36.588（0.993）a	0.464（0.002）bc	0.535（0.005）b
FOS	10	17.578（0.695）f	12.326（0.691）f	0.434（0.020）cd	0.438（0.006）fg
	24	46.552（1.686）bc	31.470（1.118）c	0.558（0.033）a	0.572（0.017）a

注：括号内为标准差，不同小写字母表示同一脂肪酸在不同碳源与时间的脂肪酸含量差异显著（$P<0.05$）。

双歧杆菌属[20]与乳杆菌属[21]增殖效果具有选择性，利用效果往往随低聚糖聚合度的降低而增加，这也是在使用益生元菊粉时，不同低聚糖的利用效果存在差异的原因之一。综上结果可知，LOS不能被保加利亚乳杆菌、动物双歧杆菌两个菌种较好地利用；LOS4对青春双歧杆菌、婴儿双歧杆菌、长双歧杆菌有显著增殖作用（$P<0.05$）；LOS3–1对嗜酸乳杆菌、短双歧杆菌、双歧双歧杆菌增殖作用较好。代谢过程中SCFAs的变化常取决于发酵底物的类型、微生物菌群的组成以及底物的消耗速率[22]，在一定程度上可反映底物对菌种的增殖效果。如表5–3至表5–10所示，短双歧杆菌、婴儿双歧杆菌、动物双歧杆菌、双歧双歧杆菌能够有效利用GLU作为碳源，代谢产生乙酸、乳酸；嗜酸乳杆菌能够有效利用LOS3–1进行增殖，并代谢产生大量乙酸和乳酸；青春双歧杆菌、长双歧杆菌能够有效利用LOS4进行增殖，其代谢产生的乙酸、乳酸、丁酸显著高于其他碳源培养基。代谢过程中，各菌株丙酸含量多无显著增加，这可能是由于发酵过程中丙酸会被利用，进而转化为丁酸有关。

第二节 莲子低聚糖对抑制致病性大肠杆菌黏附Caco–2细胞能力的研究

人体传染病的发生一般始于病原体对宿主细胞的黏附，其后引发的一系列病理生理过程。病原体对宿主的黏附依赖于其表面受体与宿主表面糖类化合物之间的特异性结合，宿主表面低聚糖受体序列的差异决定了微生物定植的宿主范围和组织趋向[23]。例如大肠杆菌ORN178会通过其菌毛上的FimH特异性识别肠道宿主表面的甘露糖进而与之结合并侵染宿主细胞[24]；放线菌（*Actinomycetes*）WVU45则结合宿主口腔表面的半乳糖引起龋齿等口腔疾病[25]；流感病毒（*Influenza virus*）则通过其表面HA结合呼吸道表面的受体[26]。这种微生物与低聚糖受体的特异性相互作用为拓展外源性低聚糖的应用提供了新的可能，由于LOS具有甘露糖残基，可能具有良好的抗黏附效果。一般在研究肠道上皮细胞极化、生物合成及膜蛋白的细胞内过程方面，Caco–2细胞可作为一个极好的模型。

一、光学与荧光显微镜观察莲子低聚糖对致病性大肠杆菌黏附效果的影响

如图5–13（1）和（2）所示，在不加糖化合物的情况下致病性大肠杆菌大量遍布细胞培养液，其中许多附着于Caco–2细胞表面，表明致病性大肠杆菌会通过特异性吸附定植于肠道细胞的表面。光学显微镜的视野由于致病性大肠杆菌数量过多而导致亮度降低，而部分细胞受到侵染后，细胞形态模糊，间隙变大并出现塌陷，细胞质颜色加深。这表明此时细胞功能可能已经发生异常［电解质分泌紊乱、紧密连接蛋白（TJ）屏障破坏、细菌异位感染等］，进入凋亡状态[27]。而在荧光显微镜下，细胞表面由于反射致病性大肠杆菌标记的荧光而使细胞形态较为清晰。如图5–13（9）和（10）所示，光学显微镜下Caco–2细胞因少有致病

（1）　　　　　　　　　　（2）

图 5–13

图 5-13

（11）　　　　　　　　　　　　　　（12）

图 5-13　LOS 对致病性大肠杆菌黏附 Caco-2 细胞的影响（光学显微镜与荧光显微镜）

注：（1）、（3）、（5）、（7）、（9）、（11）为光学显微镜，（2）、（4）、（6）、（8）、（10）、（12）为荧光显微镜。（1）、（2）：空白组（不加糖）；（3）、（4）：甘露糖；（5）、（6）：LOS3-1；（7）、（8）：LOS3-2；（9）、（10）：LOS4；（11）、（12）：低聚甘露糖。

性大肠杆菌侵袭，细胞形态完整，通透性良好。在荧光显微镜下由于细菌数量较少。已难以直接观察出Caco-2细胞形态。由其他图的普光亮度、细菌形态和荧光强度，可初步推断甘露糖、低聚甘露糖、LOS4对致病性大肠杆菌黏附Caco-2细胞的影响效果相似，LOS4抗黏附的作用大于前二者。

二、不同浓度莲子低聚糖各单体对致病性大肠杆菌菌体黏附力的影响

Caco-2细胞在无菌PBS中清洗两次，加入96孔板（保持细胞浓度约1×10^4细胞／孔）。随后将0.5mL细菌悬浮液（保持细菌浓度约5×10^6CFU／孔）加入细胞板各孔中，最后加入各低聚糖样品。将板放置于CO_2培养箱中37℃培养3h，细菌黏附定量使用胰酶-EDTA处理2h后，在含有1g/L吐温-20的无菌PBS中清洗 3 次，除去未黏附的细菌。荧光显微镜观察细菌黏附细胞的情况，同时使用酶标仪测定荧光强度，激发波长为488nm，检测波长为528nm，实验重复3次。致病性大肠杆菌对Caco-2细胞的黏附率按照式（5-1）计算。

$$\text{黏附率（\%）} = \frac{\text{细菌的初始荧光强度} - \text{细菌黏附后的荧光强度}}{\text{细菌的初始荧光强度}} \times 100 \qquad (5\text{-}1)$$

如图5-14所示，随着添加剂量的增加，甘露糖（Man）、LOS3-1、LOS3-

2、LOS4和甘露低聚糖（MOS）对致病性大肠杆菌黏附Caco-2细胞的抑制效果也不断增强；其中，Man、LOS4和MOS在剂量达到15mg/mL后，抑制效果增加不显著（*P*>0.05）。近年来，已有越来越多的食品性益生元与植物提取物被用于抑制致病菌对肠上皮细胞的黏附效果评估中。一般低聚糖的自身结构与细菌表面受体结构相似度大小决定了黏附能力的强弱；宿主细胞表面也具有类似的低聚糖，通过这种相变化，细菌可有选择性地黏附于宿主肠道细胞表面[28]。总体抑制效果LOS4>MOS>Man>LOS3-2>LOS3-1，在添加剂量为15mg/mL时，LOS4和MOS抑制效果差异不显著（*P*>0.05）。LOS3-1、LOS3-2、LOS4随着分子质量的增加，抗黏附效果也随之增强，表明低聚糖分子质量越大，可能与细菌表面受体间的分子作用力会有所加强。

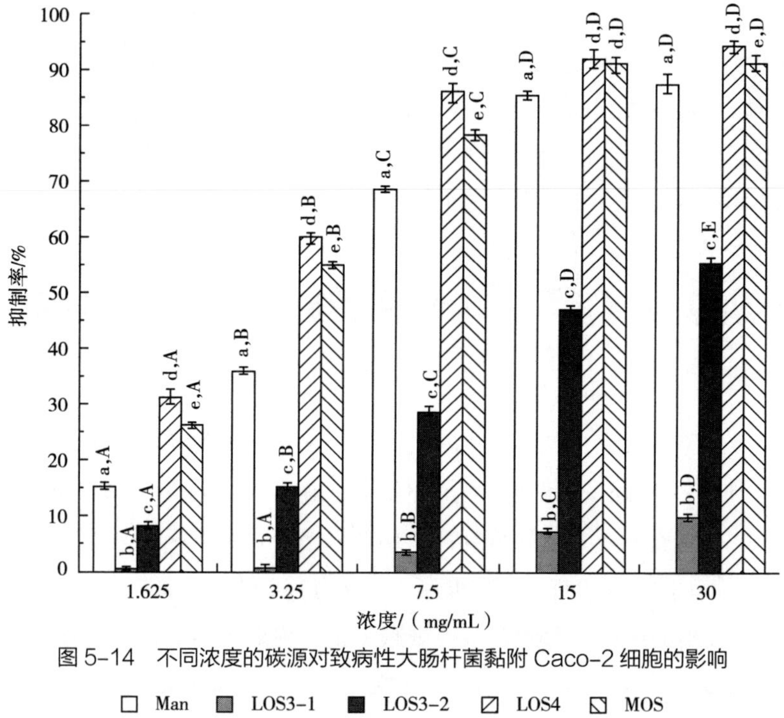

图 5-14　不同浓度的碳源对致病性大肠杆菌黏附 Caco-2 细胞的影响

注：不同大写字母表示相同碳源的不同剂量之间的菌体黏附抑制率差异显著（*P*<0.05）；不同小写字母表示不同碳源相同剂量间菌体黏附抑制率差异显著（*P*<0.05）。

三、不同浓度莲子低聚糖各单体对致病性大肠杆菌菌体细胞膜流动性的影响

采用稳态荧光偏振法测定[29]，当细胞达到80%时，使用含EDTA的胰酶溶液消化细胞。将消化后的细胞重新悬浮于无菌PBS溶液中备用。荧光探针采用二肉桂酰（DPH），溶于二甲基亚砜（DMSO），配制成3mmol/L储备液后置于室温下避光保存。使用探针时，将DPH储备液用PBS缓冲液稀释500倍，并采用氮气气流吹扫去除DMSO。1mL细胞悬液加入1mL DPH标记液，1mL PBS缓冲液，其中DPH的终浓度为2μmol；实验的空白作为1mL PBS缓冲液代替1mL DPH标记液。反应体系混匀后，25℃静置60s，以使荧光探针与致病性大肠杆菌的细胞膜充分作用。

测定样品时，称取样品干粉溶于PBS缓冲液，用1mL样品溶液代替1mL PBS缓冲液，分别使体系中样品终浓度分别为0.5mg/mL、1mg/mL和2mg/mL，其余操作同前面步骤所述。设定样品的激发波长为360nm、发射波长为426nm，采用荧光分光光度计测定体系偏振发射光强度的垂直分量（I_v）和水平分量（I_h）。样品的荧光强度各分量值等于样品体系荧光的强度值减去空白体系的荧光强度。按照式（5–2）计算荧光各向异性参数r。

$$r = \frac{I_v - I_h}{I_v + 2I_h} \tag{5-2}$$

式中　r——荧光各向异性参数；

I_v——垂直分量；

I_h——水平分量。

实验结果如图5–15所示，随着碳源添加浓度的升高，各样品的荧光各向异性值r不断降低，说明各样品与细菌的特异性结合对细菌的细胞膜形态产生了一定的影响。与莲子低聚糖LOS3–1、LOS3–2相比，LOS4能够显著降低细胞膜的荧光各向异性值r（$P<0.05$）；浓度低于15mg/mL时，r值与MOS的差异并不显著。当添加浓度为30mg/mL时，LOS4的荧光各向异性值r显著低于MOS（$P<0.05$），这结果说明莲子低聚糖LOS4的添加能显著改变细胞膜的形态与流动性。以上结果表明，LOS中的LOS4能够有效抑制致病菌黏附肠道细胞，在30mg/mL时具有最大的抑制黏附效果，与其他含甘露糖配体的化合物具有相似

的性能[30]。抑制黏附的效果与r值变化趋势一致，但各浓度MOS的r值普遍较低，说明除了竞争性黏附作用，糖类物质可能还具有渗透压作用导致菌体细胞膜形态发生改变。

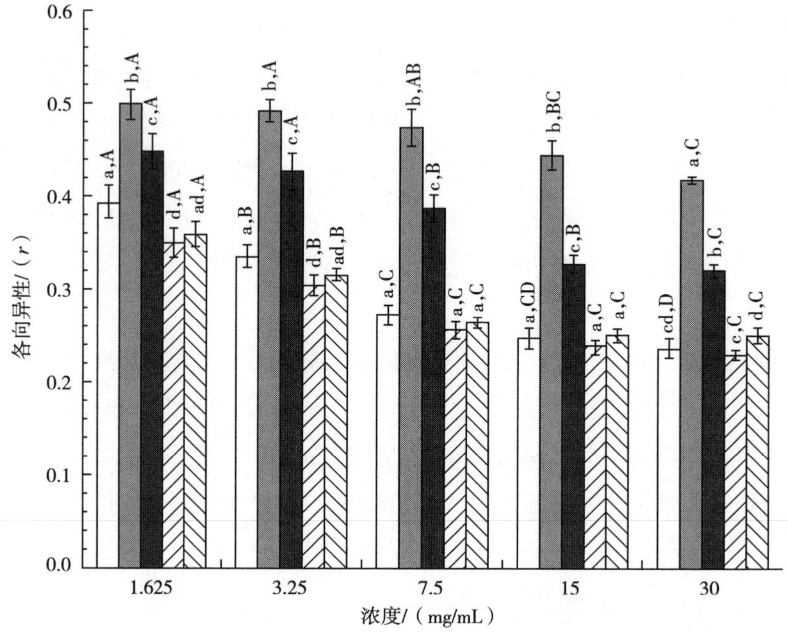

图 5-15　不同浓度碳源对致病性大肠杆菌黏附 Caco-2 细胞膜流动性的影响

□ Man　▨ LOS3-1　■ LOS3-2　▨ LOS4　▧ MOS

注：不同大写字母表示相同碳源的不同剂量之间的荧光各向异性值差异显著（P<0.05）；不同小写字母表示不同碳源相同剂量间的荧光各向异性值差异显著（P<0.05）。

四、莲子低聚糖各单体对致病性大肠杆菌*FimH*与*Lrp*的mRNA表达影响

在人源性的大肠杆菌中，它的菌毛被称为定居因子抗原，为大多数革兰氏阴性菌表面的一种细丝状附属结构。黏附作用是菌毛其中一种重要功能，它可使菌体牢固地黏附于宿主皮肤及呼吸道、消化道、泌尿生殖道的黏膜上皮组织。在某些情况下，细菌黏附被抑制不只是通过物理抑制的结果，还有可能是黏附蛋白表达水平降低的结果[28]。分离95%大肠杆菌菌株具有Ⅰ型菌毛[31]，P-Ⅰ型

菌毛中含有黏附素*FimH*，其位于菌毛顶端，具有与Man特异性结合的能力[32]。中断*FimH*基因可极大地削弱致肾盂肾炎大肠杆菌黏附于上皮细胞的能力[33]。如图5-16所示，加入糖化合物后，相比空白组，各组的*FimH*基因的表达均显著下调（P<0.05）；其中，MOS抑制效果最好，这可能与MOS与细菌表面亲和度更高有关。Man的抑制效果好于LOS3-1、LOS3-2，但弱于LOS4。此外，ETEC黏附的菌毛还包括K_{88}、K_{99}、F_{41}等[34]，K_{88}菌毛黏附素主要受到*Fae*和*Lrp*协同调控[35]，*Lrp*对于调控K_{99}菌毛的基因表达也是必须的[36]。低聚糖对于抑制致病性大肠杆菌*Lrp*的表达与*FimH*效果相似，LOS3-1、LOS3-2、LOS4对致病性大肠杆菌*Lrp*和*FimH*的表达效果抑制依次增强，其中只有LOS4的抑制效果显著优于Man（P<0.05），LOS4和MOS的抑制效果差异不显著（P>0.05）。同时，如图5-16所示，*Lrp*对于Man的亲和效果可能低于*FimH*。

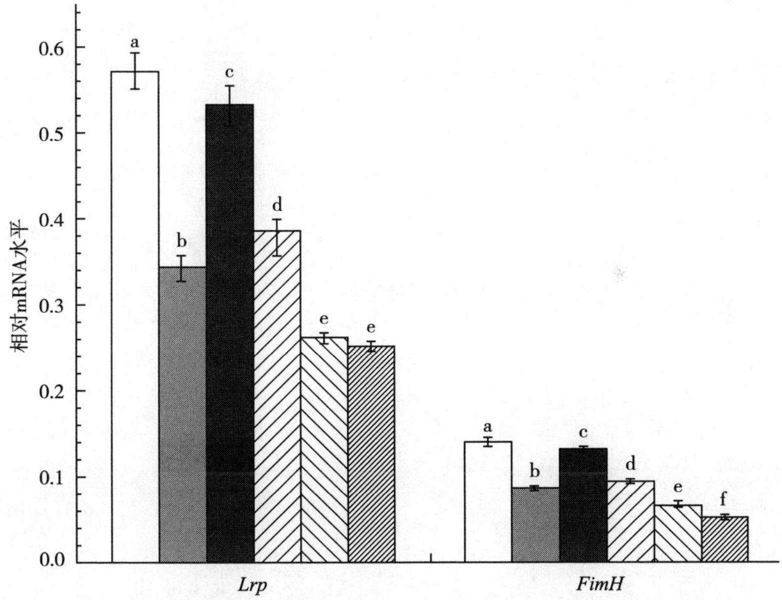

图 5-16 不同碳源对致病性大肠杆菌 *Lrp* 与 *FimH* 的 mRNA 表达影响

□ 对照 ■ Man ■ LOS3-1 ▨ LOS3-2 ▧ LOS4 ▩ MOS

注：不同大写字母表示相同碳源的不同剂量之间的相对表达量差异显著（P<0.05）；不同小写字母表示不同碳源相同剂量间的相对表达量差异显著（P<0.05）。

第三节 莲子低聚糖单体对小鼠肠道调节作用机制的研究

一、莲子低聚糖对小鼠肠道形态及饱腹感激素分泌的影响

肠L细胞是由小肠隐窝中的多潜能干细胞分化而来，从小肠近端向大肠远端呈数量递增趋势。L细胞能够分泌胰高血糖素样肽–1（GLP–1）、酪酪肽（PYY）等饱腹感激素；膳食营养素中的葡萄糖、脂肪、蛋白质以及酪蛋白巨肽等均可促进饱腹感激素分泌[37]。高膳食纤维摄入一直以来被视为控制体重的理想选择，一般认为这是膳食纤维能够减缓胃排空，降低食欲的结果。基于人体试验或动物实验后发现，PolyGlycopleX®[38, 39]、FOS[40–42]、RS[43]等膳食纤维能够降低能量摄入，调节GLP–1、PYY和饥饿激素等食欲相关肽的分泌。有学者认为，这是由于肠道微生物发酵膳食纤维，增加饱腹感激素分泌的结果[44]。针对LOS具有不同程度促进小鼠摄食量增加、提高饲料效率和矿物质表观吸收率的效果，笔者课题组从饱腹感激素水平和肠道形态学角度探究了LOS提高小鼠摄食量与改善营养状况的机制。

（一）LOS灌胃对小鼠血糖水平的影响

将小鼠血清于室温下解冻，采用双抗体夹心酶联免疫分析试剂盒（ELISA）分别检测小鼠血清中的葡萄糖、胰岛素、PYY以及GLP–1水平，检测波长450nm，具体操作方法按照试剂盒说明书进行。

小鼠空腹血糖水平如图5–17所示。各组小鼠的血糖水平在7.0~7.4mmol/L，血糖水平从高到低依次为对照>LOS4>LOS3–1>FOS>LOS3–2。经21d灌胃LOS及FOS的小鼠空腹血糖水平之间没有显著性差异（P=0.152），只有LOS3–2组表现出相对较低的血糖水平。

小鼠空腹状态下急性灌胃相应样品溶液30min后，如图5–17所示，小鼠血糖水平未见显著性差异（P>0.05）。各急性灌胃组（+30min）小鼠的血糖水平介于6.8~7.2mmol/L，LOS溶液并未使血糖升高，因此不具有血糖效应，但与急性灌胃前（–30min）相比均略有下降可能是由于较长的禁食时间所导致。

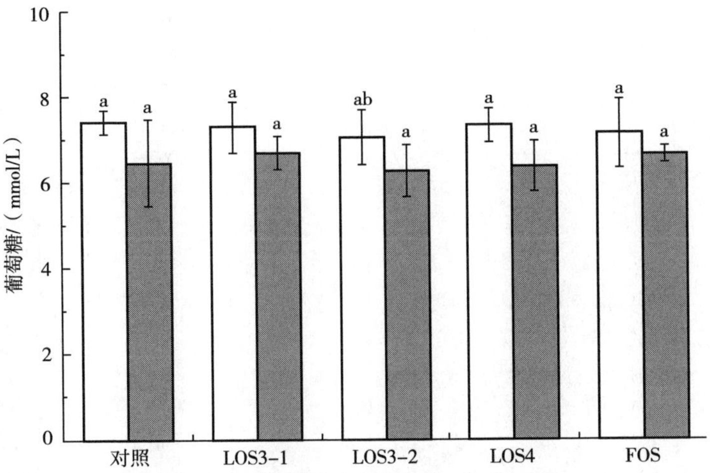

图 5-17　低聚糖灌胃对小鼠空腹血糖水平的影响

注：不同小写字母表示不同组之间差异显著（$P<0.05$）。

（二）LOS灌胃对小鼠血清胰岛素水平的影响

各组小鼠空腹血清胰岛素水平如图5-18所示。灌胃不同样品对小鼠空腹血清胰岛素水平产生了显著性影响（P=0.043）。3种LOS单体灌胃组的血清胰岛素水平从高到低依次为：LOS3-1>LOS3-2>LOS4，但未表现出显著性差异（P=0.596）。

急性灌胃LOS使得小鼠的胰岛素水平出现显著差异（$P<0.05$）。LOS3-1组与急性灌胃前相比，血清胰岛素水平升高了1.71mIU/L；而灌胃LOS4样品的小鼠，血清胰岛素水平则下降了1.23mIU/L。

在2型糖尿病大鼠模型中，有研究者发现[45]，甲壳低聚糖能够显著降低空腹血糖、胰岛素水平及胰岛β细胞凋亡比例，表明甲壳低聚糖具有改善胰岛素抵抗，保护胰岛β细胞的效用。在笔者课题组实验中，LOS连续灌胃21d，LOS4组的血清胰岛素水平与对照组相比下降显著（$P<0.05$），暗示LOS4对提高胰岛素敏感性可能具有促进作用。

（三）LOS灌胃对小鼠血清PYY水平的影响

小鼠空腹血清PYY水平如图5-19所示，灌胃低聚糖样品的小鼠血清PYY水平与生理盐水组相比，均有不同程度下降趋势。

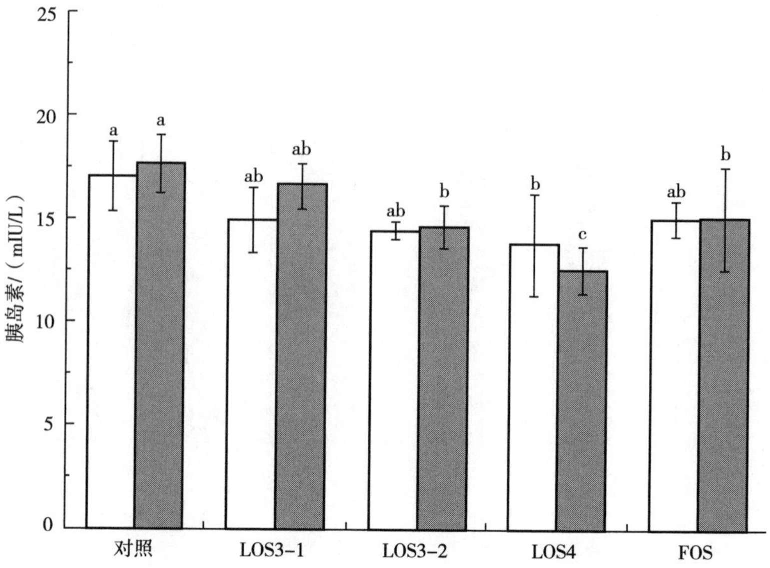

图 5-18　低聚糖灌胃对小鼠空腹胰岛素水平的影响

□ -30min　■ +30min

注：不同小写字母表示不同组间差异显著（$P<0.05$）。

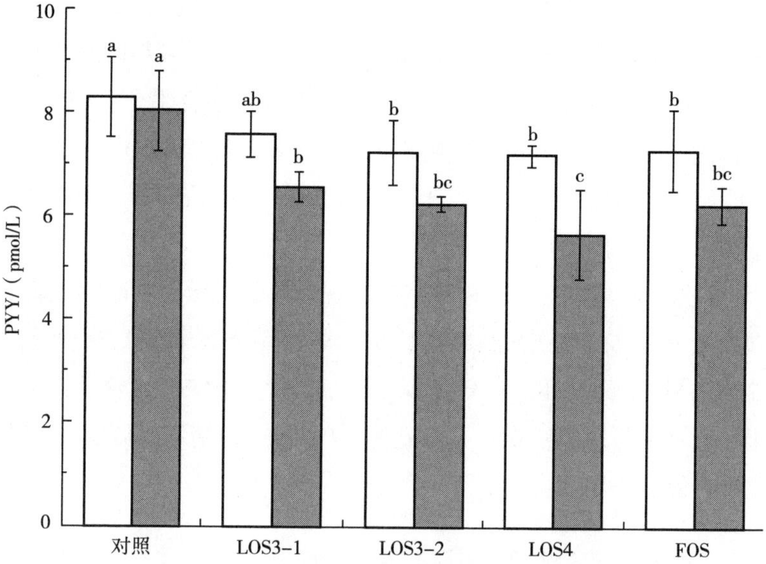

图 5-19　LOS 对小鼠空腹血清酪酪肽水平的影响

□ -30min　■ +30min

注：不同小写字母表示不同组间差异显著（$P<0.05$）。

急性灌胃30min后的小鼠血清PYY含量出现显著性差异（$P<0.05$）。灌胃低聚糖样品的小鼠，血清PYY水平变化显著。与灌胃生理盐水相比，灌胃低聚糖溶液的小鼠血清PYY水平均出现显著下降；且LOS4组的下降幅度相对最大，达到29.5%。

（四）LOS灌胃对小鼠血清GLP–1水平的影响

经LOS灌胃21d后，小鼠空腹血清GLP–1的水平如图5–20所示。空腹状态下，各组间的小鼠血清GLP–1水平差异不显著。空腹状态下的小鼠急性灌胃30min后，血清GLP–1含量在1~1.4pmol/L。与对照组相比，灌胃LOS及FOS导致GLP–1水平出现不同程度的变化。与急性灌胃前相比，LOS3–1、LOS4和FOS分别下降了0.17、0.18和0.17pmol/L。而急性灌胃生理盐水和LOS3–2不会使血清GLP–1含量下降，反而有小幅度上升趋势。

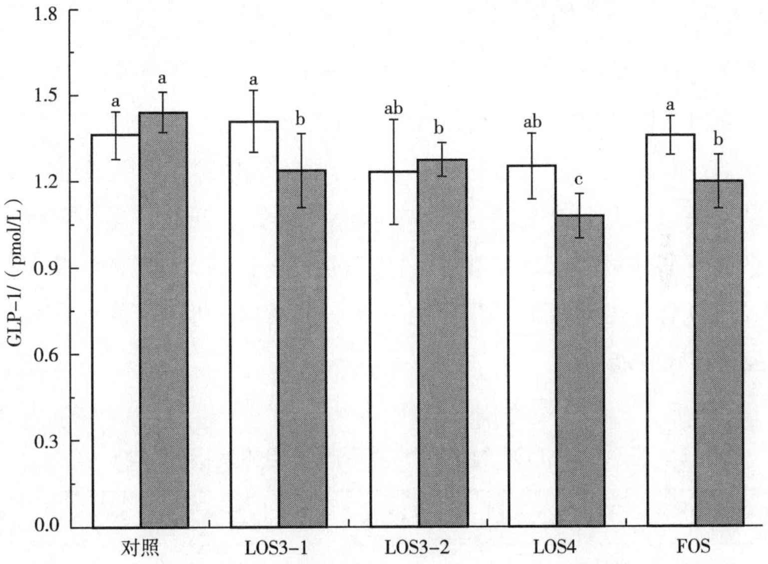

图 5–20 LOS 对小鼠空腹血清 GLP–1 水平的影响

□ –30min ■ +30min

注：不同小写字母表示不同组间差异显著（$P<0.05$）。

PYY和GLP–1是由肠L细胞释放的两种饱腹感激素，促进饱腹感激素分泌可发挥食欲抑制、减少能量摄入的功效[46]。小鼠摄食与体重情况统计结果表明：

LOS可不同程度增加摄食量与体重增量，且3种LOS的作用效果为：LOS4>LOS3-2>LOS3-1；该结果与LOS对PYY和GLP-1的影响基本相符。

在大鼠模型中，Cani等[47, 48]研究人员发现，菊粉型果聚糖［平均聚合度（DP）=4.5］盲肠发酵可刺激GLP-1和PYY释放，减少能量摄入；Dau等[41]在人体试验中发现，膳食补充低聚果糖（30g/d）为期8周，对血糖、胰岛素及GLP-1水平均没有显著影响，但PYY含量显著升高。但在笔者课题组实验中，空腹或急性灌胃下，FOS组PYY与GLP-1水平呈现不同程度的下降趋势，且LOS同样表现出类似效果。试验结果尽管与前人研究存在一定的差异，但鉴于饱腹感激素与摄食量、体重增量间存在一定的负相关关系，而笔者课题组实验中LOS及FOS对PYY和GLP-1的释放具有抑制作用，同时对摄食量与体重增量的促进作用，相互变化趋势是一致的。说明LOS可抑制饱腹感激素释放，相对增加饥饿感，从而促进摄食量与体重增加。

（五）肠道形态学观察结果

相关肠道形态学指标测定结果如表5-11所示。LOS灌胃组的回肠绒毛高度相对上升，而肌层厚度和隐窝深度均出现不同程度下降，绒毛与隐窝比值（V/C）显著增大（P<0.05）。其中，LOS4组与空白对照组相比，回肠肌层厚度、隐窝深度及绒毛高度变化最为显著。Suthongsa等[49]研究发现，膳食补充150mg/kg低聚壳聚糖的断奶仔猪为期28d，其蛋白质消化率与回肠V/C值增大相一致。回肠隐窝变浅、绒毛高度增加以及V/C比值增大，暗示LOS可以改善小肠黏膜形态结构，增强营养吸收能力。

表5-11 LOS对小鼠肠道形态学相关指标的影响

组别		对照	LOS3-1	LOS3-2	LOS4	FOS
回肠	肌层厚度	94.4^{a}	92.8^{a}	82.7^{ab}	74.5^{b}	85.6^{ab}
	绒毛高度	327.6^{a}	279.1^{b}	247.7^{b}	351.6^{a}	355.6^{a}
	隐窝深度	130.6^{a}	105.0^{cd}	110.8^{bc}	96.6^{d}	118.0^{b}
	V/C	2.51^{c}	2.66^{c}	2.24^{d}	3.65^{a}	3.02^{b}

续表

组别		对照	LOS3-1	LOS3-2	LOS4	FOS
盲肠	肌层厚度	126.9^{ab}	127.2^{ab}	141.7^{a}	112.6^{b}	134.4^{a}
	绒毛高度	128.1^{a}	125.3^{a}	104.0^{b}	122.8^{a}	119.1^{ab}
	隐窝深度	84.6^{a}	90.2^{a}	83.1^{a}	91.5^{a}	89.2^{a}
	V/C	1.52^{a}	1.39^{ab}	1.26^{b}	1.35^{ab}	1.35^{ab}
结肠	肌层厚度	200.0^{b}	155.5^{c}	252.9^{a}	203.7^{b}	195.8^{b}
	绒毛高度	785.2^{b}	886.7^{a}	784.2^{b}	768.0^{b}	869.4^{a}
	隐窝深度	140.6^{b}	152.9^{ab}	152.6^{ab}	165.3^{a}	134.8^{b}
	V/C	5.62^{b}	5.85^{ab}	5.16^{bc}	4.65^{c}	6.51^{a}

注：形态学相关指标单位为μm；同行肩标不同小写字母表示不同组间差异显著，$P<0.05$。

LOS对盲肠和结肠形态学相关指标的影响主要体现在：LOS4组的盲肠及结肠肌层厚度显著增大（$P<0.05$），该结果与LOS4组相应肠壁质量增加相吻合。LOS可不同程度地增加盲肠和结肠的隐窝深度。通过与相应肠段的短链脂肪酸含量比较后发现，盲肠与结肠的隐窝深度与相应肠段内容物的丁酸水平存在正相关性，暗示隐窝深度可能与丁酸的营养作用有关[50]。隐窝深度反映肠道上皮细胞的更新速度，隐窝变浅代表着上皮细胞成熟度上升。短链脂肪酸，特别是丁酸可作为结肠细胞的能源物质，刺激正常细胞增殖。LOS导致隐窝深度增加的原因可能在于通过增加短链脂肪酸的生成，刺激盲肠和结肠细胞增殖。

二、莲子低聚糖对小鼠肠道菌群调节作用研究

前期发酵实验显示，LOS是潜在的益生因子，能够促进双歧杆菌属和乳杆菌属的增殖，对改善碳水化合物–蛋白质发酵平衡具有有益影响，但对体内微生物的作用效应有待进一步印证。

（一）小鼠粪便菌群构成分析

小鼠肠道菌群分析结果如图5–21所示，在门水平上，SPF级Balb/C小鼠粪便

菌群主要由厚壁菌门、拟杆菌门（Bacteroidetes）、放线菌门（Actinobacteria）和变形菌门（Proteobacteria）组成，其中，厚壁菌门丰度占比最大，拟杆菌门次之，二者所占比例合计达到82.2%，厚壁菌门与拟杆菌门的比值为1.74。Mao等[51]对SPF级C57BL/6J雄性小鼠的粪便菌群分析中发现：厚壁菌门与拟杆菌门的平均比值为3.07，高于笔者课题组实验测定值，说明不同品系的小鼠肠道菌群存在较大差异。

在属水平上的分析结果如图5-21所示，其中优势菌属主要有艾森伯格氏菌属（*Eisenbergiella*）、另枝菌属（*Alistipes*）、巴恩斯氏菌属、拟普雷沃菌属（*Alloprevotella*）、颤杆菌克属（*Oscillibacter*）、乳杆菌属、拟杆菌属、丁酸弧菌属和双歧杆菌属，总计鉴定出34个菌属，无法分类的属将其归为“Other”。

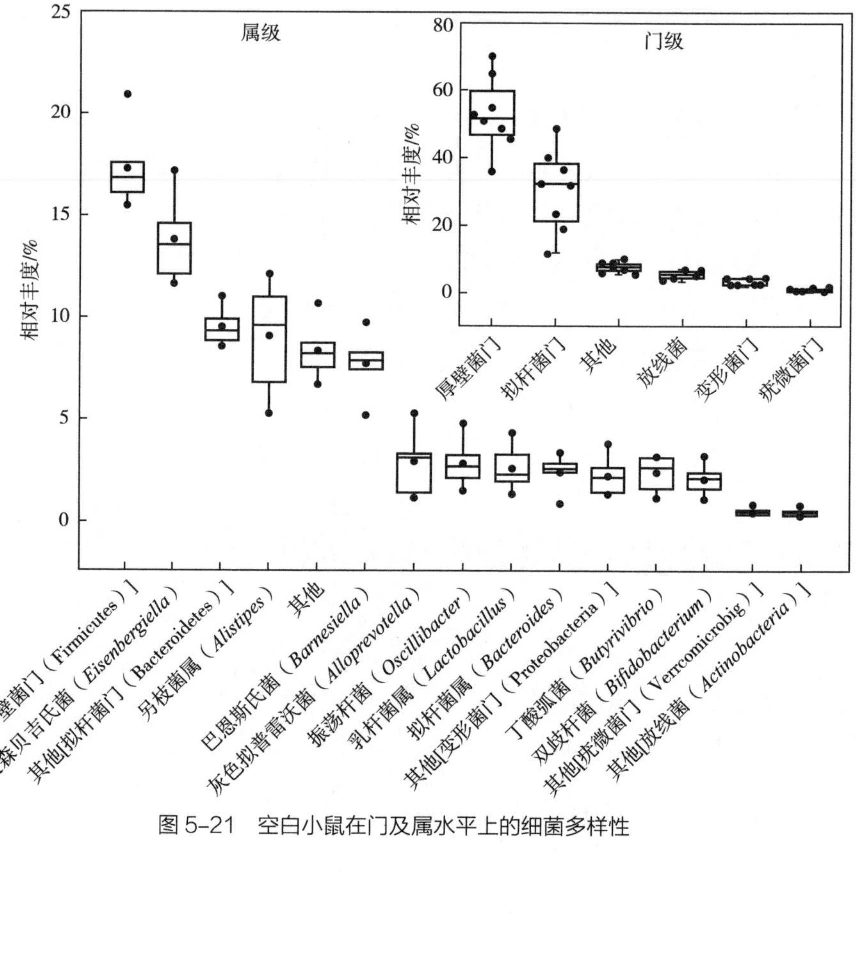

图 5-21　空白小鼠在门及属水平上的细菌多样性

（二）微生物组成在门水平上的差异

经过3周的低聚糖灌胃干预后，小鼠粪便菌群在门水平上的微生物组成如图5-22（见书后插页）所示。主要菌群仍为拟杆菌门、厚壁菌门、放线菌门和变形菌门；但LOS3-1、LOS3-2及FOS组未鉴定出疣微菌门（Verrucomicrobia）。与第0天相比，生理盐水组的厚壁菌门丰度下降，而拟杆菌门相对增加；厚壁菌门仍为主导菌群，F/B比值为1.21。这说明正常条件下，小鼠自身的肠道菌群随着时间推移也处于调整变化中。

各低聚糖灌胃组中，厚壁菌门与拟杆菌门丰度呈现此消彼长的变化趋势，拟杆菌门均成为主导菌群，其中LOS3-1组拟杆菌门与厚壁菌门丰度占比分别为57.4%和30.33%；LOS3-2组拟杆菌门与厚壁菌门丰度占比分别为45.4%和41.7%；LOS4组拟杆菌门与厚壁菌门丰度占比分别为55.5%和30%；与第0天相比，拟杆菌门丰度占比分别增加了27%、15%和25.1%，同时，厚壁菌门丰度占比则分别下降了22.6%、11.2%和26.9%。LOS3-1、LOS3-2和LOS4的放线菌门丰度占比分别为9.2%、6.8%和12.1%。

通过计算厚壁菌门与拟杆菌门的比值（F/B），定量表示不同低聚糖对二者相对含量的影响，如图5-22（见书后插页）所示。LOS3-1，LOS3-2，LOS4的F/B值分别为0.53，0.91和0.47；LOS4的F/B值下降最为明显，与FOS组（0.41）最为接近。

有研究表明[52]，小鼠摄入高脂饲料能够引起肠道菌群结构的变化，主要表现为，厚壁菌门比例升高，而拟杆菌门相对下降；而补充低聚果糖（0.125g/mL）能够降低粪便中的厚壁菌门数量。在不同膳食模式的人群试验中[53]，以植物性食物为主的人群中，拟杆菌门所占比例可高达73%，而相比之下，高蛋白质摄入量的人群中，拟杆菌门所占比例仅为27%，同时厚壁菌门所占比例达到53%。在笔者课题组实验中，通过在正常饲料中补充LOS，结果表明，3种不同结构的LOS对小鼠肠道微生物在门水平上的影响表现出一定的差异性。LOS3-1和LOS3-2为相同聚合度的杂聚糖，但二者对拟杆菌门和厚壁菌门的影响表现出较大差异，LOS3-1和LOS4对F/B值的影响更为显著。

（三）微生物组成在属水平上的差异

小鼠粪便微生物在属水平上的分布如图5-23（见书后插页）所示。生理盐水组的优势菌为另枝菌属（9.1%）、艾森伯格氏菌属（8.8%）、巴恩斯氏菌属（7.7%）、消化球菌属（*Peptococcus*）（6.3%）、颤杆菌克属（5.8%）和乳杆菌属（4.5%）；LOS3-1组的优势菌为巴恩斯氏菌属（16.4%）、乳杆菌属（9.3%）、另枝菌属（8.2%）、拟普雷沃菌属（5%）、拟杆菌属（4.7%）和普雷沃菌属（*Prevotella*）（3.7%）；LOS3-2组的优势菌为异杆菌属（*Allobaculum*）（8.5%）、巴恩斯氏菌属（8.4%）、乳杆菌属（7.2%）、*Natronoflexus*（5.8%）、另枝菌属（5.5%）和拟普雷沃菌属（5.5%）；LOS4组的优势菌为乳杆菌属（16.7%）、双歧杆菌属（10.3%）、*Natronoflexus*（9.7%）、巴恩斯氏菌属（9.5%）、丁酸弧菌属（6.5%）和另枝菌属（3.9%）。其中巴恩斯氏菌属、另枝菌属和乳杆菌属为各组共有优势菌。

拟杆菌门中共计鉴定出12个属；厚壁菌门中鉴定出11个属；变形菌门鉴定出4个属，而放线菌门与疣微菌门各鉴定出1个属。

图5-24反映了不同低聚糖组间特定属的相对丰度差异。在拟杆菌门中，LOS3-2与LOS4组的厚壁菌门丰度显著下降，效果与FOS相似，厚壁菌门水平升高与肠易激综合征（IBS）有关，暗示二者有助于保持肠道健康；对于拟普雷沃菌属，LOS3-1和LOS3-2组丰度占比显著上升，而LOS4组出现小幅下降；3种LOS对拟杆菌属丰度无显著性影响，但阳性对照组（FOS）显著增加；LOS3-1显著提高了巴恩斯氏菌属丰度占比，LOS3-2及LOS4未表现出类似效果；LOS3-2和LOS4组的*Natronoflexus*相对丰度分别为5.8%和9.7%，显著高于生理盐水组。

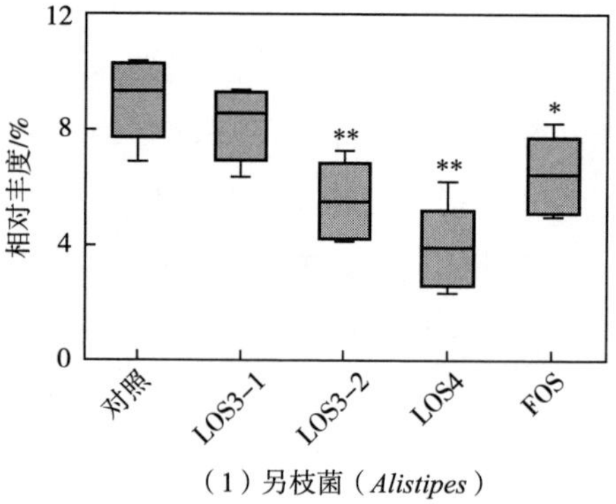

（1）另枝菌（*Alistipes*）

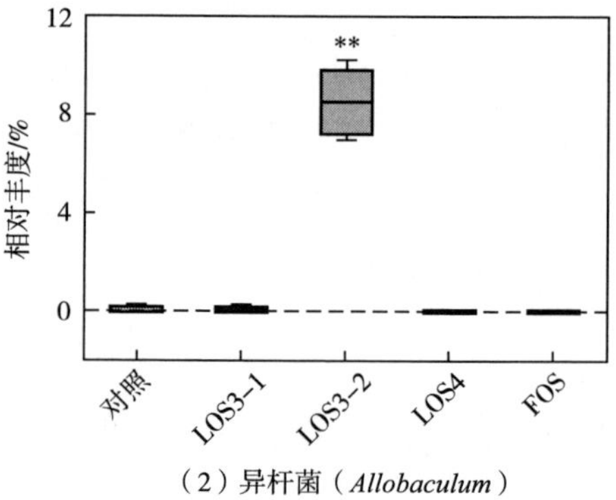

（2）异杆菌（*Allobaculum*）

图 5-24

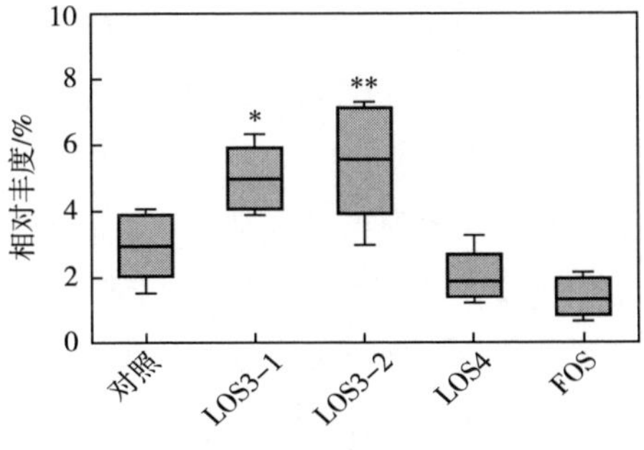

（3）拟普雷沃菌（*Alloprevotella*）

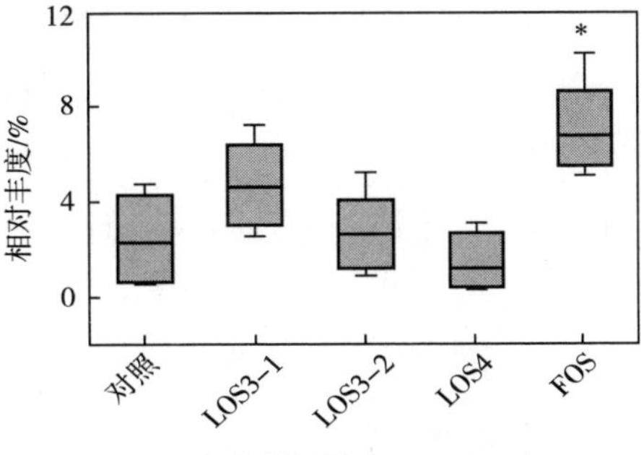

（4）拟杆菌（*Bacteroides*）

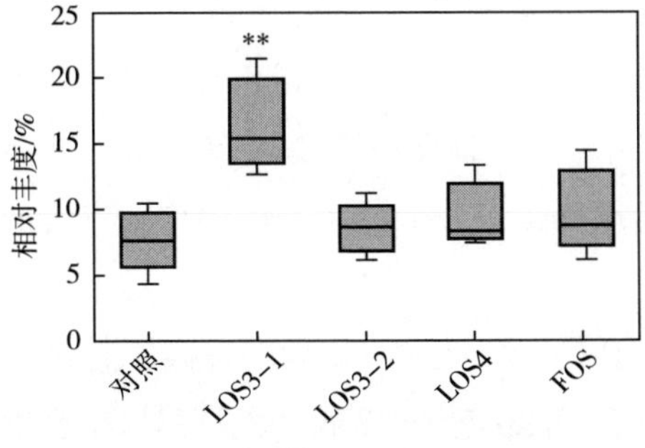

（5）巴恩斯氏菌（*Barnesiella*）

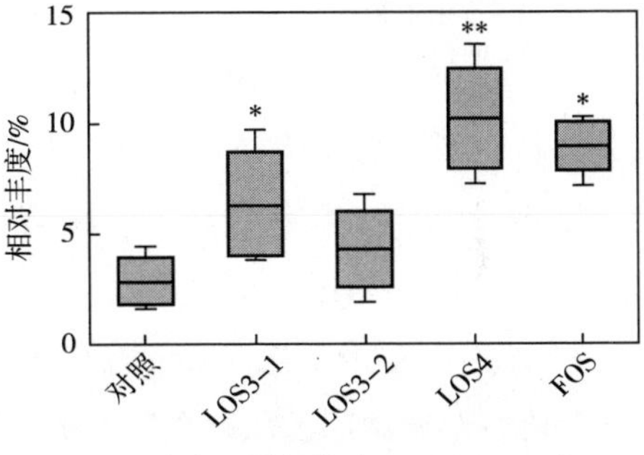

（6）双歧杆菌（*Bifidobacterium*）

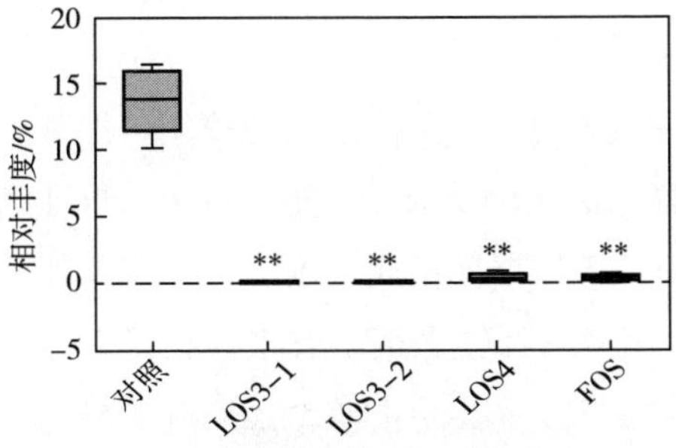

（7）艾森伯格氏菌（*Eisenbergiella*）

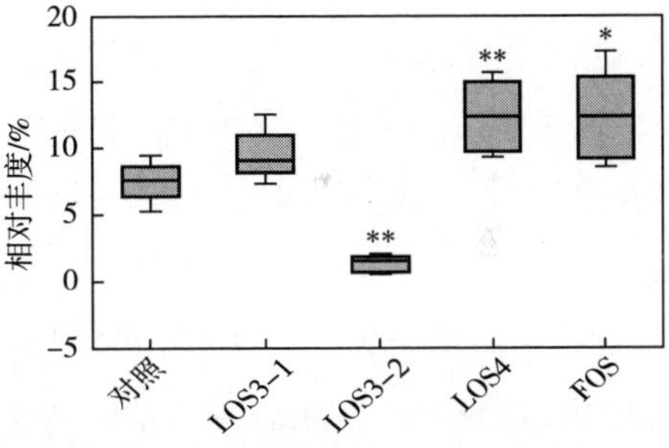

（8）乳杆菌（*Lactobacillus*）

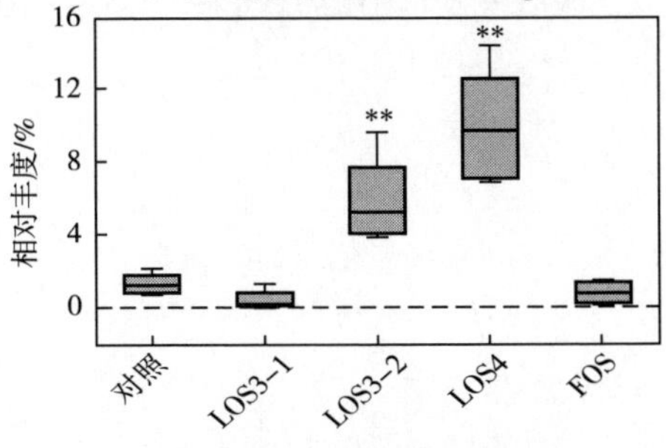

（9）纳氏线虫菌（*Natronoflexus*）

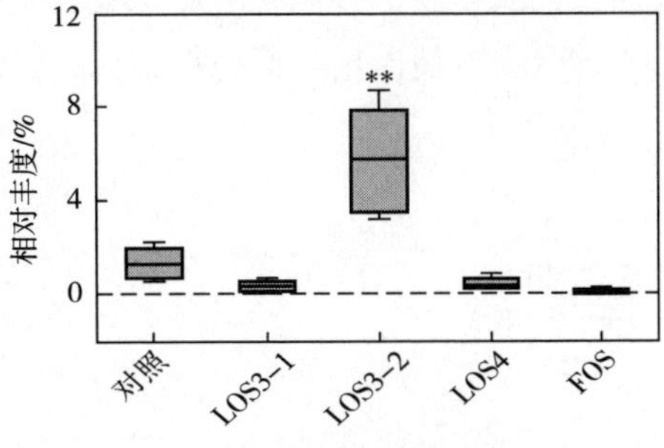

（10）消化球菌（*Peptococcus*）

图 5-24 不同组间特定属的丰度差异

注：*表示与对照组相比差异显著（*$P<0.05$，**$P<0.01$）。

在厚壁菌门中，LOS3-2组的异杆菌属相对丰度达到了8.5%，而LOS4及FOS组均未检出；LOS3-1和LOS4可显著提高乳杆菌属丰度，但LOS3-2组未见显著性变化。在体外发酵实验中，LOS3-2对乳酸菌属增殖具有促进作用。二者之间的矛盾可能在于大多数肠道菌群是不可分离培养的，体外发酵时乳酸菌属缺少来自其他菌群的竞争和拮抗作用，因此LOS3-2对其显示出促进效果。各LOS单体对丁酸弧菌属显示出增殖效果，而对艾森伯格氏菌属、颤杆菌克属和消化球菌属均显示出抑制作用。消化球菌属为潜在致病菌，主要以蛋白质为发酵底物，无法利用碳水化合物。

在放线菌门中，各低聚糖组的双歧杆菌属相对丰度均有所增加，其中LOS3-1及LOS4具有显著促进作用，效果与FOS类似。乳杆菌属和双歧杆菌属是目前公认的肠道有益菌，其相对丰度的显著升高，证明LOS4具有较强的益生潜力。LOS3-2对拟普雷沃菌属和异杆菌属丰度的促进效应暗示其可能作为二者的发酵底物优先被利用。

在便秘小鼠模型中，Wang等[54]发现，在门水平上，FOS能够提高拟杆菌门丰度，降低厚壁菌门占比；在属水平上，能显著促进拟杆菌属、乳杆菌属丰度增加，降低颤螺菌属（*Oscillospira*）相对丰度，能够使得便秘小鼠的双歧杆菌属丰度恢复到正常水平，与笔者课题组实验结果一致。

巴恩斯氏菌属是小鼠肠道微生物中的主要属之一，其丰度与免疫调节细胞数量有关[55]，能够增强免疫调节剂——环磷酰胺的抗癌功效[56]，防止抗生素抗性细菌过度生长[57]。3种LOS中，LOS3-1组小鼠的巴恩斯氏菌属丰度显著高于其他两种LOS，暗示LOS3-1可能优先被巴恩斯氏菌属选择性利用。有报道指出，巴恩斯氏菌属能够优先利用岩藻糖基乳糖作为能源[58]。FOS也能够增加肥胖小鼠的巴恩斯氏菌属丰度[59]，但在笔者课题组实验中，FOS未显示出类似效果，这说明特定生理状态下的作用效果会有差异。

参考文献

[1] 卢旭. 莲子低聚糖制备及其对肠道益生菌和病原菌调节机制的研究[D]. 福州：福建农林大学，2015.

[2] Francesca T, Marco V, F L B, et al. Molecular dialogue between the human gut microbiota and the host: A *Lactobacillus* and *Bifidobacterium* perspective[J]. Cellular and Molecular Life Sciences: CMLS, 2014, 71 (2): 183–203.

[3] Ventura M, Turroni F, Motherway O M, et al. Host–microbe interactions that facilitate gut colonization by commensal *Bifidobacteria*[J]. Trends in Microbiology, 2012, 20 (10): 467–476.

[4] Eiji M, John O, F L B, et al. Mechanism of protection of transepithelial barrier function by *Lactobacillus salivarius*: Strain dependence and attenuation by bacteriocin production[J]. American Journal of Physiology, Gastrointestinal and Liver Physiology, 2012, 303 (9): G1029–G1041.

[5] Rossi M, Corradini C, Amaretti A, et al. Fermentation of fructooligosaccharides and inulin by *Bifidobacteria*: A comparative study of pure and fecal cultures[J]. Applied and Environmental Microbiology, 2005, 71 (10): 6150–6158.

[6] Watson D. Selective carbohydrate utilization by *Lactobacilli* and *Bifidobacteria*[J]. Journal of Applied Microbiology, 2013, 114 (4): 1132–1146.

[7] Hopkins M J, Macfarlane G T. Changes in predominant bacterial populations in human faeces with age and with *Clostridium difficile* infection[J]. Journal of Medical Microbiology, 2002, 51 (5): 448–454.

[8] J M C, B I J, Susana C, et al. Gut microbiota composition correlates with diet and health in the elderly[J]. Nature, 2012, 488 (7410): 178–184.

[9] Wall R, Fitzgerald G, Hussey S, et al. Genomic diversity of cultivable *Lactobacillus* populations residing in the neonatal and adult gastrointestinal tract[J]. FEMS Microbiology Ecology, 2007, 59 (1): 127–137.

[10] Michiel K, Elaine E V. Probiotic and gut *Lactobacilli* and *Bifidobacteria*: Molecular approaches to study diversity and activity[J]. Annual Review of Microbiology, 2009, 63 (1): 269–290.

[11] Wang L, Zhang H B, Zhang X Y, et al. Purification and identification of a novel heteropolysaccharide RBPS2a with anti–complementary activity from defatted rice bran[J]. Food Chemistry, 2008, 110 (1): 150–155.

[12] Hernandez O, Muiz–Matute A I, Olano A, et al. Comparison of fractionation techniques to obtain prebiotic galacto oligosaccharides[J]. International Dairy Journal, 2009, 19: 531–536.

[13] Dongryel Y, Chion K, Byoungseung Y. Steady and dynamic shear rheology of rice[J]. Galactomannan Mixtures, 2005, 57 (7): 310–318.

[14] Soto M L, Moure A, Dominguez H, et al. Recovery concentration and purification of phenolic compounds by adsorption[J]. Journal of Food Engineering, 2011, 105 (1): 1–27.

[15] Feria–Gervasio D, Denis S, AlricM, et al. *In vitro* maintenance of a human proximal colonmicrobiota using the continuous fermentation system P–ECSIM[J]. Applied Microbiology and Biotechnology, 2011, 91 (5): 1425–1433.

[16] Fernández M, Linares D.M, Rodriguez A, et al. Factors affecting tyramine production in *Enterococcus durans* IPLA 655[J]. Applied Microbiology and Biotechnology, 2007,

73（6）：1400–1406.

[17] 卢旭. 莲子低聚糖对双歧杆菌增殖效应的研究[D]. 福州：福建农林大学，2012.

[18] Sanz M L，Côt é G L，Gibson GR，et al. Influence of glycosidic linkages and molecular weight on the fermentation of maltose–based oligosaccharides by human gut bacteria[J]. Journal of Agricultural and Food Chemistry，2006，54（26）：9779–9784.

[19] O' Connell Motherway M，Fitzgerald GF，and Sinderen D. Metabolism of a plant derived galactose–containing polysaccharide by *Bifidobacterium breve* UCC2003[J]. Microbial Biotechnology，2011，4（3）：403–416.

[20] Al–Tamimi M A H M，Palframan R J，Cooper J M，et al. *In vitro* fermentation of sugar beet arabinan and arabino–oligosaccharides by the human gut microflora[J]. Journal of Applied Microbiology，2006，100（2）：407–414.

[21] Kaplan H and Hutkins R W. Fermentation of fructooligosaccharides by *Lactic acid bacteria* and *Bifidobacteria*[J]. Applied and Environmental Microbiology，2000，66（6）：2682–2684.

[22] Paturi G，Butts A C，Stoklosinski H，et al. Effects of early dietary intervention with a fermentable fibre on colonic microbiota activity and mucin gene expression in newly weaned rats[J]. Journal of Functional Foods，2012，4（2）：520–530.

[23] Olofsson S，Bergström T. Glycoconjugate glycans as viral receptors[J]. Annals of Medicine，2005，37（3）：154–172.

[24] Valenski M L，Harris S L，Spears P A，et al. The Product of the fimI gene is necessary for *Escherichia coli* type 1 pilus biosynthesis[J]. Journal of Bacteriology，2003，185（16）：5007–5011.

[25] Brennan M J，Joralmon R A，Cisar J O，et al. Binding of *Actinomyces naeslundii* to glycosphingolipids[J]. Infection and Immunity，1987，55（2）：487–489.

[26] Gambaryan A S，Tuzikov A B，Piskarev V E，et al. Specification of receptor–binding phenotypes of influenza virus isolates from different hosts using synthetic sialylglycopolymers：Non–egg–adapted human H1 and H3 influenza A and influenza B viruses share a common high binding affinity for 6' –sialyl（*N*–acetyllactosamine）[J]. Virology，1997，232（2）：345–350.

[27] Torres A G，Zhou X，Kaper J B.，Adherence of diarrheagenic *Escherichia coli* strains to epithelial cells[J]. Infection and Immunity，2005，73（1）：18–29.

[28] Hopkins M J，Macfarlane G T. Changes in predominant bacterial populations in human faeces with age and with *Clostridium difficile* infection[J]. Journal of Medical Microbiology，2002，51（5）：448–454.

[29] Palma–Guerrero J，Lopez–Jimenez J A，Pérez–Bern á A J，et al. Membrane fluidity determines sensitivity of filamentous fungi to chitosan[J]. Molecular Microbiology，2010，75（4）：1021–1032.

[30] Baichong Y，Xuemei Z，Xiaolan B，et al. Glycopeptide derived from soybean *β*–conglycinin inhibits the adhesion of *Escherichia coli* and *Salmonella* to human intestinal cells[J]. Food Research International，2008，41（6）：594–599.

[31] Connell I，Agace W，Klemm P，et al. Type 1 fimbrial expression enhances *Escherichia*

coli virulence for the urinary tract[J]. Proceedings of the National Academy of Sciences of the United States of America，1996，93（18）：9827–9832.

[32] Nielubowicz G R，Mobley H L T.Host–pathogen interactions in urinary tract infection[J]. Nature Reviews Urology，2010，7（8）：430–441.

[33] Meike S，Oliver S，Said R，et al. Target selectivity of *FimH* antagonists[J]. Journal of Medicinal Chemistry，2012，55（22）：9810–9816.

[34] Flores–Abuxapqui J J，Su á rez–Hoil G J，Puc–Franco M A，et al. Frequency of adhesive factors and enterotoxins in strains of *Escherichia coli* isolated from piglets with diarrhea[J]. Revista Latinoamericana de Microbiologia，1997，39（3–4）：145–152.

[35] Calvo J M，Matthews R G. The leucine–responsive regulatory protein，a global regulator of metabolism in *Escherichia coli*[J]. Microbiological Reviews，1994，58（3）：466–490.

[36] Lo–Tseng T，Lee J，Isaacson R E. Regulators of *Escherichia coli* K99 region 1 genes[J]. Advances in Experimental Medicine and Biology，1997，412：303–310.

[37] Rycroft C., Jones M., Gibson G, et al. A comparative invitro evaluation of the fermentation properties of prebiotic oligosaccharides[J]. Journal of Applied Microbiology. 2001, 91（5）: 878–887.

[38] GJ G，L K，J W，et al. Effects of the soluble fiber complex PolyGlycopleX（R）(PGX（R）) on glycemic control，insulin secretion，and GLP–1 levels in Zucker diabetic rats[J]. Life Sciences，2011，88（9/10）：392–399.

[39] Reimer R A，Pelletier X，Carabin I G，et al.，Increased plasma PYY levels following supplementation with the functional fiber PolyGlycopleX in healthy adults[J]. European Journal of Clinical Nutrition，2010，64（10）：1186–1191.

[40] Verhoef M P S，Meyer D，Westerterp R K. Effects of oligofructose on appetite profile，glucagon–like peptide 1 and peptide YY3–36 concentrations and energy intake[J]. British Journal of Nutrition，2011，106（11）：1757–1762.

[41] M N D，A N I，L E T，et al. The impact of oligofructose on stimulation of gut hormones，appetite regulation and adiposity[J]. Obesity（Silver Spring，Md.），2014，22（6）：1430–1438.

[42] Parnell J A，Reimer R A. Weight loss during oligofructose supplementation is associated with decreased ghrelin and increased peptide YY in overweight and obese adults[J]. The American Journal of Clinical Nutrition，2009，89（6）：1751–1759.

[43] Sardá H A F，Giuntini B E，Gomez P L M，et al. Impact of resistant starch from unripe banana flour on hunger，satiety，and glucose homeostasis in healthy volunteers[J]. Journal of Functional Foods，2016，24：63–74.

[44] Cani P D，Elodie L，Evelyne M D，et al. Gut microbiota fermentation of prebiotics increases satietogenic and incretin gut peptide production with consequences for appetite sensation and glucose response after a meal[J]. The American Journal of Clinical Nutrition，2009，90（5）：1236–1243.

[45] 曹朝晖，封少龙，江伟凡，等. 甲壳低聚糖对2型糖尿病造模大鼠胰岛β细胞的保护作用[J]. 中国海洋药物，2011，30（5）：8–11.

[46] Perry B，Y Wang. Appetite regulation and weight control：The role of gut hormones[J].

Nutrition & Diabetes, 2012, 2 (3 Part 2): e26.

[47] Patrice D C, Sophie H, Yves G, et al. Dietary non-digestible carbohydrates promote L-cell differentiation in the proximal colon of rats[J]. British Journal of Nutrition, 2007, 98 (1): 32-37.

[48] Patrice D C, C é dric D and Nathalie M D. Inulin-type fructans modulate gastrointestinal peptides involved in appetite regulation (glucagon-like peptide-1 and ghrelin) in rats[J]. British Journal of Nutrition, 2004, 92 (3): 521-526.

[49] Suthongsa S, Pichyangkura R, Kalandakanond-Thongsong S, et al. Effects of dietary levels of chito-oligosaccharide on ileal digestibility of nutrients, small intestinal morphology and crypt cell proliferation in weaned pigs[J]. Livestock Science, 2017, 198: 37-44.

[50] Marcin T, Marcin B, Anna T, et al. Interactive effects of indigestible carbohydrates, protein type, and protein level on biomarkers of large intestine health in rats[J]. PloS One, 2015, 10 (11): e0142176.

[51] Bingyong M, Dongyao L, Jianxin Z, et al. Metagenomic insights into the effects of fructo-oligosaccharides (FOS) on the composition of fecal microbiota in mice[J]. Journal of Agricultural and Food Chemistry, 2015, 63 (3): 856-863.

[52] Anitha M, Reichardt F, Tabatabavakili S, et al. Intestinal dysbiosis contributes to the delayed gastrointestinal transit in high-fat diet fed mice[J]. Cellular and Molecular Gastroenterology and Hepatology, 2016, 2 (3): 328-339.

[53] Filippo C D, Cavalieri D, Paola M D, et al. Impact of diet in shaping gut microbiota revealed by a comparative study in children from Europe and rural Africa[J]. Proceedings of the National Academy of Sciences of the United States of America, 2010, 107 (33): 14691-14696.

[54] Wang L, Pan M, Li D, et al. Metagenomic insights into the effects of oligosaccharides on the microbial composition of cecal contents in constipated mice[J]. Journal of Functional Foods, 2017, 38 (Part A): 486-496.

[55] Presley Laura L, Wei B, Braun J, et al. Bacteria associated with immunoregulatory cells in mice[J]. Applied and Environmental Microbiology, 2010, 76 (3): 936-941.

[56] Daillère R, Vétizou M, Waldschmitt N, et al. *Enterococcus hirae* and *Barnesiella intestinihominis* facilitate cyclophosphamide-induced therapeutic immunomodulatory effects[J]. Immunity, 2016, 45 (4): 931-943.

[57] Carles U, Vanni B, Silvia C, et al. Intestinal microbiota containing *Barnesiella* species cures vancomycin-resistant *Enterococcus faecium* colonization[J]. Infection and Immunity, 2013, 81 (3): 965-973.

[58] Gisela A W, Christophe C and Thierry H. Selective proliferation of intestinal *Barnesiella* under fucosyllactose supplementation in mice[J]. British Journal of Nutrition, 2014, 111 (9): 1602-1610.

[59] Amandine E, Vladimir L, Muriel D, et al. Responses of gut microbiota and glucose and lipid metabolism to prebiotics in genetic obese and diet-induced leptin-resistant mice[J]. Diabetes, 2011, 60 (11): 2775-2786.

第六章

莲子多糖的功能学特性

多糖，也被称为多聚糖，通过糖苷键将多个单糖残基连接而成的，通常存在于各种动物、植物、真菌和藻类等天然物种中。多糖因具有抗肿瘤、抗氧化、降血糖、免疫调节等功能活性[1]而受到广大研究学者的关注。有研究表明，莲子多糖（lotus seed polysaccharides，LSP）是一种由α–糖苷键连接而成的糖蛋白，主要由D–甘露糖、D–葡萄糖、L–鼠李糖、D–木糖4种单糖构成[2]。LSP被认为是影响人体营养和健康的主要活性成分，同时也是健康食品和药剂的理想成分，具有降低血糖、清除自由基、延缓衰老的作用[3, 4]。邓添华等对得到的水溶性莲子粗多糖进行分析，推测其是一种酸性多糖或蛋白多糖，同时还具有较强的清除自由基和氧离子的能力[5]。Zheng等研究发现，由热水法提取的LSP具有抗肿瘤和免疫调节功能[6]；吴磊等发现白莲莲子皮多糖具有良好的抗氧化能力和免疫调节能力[7]，但莲子皮多糖中含有的蛋白质成分会对多糖的纯度造成严重影响，从而制约多糖各方面的活性作用。

第一节 莲子多糖抗氧化功能的研究

近代医学研究成果表明，多糖也具有清除自由基的功能，能够通过增强机体免疫活性，间接地抑制各种炎症和肿瘤的发生[8, 9]。莲子为中医常用的药食同源之品，苗明三等[10]观察了LSP对D–半乳糖所致衰老小鼠抗氧化作用的影响，结果发现LSP可显著提高衰老小鼠血SOD、CAT、GSH–Px活力，显著降低血浆、脑及肝匀浆脂质过氧化物水平，有较好的抗衰老作用。笔者课题组从·OH和·O_2^-角度出发，对LSP的清除自由基能力进行了研究，以期为LSP进一步开发利用提供理论依据。

一、莲子多糖的提取方法

速冻莲子经筛选、去芯等处理后，称取一定量的果肉研磨成浆，按一定比例加入蒸馏水，在加热到55℃时加入α-淀粉酶酶解淀粉，用碘液测定水解液中是否还有淀粉存在。然后升高到一定温度下浸提数小时，冷却后过滤，3000r/min离心10min，取上清液加入5倍量的95%乙醇沉降6~8h，3000r/min离心15min，沉淀用蒸馏水溶解。

二、莲子多糖对·OH的清除作用

分别称取一定量的LSP粗品和纯品配成糖浓度为2.0mg/mL，分别加入0.1、0.2、0.3、0.4、0.5mL于芬顿反应体系中，测定其对·OH的清除作用，实验结果如图6-1所示。结果显示，莲子粗多糖和纯多糖都对·OH具有清除能力，且随糖浓度的增加清除能力上升。但纯化后的LSP对·OH的清除能力不如LSP粗品。实验结果显示，纯化处理过程中除去了许多原本与多糖相结合的成分，而这些成分部分可能具有较强的抗氧化性，如糖肽、结合蛋白质等，这些成分的除去可能导致清除·OH的能力下降。

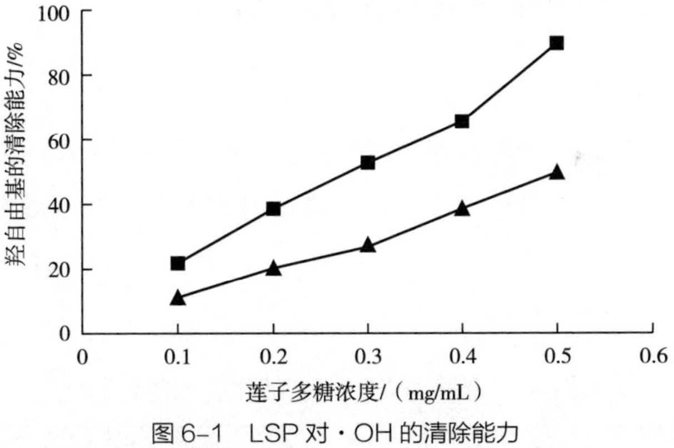

图6-1　LSP对·OH的清除能力

三、莲子多糖对·O_2^-的清除作用

称一定量的LSP进行配制，使样品糖浓度为2.0mg/mL，用邻苯三酚自氧化法测定其清除·O_2^-能力，结果如图6-2所示。结果显示，莲子粗多糖和纯多糖均对·O_2^-具有一定的清除能力，且随糖浓度的增加，其清除能力上升。与LSP

对·OH的清除作用一样，纯化后的LSP对·O_2^-的清除能力不如LSP粗品。实验结果再次验证了纯化处理过程中许多原本与多糖相结合的，具有较强的抗氧化性成分被除去，从而导致清除·O_2^-的能力下降。

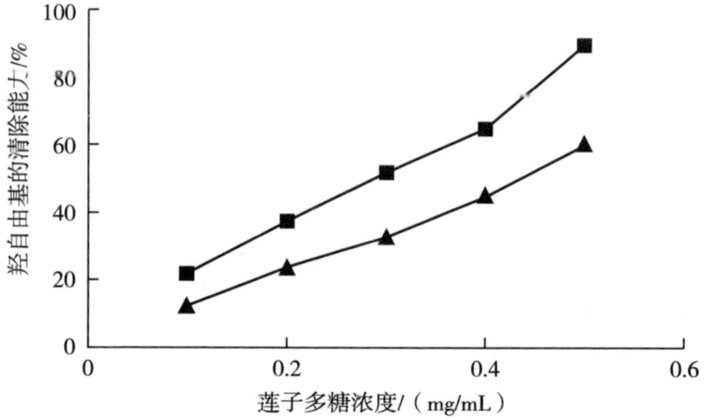

图 6-2　LSP 对·O_2^- 的清除能力

—■— 粗多糖　—▲— 纯多糖

四、茶多酚与莲子多糖抗氧化活性的比较

茶多酚是目前使用较广泛的一种抗氧化剂。笔者课题组实验以茶多酚做阳性对照，比较茶多酚与LSP的抗氧化活性，结果如表6-1所示。结果显示，在浓度相同的情况下，茶多酚对·O_2^-具有较强的清除能力，其清除能力比LSP强。然而，对于·OH的清除能力，LSP的清除能力大于茶多酚，说明LSP具有较强清除·OH的能力。

表6-1　茶多酚与LSP抗氧化能力的比较

样品	浓度 /（mg/mL）	·OH 的清除率 /%	·O_2^-的清除率 /%
茶多酚	0.2	26.7	70.3
莲子多糖	0.2	27	23.2

五、莲子多糖总抗氧化能力测定

机体中的许多抗氧化物质能使Fe^{3+}还原成Fe^{2+}，其中Fe^{2+}可与菲啉类物质形成稳定的络合物，通过比色可以测得其抗氧化能力的高低。总抗氧化能力单位以U/mL表示，规定每分钟每毫克样品在37℃时，使反应体系的*OD*值每增加0.01，为一个总抗氧化能力单位。通过以维生素C做对照，评价LSP的总抗氧化能力。

如图6-3所示，在一定浓度范围内，LSPⅠ和LSPⅡ的总抗氧化能力与浓度呈现出一定的量效关系，其中，LSPⅠ的总抗氧化能力比LSPⅡ高。

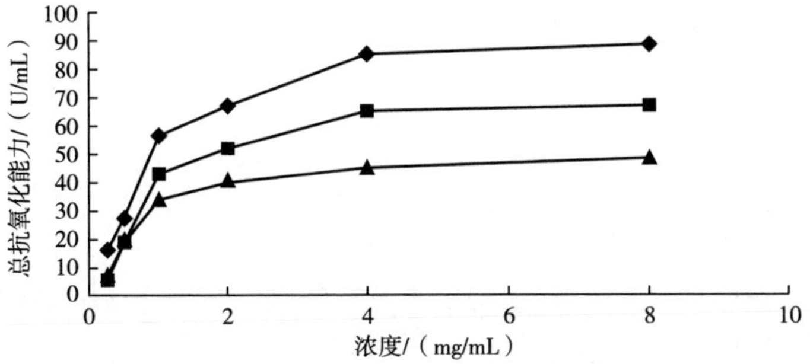

图6-3　LSPⅠ和LSPⅡ的总抗氧化能力

六、莲子多糖总SOD活力测定

通过黄嘌呤及黄嘌呤氧化酶反应系统产生·O_2^-，后者氧化羟胺形成硝酸盐，在显色剂的作用下呈现紫红色，测定其*OD*。当被测样品中含有SOD时，则能专一性地抑制·O_2^-，使形成的亚硝酸盐减少，通过公式计算被测样品的SOD活力。总SOD活力单位以μmol/mL表示，规定每毫克样品在1mL反应液中SOD抑制率达到50%时对应的SOD量为一个SOD活力单位。通过以维生素C做对照，评价LSP的T-SOD活力。

由图6-4可以看出，在一定浓度范围内，LSPⅠ和LSPⅡ的总SOD活性与多糖浓度呈正相关性，但其活性仍低于维生素C，其中LSPⅠ的总SOD活性比LSPⅡ高。

七、莲子多糖对DPPH的清除作用

DPPH是一种稳定的有机自由基，常用来评价抗氧化物质的体外抗氧化能力。其能力用清除率来表示，清除率越大，其抗氧化能力越强。通过以维生素C

做对照，评价LSP对DPPH的清除能力。DPPH溶液的浓度为2.00×10^{-4} mol/L。

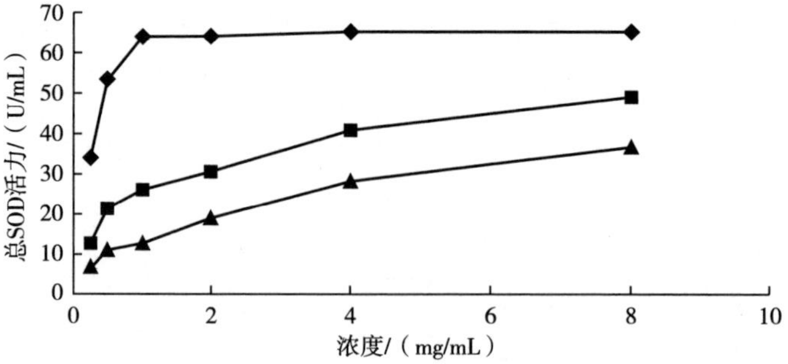

图 6-4　LSP Ⅰ和 LSP Ⅱ对总 SOD 活性的影响

维生素C　LSP Ⅰ　LSP Ⅱ

如图6–5所示，在一定浓度范围内，LSP对DPPH自由基的清除率与多糖浓度呈现出一定的量效关系，但其清除效果仍低于维生素C，其中LSP Ⅱ的清除能力较LSP Ⅰ强。

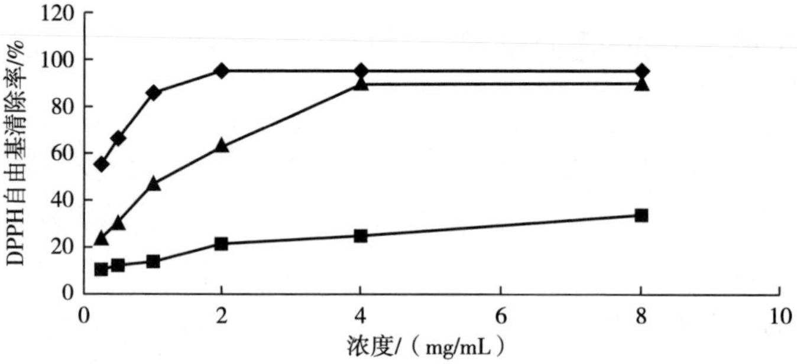

图 6-5　LSP Ⅰ和 LSP Ⅱ对 DPPH・清除率的影响

维生素C　LSP Ⅰ　LSP Ⅱ

八、不同方法提取的莲子多糖总抗氧化能力比较

总抗氧化能力可体现体系中抗氧化能力的总和[11]。笔者课题组以相同浓度的维生素C为对照，采取了4种不同方法提取LSP，并对4种不同方法提取LSP的总抗氧化能力进行比较分析，结果如图6–6所示。

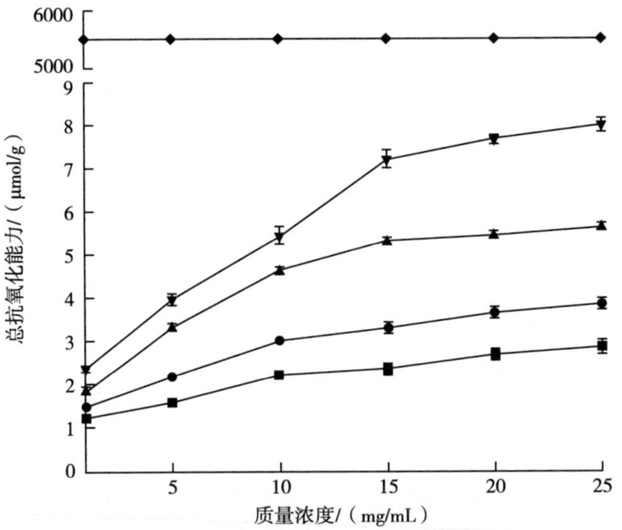

图 6-6　4 种不同方法提取的 LSP 总抗氧化能力的比较

如图6-6所示，在1~25mg/mL的浓度范围内，4种不同方法提取LSP的总抗氧化能力均随莲子溶液浓度的增大而增强，4种不同方法提取的LSP总抗氧化能力由高到低的顺序为：双酶法>胃蛋白酶法>90℃水提法>45℃水提法，但均远远小于维生素C的抗氧化能力。酶解法（双酶法和胃蛋白酶法）提取的LSP中总抗氧化能力均高于水提法（45℃和90℃），这可能是由于酶解法是在温度较低的情况下进行的，而较低的温度会减少对抗氧化活性物质以及多糖高级结构的破坏，使多糖具有较高的总抗氧化能力[12-14]；也可能是由于双酶法和胃蛋白酶法提取的多糖中糖醛酸含量较高，从而使LSP具有较高的抗氧化能力[15, 16]。

九、不同方法提取的莲子多糖对·OH清除能力的比较

·OH会破坏机体内的蛋白质、核酸、脂类等生物大分子，导致细胞结构及功能活性受损，使机体代谢紊乱，进而诱导一系列疾病的产生[17]。抗氧化能力的高低可通过·OH清除能力来评价。以相同浓度的维生素C为对照组，对4种不同方法提取的LSP对·OH清除能力进行比较分析，结果如图6-7所示。

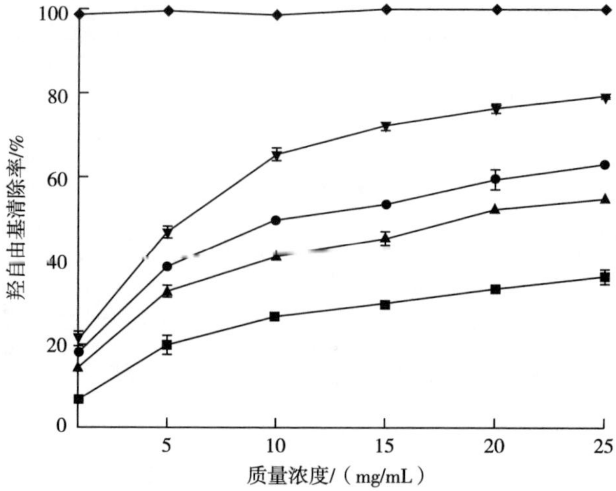

图 6-7　4 种不同方法提取的 LSP 对 · OH 清除能力的比较

如图6-7所示，在1~25mg/mL的浓度范围内，4种不同方法提取的LSP对 · OH清除能力均随莲子溶液浓度的增大而加强，当浓度增加到25mg/mL时，· OH清除能力由高到低的顺序为：双酶法（79.36%）>90℃水提法（63.14%）>胃蛋白酶法（54.79%）>45℃水取法（36.36%），但均远远小于维生素C。其中90℃水提法得到的LSP对 · OH清除能力高于胃蛋白酶法得到的LSP对 · OH清除能力（与总抗氧化活性和 · O_2^-清除能力略微不一致），这可能是由于90℃水提法制备的LSP中蛋白质等杂质含量多于胃蛋白酶法制备的LSP中蛋白质等杂质而造成[18]。

十、不同方法提取的莲子多糖对 · O_2^-清除能力的比较

在生物体代谢的过程中产生的 · O_2^-可破坏生物机体内的脂质、蛋白质和核酸等生物大分子等[19, 20]，从而加快机体的衰老和相关疾病的产生。以相同浓度的维生素C对照组，对4种不同方法提取的LSP清除 · O_2^-的能力进行比较分析，结果如图6-8所示。

如图6-8所示，4种不同提取方法所得的LSP均具有较强清除 · O_2^-的能力，四者对超氧阴离子清除能力有所差异。在1~25mg/mL的浓度范围内，45℃水提

法、胃蛋白酶法和双酶法所制备的LSP的·O_2^-清除能力均随莲子溶液浓度的增大而增强，而90℃水提法所制备的LSP的·O_2^-清除能力总体趋于平缓，说明该LSP对·O_2^-的清除能力具有明显的饱和性。不同提取方法制备的LSP的·O_2^-清除能力由高到低的顺序为：双酶法（61.27%）>胃蛋白酶法（57.49%）>90℃水提法（35.49%）>45℃水提法（10.53%），但均远小于维生素C。

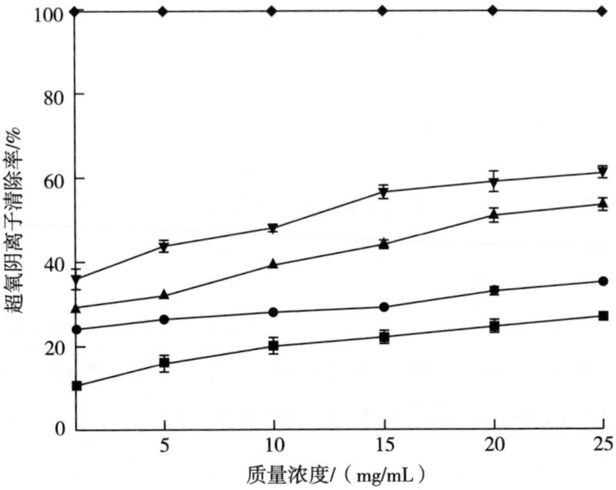

图 6-8　不同方法提取的 LSP 对·O_2^- 清除能力的比较

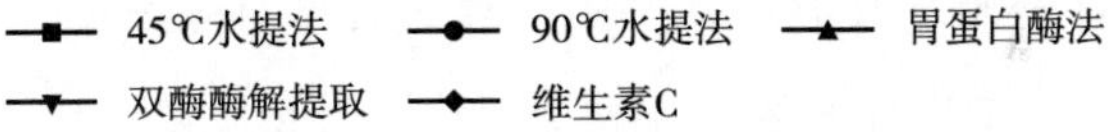

第二节　莲子多糖对益生菌增殖效应的研究

肠道菌群的平衡对人体健康和疾病的预防有着重要的作用。益生元是最有前景的健康食物，因为它们能够调节肠道菌群的数量和结构。多糖，如谷物多糖[21]、番茄多糖[22]、香菇多糖[23]、大豆多糖[24]、燕麦多糖[25]、药草多糖[26]等，能够有效地调节肠道菌群的结构，促进新陈代谢，促进有益微生物的增殖；同时，它还能抑制致病微生物的生长，如大肠杆菌、梭菌属、沙门氏菌属等。在多糖里起着益生元功能的主要组成物质是不消化的多糖，包括葡聚糖、几丁质、杂多糖等。多糖能通过提高大肠有益菌的生长来预防病毒感染[27]。多糖，像β–和α–葡聚糖、甘露聚糖、木聚糖、半乳聚糖、几丁质、菊粉、半纤维素都有益生作用。从香菇中提取分离出的β–葡聚糖是目前最常用的益生元，它们在肠道内有积极影响，能抑制肠黏膜发炎和大鼠肠道溃疡。研究还发现，香菇多糖对断乳仔猪胃肠蠕动有积极作用。此外，有研究表明，从真菌如虎奶菇和茯苓中提取分离的β–葡聚糖可被人结肠细菌利用。因此，它们被认为是一种新型的益生元，可以选择性地调节益生菌如双歧杆菌和乳酸菌的生长，影响人类肠道健康[28, 29]。

LSP对双歧杆菌属的增殖效应如下所示。

（一）莲子多糖对双歧杆菌属增殖效应的影响

低聚异麦芽糖是所有低聚糖中安全摄入量最高的一种双歧因子，故笔者课题组选用低聚异麦芽糖做对照组[30]。在糖浓度相同的基础下，将LSP配成一定的浓度代替葡萄糖添加到双歧杆菌属基础培养液中。以添加葡萄糖和异麦芽低聚糖到双歧杆菌属基础培养液中为对照组Ⅰ和对照组Ⅱ。用移液管吸取双歧杆菌属菌悬液0.2mL于各培养基平板上，用无菌三角玻璃涂棒涂布均匀。待干后，倒置于恒温培养箱37℃，厌氧培养48h，测定双歧杆菌属活菌数量。如表6–2所示，异麦芽低聚糖对双歧杆菌属具有促增殖作用，其效果是对照组Ⅰ的5倍；而LSP对双歧杆菌属的促增殖作用更加明显，在糖浓度相同的基础上，添加LSP后双歧杆菌属的数量比对照组Ⅰ提高10倍左右，是对照组Ⅱ的2倍左右。

表6–2　LSP对双歧杆菌属增殖效应的影响

批次	对照组Ⅰ	对照组Ⅱ	样品组
1	1.0	5.5	9.2
2	1.0	4.8	9.5
3	1.0	5.0	10.0

注：活菌数＝菌落数 ×10^7 个 /mL。

（二）不同浓度的莲子多糖对双歧杆菌属增殖效应的影响

用蒸馏水将莲子水溶性多糖配制成质量浓度10g/L的水溶液，按其终浓度1、

3、5、7、10g/L的量分别取代葡萄糖添加到基础培养基中，调pH为7.0，以基础培养基为对照组。用无菌移液管吸取0.1mL菌悬液至平板上，用无菌三角玻璃涂棒涂布均匀，待干后，倒置于恒温培养箱37℃，厌氧培养48h，活菌计数。

不同浓度的LSP对双歧杆菌属增殖的促进效果见表6-3。结果显示，试验组与对照组相比，当培养液中LSP含量达到3g/L时，双歧杆菌属的数量就比对照组提高10倍。此外，随着实验浓度的增加，双歧杆菌属活菌数也随之增加（图6-9）。

表6-3　不同实验浓度的LSP对双歧杆菌增殖效应的影响

组别	1g/L	3g/L	5g/L	7g/L	10g/L
LSP	5.0	10.0	12.0	15	16
对照	1.0	1.0	1.0	1.0	1.0

注：活菌数 = 菌落数 $\times 10^7$ 个 /mL。

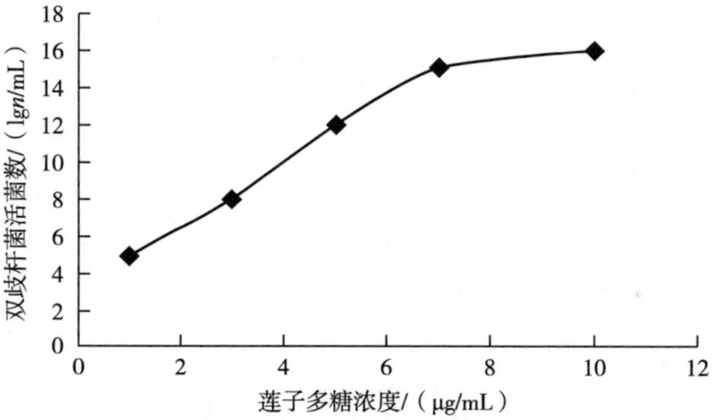

图6-9　不同实验浓度的LSP对双歧杆菌属增殖作用的影响

（三）莲子多糖酸水解物对双歧杆菌属增殖效应的影响

用蒸馏水将莲子水溶性多糖配制成质量浓度10g/L的水溶液，加入1mol/L的盐酸（pH 2.0），37℃恒温4h得水解物，按其终浓度1、3、5、7、10g/L的量分别取代葡萄糖添加到基础培养基中，调pH为7.0，以基础培养基为对照组。用无菌移液管吸取0.1mL菌悬液至平板上，用无菌三角玻璃涂棒涂布均匀，待干后，倒置于恒温培养箱37℃，厌氧培养48h，活菌计数。

LSP的酸水解物设计实验是模拟人体胃部环境的pH和食物在胃中停留时

间[31]，如表6-4所示，经酸处理后的多糖分子链断裂，其分子质量变小，对双歧杆菌属的促生长作用增强。结果提示，莲子中含有促进双歧杆菌属增殖的多糖，人体在食用莲子后，可以获得促双歧杆菌属增殖因子，它可以帮助调整人体肠道微生态平衡，预防心血管疾病，促进人体健康。此外，双歧杆菌属活菌数随着实验浓度的增加而增加（图6-10）。

表6-4　LSP酸水解物对双歧杆菌属增殖效应的影响

组别	1g/L	3g/L	5g/L	7g/L	10g/L
LSP 酸水解物	5.5	12.0	13.5	17.2	20
对照	1.0	1.0	1.0	1.0	1.0

注：活菌数 = 菌落数 $\times 10^7$ 个 /mL。

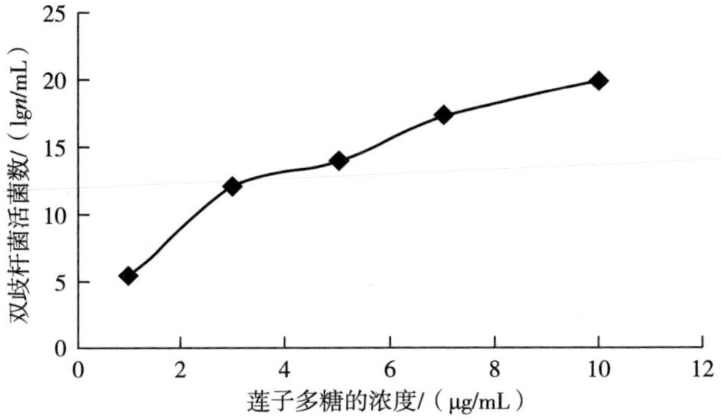

图 6-10　LSP 酸水解物对双歧杆菌属增殖的影响

（四）莲子多糖对双歧杆菌属生长曲线、对数期生长速率与世代时间的影响

将LSP配成一定的浓度，在同样的糖浓度下，按照葡萄糖的添加量代替葡萄糖添加到双歧杆菌属基础培养液中。以添加葡萄糖到双歧杆菌属基础培养液中为对照组。用移液管吸取双歧杆菌属菌悬液0.2mL于各培养基平板上，用无菌三角玻璃涂棒涂布均匀。待干后，倒置于恒温培养箱37℃厌氧培养72h，测定双歧杆菌属细胞数量。双歧杆菌属生长曲线、菌体对数生长期生长速率常数与世代时间的差异结果如图6-11所示。

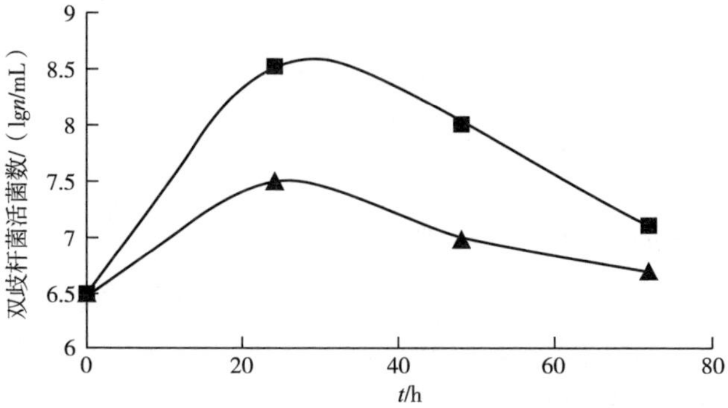

图 6-11　添加 LSP 对双歧杆菌属生长曲线的影响

—■— 莲子　—▲— 对照

在糖浓度相同的情况下，LSP比葡萄糖更有利于双歧杆菌属增殖，其双歧杆菌属细胞数量有效增多，衰亡速度也大大减缓。

如图6-12和图6-13所示，在培养基中添加LSP，双歧杆菌属对数生长期的生长速率常数（R）显著提高100%，世代时间（G）则有效缩短35%。

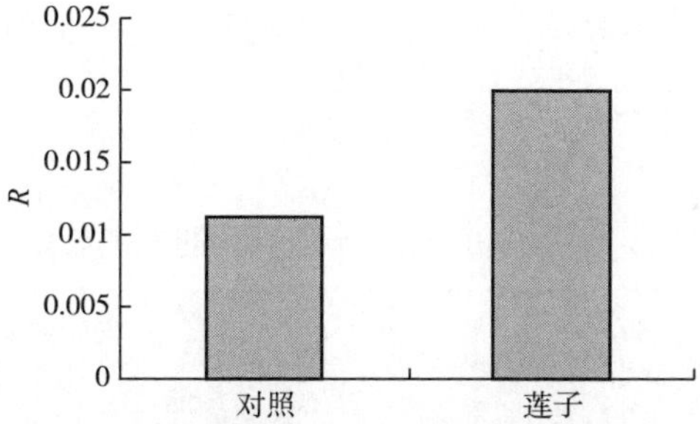

图 6-12　双歧杆菌属对数生长期生长速率常数（R）比较

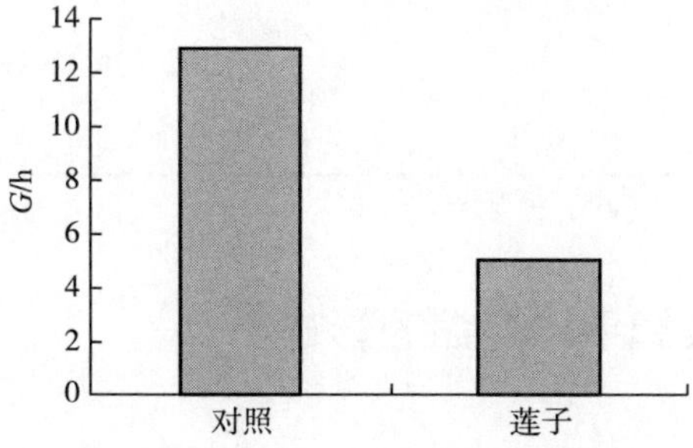

图 6-13　双歧杆菌属对数生长期世代时间（G）比较

第三节 莲子多糖对果蝇寿命影响的研究

果蝇（*Drosophila*）作为一种模式生物，具有繁殖率高、生命周期短、体型小等特点，常作为抗衰老作用的研究对象。饮食与衰老之间关系已成为研究的一大热点。有研究表明，适度的营养摄入或限制饮食热量能够延长线虫、果蝇、蠕虫和酵母的寿命。笔者课题组以黑腹果蝇（*Drosophila melanogaster*）为研究对象，观察莲子粗多糖对其寿命的影响，以期对LSP在食品保健方面的开发应用提供理论依据。

一、莲子多糖对果蝇半数死亡时间的影响

各剂量组雌雄果蝇的半数死亡时间均高于对照组。其中，中剂量组雄性果蝇的半数死亡时间与对照组的差异达到显著水平；雌性果蝇的半数死亡时间与对照组的差异达到显著水平，半数死亡时间均为53d，结果如表6-5所示。这说明，LSP能明显提高果蝇的半数死亡时间，但并不是随剂量的增加而提高，最能明显提高果蝇半数死亡时间的为中剂量（0.5%）。

表6-5　LSP对果蝇半数死亡时间的影响

组别	数量 / 只	半数死亡时间 /d	
		雌	雄
对照组	50	44.33 ± 2.08	45.00 ± 3.00
低剂量组	50	51.00 ± 1.73	51.67 ± 1.53
中剂量组	50	53.00 ± 1.00**	53.00 ± 2.65*
高剂量组	50	50.33 ± 0.58	51.33 ± 3.06

注：与对照组比较，* 表示 $P<0.05$，** 表示 $P<0.01$。

二、莲子多糖对果蝇平均寿命的影响

如表6-6所示，各剂量组雌雄果蝇的平均寿命均高于对照组。其中，中剂量

组雌雄蝇的平均寿命与对照组的差异均达显著水平，可使雄果蝇平均寿命延长至51.72d，雌果蝇平均寿命延长至53.60d。

表6-6　LSP对果蝇平均寿命的影响

组别	数量 / 只	平均寿命 /d	
		雌	雄
对照组	50	45.51 ± 1.28	45.09 ± 2.37
低剂量组	50	51.46 ± 2.24	49.78 ± 3.34
中剂量组	50	51.72 ± 3.43*	53.60 ± 3.22*
高剂量组	50	49.54 ± 1.65	50.22 ± 0.75

注：与对照组比较，* 表示 P<0.05。

三、莲子多糖对果蝇最高寿命的影响

如表6-7所示，各剂量组雌雄果蝇的最高寿命均高于对照组。其中，LSP中剂量组雄性果蝇的最高寿命与对照组的差异达到显著水平，雌性果蝇的最高寿命与对照组的差异达到极显著水平；低剂量组雌性果蝇的最高寿命与对照组的差异达到显著水平。对LSP的反应，雌蝇比雄蝇敏感，这可能与雌雄蝇的个体差别有关。

表6-7　LSP对果蝇最高寿命的影响

组别	数量 / 只	最高寿命 /d	
		雌	雄
对照组	50	54.44 ± 2.14	55.44 ± 0.51
低剂量组	50	58.42 ± 1.51	59.17 ± 1.26*
中剂量组	50	60.67 ± 2.52*	61.50 ± 1.32**
高剂量组	50	58.17 ± 2.02	58.61 ± 2.11

注：与对照组比较，* 表示 P<0.05，** 表示 P<0.01。

四、莲子多糖对果蝇平均寿命延长率的影响

如表6-8所示，雄性果蝇低、中、高剂量组平均寿命延长率分别为13.07%、13.64%、8.86%；雌性果蝇低、中、高剂量组平均寿命延长率分别为10.40%、18.87%、11.38%。中剂量组和高剂量组对雌性果蝇寿命的延长作用均大于雄性果蝇，这可能是由于雌雄果蝇个体的差异造成的。

表6-8　LSP对果蝇寿命延长率的影响

组别	数量 / 只	寿命延长率 /%	
		雌	雄
对照组	50	—	—
低剂量组	50	13.07	10.40
中剂量组	50	13.65	18.87
高剂量组	50	8.86	11.38

五、喂食莲子多糖果蝇的生长曲线

对雌蝇（图6-14）和雄蝇（图6-15）的全程生存情况作生长曲线发现，3种剂量的LSP都能够使曲线右移，且中剂量组延长果蝇寿命效果更为明显。可见，在一定浓度范围内，LSP对果蝇寿命的延长跟LSP剂量有关。

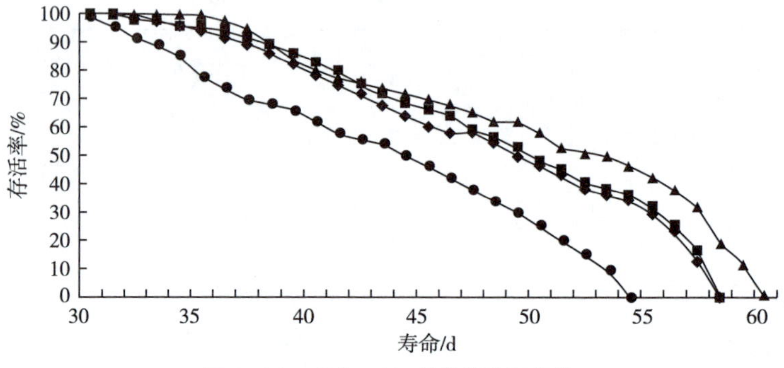

图6-14　喂食LSP的雌蝇生长曲线

—●— 对照组　—■— 低剂量　—▲— 中剂量　—◆— 高剂量

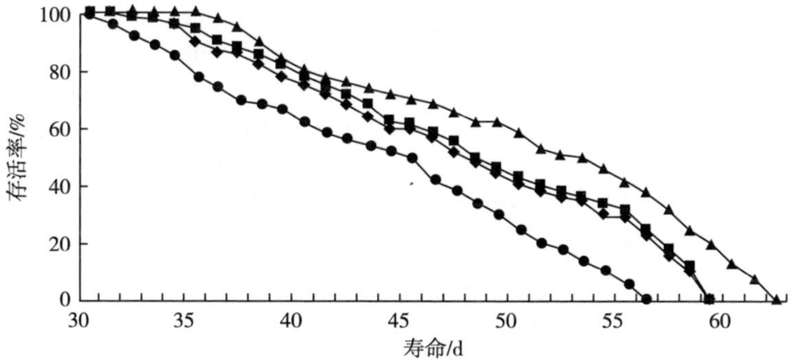

图 6-15　喂食 LSP 的雄蝇生长曲线

参考文献

[1] Ge Y，Duan Y，Fang G，et al. Polysaccharides from fruit calyx of *Physalis alkekengi* var. *francheti*：Isolation，purification，structural features and antioxidant activities[J]. Carbohydrate Polymers，2009，77（2）：188−193.

[2] 陈婵. 莲子多糖提取及其结构性质的研究[D]. 福州：福建农林大学，2007.

[3] 张延秀. 莲子多糖抗衰老功能及其分子机制的研究[D]. 福州：福建农林大学，2013.

[4] 丁利君，周国栋. 莲子水溶性糖的提取及其对自由基清除能力的研究[J]. 食品科学，2002，23（8）：252−254.

[5] 邓添华，张静，黄达彬，等. 莲子多糖的结构分析及抗氧化活性[J]. 生物加工过程，2012，10（6）：47−50.

[6] Zheng Y，Wang Q，Zhuang W，et al. Cytotoxic，antitumor and immunomodulatory effects of the water−soluble polysaccharides from lotus（*Nelumbo nucifera* Gaertn.）seeds[J]. Molecules，2016，21（11）：2−11.

[7] 吴磊，吴静，胡居吾，等. 白莲莲子皮多糖的理化性质及免疫调节活性[J]. 现代食品科技，2021，37（5）：100−108.

[8] 肖湘，俞丽君，邱玉莹，等. 油柑多糖的提取与清除氧自由基作用的研究[J]. 中国药学杂志，1988，33（5）：279−282.

[9] 魏文树，谭建权. 云芝多糖对活性氧清除机制的增强作用[J]. 中国药学杂志，1997，32（4）：199−221.

[10] 苗明三，徐瑜玲，方晓艳. 莲子多糖对衰老模型小鼠抗氧化作用的研究[J]. 中国现代应用药学，2005，22（1）：11−12.

[11] Guarneiri L L, Paton C M, Cooper J A. Pecan-enriched diets decrease postprandial lipid peroxidation and increase total antioxidant capacity in adults at-risk for cardiovascular disease[J]. Nutrition Research, 2021, 93: 69-78.

[12] RodaA, Lucini L, Torchio F, et al. Metabolite profiling and volatiles of pineapple wine and vinegar obtained from pineapple waste[J]. Food Chemistry, 2017, 229: 734-742.

[13] 钟姝霞，李觅，邓杰，等. 半干型菠萝果酒发酵工艺条件优化[J]. 中国酿造，2015，34（11）：162-166.

[14] 董玉玮，苗敬芝，李勇. 双酶法提取大蒜多糖工艺优化及其体外抗氧化活性研究[J]. 中国调味品，2020，45（10）：30-35.

[15] Li C, Li X, You L, et al. Fractionation, preliminary structural characterization and bioactivities of polysaccharides from *Sargassum pallidum*[J]. Carbohydrate Polymers, 2017, 155: 261-270.

[16] 殷微. 榛蘑多糖提取理化特征及抗氧化活性研究[D]. 长春：长春师范大学，2020.

[17] 黄星雨，曾谦，张新玲，等. 羟自由基氧化对鹰嘴豆蛋白质结构及功能性质的影响[J]. 食品安全质量检测学报，2021，12（8）：3234-3241.

[18] 樊海燕. 锁阳多糖提取纯化、结构解析及生物活性研究[D]. 呼和浩特：内蒙古大学，2018.

[19] Iannone A, Marconi A, Zambruno G, et al. Free radical production during metabolism of organic hydroperoxides by normal human keratinocytes[J]. The Journal of Investigative Dermatology, 1993, 101（1）: 59-63.

[20] 章银良，杨慧，周文权，等. 超氧阴离子自由基诱导蛋白质氧化模拟体系的研究[J]. 中国食品学报，2012，12（5）：10-15.

[21] Michid H, Tamalampudi S, Pandiella S S, et al. Effect of cereal extracts and cereal fiber on viability of *Lactobacillus plantarum* under gastrointestinal tract conditions[J]. Biochemical Engineering Journal, 2006, 28（1）: 73-78.

[22] Macfarlane S, Macfarlane G T, Cummings J H. Review article: Prebiotics in the gastrointestinal tract[J]. Alimentary Pharmacology & Therapeutics, 2006, 24（5）: 701-714.

[23] Aida F M N A, Shuhaimi M, Yazid M, et al. Mushroom as a potential source of prebiotics: A review[J]. Trends in Food Science & Technology, 2010, 20（11-12）: 567-575.

[24] Crittenden R G, Playne M J. Production, properties and applications of food-grade oligosaccharides[J]. Trends in Food Science & Technology, 1996, 7（11）: 353-561.

[25] Gokavi S, Zhang L, Huang M K, et al. Oat-based Symbiotic Beverage Fermented by *Lactobacillus plantarum*, *Lactobacillus paracasei* ssp. Casei, and *Lactobacillus acidophilus*[J]. Journal of Food Science, 2005, 70（4）: 216-223.

[26] Guo F C, Kwakkel R P, Williams B A, et al. Effects of mushroom and herb polysaccharides, as alternatives for an antibiotic, on growth performance of broilers[J]. British Poultry Science, 2004, 45（5）: 684-494.

[27] Villares A, Mateovivaracho L, Guillam N E. Structural features and healthy properties of

polysaccharides occurring in mushrooms [J]. Agriculture，2012，2（4）：452–471.

[28] Wong K H，Wong K Y，Kwan H S，et al. Dietary fibers from mushroom sclerotic：*In vitro* fermentability using human fecal microflora[J]. Journal of Agricultural & Food Chemistry，2005，53（24）：9407–9412.

[29] 胡斌. 新琼寡糖的益生元效应研究[D]. 青岛：中国海洋大学，2006.

[30] 钟卫鸿，汪剑，裘娟萍，等. 酶法制备低聚糖浆的双歧杆菌促生作用研究[J]. 食品科学，1998，19（7）：5–8.

[31] 张桂兰，程薇莉. 褐藻硫酸多糖促进双歧杆菌增殖的研究[J]. 临床军医杂志，2000，28（2）：24–27.

第七章

莲子免疫活性肽的功能学特性

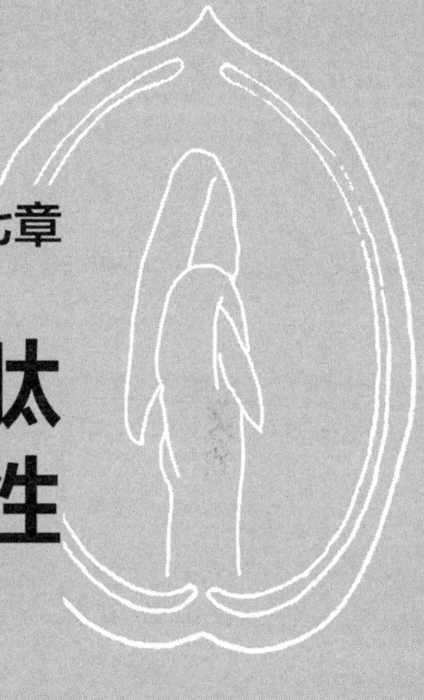

免疫活性肽是一类具有增强机体免疫力、增强巨噬细胞吞噬功能、提高机体抵御外界病原体感染能力等免疫功能的肽[1]。免疫活性肽能够刺激淋巴细胞，促进其分化和成熟；同时还可以加强细胞的吞噬作用，调控分泌因子。通常，吞噬细胞的吞噬作用和调控细胞的调控作用可以体现机体的调节功能，因此，免疫活性肽通过增强吞噬细胞的吞噬作用和调控作用来加强机体的免疫功能[2]。在功能正常的条件下，它能对异己抗原产生排异反应，发挥免疫保护作用。其具有分子质量小、稳定性强，且免疫原性弱、生物活性高等诸多优点，可用于免疫功能低下、自身免疫性疾病、移植排斥反应等的治疗，发展前景广阔，将会为人类做出更大贡献。

第一节 莲子免疫活性肽调节小鼠体内免疫功能的研究

莲子免疫活性肽（lotus seed immunopeptide，LSI）在体外可以有效提高脾淋巴细胞的增殖率、促进细胞增殖、提高单核巨噬细胞吞噬活性等，因此可能具有潜在的体内免疫活性。本章以体外活性最强的肽组分LSI-Ⅳ（<3ku）为研究对象，通过测定小鼠淋巴细胞转化活性、迟发型变态反应、小鼠腹腔巨噬细胞的吞噬能力、免疫器官指数、血清溶血素、碳廓清能力，研究了LSI-Ⅳ增强健康小鼠和环磷酰胺诱导的免疫低下小鼠的免疫功能，以进一步明确莲子免疫活性肽的体内免疫活性。

一、免疫活性肽的制备

以福建建宁白莲为原料，分别采用碱性蛋白酶、中性蛋白酶、木瓜蛋白酶、胰蛋白酶进行水解，综合考察各酶对莲子液水解效果及水解液对脾淋巴细胞增殖率的影响，确定胰蛋白酶为制备莲子免疫活性肽的最适水解酶。莲子免疫肽的制备工艺参数如下：水解时间3h，水解温度41℃，酶底比2.3%（E/S），酶解pH 6.5。工艺流程为：先称取莲子10g，加入100mL水，打浆；调节酶解所需的pH，将水浴锅调至酶解的最适温度；莲子浆预热至最适温度，添加3000μmol/g的α-淀粉酶，再加入一定量的蛋白酶；酶解一段时间后沸水浴灭酶10min，离心（12000r/min，10min），取上清液，得到莲子蛋白酶酶解液。采用双缩脲法，以谷胱甘肽为标准品绘制肽的标准曲线，根据标准曲线方程计算获得莲子蛋白酶解液中肽的含量。

二、莲子免疫活性肽-Ⅳ对健康小鼠免疫活性的影响

（一）LSI-Ⅳ对健康小鼠体重的影响

将健康雌性KM小鼠，适应性喂养7d，自由饮水和采食。饲养房温度维持在20~26℃，相对湿度维持在50%~60%。随机分组为：正常对照组（NC 组）及LSI-Ⅳ的低（LLSI组）、中（MLSI组）、高（HLSI组）剂量组，每组10只。正常对照组灌胃生理盐水，低、中、高剂量组分别灌胃不同浓度的LSI-Ⅳ［浓度分别为25、50、100mg/（kg·d）］。各组小鼠的灌胃体积为0.1mL/10g（bw），连续灌胃28d。在最后一次灌胃给药后，禁食不禁水12h。小鼠采用眼球采血，随后将所有小鼠采用颈椎脱臼法全部处死，采集组织样品后进行各免疫指标测定。

结果如图7-1所示，与正常组相比，LSI-Ⅳ中剂量组（$0.01<P<0.05$）和高剂量组（$P<0.001$）灌胃显著增加了健康小鼠的体重，LSI-Ⅳ低剂量组对增加小鼠体重不显著（$P>0.05$）。图中结果还显示，中剂量和高剂量LSI-Ⅳ处理效果优于低剂量LSI-Ⅳ处理，小鼠体重显著升高（$P<0.001$和$0.01<P<0.05$）。这也说明莲子免疫活性肽不会影响健康小鼠的生长。

（二）LSI-Ⅳ对健康小鼠脏器指数的影响

在KM小鼠最后一次灌胃给药后，禁食不禁水12h，称体重，颈椎脱臼法处死小鼠，迅速用无菌剪刀剪开其颈部和腹腔，用无菌镊子分离并摘取脾脏、胸腺及肝脏，同时剔除多余的筋膜和脂肪组织，用滤纸吸干血水后，电子天平准确称重。

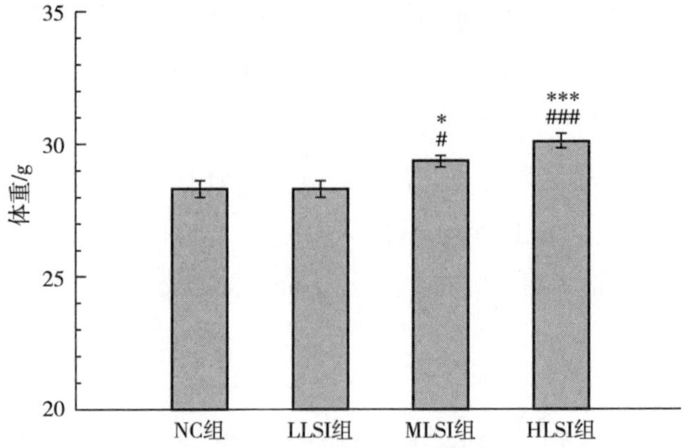

图 7-1 LSI-Ⅳ对小鼠体重的影响

注：与对照组相比，***表示$P<0.001$，*表示$0.01<P<0.05$；与高剂量组相比，###表示$P<0.001$，#表示$0.01<P<0.05$。

结果如表7-1所示，连续灌胃28d的LSI-Ⅳ后，与对照组相比，LSI-Ⅳ处理对健康小鼠脾脏指数、胸腺指数和肝脏指数无显著性影响。这说明LSI-Ⅳ不会对健康小鼠产生不良的免疫反应，证明LSP对小鼠无毒副作用。

表7-1 LSI-Ⅳ对健康小鼠脏器指数的影响

组别	脾脏指数	胸腺指数	肝脏指数
NC 组	4.04 ± 0.28^{a}	4.20 ± 0.43^{a}	37.31 ± 1.73^{a}
LLSI 组	3.65 ± 0.26^{a}	4.32 ± 0.32^{a}	37.89 ± 1.13^{a}
MLSI 组	3.64 ± 0.23^{a}	4.67 ± 0.29^{a}	35.09 ± 1.22^{a}
HLSI 组	3.41 ± 0.24^{a}	3.81 ± 0.23^{a}	34.62 ± 0.85^{a}

注：相同小写字母表示不同组间差异不显著（$P>0.05$）。

（三）LSI-Ⅳ对健康小鼠迟发型变态反应的研究

在小鼠首次灌胃后第24天，每只小鼠腹腔注射0.2mL的5%（体积分数）绵羊红细胞（SRBC）。小鼠免疫5%（体积分数）SRBC后4d，使用测厚仪测量小鼠左后足跖部厚度，然后在测量部位的皮下注射20μL的20%（体积分数）SRBC，在注射后24h测量左后足跖部厚度。

结果如表7-2所示，与对照组相比，低、中、高剂量LSI-Ⅳ处理均极显著增加了小鼠足跖的厚度（$P<0.001$），表明LSI-Ⅳ处理显著增强了健康小鼠的迟发型变态反应。张智等[3]研究也发现玉米肽能够促进小鼠的细胞免疫，并显著提高DHT指标（$P<0.01$）。

表7-2 LSI-Ⅳ对健康小鼠迟发型变态反应的影响

项目	NC组	LLSI组	MLSI组	HLSI组
足跖厚度 /mm	0.28 ± 0.07	0.38 ± 0.20***	0.41 ± 0.07***	0.47 ± 0.05***

注：与对照组相比，*** 表示 $P<0.001$。

（四）LSI-Ⅳ对健康小鼠脾淋巴细胞转化的影响

术前将眼科剪、弯头镊子高压灭菌，备用。小鼠颈椎脱臼处死，75%酒精浸泡5min，取出小鼠置于无菌纸上，转入超净工作台，固定好小鼠，使小鼠左腹侧朝上。在小鼠左腹侧中部剪开小口，撕开皮肤，暴露腹壁，可见红色长条状脾脏。在脾脏下侧提起腹膜，剪开后上翻，暴露脾脏；用无菌镊子提起脾脏，眼科剪分离脾脏下面的结缔组织，取出脾脏，放入盛有5mL Hanks液的培养皿中。将脾脏放置200目不锈钢网上，置于盛有适量无菌Hanks液的小平皿中，用镊子轻轻将脾撕碎，用注射器针芯轻轻研压脾脏，制成单细胞悬液；经200目筛网过滤，用Hanks液洗3次，每次1000r/min离心10min。然后用含10%（体积分数）胎牛血清的RPMI-1640完全培养基调节细胞至目标浓度为1×10^6个/mL[4]。

将脾细胞悬液分别加入96孔细胞培养板中，每孔200μL，每一份脾细胞悬液分装16个孔，其中8孔加刀豆凝集素A（ConA）液（终浓度5μg/mL）作为实验组，另外8孔不加ConA液作为对照组。置于5%CO_2、37℃的培养箱内培养48h。在培养结束前4h，于培养板各孔内加入20μL噻唑蓝（MTT），继续培养4h。然后从培养箱内取出细胞培养板，1000r/min离心10min，弃上清，各孔内加入110μL DMSO，溶解活细胞内紫色结晶10min，用酶标仪测定*OD*值，测定波长570nm。将实验组和对照组复孔的*OD*值取平均值[5]。淋巴细胞的增殖能力ΔA①=实验组的平均*OD*值-对照组的平均*OD*值。

结果如表7-3所示，ConA诱导的小鼠脾淋巴细胞转化实验结果显示，各剂量

① ΔA 是指实验组和对照组在特定波长下的吸光度差值。——作者注

组LSI-Ⅳ能显著提高淋巴细胞的转化作用（$P<0.001$）。这也表明LSI-Ⅳ可以有效的提高健康小鼠的免疫功能，这与薏苡仁醇溶蛋白源小肽[6]的作用相似。

表7-3　LSI-Ⅳ对健康小鼠脾淋巴细胞转化的影响

项目	NC 组	LLSI 组	MLSI 组	HLSI 组
淋巴细胞转化 ΔA	0.379 ± 0.026	0.446 ± 0.028 ***	0.593 ± 0.29 ***	0.705 ± 0.150 ***

注：与对照组相比，*** 表示 $P<0.001$。

（五）LSI-Ⅳ对健康小鼠血清溶血素含量的影响

采用ELISA法测定血清溶血素。结果如表7-4所示，低剂量组和中剂量组的血清溶血素呈增加趋势，但与正常组无显著差异，说明这两个剂量组的作用效果不显著。高剂量LSI-Ⅳ处理极显著增加（$P<0.001$）了血清溶血素的含量，这也说明高剂量LSI-Ⅳ可显著增强健康小鼠的体液免疫功能。

表7-4　LSI-Ⅳ对健康小鼠血清溶血素含量的影响

项目	NC 组	LLSI 组	MLSI 组	HLSI 组
半数溶血值（HC_{50}）	19.89 ± 6.55	20.86 ± 6.82	22.51 ± 5.35	35.70 ± 6.65 ***

注：与对照组相比，*** 表示 $P<0.001$。

（六）LSI-Ⅳ对健康小鼠巨噬细胞免疫功能的影响

使用无菌采血针从鸡翼下静脉采血，置于5倍体积的阿氏液中，离心，弃上清液，用生理盐水配成2%（体积分数）的CRBC悬液；将2%（体积分数）的CRBC悬液注射入小鼠腹腔，每只1mL。30min后脱颈处死小鼠，剪开其腹壁皮肤，经腹膜注入生理盐水2mL，并且轻轻按揉鼠腹部1min，用移液器吸取100μL腹腔液滴加在干净的载玻片上，置于37℃恒温箱中孵育30min。然后用生理盐水漂洗，以除去未黏片的细胞；待玻片稍干后，用1∶1（体积比）丙酮–甲醇固定5min，甩去玻片上的固定液，蒸馏水清洗，吸水纸吸干。再用4%（体积分数）Giemsa–磷酸缓冲液染色3min，然后甩去玻片上的染液，蒸馏水清洗，吸水纸吸干。干燥后，用中性树胶封片，利用光学显微镜在10×40倍视野下计数半吞红细胞数、全吞红细胞数、总巨噬细胞数，计算吞噬指数和吞噬率[7]。

结果如表7–5所示，与正常组相比，各剂量组均可提高小鼠腹腔巨噬细胞的吞噬能力，但仅高剂量组LSI–Ⅳ处理显著增加小鼠腹腔巨噬细胞的吞噬指数和吞噬率（P<0.05）。这可能的原因是，健康小鼠体内腹腔巨噬细胞的吞噬能力足够应对自身机体的免疫调节，但高剂量LSI–Ⅳ仍显著增强了小鼠体内非特异性免疫功能。

表7–5　LSI–Ⅳ对健康小鼠腹腔巨噬细胞吞噬活性的影响

组别	吞噬指数	吞噬率 /%
NC 组	0.38 ± 0.08	0.43 ± 0.08
LLSI 组	0.47 ± 0.10	0.50 ± 0.10
MLSI 组	0.47 ± 0.12	0.49 ± 0.08
HLSI 组	0.49 ± 0.10 *	0.52 ± 0.07 *

注：与对照组相比，* 表示 P<0.05。

三、莲子免疫活性肽–Ⅳ对免疫低下小鼠免疫活性的影响

（一）LSI–Ⅳ对免疫低下小鼠体重的影响

将健康雌性KM小鼠，适应性喂养7d，自由饮水和采食。饲养房温度维持在20~26℃，相对湿度维持在50%~60%。随机分组为：正常对照组、阳性对照组（PC组）、模型对照组（MC 组）及LSI–Ⅳ的低、中、高剂量组，每组10只。低、中、高剂量组分别灌胃不同浓度的LSI–Ⅳ（药物浓度分别为25、50、100mg/kg · d），阳性对照组灌胃25mg/（kg · d）的盐酸左旋咪唑[8]，正常对照组和模型对照组灌胃生理盐水，各组小鼠的灌胃体积为0.1mL/10g（bw），连续灌胃28d。于第21天给药后，除对照组之外，其余各组小鼠均腹腔注射50mg/kg · d环磷酰胺，连续7d，致小鼠免疫低下。正常对照组小鼠腹腔注射等量生理盐水。在最后一次给药后，禁食不禁水12h，小鼠采用眼球采血，随后将所有小鼠采用颈椎脱臼法全部处死，进行各免疫指标测定。

环磷酰胺具有免疫抑制作用，可与肝脏细胞P450酶系反应生成氮芥类衍生物，可抑制细胞介导的免疫反应和迟发型超敏反应[9]。如图7–2所示，与正常对照组相比，注射环磷酰胺的模型组小鼠体重显著下降（P<0.01），这可能是由

于环磷酰胺毒性导致食欲降低；阳性对照组小鼠也显示下降趋势，但差异不显著（$P>0.05$）。LSI-Ⅳ低剂量和中剂量灌胃处理免疫低下小鼠，其体重略有升高，但差异不显著（$P>0.05$）。高剂量LSI-Ⅳ灌胃小鼠，其体重显著高于模型组（$P<0.01$）、阳性对照组（$P<0.05$）和低剂量莲子多肽组（$P<0.05$）。与中剂量组相比，高剂量LSI-Ⅳ处理增加了小鼠的体重，但差异不显著（$P>0.05$）。这也说明高剂量LSI-Ⅳ对小鼠具有一定的保护作用，降低了环磷酰胺对小鼠的不良免疫反应。

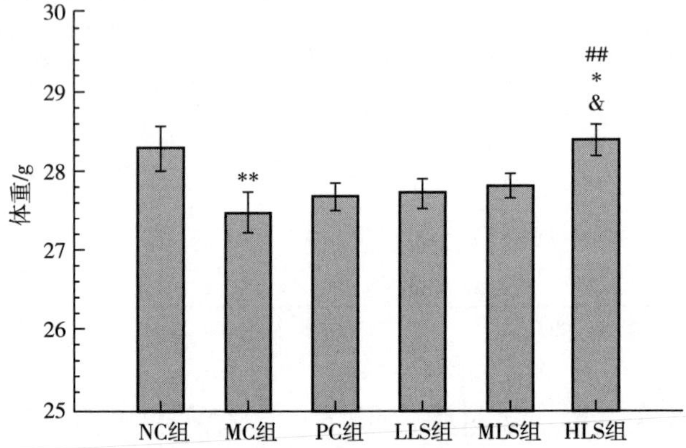

图 7-2　LSI-Ⅳ对免疫低下小鼠体重的影响

注：NC组：正常对照组；PC组：阳性对照组；MC组：模型对照组；LLSI：LSI-Ⅳ低剂量组；MLSI：LSI-Ⅳ中剂量组；HLSI：LSI-Ⅳ高剂量组。

与正常对照组（NC）相比，**表示$P<0.01$；与模型组（MC）比，##表示$P<0.01$；与阳性组（PC）比，*表示$0.01<P<0.05$；与低剂量组比，&表示$0.01<P<0.05$。

（二）LSI-Ⅳ对免疫低下小鼠脏器指数的影响

与正常对照组相比，模型组小鼠脾脏指数和胸腺指数显著降低（$P<0.01$和$P<0.001$），说明免疫低下的小鼠模型造模成功，结果如表7-6所示。与模型组相比，灌胃LSI-Ⅳ后，脾脏指数高于模型组小鼠但差异不显著（$P>0.05$）。其中，中剂量和高剂量LSI-Ⅳ灌胃后，胸腺指数显著高于模型组（$P<0.05$）。这表明LSI-Ⅳ提高了机体的重要免疫器官脾脏和胸腺的质量，可能增强了小鼠的免疫功能。虽然LSI-Ⅳ处理提高了脾脏和胸腺的指数，但其免疫力低下所引起的脏器萎缩却不可逆转。脾脏和胸腺的相对质量是非特异性免疫的重要指标，据报道口服免疫增强剂可增加小鼠脾脏和胸腺的质量[10]，LSI-Ⅳ具有用作免疫刺激剂的潜力。

表7-6　LSI-Ⅳ对免疫低下小鼠的脏器指数的影响

组别	脾脏指数	胸腺指数	肝脏指数
NC 组	4.04 ± 0.89	4.20 ± 1.34	37.31 ± 5.47
MC 组	2.87 ± 0.72 **	2.03 ± 1.13 ***	44.16 ± 6.19*
PC 组	3.98 ± 1.08 #	1.37 ± 0.32 ***	40.01 ± 4.06
LLSI 组	2.93 ± 1.33 *	2.54 ± 0.72 ***	45.34 ± 7.26**
MLSI 组	3.02 ± 0.79 *	2.98 ± 0.63 **#	48.50 ± 8.53***
HLSI 组	2.93 ± 0.73 *	2.89 ± 0.73 **#	44.12 ± 6.29*

注：与对照组相比，* 表示 $P<0.05$，** 表示 $P<0.01$，*** 表示 $P<0.001$；与模型组相比，# 表示 $P<0.05$。

与正常对照组相比，肝脏指数均显著增加（$P<0.05$），但LSI-Ⅳ各剂量处理组小鼠肝脏指数与模型组相比，差异不显著（$P>0.05$）。这说明LSI-Ⅳ可能不会影响肝脏的功能。

（三）LSI-Ⅳ对免疫小鼠迟发型变态反应的影响

与正常对照组相比，模型组小鼠足趾厚度显著降低（$P<0.001$），如表7-7所示。其余各剂量LSI-Ⅳ处理对免疫低下小鼠足趾厚度无显著影响，说明LSI-Ⅳ使小鼠的迟发型变态反应恢复到了正常小鼠的水平。与模型组对比，阳性组小鼠足趾厚度显著提高（$P<0.05$）。灌胃LSI-Ⅳ后，免疫低下小鼠足趾的厚度被提高。其中，中剂量和高剂量LSI-Ⅳ显著提高免疫低下小鼠的足趾厚度（$P<0.01$），表明LSI-Ⅳ显著提高了小鼠的迟发型变态反应。

表7-7　LSI-Ⅳ对免疫低下小鼠迟发型变态反应的影响

项目	NC 组	MC 组	PC 组	LLSI 组	MLSI 组	HLSI 组
足趾厚度 / mm	0.47 ± 0.05	0.28 ± 0.07 ***	0.41 ± 0.07 #	0.38 ± 0.20	0.43 ± 0.09 ##	0.42 ± 0.13 ##

注：与对照组相比，*** 表示 $P<0.001$；与模型组相比，# 表示 $P<0.05$，## 表示 $P<0.01$。

（四）LSI-Ⅳ对免疫低下小鼠脾淋巴细胞转化的影响

与正常对照组相比，模型组小鼠脾脏淋巴细胞转化显著降低（$P<0.001$），结果如表7-8所示。各剂量LSI-Ⅳ处理对免疫低下小鼠脾脏淋巴细胞转化无显著差异，表明LSI-Ⅳ能有效将小鼠的脾淋巴细胞转化率维持在正常水平。与模型组对比，阳性组小鼠脾脏淋巴细胞转化显著提高（$P<0.05$）。灌胃LSI-Ⅳ后，免疫低下小鼠脾淋巴细胞转化被提高。脾淋巴细胞增殖结果显示，低剂量LSI-Ⅳ对脾淋巴细胞转化的影响不显著，可能是由于LSI-Ⅳ浓度较低，尚未激活小鼠体内的免疫反应；中剂量和高剂量LSI-Ⅳ灌胃处理显著提高了淋巴细胞的转化值（$P<0.001$），并随剂量相关呈现递增趋势。这也表明LSI-Ⅳ可以有效提高免疫低下小鼠脾淋巴细胞转化能力，从而提高小鼠的细胞免疫活性。

表7-8　LSI-Ⅳ对免疫低下小鼠脾淋巴细胞转化的影响

项目	NC组	MC组	PC组	LLSI组	MLSI组	HLSI组
淋巴细胞转化 ΔA	0.379 ± 0.026	0.274 ± 0.036 **	0.345 ± 0.069 #	0.330 ± 0.108	0.406 ± 0.056 ###	0.410 ± 0.090 ###

注：与对照组相比，** 表示 $P<0.01$；与模型组相比，# 表示 $P<0.05$，### 表示 $P<0.001$。

（五）LSI-Ⅳ对免疫低下小鼠血清溶血素含量的影响

体液免疫，即以细胞产生抗体来达到保护目的的免疫机制。溶血素是小鼠淋巴细胞产生的特异性抗绵羊红细胞抗体，该抗体可导致红细胞溶解释放出血红蛋白，其水平反映体液免疫能力，其含量与机体体液免疫能力的高低呈正相关[11]。

与正常对照组小鼠相比，模型组小鼠血清HC_{50}值显著降低（$P<0.01$），表明小鼠的体液免疫水平显著下降，结果如表7-9所示。与模型对照组相比，阳性组和LSP各剂量处理组血清溶血素水平均升高。其中高剂量LSI-Ⅳ处理极显著增加（$P<0.001$）免疫低下小鼠血清溶血素水平，与正常组小鼠无显著差异（$P>0.05$）。这也说明高剂量LSI-Ⅳ处理能有效提高免疫低下小鼠体液免疫水平，并使其恢复至健康小鼠的水平。LSI-Ⅳ与海参寡肽对包括脾淋巴细胞增殖和迟发型超敏反应、SRBC的非免疫活性调节作用相似，可能归因于寡肽刺激Th细胞的细胞因子分泌和抗体产生[12]。

表7-9　LSI-Ⅳ对免疫低下小鼠血清溶血素含量的影响

项目	NC 组	MC 组	PC 组	LLSI 组	MLSI 组	HLSI 组
半数溶血值（HC_{50}）	19.89 ± 6.55	14.27 ± 2.73**	17.90 ± 6.16	16.77 ± 3.27	17.74 ± 3.38	23.09 ± 3.19$^{\#\#\#}$

注：与对照组相比，** 表示 P<0.01；与模型组相比，### 表示 P<0.001。

（六）LSI-Ⅳ对免疫低下小鼠巨噬细胞吞噬能力的影响

与对照组相比，模型组小鼠腹腔巨噬细胞的吞噬指数和吞噬率被显著降低（P<0.05），其他组差异不显著（P>0.05），结果如表7-10所示。与模型组相比，阳性组小鼠腹腔巨噬细胞的吞噬指数和吞噬率被显著提高（P<0.05）。中、高剂量LSI-Ⅳ处理也显著提高腹腔巨噬细胞的吞噬指数和吞噬率（P<0.01）。这表明高剂量LSI-Ⅳ可以显著提高免疫低下小鼠腹腔巨噬细胞的吞噬活性，使巨噬细胞的吞噬活性几乎恢复到健康小鼠水平。

表7-10　LSI-Ⅳ对免疫低下小鼠腹腔巨噬细胞吞噬活性的影响

组别	吞噬指数	吞噬率 /%
NC 组	0.38 ± 0.08	43.0 ± 7.96
MC 组	0.31 ± 0.07*	30.9 ± 5.20**
PC 组	0.40 ± 0.08$^{\#}$	39.8 ± 6.84$^{\#}$
LLSI 组	0.37 ± 0.07	37.3 ± 8.21
MLSI 组	0.41 ± 0.06$^{\#\#}$	41.2 ± 7.78$^{\#\#}$
HLSI 组	0.40 ± 0.11$^{\#}$	40.7 ± 11.1$^{\#\#}$

注：与对照组相比，* 表示 P<0.05，** 表示 P<0.01；与模型组相比，# 表示 P<0.05，## 表示 P<0.01。

（七）LSI-Ⅳ对免疫低下小鼠碳廓清能力的影响

小鼠准确称重，尾静脉注射0.2mL墨汁，其中墨汁以生理盐水1：4稀释。注入墨汁后，于5min和18min分别从小鼠眼球取血，肝素抗凝，然后用移液器准确定量20μL加入2mL的1g/L碳酸钠溶液中，轻轻混匀。在1g/L碳酸钠溶液做空白对照于分光光度计600nm处比色。颈椎脱臼处死小鼠，立即取出脾脏和肝脏，生理盐水漂洗，滤纸拭干脏器表面血污，分别准确称重并记录。

结果如表7-11所示，与对照组相比，模型组和阳性组小鼠的碳廓清能力显著降低（$P<0.01$）。而灌胃处理LSI-Ⅳ后，免疫低下小鼠的血液碳廓清能力均有所提升。其中，低、中、高剂量组分别比模型组提高了10.66%（$P>0.05$）、16.07%（$P<0.05$）、14.63%（$P<0.05$），这也进一步验证了LSI-Ⅳ可显著提高免疫低下小鼠单核巨噬细胞的吞噬能力。故中高剂量组LSI-Ⅳ处理可能可以提高免疫低下小鼠的非特异性免疫能力，甚至达到正常水平。

表7-11　LSI-Ⅳ对免疫低下小鼠碳廓清能力的影响

项目	NC 组	MC 组	PC 组	LLSI 组	MLSI 组	HLSI 组
碳廓清指数（α）	4.91 ± 0.37	4.09 ± 0.94**	4.07 ± 0.94**	4.53 ± 0.28	4.75 ± 0.54#	4.69 ± 0.42#

注：与对照组相比，** 表示 $P<0.01$；与模型组相比（MC 组），# 表示 $P<0.05$。

第二节　莲子免疫活性肽对小鼠体内免疫因子和信使分子影响的研究

植物来源的肽类化合物具有在体外和体内调节免疫功能的能力。绿色微藻［小球藻（*Chlorella vulgaris*）］分离的小肽进行小鼠口服给药，对禁食3d后营养不足的BALB/c小鼠的天然和特异性免疫功能的恢复具有积极作用，能显著增强巨噬细胞活性、造血功能、白细胞计数（特别是淋巴细胞库）、腹膜渗出物细胞，以及对T依赖性抗体应答和迟发型超敏反应的刺激[13]。大豆水解产物已经产生了几种对巨噬细胞系具有抗炎作用的生物活性肽。使用几种市售蛋白酶（碱性蛋白酶，风味蛋白酶，胰蛋白酶，木瓜蛋白酶，蛋白酶A和肽酶R）水解大豆蛋白，其中碱性蛋白酶水解所产生的小肽在体外对小鼠脾淋巴细胞的增殖和腹膜巨噬细胞的吞噬活性显示出最佳的免疫调节作用[14]；这与多肽减弱细胞中的炎症标志物如一氧化氮（NO）、一氧化氮合酶（iNOS）、前列腺素E2（PGE2）、环氧合酶-2（COX-2）和肿瘤坏死因子-α（TNF-α）的产生有关。Chungkookjang是来自韩国的发酵大豆产品，富含生物活性肽，通过下调细胞因子/趋化因子的表达和转化生长因子（TGF）-β信号的激活，在乳腺癌细胞中表现出抗炎作用[15]。除了其抗氧化剂和抗癌性质，大豆衍生肽之一Lunasin似乎发挥广泛的抗炎作用，包括抑制NF-κB活性，降低细胞因子表达以及降低环加氧酶-2（COX-2）水平[16]。其中，Lunasin和类似肽中RGD基序的存在有助于它们的抗炎作用，可能涉及拮抗整合素信号传导和下游促炎级联反应。

LSI-Ⅳ不仅能有效增强体外免疫细胞的免疫活性，而且对健康小鼠和免疫低下小鼠的体内免疫活性具有显著增加的作用，故本章拟采用两种动物模型即免疫功能正常小鼠和环磷酰胺诱导的免疫力低下小鼠为研究对象，考察灌胃喂养不同剂量LSI-Ⅳ时，小鼠体内血清和细胞中的各免疫因子（IgA、IgG、IgM、IL-1β、IL-2）和信使分子（cAMP、cGMP）水平，初步明确LSI-Ⅳ增强机体免疫功能的机制。

LSI-Ⅳ对健康小鼠免疫因子和信使分子的影响如下所述。

（一）LSI-Ⅳ对健康小鼠血清免疫因子含量的影响

在最后一次给药后，禁食不禁水12h，小鼠采用眼球采血，进行各小鼠血清免疫指标测定，包括免疫球蛋白（IgA、IgG、IgM）、IL-1β和IL-2水平，分别采用免疫透射比浊法和放免法。所有指标测定严格按照试剂盒上的说明步骤进行。

结果如表7-12所示，与正常对照组相比，低剂量LSI-Ⅳ和中剂量LSI-Ⅳ处理显著降低了血清中IL-1β和IL-2的含量以及免疫球蛋白的含量（$P<0.001$和$P<0.05$），这可能是由于低剂量和中剂量LSI-Ⅳ不会刺激机体产生免疫应答；血清中IL-1β和IL-2的含量以及各免疫球蛋白在高剂量LSI-Ⅳ处理下均有所增加，但差异均不显著（$P>0.05$），表明作用效果不明显。实验结果显示，LSI-Ⅳ不会使健康机体产生免疫应激反应，具有作为免疫调节剂的潜力。

表7-12　LSI-Ⅳ对健康小鼠血清免疫因子含量的影响

组别	IL-1β 含量 /（ng/L）	IL-2 含量 /（ng/L）	IgA 值 /（mg/mL）	IgG 值 /（mg/mL）	IgM 值 /（μg/mL）
NC 组	11.49 ± 3.38	11.63 ± 3.08	2.77 ± 0.86	5.71 ± 1.67	362.1 ± 94.89
LLSI 组	3.74 ± 1.56 ***	3.04 ± 1.76 ***	1.12 ± 0.45 ***	2.70 ± 2.12 ***	132.2 ± 67.87 ***
MLSI 组	7.81 ± 2.06 *	8.77 ± 2.51*	2.45 ± 1.18 *	4.62 ± 1.64 *	269.0 ± 64.96 *
HLSI 组	12.32 ± 3.26	12.61 ± 2.94	3.84 ± 0.59	6.33 ± 2.02	362.9 ± 102.50

注：与对照组相比，* 表示 P<0.05，*** 表示 P<0.001。

（二）LSI-Ⅳ对健康小鼠血清中信使分子的影响

cAMP、cGMP和NO水平，分别采用放免法和硝酸还原酶法测定。

cAMP和cGMP是机体代谢调节和信号传导中的重要信使分子，在机体免疫调节和应答中具有重要作用，与机体体液和（或）细胞免疫密切相关，其浓度和（或）比值的改变将影响机体的免疫功能。一般而言，cAMP与cGMP的免疫调节作用相反，即细胞内cAMP 水平升高则免疫功能受抑制，而cGMP水平升高则免疫功能增强。结果如表7-13所示，与正常对照组相比，中剂量和高剂量LSI-Ⅳ处理组极显著降低（P<0.001）了血清中信使分子cAMP含量，但显著增加（P<0.05）了血清中cGMP含量。高剂量LSI-Ⅳ处理则极显著降低（P<0.001）了血清中信使分子cAMP和cAMP的比值。实验结果表明，LSI-Ⅳ能有效降低小鼠血清中的cAMP含量，显著增加cGMP含量，降低cAMP/cGMP值，通过调节免疫因子的信号传导达到增强机体免疫功能的目的[17]。

表7-13　LSI-Ⅳ对健康小鼠血清中信使分子的影响

组别	cAMP 含量 /（nmol/L）	cGMP 含量 /（nmol/L）	cAMP/cGMP 值
NC 组	31.00 ± 7.36	49.70 ± 8.91	0.66 ± 0.30
LLSI 组	26.72 ± 4.06	45.28 ± 10.13 *	0.59 ± 0.30
MLSI 组	20.58 ± 6.03***	46.77 ± 10.02 *	0.44 ± 0.19*
HLSI 组	16.98 ± 4.25 ***	51.45 ± 12.02*	0.33 ± 0.10***

注：与对照组相比，* 表示 P<0.05，*** 表示 P<0.001。

（三）LSI-Ⅳ对健康小鼠腹腔巨噬细胞分泌免疫因子的影响

与正常对照组相比，3种剂量LSI-Ⅳ处理均极显著降低了腹腔巨噬细胞分泌的NO、IL-6和TNF-α的含量（P<0.001），结果如表7-14所示。随着LSI-Ⅳ剂量浓度的增加，NO、IL-6和TNF-α的含量均有所提高。这可能是由于在正常小鼠中，腹腔巨噬细胞的吞噬能力足够应对机体的免疫调节。结果显示，LSI-Ⅳ处理并未完全激发机体的连锁免疫反应，对健康机体有一定的免疫调节作用。

表7-14 LSI-Ⅳ对健康小鼠腹腔巨噬细胞分泌免疫因子的影响

组别	NO 含量 /（μg/L）	IL-6 含量 /（ng/L）	TNF-α 含量 /（ng/L）
NC 组	59.77 ± 7.19	161.8 ± 12.25	245.7 ± 35.65
LLSI 组	14.08 ± 5.49 ***	16.04 ± 3.85 ***	19.88 ± 2.47 ***
MLSI 组	27.15 ± 2.37 ***	37.26 ± 3.73 ***	46.83 ± 6.25 ***
HLSI 组	36.59 ± 8.77 ***	125.2 ± 9.55 ***	174.0 ± 31.05 ***

注：与对照组相比，*** 表示 P<0.001。

（四）LSI-Ⅳ对免疫低下小鼠血清免疫因子的影响

与对照组相比，模型组小鼠血清中的白细胞介素IL-1β、IL-2的含量显著低于对照组（P<0.001），结果如表7-15所示。灌胃LSI-Ⅳ后，除高剂量LSI-Ⅳ 组与对照组无显著差异（P>0.05）之外，低、中剂量组IL-1β、IL-2的含量均极显著低于对照组（P<0.001）。与模型组相比，阳性组小鼠血清中IL-1β、IL-2的含量显著升高（P<0.001），低剂量LSI-Ⅳ 组IL-1β、IL-2的含量均显著提高（P<0.01），中、高剂量组IL-1β、IL-2的含量均极显著提高（P<0.001），这可能是因为LSI-Ⅳ可激活小鼠体内的免疫细胞合成分泌大量的IL-1β、IL-2，增强环磷酰胺免疫抑制小鼠的免疫功能。阳性对照组、正常对照组和高剂量LSI-Ⅳ组IL-1β、IL-2的含量无显著差异（P>0.05）。这说明高剂量组和阳性组均能提高免疫低下小鼠血清中免疫因子的含量，促使体内免疫细胞增殖分化，从而达到对机体免疫调节的作用，并使其恢复至健康小鼠水平[18]。

表7-15　LSI-Ⅳ对免疫低下小鼠血清免疫因子含量的影响

组别	IL-1β 含量 /（ng/L）	IL-2 含量 /（ng/L）	IgA 值 /（mg/mL）	IgG 值 /（mg/mL）	IgM 值 /（μg/mL）
NC 组	11.49 ± 3.38	11.63 ± 3.08	2.77 ± 0.86	5.71 ± 1.67	362.1 ± 94.89
MC 组	5.75 ± 2.22 ***	4.66 ± 1.33 ***	1.81 ± 1.39 **	3.83 ± 1.06 ***	171.3 ± 92.15***
PC 组	12.51 ± 4.64 ###	11.20 ± 3.04 ###	3.04 ± 0.78 ##	6.38 ± 1.50 ###	440.1 ± 104.71###
LLSI 组	6.87 ± 1.52***##	5.60 ± 2.88 ***##	1.93 ± 2.11 ***##	4.18 ± 4.00 ***#	176.2 ± 77.89 ***#
MLSI 组	7.68 ± 2.17***###	9.43 ± 3.95 ***###	2.16 ± 1.93 ***###	5.09 ± 3.33 ***#	341.5 ± 46.72***###
HLSI 组	10.99 ± 2.79###	12.70 ± 4.11###	3.07 ± 0.63 ###	5.73 ± 1.71 ###	458.4 ± 114.44###

注：与对照组相比，** 表示 P<0.01，*** 表示 P<0.001；与模型组相比，# 表示 P<0.05，## 表示 P<0.01，### 表示 P<0.001。

对于血清中IgA、IgG、IgM的结果显示，与正常对照组相比，模型组显著降低了IgA含量（P<0.01），极显著降低了IgG、IgM的含量（P<0.001）。低中剂量LSI-Ⅳ处理免疫低下小鼠血清中IgA、IgG、IgM的含量极显著低于正常对照组（P<0.001），高剂量LSI-Ⅳ组与正常对照组无显著差异（P>0.05）。与模型组相比，阳性对照组和LSI-Ⅳ各剂量组的IgA、IgG、IgM含量显著高于模型组（P<0.05、P<0.01和P<0.001）。高剂量LSI-Ⅳ和阳性对照组的IgA、IgG、IgM含量与正常组无显著差异。由此可见，LSI-Ⅳ能够很好地刺激免疫低下小鼠产生免疫因子，甚至恢复到健康小鼠的免疫因子水平。

（五）LSI-Ⅳ对免疫低下小鼠血清中信使分子的影响

与正常对照组相比，模型组小鼠血清中cAMP、cGMP的含量以及cAMP与cGMP比值极显著降低（P<0.001），说明模型组的环磷酰胺已经破坏了小鼠的免疫功能，结果如表7-16所示；灌胃LSI-Ⅳ后，低、中剂量组均显著降低了免疫低下小鼠血清中cAMP、cGMP的含量（P<0.001和P<0.05）。高剂量LSI-Ⅳ组的免疫低下小鼠血清信使分子与正常对照组无显著差异（P>0.05）。

表7-16　LSI-Ⅳ对免疫低下小鼠血清中信使分子的影响

组别	cAMP 含量 /（nmol/L）	cGMP 含量 /（nmol/L）	cAMP/cGMP 值
NC 组	31.00 ± 7.36	49.70 ± 8.91	0.66 ± 0.30
MC 组	13.50 ± 8.33 ***	29.14 ± 5.75 ***	0.46 ± 0.59 ***
PC 组	37.07 ± 6.86 ###	54.81 ± 3.05 ###	0.67 ± 0.23 ###
LLSI 组	15.19 ± 8.69 ***#	31.02 ± 8.55 ***#	0.49 ± 0.60 ***
MLSI 组	22.63 ± 14.98 ***###	41.14 ± 8.83 * ###	0.55 ± 0.71 **##
HLSI 组	33.01 ± 3.85###	50.78 ± 7.94 ###	0.65 ± 0.30 ###

注：与对照组相比，* 表示 $P<0.05$，** 表示 $P<0.01$，*** 表示 $P<0.001$；与模型组相比，# 表示 $P<0.05$，## 表示 $P<0.01$，### 表示 $P<0.001$。

与模型组相比，阳性对照组、各LSI-Ⅳ剂量组血清中信使分子cAMP、cGMP的含量以及cAMP与cGMP比值均显著高于模型组（$P<0.001$）；随着LSI-Ⅳ剂量浓度的增加，各信使分子含量也有所提高。阳性对照组与高剂量组和正常组各信使分子水平无显著差异（$P>0.05$）。

实验结果表明，LSI-Ⅳ能显著提高免疫低下小鼠的免疫信号传导，从而调节机体的免疫功能。

（六）LSI-Ⅳ对免疫低下小鼠腹腔巨噬细胞分泌免疫因子的影响

与对照组相比，模型组和低、中LSI-Ⅳ剂量组极显著降低了腹腔巨噬细胞分泌的NO、IL-6和TNF-α的含量（$P<0.001$），LSI-Ⅳ高剂量组和阳性对照组显著降低了腹腔巨噬细胞分泌的NO、IL-6和TNF-α的含量（$P<0.01$），结果如表7-17所示。

表7-17　LSI-Ⅳ对免疫低下小鼠腹腔巨噬细胞分泌免疫因子的影响

组别	NO 含量 /（μg/L）	IL-6 含量 /（ng/L）	TNF-α 含量 /（ng/L）
NC 组	59.77 ± 7.19	161.8 ± 12.25	245.7 ± 35.65
MC 组	27.59 ± 3.11 ***	57.72 ± 8.21 ***	78.27 ± 22.50 ***
PC 组	48.67 ± 6.52 **###	144.0 ± 36.86 ** ###	193.2 ± 24.22 ** ###

续表

组别	NO 含量 / （μg/L）	IL-6 含量 / （ng/L）	TNF-α 含量 / （ng/L）
LLSI 组	30.67 ± 6.29 ***#	78.16 ± 11.14***#	134.4 ± 14.79 ***###
MLSI 组	37.95 ± 3.11 ***##	98.79 ± 7.76 *** ##	159.27 ± 3.49 ***###
HLSI 组	47.78 ± 4.58 **###	136.26 ± 7.82 ** ###	195.06 ± 7.74 **###

注：与对照组相比，** 表示 $P<0.01$，*** 表示 $P<0.001$；与模型组相比，# 表示 $P<0.05$，## 表示 $P<0.01$，### 表示 $P<0.001$。

与模型组相比，阳性组小鼠腹腔巨噬细胞分泌的NO、IL-6和TNF-α的含量被极显著地提高（$P<0.001$）；LSI-Ⅳ各剂量组极显著提高免疫低下小鼠腹腔巨噬细胞分泌的TNF-α含量（$P<0.001$）；低、中剂量LSI-Ⅳ处理均显著提高NO、IL-6水平（$P<0.05$和$P<0.001$）。高剂量LSI-Ⅳ处理极显著提高免疫低下小鼠腹腔巨噬细胞分泌的NO、IL-6的含量（$P<0.001$）。随着LSI-Ⅳ剂量浓度的增加，免疫低下小鼠腹腔巨噬细胞分泌的NO、IL-6和TNF-α的含量均有所升高。这些变化表明LSI-Ⅳ可显著促进免疫低下小鼠腹腔巨噬细胞的免疫活性，进而增强免疫低下小鼠的免疫功能，但无法修复巨噬细胞分泌免疫因子的能力至健康小鼠水平。

第三节 莲子免疫活性肽调节RAW264.7表达*mTOR*基因的研究

*mTOR*基因位于人常染色体1p36.2上（基因ID：2475），编码全长2549个氨基酸的mTOR蛋白（分子质量289ku），它属于磷脂酰肌醇3-激酶相关激酶蛋白家族。在免疫系统中，*mTOP*信号对维持免疫稳态起重要作用[19]。无论是天然免疫细胞（如中性粒细胞、肥大细胞、巨噬细胞、树突状细胞）的存活迁移及炎症因子分泌[20]，还是适应性免疫细胞（如T细胞）的分化决定均离不开*mTOR*信号调节。细胞外生长因子、胰岛素、营养素、氨基酸、葡萄糖等与巨噬细胞表面受体结合后，均会使*mTOR*产生应答，具有增加巨噬细胞数量、提高其吞噬能力和细

胞毒活性的功能，诱导IL、TNF-α、NO等细胞因子的mRNA表达量上调，从而促使IL、TNF-α、NO等细胞因子的分泌量增加，通过改变其分泌能力发挥免疫调节作用；而促进这些细胞因子的分泌正是其增强机体免疫力和抗肿瘤的重要机制之一[21]。

本章拟通过LSI-Ⅳ影响体外培养RAW264.7小鼠巨噬细胞增殖，测定细胞因子*mTOR*和mRNA表达水平变化的情况，探讨LSI-Ⅳ对体外培养的小鼠单核巨噬细胞RAW264.7免疫功效的影响及调节机制，并探索LSI-Ⅳ对体外培养的小鼠单核巨噬细胞RAW264.7中信号转导通路中心调节因子*mTOR*基因表达的影响，进一步明确LSI-Ⅳ提高机体免疫活性的可能机制。

一、莲子免疫活性肽-Ⅳ对RAW264.7各基因的扩增曲线

qPCR反应体系的配制：*β-actin*基因、*mTOR*基因引物序列如表7-18所示，将引物P1 0.5μL、引物P2 0.5μL、2 × Supermix 12.5μL、惰性参比燃料0.5μL、模板2μL、水9μL置于无菌塑料离心管中备用[22]。反应条件：95℃，3min→95℃，30s→55℃，20s→72℃，20s，循环40次。熔解曲线步骤：95℃，15s→60℃，15s→20min升温至95℃，15s。

表7-18 *β-actin*基因、*mTOR*基因引物序列

基因	F	R
β-actin	GTGATGGTGGGAATGGGTCA	GCCATGTTCAATGGGGTACT
mTOR	CAGTTCGCCAGTGGACTGAAG	CATCTCTCGAAGCTCCATGG

如图7-3（见书后插页）所示，PCR反应完成后，不同干预时间的*mTOR*基因与*β-actin*基因呈典型“S”形扩增曲线。扩增曲线的横坐标为循环次数，纵坐标为荧光强度变化。*CT*值在前的是内参基因，*CT*值在后的是*mTOR*基因。所有曲线基线平滑，无明显上扬趋势；曲线拐点清楚，尤其低浓度样本指数期拐点明显。各曲线间有一定的平行性，说明扩增效果较好，实验数据可信。

二、莲子免疫活性肽-Ⅳ对RAW264.7各基因的熔解曲线

熔解曲线是指随温度升高DNA的双螺旋结构降解程度的曲线。扩增反应完成后，通过逐渐增加温度同时监测每一步的荧光信号来产生熔解曲线。熔解温度上有一特征峰（T_m，DNA双链解链50%的温度），用这个特征峰，可以区分特异性产物和其他非特异性产物，如引物二聚体，因为它们在不同的温度下解链。随着反应液中双链DNA的变性，绑定的荧光染料释放并恢复到游离状态，导致荧光信号减弱。然后，通过将荧光信号的变化与温度关系绘制成图，形成熔解曲线[23]。

如图7-4（见书后插页）所示，*mTOR*基因与*β-actin*基因的PCR产物均呈较为锐利的单一峰，T_m均分别为78℃及85℃左右。在笔者课题组的研究中，12/24h的*mTOR*及*β-actin*的T_m熔解温度均一，峰的形状也较锐利，表明实验特异性好。

三、RT实验结果

反转录聚合酶链反应（RT-PCR），简称RT，是将RNA的反转录（RT）和cDNA的聚合酶链式扩增反应（PCR）相结合的技术。RT-PCR首先经反转录酶的作用以RNA合成cDNA，再以cDNA为模板，扩增合成目的片段。RT-PCR技术灵敏而且用途广泛，可用于检测细胞中基因表达水平、细胞RNA病毒的含量和直接克隆特定基因的cDNA序列。模板RNA可以是总RNA、mRNA或体外转录的RNA产物。无论使用何种RNA，关键是确保RNA中无RNA酶和基因组DNA的污染[24]。

结果如图7-5所示，LSI-Ⅳ干预12h后，各实验组别*mTOR* mRNA水平变化不明显，无显著差异（$P>0.05$），但LSI-Ⅳ干预培养24h后，LSI-Ⅳ各剂量组与空白组相比，*mTOR* mRNA水平均有明显下降趋势。LSI-Ⅳ浓度为30μg/mL和50μg/mL时，*mTOR* mRNA水平差异不显著（$P>0.05$），但较其他剂量组下降显著（$P<0.01$）。这说明LSI-Ⅳ会调节单核巨噬细胞中的*mTOR*基因表达作用，从而促进巨噬细胞分泌细胞因子，增强巨噬细胞活性，这也是LSI-Ⅳ发挥免疫调节作用的方式之一。

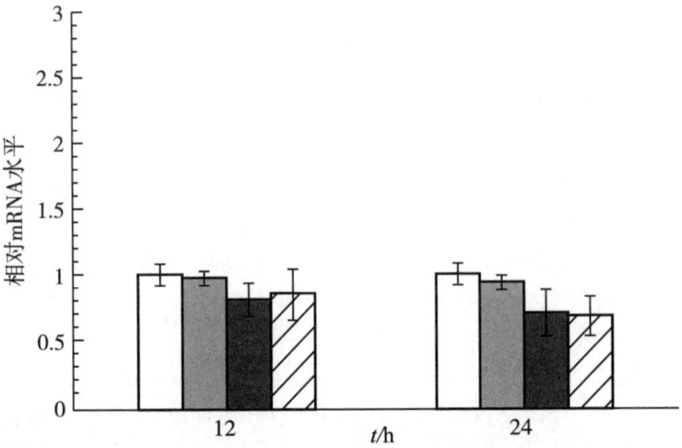

图 7-5 *mTOR* 基因相对定量结果

参考文献

[1] 陈文雅，计成，王碧莲. 生物活性肽的功能与应用[J]. 饲料研究，2014（21）：38-41.

[2] 龚吉军，黄卫文，钟海雁，等. 油茶粕多肽对小鼠免疫调节功能的影响[J]. 中国食品学报，2013，13（12）：21-27.

[3] 张智，林秀芳，马建章，等. 玉米肽对双歧杆菌免疫力作用的影响[J]. 食品研究与开发，2017，38（3）：9-14.

[4] Chalamaiah M，Hemalatha R，Jyothirmay T，et al. Immunomodulatory effects of protein hydrolysates from rohu（*Labeo rohita*）egg（roe）BALB/c mice[J]. Food Research International，2014，62：1054-1061.

[5] Wang Y K，He H L，Wang G F，et al. Oyster（*Crassostrea gigas*）hydrolysates produced on a plant scale have antitumor activity and immunostimulating effects in BALB/c mice[J]. Marine Drugs，2010，8（2）：255-268.

[6] 李玲玲，李开，张月圆，等. 薏苡仁醇溶蛋白源小分子肽生物学活性研究[J]. 中医药学报，2017，45（5）：21-25.

[7] 刘文辉，高占玲，王金凤，等. 参梨活力饮对小鼠免疫功能影响的实验研究[J]. 时珍国医国药，2014，25（3）：579-580.

[8] 侯虎. 鳕鱼免疫活性肽的可控制备及其免疫活性研究[D]. 青岛：中国海洋大学，2011.

[9] 王翘楚，郑亮. 中药制剂对免疫低下动物模型作用的研究概况[J].中医药导报，

2017，24：17.

[10] Ruan Zheng，Su Jie，Dai Hanchuan，et al. Characterization and immunomodulating activities of polysaccharide from *Lentinus edodes*[J]. International Immunopharmacology，2005，5（5）：811–820.

[11] 何丽霞，陈启贺，刘睿，等. 海参寡肽：免疫调节作用及机制研究[J]. 科技导报，2016，34（11）：42–47.

[12] He L X，Zhang Z F，Sun B，et al. Sea cucumber（*Codonopsis pilosula*）oligopeptides：immunomodulatory effects based on stimulating Th cells，cytokine secretion and antibody production[J]. Food & Function，2016，7（2）：1208.

[13] Morris H J，Carrillo O，Almarales A，et al. Immunostimulant activity of an enzymatic protein hydrolysate from green microalga *Chlorella vulgaris* on undernourished mice[J]. Enzyme and Microbial Technology，2007，40（3）：456–460.

[14] Xiang Z K，Ming M G，Yu F H，et al. Enzymatic preparation of immunomodulating hydrolysates from soy proteins[J].Bioresource Technology，2008，18（99）：8873–8879.

[15] Vernaza G M，Dia P V，Mejia D G E，et al. Antioxidant and antiinflammatory properties of germinated and hydrolysed Brazilian soybean flours[J]. Food Chemistry，2012，4（134）：2217–2225.

[16] Mejia D G E and Dia V P. Lunasin and lunasin–like peptides inhibit inflammation through suppression of NF–κB pathway in the macrophage[J]. Peptides，2009，12（30）：2388–2398.

[17] 周美玲，赵国琦，夏晨，等. 紫苏精油对小鼠血清免疫指标的影响[J]. 中国畜牧杂志，2014，11：8.

[18] Majid S M，Mohammad–Reza R，Soltanali M，et al. Protective effect of soy protein on collagen–induced arthritis in rat[J]. Rheumatology International，2012，8：15.

[19] OMER A，MESUDE K，TEMEL T，et al. Activation of macrophages by polysaccharide isolated from *Paecilomyces cicadae* through toll–like receptor 4[J]. Food and Chemical Toxicology，2012，50（9）：3190–3197.

[20] Huang M，Mei X，Zhang S. Mechanism of nitric oxide production in macrophages treated with medicinal mushroom extracts（review）[J]. International Journal of Medicinal Mushrooms，2011，13（1）：1–6.

[21] Laplante M，Sabatini D M. *mTOR* signaling in growth control and disease[J]. Cell，2012，149（2）：274–293.

[22] 陈洁，吴小南，杨雪帆，等. 慈菇多糖通过*mTOR*信号通路提高巨噬细胞功能[J]. 中国公共卫生，2016，32（12）：1692–1695.

[23] 郑夔，袁帅，孙芳芳，等. 基于扩增后分析的单管双重荧光PCR方法的建立[J]. 中国国境卫生检疫杂志，2017，2：28.

[24] Delgoffe G M，Kole T P，Zheng Y，et al. The *mTOR* kinase differentially regulates effector and regulatory T cell lineage commitment[J]. Immunity，2009，30（6）：832–844.

第八章

莲子心的功能学特性

莲子心又名薏、苦薏、莲薏、莲心等，属于睡莲科水生草本植物莲成熟种子中的胚根及幼叶，干燥时呈细棒状，通常长1~1.5cm，直径约2mm，质脆，易折断，断面有多数小孔。莲子心顶端呈膏绿色，有2个分枝，一长一短，紧密相贴；中间是一直立的胚芽；基部是约2~4mm的黄绿色胚根，呈圆柱状。莲子心的采收季节为秋季，是从采收的莲子中剥取晒干而得。莲子心化学成分非常复杂，富含生物碱、黄酮类物质和酚类物质，此外，亦含有多糖、棕榈酸、β-谷固醇、β-谷固醇正辛烷酸酯等化合物及铁、镁、钙等微量元素[1, 2]。

《本草纲目》记载莲子心性味苦寒，归心肺肾三经，具清心去热、固精止血之功效。中医用于热入心包、心肾不交、失眠遗精、血热吐血等证的治疗。现代研究表明，莲子心具有降血压、抗心律失常、抗血小板聚集、抗脂质过氧化及清除自由基、抗癌等药理作用。

第一节　莲子心酚类物质

一、莲子心酚类物质的提取和纯化

称取莲子心500g，打碎后过40目筛，按1：8的体积比在反应容器中分别加入莲子心和蒸馏水。设置温度为60℃，时间1.5h。提取结束后，反应液置于离心机中离心15min（转速4000r/min），取上层液体抽滤后保存。沉淀物按上述比例加水再次提取。混合两次上清液，旋转蒸发（温度60℃，转速80r/min）至总反应液体积的1/8，置于4℃冰箱中保存；得到莲子心总酚水粗提液后，分别加入正丁醇、乙酸乙酯或正已烷萃取。萃取结束后，使用S-8树脂进行纯化，并加入洗脱剂对其洗脱，即为莲子心总酚纯化物。

二、莲子心酚类物质消化特性的研究

大量体外研究显示，植物多酚具有较好的抗氧化和抗肿瘤作用，但植物多酚的生物利用率相对较低，胃肠消化程度相对较高。目前的研究显示，在血液及各靶器官中能检测到的多酚含量非常低，消化稳定性是植物多酚对机体发挥功效的重要影响因素。

莲子心酚类物质具有抗氧化作用，但尚未明确是哪一类或哪一种成分发挥的作用。其经过口服后，在口、胃、肠中的消化率如何，以及在每个消化阶段中，哪些成分被降解以及降解比例各多少，这些问题都有待解答。特别是在胃肠消化时，由于酸碱稳定性、与消化酶的相互作用及食品基质的影响，酚类物质的存在形式及其生物活性可能发生很大变化，而酚类物质的活性除了受到浓度的影响，代谢产物的存在形式以及一些非结构因素，如体内氧环境、协同作用、疏水性、聚合度等，也共同影响着酚类物质后续的抗氧化和抗癌等活性。因此，明确酚类物质在消化过程中的稳定性及其代谢情况，对于评估莲子心酚类物质在体内的药效发挥具有十分重要的意义，也是评价莲子心酚类物质抗癌功效的基础，同时也为后续莲子心酚类物质的靶向递送和稳态保持的研究提供一定的依据。

（一）莲子心总酚纯化物准备

莲子心总酚含量测定方法步骤：精密称取没食子酸对照品50mg，置于100mL棕色量瓶中，加水溶解并稀释至刻度；精密量取5mL，置于50mL棕色量瓶中，用水稀释至刻度，摇匀，即得（每1mL中含没食子酸0.05mg）。精密量取对照品溶液0.10、0.20、0.50、1.00、2.00、3.00mL分别置于25mL棕色量瓶中，各加入磷钼钨酸试液1mL，再分别加水10mL，用290g/L碳酸钠溶液稀释至刻度，摇匀，放置30min。以相应的试剂为空白，采用紫外–可见分光光度法，在760nm的波长处测定*OD*，以*OD*为纵坐标，浓度为横坐标，绘制标准曲线。

1. 粗品

取浸膏粉末25mg，精密称定，置于250mL棕色量瓶中，加水150mL，超声处理10min，放冷，用水稀释至刻度，摇匀，静置；过滤，弃去初滤液50mL，精密量取续滤液20mL，置于100mL棕色量瓶中，用水稀释至刻度，摇匀，即得。

2. 萃取液

取萃取液20mL，精密量取，置于250mL棕色量瓶中，加水150mL，超声处理10min，放冷，用水稀释至刻度，摇匀，静置；过滤，弃去初滤液50mL，精密量取续滤液20mL，置于100mL棕色量瓶中，用水稀释至刻度，摇匀，即得。

3. 纯化物

取浸膏粉末22mg，精密称定，置于250mL棕色量瓶中，加水150mL，超声处理10min，放冷，用水稀释至刻度，摇匀，静置；过滤，弃去初滤液50mL，精密量取续滤液20mL，置于100mL棕色量瓶中，用水稀释至刻度，摇匀，即得。

精密量取供试品溶液2mL，置于25mL棕色量瓶中，照标准曲线的制备项下的方法，自加入1mL磷钼钨酸试液起，加水10mL，依法测定*OD*，折算出供试品中总多酚的含量（以没食子酸计），即得。实验重复3次，结果取平均值。

莲子心总酚纯化物如图8-1所示，呈棕黄色粉末状，莲子心总酚得率为7.71mg/g（总酚/莲子心），纯化物总酚含量为65.60%（质量分数）。分别对粗品、萃取液、纯化物3种物质进行*OD*测定，计算出总多酚的含量，结果如表8-1所示。

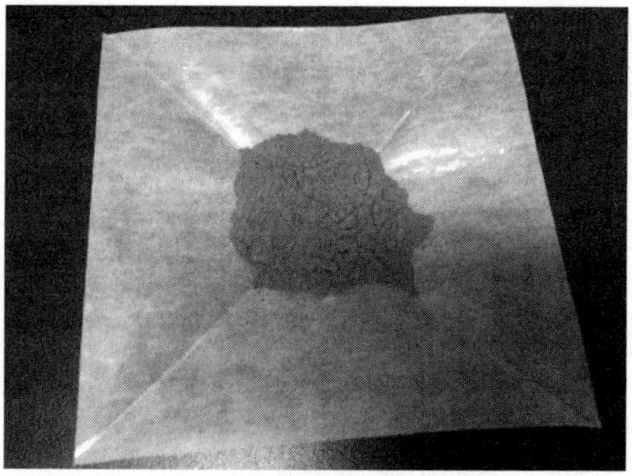

图 8-1　莲子心总酚纯化物

表8-1　粗品、萃取液、纯化物3种物质中酚类含量

品名	*OD* 值	总酚含量 /%
粗品	0.010	16.25
萃取液	0.022	24.96
纯化物	0.078	65.60

（二）莲子心酚类物质的定性分析

正丁醇相和水相的样本分别采用液相色谱–质谱（LC–MS）进行成分分析鉴定，在正丁醇相中一共鉴定到253种化合物，在水相中一共鉴定到242种化合物。具体色谱图结果如图8–2和图8–3所示。

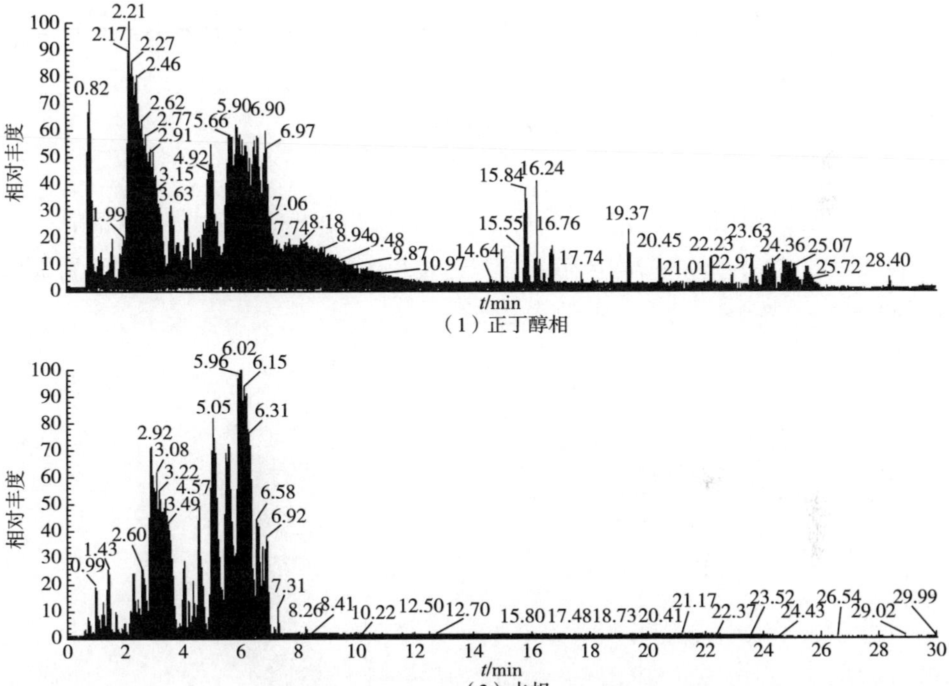

（1）正丁醇相

（2）水相

图 8–2　正离子模式基峰离子色谱图

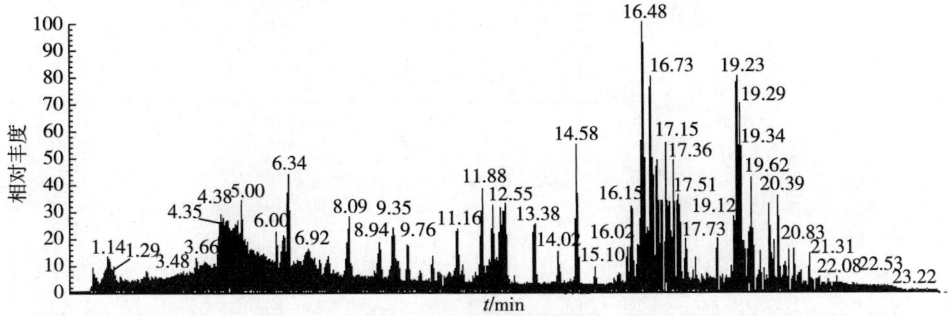

（1）正丁醇相

图 8–3

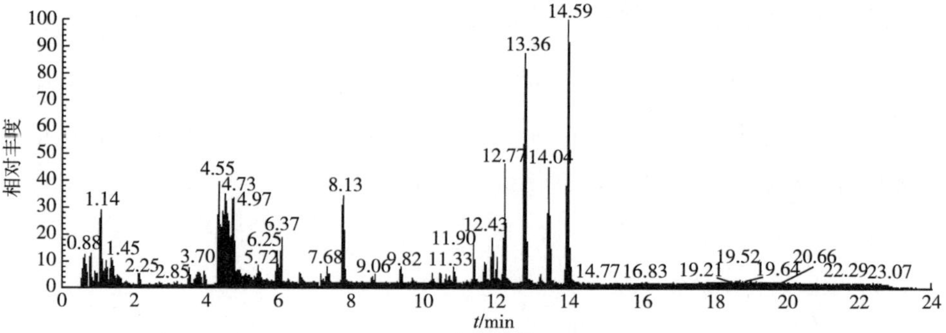

（2）水相

图 8–3　负离子模式基峰离子色谱图

气相色谱–质谱（GC–MS）分析定性分析结果显示，在乙酸乙酯相中鉴定到1697个峰，离子流如图8–4所示；在正己烷相中鉴定到1369个峰，离子流如图8–5所示。

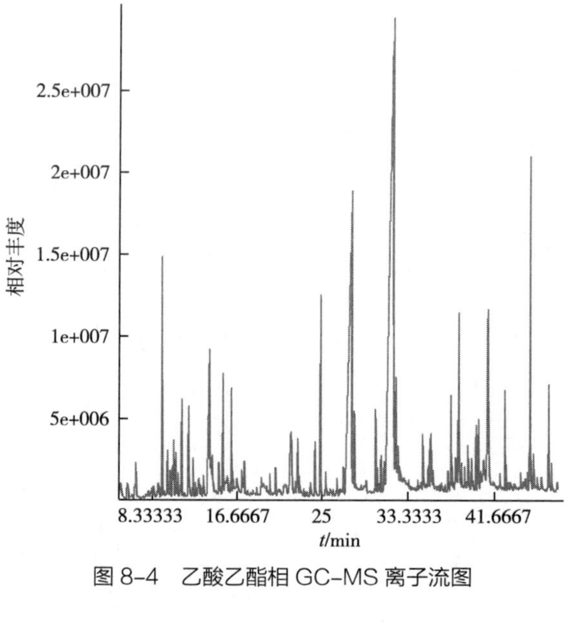

图 8–4　乙酸乙酯相 GC–MS 离子流图

分析比对结果如表8–2所示，笔者课题组选取匹配到的多酚物质中含量最高的3个多酚单体进行进一步的分析，分别是野漆树苷（0.9999）、芹菜苷（0.9992）和牡荆素（0.899）。其中，牡荆素属于多酚中的黄酮类化合物，具有抗炎、抗氧化等药理作用，可诱导多种肿瘤细胞的凋亡、抑制肿瘤细胞的生长。如Yang等[3]研究报道显示牡荆素可通过p53通路诱导人口腔癌细胞的凋亡。Bhardwaj等[4]发现牡荆素可通过抑制细胞自噬诱导多人结肠癌细胞的凋亡。芹菜苷也是属于多酚中的黄酮类化合物，具有抗氧化[5]和抗炎[6]作用。但目前对芹菜苷的生物学活性研究较少。野漆树苷属于多酚中的黄酮类化合物，具有抗氧化、抗炎和降血压等药理作用[7]。同时，野漆树苷还可通过RANKL介导的NF-*κ*B和MAPK途径改善钛颗粒刺激的骨溶解和减少破骨细胞的生成[8]。

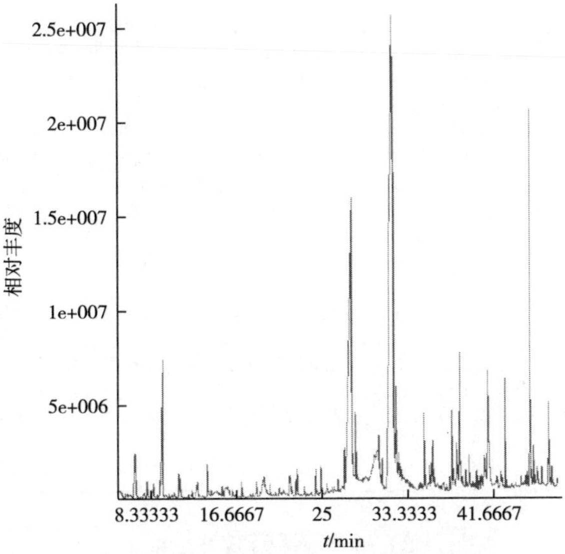

图 8-5　正己烷相 GC-MS 离子流图

表8-2　正离子色谱柱分析匹配到的含量最多的3个多酚单体化合物

化合物库的编号	化合物的名称	匹配度分数	MS 的类型	质荷比的平均值	保留时间的平均值 /s
4467	野漆树苷	0.9999	MS2 forward	579.17	225.56
4278	芹菜苷	0.9992	MS2 reverse	565.15	212.54
2542	牡荆素	0.899	MS2 forward	433.11	156.32

（三）莲子心酚类物质体外模拟消化分析

针对LC–MS和GC–MS分析出来的含量最高的3个酚类物质，牡荆素、芹菜苷和野漆树苷，笔者课题组进一步采用液相质谱多反应监测（LC–MRM）进行定量分析。同时，采用模型消化吸收，对消化吸收后的样本中牡荆素、芹菜苷和野漆树苷进行了定量分析，3种多酚的线性结果如表8–3、表8–4、表8–5所示。

表8–3 牡荆素线性结果

示例原始文件名	复合名称	峰面积	峰值高度	保留时间 / min	目标分子的真实浓度 /（μg/L）	目标分子的计算浓度 /（μg/L）
Cal1	MJS	2301657.12	912068.13	0.68	1563	1029.8
Cal2	MJS	4268568.32	1627950.29	0.67	3125	2859.25
Cal3	MJS	8732722.86	3199746.20	0.67	6250	7011.42
Cal4	MJS	16927425.15	6571358.48	0.67	12500	14633.42
Cal5	MJS	32183338.65	11623355.21	0.67	25000	28823.15
Cal6	MJS	59245770.62	21452558.55	0.68	50000	53994.27
Cal7	MJS	98050110.64	36310005.95	0.67	100000	90086.70

表8–4 芹菜苷线性结果

示例原始文件名	复合名称	峰面积	峰值高度	保留时间 /min	目标分子的真实浓度 /（μg/L）	目标分子的计算浓度 /（μg/L）
Cal1	QCG	869568.35	285950.85	0.95	188	192.81
Cal2	QCG	1704662.39	558685.03	0.94	375	363.43
Cal3	QCG	3455628.52	1100725.41	0.94	750	721.16
Cal4	QCG	7211070.36	2179020.58	0.94	1500	1488.43
Cal5	QCG	15177814.49	4716371.09	0.94	3000	3116.10
Cal6	QCG	30379248.27	9501554.72	0.95	6000	6221.88
Cal7	QCG	57237315.16	17832915.99	0.92	12000	11709.20

表8-5　野漆树苷线性结果

示例原始文件名	复合名称	峰面积	峰值高度	保留时间/min	目标分子的真实浓度/（μg/L）	目标分子的计算浓度/（μg/L）
Cal1	YQSG	3283237.923	1057565.85	1	938	893.42
Cal2	YQSG	6469343.435	2063177.89	0.98	1875	1817.63
Cal3	YQSG	13284770.68	4016952.05	0.98	3750	3794.63
Cal4	YQSG	27363720.39	8343406.29	0.98	7500	7878.60
Cal5	YQSG	54649987.89	16817016.26	1	15000	15793.71
Cal6	YQSG	99780510	30317659.02	1	30000	28885.02
Cal7	YQSG	172592127.5	49508991.86	0.98	60000	50005.97

牡荆素的定量结果如图8-6所示，对比莲子心总酚纯化物（LZXP）中的量，在唾液消化液（S）中显著减少（$P<0.05$），消化了72.31%；对比唾液消化液（S）中的水平，在胃液消化液（G）中持续显著减少（$P<0.05$），消化了47.29%；对比胃液消化液（G）中的水平，在胰液消化液（P）持续显著减少（$P < 0.05$），消化了19.30%。这说明了牡荆素在唾液消化液中最易消化，其次是胃液，而在胰液中消化较少。

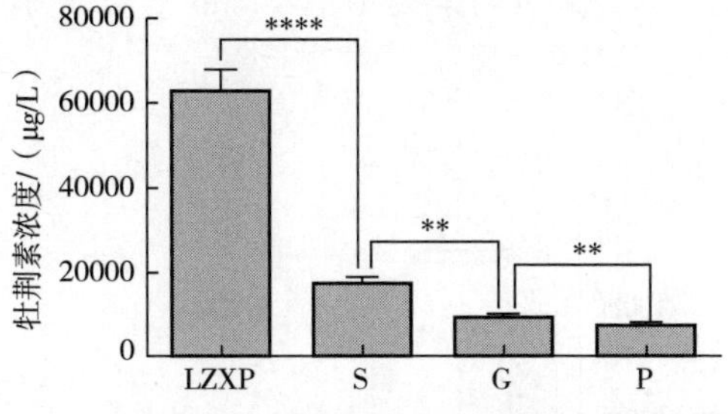

图8-6　牡荆素在不同组分中的LC-MRM定量水平

注：与LZXP组相比，*表示$P<0.05$，**表示$P<0.01$，***表示$P<0.001$，****表示$P<0.0001$。

芹菜苷的定量结果如图8-7所示，对比LZXP中的量，在唾液消化液中（S）显著减少（$P<0.05$），消化了76.72%；对比唾液消化液（S）中的水平，在胃液

消化液（G）中持续减少，消化了14.18%，但差异不显著；对比胃液消化液（G）中的水平，在胰液消化液（P）持续显著的减少（$P < 0.05$），消化了22.69%。这说明了芹菜苷在唾液消化液中最易消化，其次胰液，而在胃液中消化不显著。

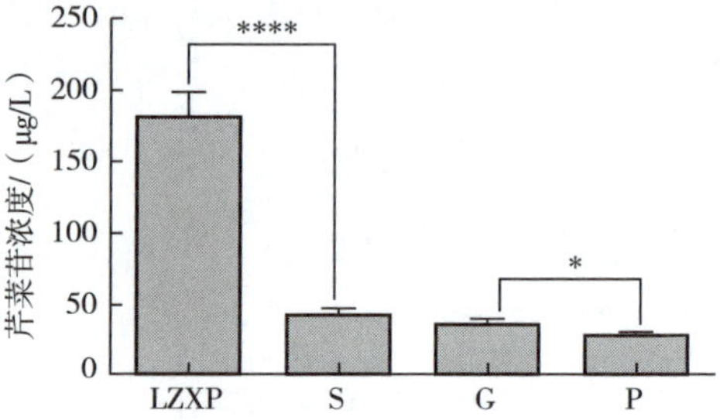

图 8-7　芹菜苷在不同组分中的 LC-MRM 定量水平

注：与LZXP组相比，*表示P<0.05，**表示P<0.01，***表示P<0.001，****表示P<0.0001。

野漆树苷的定量结果如图8-8所示，对比LZXP中的量，野漆树苷在唾液消化液（S）中显著减少（$P < 0.05$），消化了81.41%；对比唾液消化液（S）中的水平，在胃液消化液（G）中持续显著减少（P<0.05），消化了36.41%；对比胃液消化液（G）中的水平，在胰液消化液（P）持续显著的减少（P<0.05），消化了37.91%。这说明了野漆树苷在唾液消化液中最易消化，其次是胰液和胃液。冯颖等研究了紫薯多酚在体外模拟胃肠消化中的稳定性，结果发现，胃内消化对紫薯多酚的降解大于肠内消化，但花色苷在肠中降解程度大于胃中。这与笔者课题组的结果略有不同，这种差异可能是由于不同的酚类成分在不同的环境中降解效率不同造成的。

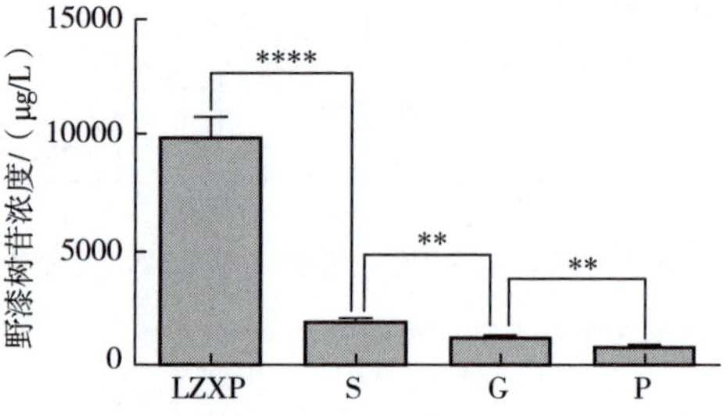

图 8-8　野漆树苷在不同组分中的 LC-MRM 定量水平

注：与LZXP组相比，*表示P<0.05，**表示P<0.01，***表示P<0.001，****表示P<0.0001。

虽然大量体外研究显示植物多酚具有较好的抗氧化和抗肿瘤作用，但植物多酚的生物利用率相对较低，胃肠消化程度相对较高。目前的研究显示，在血液及各靶器官中能检测到的多酚含量非常低，这与笔者课题组的研究结论一致[9]。在笔者课题组实验中，选取的3种莲子心多酚单体均被显著消化，其中，消化稳定性最好的是芹菜苷，最不稳定的单体是野漆树苷。

消化稳定性是生物活性物质对机体发挥功效的重要影响因素，刘翼翔等研究显示蓝莓多酚在体外胃肠消化液中的消化程度与其抗氧化活性呈负相关，即消化程度越高，抗氧化性越弱[10]，这可能是因为代谢过程促进了活性成分的释放，导致活性物质的剂量增加，从而提高了整体的抗氧化活性，并不一定意味着消化程度越高的酚类代谢产物其自身的活性越好[11]。Tarko 评价了不同水果多酚消化产物的生物活性，发现一定程度的肠道消化可提高苹果和木瓜多酚的生物利用率，促进其在靶向组织的相互作用[12]。一般来说，酚类物质的生物活性也受到其代谢后的形态结构以及非结构因素（如体内氧环境、浓度、协同作用、疏水性、聚合度）等方面的影响。因此，了解莲子心酚类物质在体内消化的情况及其代谢产物的结构与生物活性的关系，对于评估莲子心酚类物质在体内的抗氧化和抗癌机制有着重要的意义。

研究表明，酚类化合物抗氧化或抑制自由基的主要作用机制与酚羟基解离出的氢离子有关，氢离子氧化还原ROS自由基形成稳定的分子，从而使ROS自由基失去氧化能力，因此羟基的数量是影响酚类物质抗氧化能力的一个重要因素[13]；再者而言，自由基反应是非离子反应，极性越小的基团越易与自由基发生反应，而疏水参数与羟基的位置无关，却与羟基的数量呈负相关。因此，多酚化合物包含的羟基数量越多，极性就越小，抗氧化能力也就越强[14]。笔者课题组的研究中，牡荆素结构中的羟基数量少于芹菜苷和野漆树苷，因而推测牡荆素的抗氧化能力弱于芹菜苷和野漆树苷。

除了羟基数量的影响，多酚化合物中羟基的位置也十分重要。有研究发现，处于苯环上的酚羟基相较于非苯环羟基更易于被取代，因此苯环上羟基较多的多酚化合物，其抗氧化能力也更强[15]。芹菜苷和野漆树苷在主体结构上非常接近，但野漆树苷的酚羟基数量更多，因此推测野漆树苷的抗氧化活性更好。尽管在3种多酚单体中，野漆树苷被消化的程度最高，然而有研究表明，多酚在被消化的过程中，抗氧化能力逐渐增加，这与消化过程中代谢产物的释放有关。因此，多酚类化合物经过消化后的抗氧化和抗癌活性不仅与该物质自身的活性有关，也与其产生的代谢产物的活性有关。对比芹菜苷、野漆树苷和牡荆素的代谢过程以及代谢产物的化学结构，可以看出野漆树苷的代谢产物具有较高的抗氧化活性和抗癌活性。这与笔者课题组选取以上3种多酚单体进行胰腺癌细胞的抑制实验中，表现出来的情况一致，即野漆树苷表现出最高的胰腺癌细胞抑制作用，因此笔者课题组选取野漆树苷进行后续的实验。然而，酚类化合物较低的稳定性也提示今后需要对其进行结构修饰或是包埋等处理，以提高其生物利用率。本章内容探究了莲子心酚类物质的消化特性，为后续研究消化特性与活性之间的关系提供理论依据。同时，提示后续开发莲子心酚类物质功能性产品时，应考虑通过现代食品加工手段保持莲子心酚类物质的稳定性，为其稳态释放或靶向递送作准备。

三、莲子心酚类物质对胰腺癌细胞生物学功能的调控作用的研究

胰腺癌是人类恶性肿瘤中最具侵袭性的类型之一，平均5年生存率<2%[16]。胰腺癌的特点是发展迅速且无特殊症状，从而限制了其早期诊断和治疗。外科切除术是目前治疗胰腺癌的唯一方法，但由于其诊断较晚，只有少数发现早的患者（10%~20%）对手术反应良好[17]。且由于复发率高，术后患者加以放疗或不加放疗的5年内生存率在15%~25%[18]。而诊断较晚的大多数胰腺癌患者不能进行手术，只能依靠常规化疗的传统治疗手段。但胰腺癌细胞促凋亡蛋白和抗凋亡蛋白平衡发生改变，对抗癌药物有很强的抵抗力，从而有效地保护癌细胞免受化疗药物的伤害，显著降低癌细胞凋亡率[19]。由于大多数已建立的抗癌治疗策略都依赖于通过促进细胞凋亡来消除肿瘤细胞，因此肿瘤细胞能够躲过细胞凋亡成了治疗中的主要障碍[20]。已有大量研究发现，食物中的某些多酚对抑制癌细胞增殖、迁徙和转移有显著的效果，而笔者课题组的研究也在一定程度上揭示了莲子心酚类物质的成分和特征，及其具有较好的抗氧化活性，为莲子心酚类物质的应用推广阐明了物质基础。然而，目前未见莲子心酚类物质诱导胰腺癌凋亡的相关报道，因此阐明莲子心酚类物质诱导胰腺癌细胞凋亡进而发挥其对胰腺癌的抑制效果，将对胰腺癌的治疗策略带来新的途径。

为了测试莲子心酚类物质是否会影响胰腺癌细胞的增殖和凋亡，笔者课题组拟通过细胞生物学实验，以CAPAN-2、SW1990、PANC-1和ASPC-1细胞为研

究对象，利用MTS和TUNEL检测莲子心总酚纯化物及其主要组分对胰腺癌细胞增殖与凋亡水平的作用，明确莲子心总酚纯化物及其主要组分对胰腺癌细胞活力的影响，为莲子心酚类物质的应用推广提供细胞生物学水平的实验证据和理论依据。

（一）莲子心总酚纯化物对不同胰腺癌细胞株活力的影响

为了测试莲子心酚类物质是否会影响胰腺癌细胞增殖，笔者课题组以CAPAN-2、SW1990、PANC-1和ASPC-1细胞为研究对象，采用MTS法分析评价莲子心酚类物质对癌细胞增殖能力的抑制作用。

采用不同溶剂（水和DMSO）分别溶解莲子心总酚纯化物，培养PANC-1细胞，以不同浓度的莲子心总酚纯化物溶液处理细胞48h后进行MTS实验。实验结果如图8-9所示，用DMSO溶解的莲子心总酚纯化物对PANC-1细胞的抑制效率高于用去离子水溶解的莲子心总酚纯化物，因此，后续实验将采用DMSO溶解的莲子心总酚纯化物溶液进行实验。同时也可以看出，当莲子心总酚纯化物添加量达到25μg/mL及以上的浓度时，能够有效抑制PANC-1细胞的增殖水平。

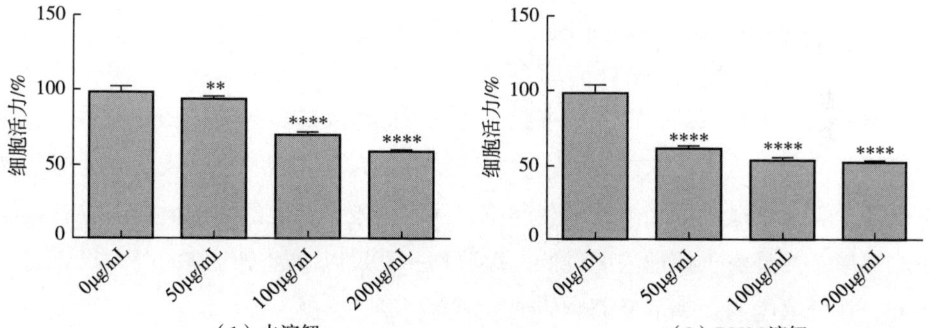

（1）水溶解　　（2）DMSO溶解

图 8-9　不同溶剂溶解的莲子心总酚纯化物对 PANC-1 细胞的影响

注：*表示$P<0.05$，**表示$P<0.01$，***表示$P<0.001$，****表示$P<0.0001$。

为进一步明确莲子心总酚纯化物对胰腺癌细胞增殖活性抑制的广谱性，笔者课题组检测了莲子心总酚纯化物对不同类型胰腺癌细胞系增殖活性的影响，用不同浓度0μg/mL、25μg/mL、50μg/mL、100μg/mL和200μg/mL的莲子心总酚纯化物处理ASPC-1胰腺癌细胞48 h，MTS结果如图8-10所示。50μg/mL莲子心总酚纯化物对ASPC-1细胞有显著抑制作用（$P<0.01$），且随浓度升高，增殖抑

制效率增加。对于ASPC-1，在最低浓度（25μg/mL）的莲子心总酚纯化物处理后，其细胞活力超过了100%。但随着莲子心总酚纯化物的处理浓度增加到50μg/mL 后，细胞活力在短时间内显著性地下降（$P<0.01$）；之后继续加大浓度至100μg/mL，细胞活力继续呈现大幅度的显著性下降（$P<0.0001$）。继续增加浓度后，细胞活力的下降趋于平缓，不再呈现显著性的差别。在最高浓度200μg/mL的莲子心总酚纯化物处理后，ASPC-1的细胞活力为65%左右。

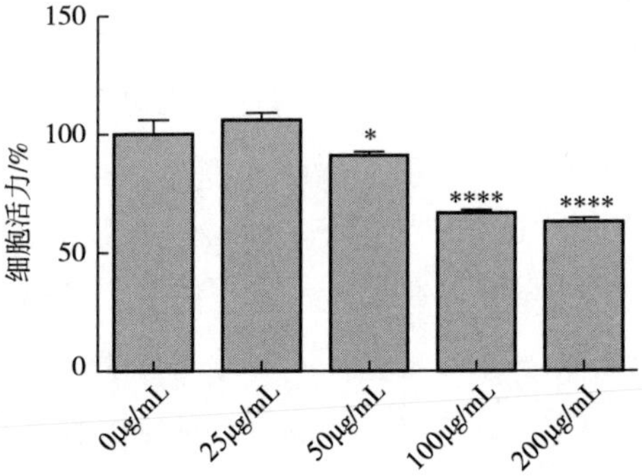

图 8-10　不同浓度的莲子心总酚纯化物对 ASPC-1 胰腺癌细胞增殖率的影响

注：*表示$P<0.05$；****表示$P<0.0001$。

笔者课题组观察到，部分癌细胞在经过较低浓度的多酚纯化物处理后，细胞活力不降反升，这种现象被称为毒物兴奋效应。究其原因，一是较低浓度的提取物进行处理会制造一种轻微的不利环境，从而刺激癌细胞活力的增加以应对这种不利环境；二是由于处理浓度过低，提取物并不足以引起癌细胞的凋亡或坏死。因此，在低浓度的处理下反而会使细胞活力高于100%[21]。

同时，用不同浓度的莲子心总酚纯化物处理Capan-2和SW1990两株胰腺癌细胞48h，结果如图8-11所示。莲子心提取物对Capan-2和SW1990细胞增殖不具显著的抑制作用。对于Capan-2胰腺癌细胞，在最低浓度的莲子心总酚纯化物（25μg/mL）处理后，其细胞活力在数量上有略微下降，然而在统计学上没有显著性差别。随着莲子心总酚纯化物浓度增加，Capan-2胰腺癌细胞的活力并没有发生显著性变化。对于SW1990细胞，随着莲子心总酚纯化物添加量的增加，细胞活力也没有受到显著性的影响。

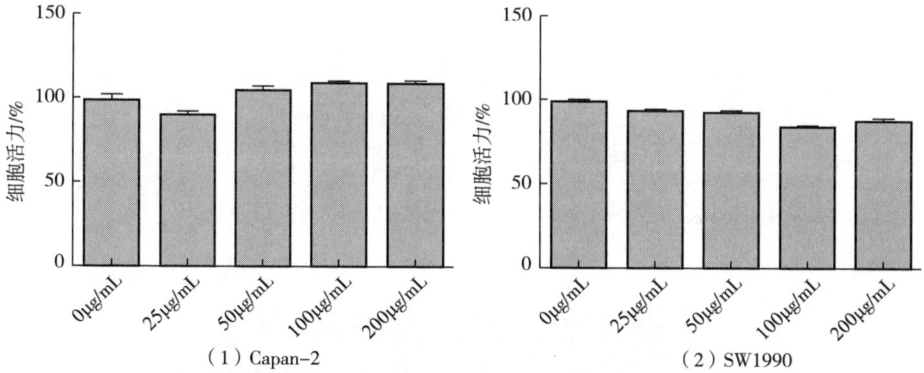

图 8-11　不同浓度的莲子心总酚纯化物对 Capan-2 和 SW1990 胰腺癌细胞增殖率的影响

综上所述，莲子心总酚纯化物的处理对PANC-1和ASPC-1胰腺癌细胞株的活力有显著性的抑制作用，但对Capan-2和SW1990这两株胰腺癌细胞株的活力没有显著性的抑制作用。另外，莲子心总酚纯化物对PANC-1和ASPC-1胰腺癌细胞株增殖活力的抑制作用也有所差异，对PANC-1细胞的抑制作用更强。这些结果在一定程度上说明了莲子心酚类物质对不同胰腺癌细胞系增殖活力影响的差异性。作为莲子的有效成分，穿心莲内酯对于人急性早幼粒细胞白血病NB4细胞，在浓度为5~25μmol/L的浓度范围内也具有明显的增殖抑制作用[22]，提示了莲子心在抗肿瘤相关方面可以进行更加广泛的研究。

（二）莲子心总酚纯化物对胰腺癌细胞株PANC-1和ASPC-1凋亡的影响

前面的研究已经明确莲子心总酚纯化物的处理对PANC-1和ASPC-1胰腺癌细胞株活力有显著性的抑制作用。为进一步明确是否对PANC-1和ASPC-1细胞株的凋亡同样有促进的作用，笔者课题组采用原位末端转移酶标记技术（TUNEL）进行了观察和统计分析。结果显示，在莲子心总酚纯化物（100μg/mL）处理PANC-1、ASPC-1细胞后，绿色荧光明显增加（$P<0.05$），说明莲子心总酚纯化物能诱导PANC-1、ASPC-1胰腺癌细胞的凋亡，具有抗癌的效应，如图8-12（见书后插页）所示。

（三）莲子心总酚纯化物对胰腺癌细胞株PANC-1和ASPC-1的抗氧化作用

前人研究发现，苹果多酚提取物（APE）在乳腺癌MCF 10A细胞系中也具有抗氧化作用，且主要作用于细胞周期的G2/M期[23]。本文也尝试了相关的抗氧化实验。笔者课题组采用ROS荧光检测试剂盒检测了PANC-1、ASPC-1细胞经莲子心总酚纯化物处理后细胞中ROS的变化。结果显示，经莲子心总酚纯化物（100μg/mL）处理，PANC-1、ASPC-1细胞ROS显著减少，如图8-13所示（*P*<0.001，*P*<0.05），说明莲子心总酚纯化物能够清除ROS，具有抗细胞氧化的作用。

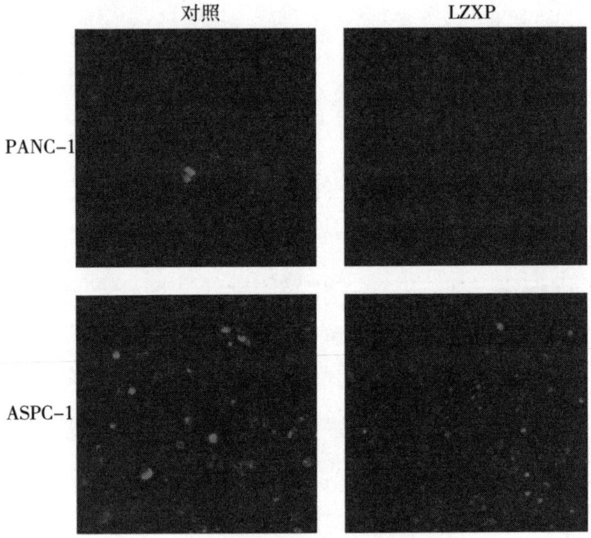

（1）胰腺癌细胞ROS染色情况

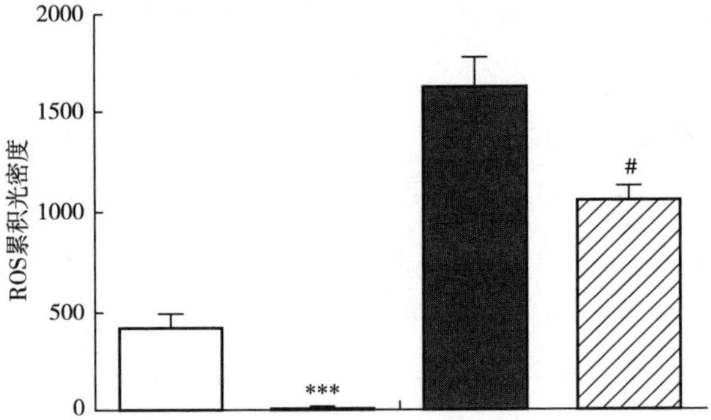

（2）胰腺癌细胞ROS累积光密度

图 8-13　莲子心总酚纯化物处理下胰腺癌细胞的 ROS 检测

□ PANC-1　■ PANC-1+LZX多酚

■ ASPC-1　▨ ASPC-1+LZX多酚

注：***表示*P*<0.001；#表示*P*<0.05。

（四）莲子心酚类物质中3种单体对不同胰腺癌细胞PANC-1和ASPC-1增殖的影响

前面的研究已基本明确莲子心酚类物质对胰腺癌细胞株PANC-1和ASPC-1增殖活力的抑制作用。莲子心酚类中含有野漆树苷、牡荆素和芹菜苷3种多酚物质，为验证具体是哪一种酚类物质发挥了抑制胰腺癌增殖活力的作用，分别以0、6.25、12.50、25、50μg/mL的野漆树苷、牡荆素和芹菜苷处理PANC-1胰腺癌细胞株，以0、12.5、25、50、100μg/mL的野漆树苷、牡荆素和芹菜苷处理ASPC-1胰腺癌细胞株。处理细胞48h后的MTS结果如图8-14（见书后插页）所示，3种多酚单体对PANC-1和ASPC-1 细胞的增殖均有显著的抑制作用（$P<0.05$）。其中，野漆树苷对PANC-1细胞和ASPC-1细胞的抑制作用最强。50μg/mL野漆树苷处理PANC-1细胞48h对细胞的增殖抑制率为45.0%。100μg/mL野漆树苷处理ASPC-1细胞48h对细胞增殖抑制率为34%（$P<0.05$）。因此，笔者课题组选择野漆树苷来进行后续的实验。

石林等在没食子儿茶素没食子酸酯（EGCG）诱导人胰腺癌PANC-1的研究中，发现EGCG在50μg/mL的剂量下，作用于PANC-1细胞48h的抑制率能够达到56%以上，这与笔者课题组的结果相当；其在50μg/mL的剂量下，作用于PANC-1细胞96h后抑制率达到90%。笔者课题组分析后认为，作用96h时间过长，因此并未进行96h的相关实验。黄灵等在研究牡荆素促人胰腺癌细胞凋亡中发现，在牡荆素的添加量为25μg/mL时，牡荆素能够促进PANC-1细胞的凋亡，显示在促进PANC-1凋亡方面，牡荆素可能有更好的表现，可能与其能参与的线粒体凋亡调控有关[24]。

（五）野漆树苷对胰腺癌细胞PANC-1和ASPC-1凋亡的影响

前面的研究显示，莲子心酚类物质的3种单体中，野漆树苷对胰腺癌细胞增殖活力的抑制效果最强。为进一步明确野漆树苷促进胰腺癌细胞凋亡的作用，笔者课题组采用TUNEL染色法检测了100μg/mL野漆树苷分别处理PANC-1和ASPC-1细胞48 h后的细胞凋亡情况。结果显示，野漆树苷处理能够显著促进胰腺癌细胞PANC-1和ASPC-1的凋亡，如图8-15（见书后插页）所示（$P<0.001$）。已有研究报道显示，有多种植物多酚对胰腺癌细胞具有一定的抑制生长和促进凋亡的作用。例如，白藜芦醇可通过抑制白三烯A4水解酶抑制胰腺癌生长[25]；槲皮素可显著抑制胰腺癌的生长，促进其凋亡，并抑制胰腺癌在裸鼠中的转移[26]。

而野漆树苷可以抑制喉鳞癌（HEP 2）、宫颈癌（HeLa）、肝癌（HepG2）、结肠癌（HCT-116）的生长，却对正常细胞胎儿肺成纤维细胞株没有杀伤作用[27]。这在一定程度上说明了野漆树苷可以区分癌细胞和非癌细胞，是一种理想的抗癌药物，而笔者课题组的研究进一步补充了其对胰腺癌的调控作用。

（六）野漆树苷对胰腺癌细胞PANC-1和ASPC-1 的ROS清除作用

笔者课题组采用ROS荧光检测试剂盒检测了PANC-1、ASPC-1细胞经野漆树苷处理后细胞中ROS的变化。结果显示，经过野漆树苷（100μg/mL）的处理，PANC-1、ASPC-1细胞中ROS显著减少，如图8-16所示（P<0.05），说明了野漆树苷能有效清除ROS，具有抗细胞氧化的作用。

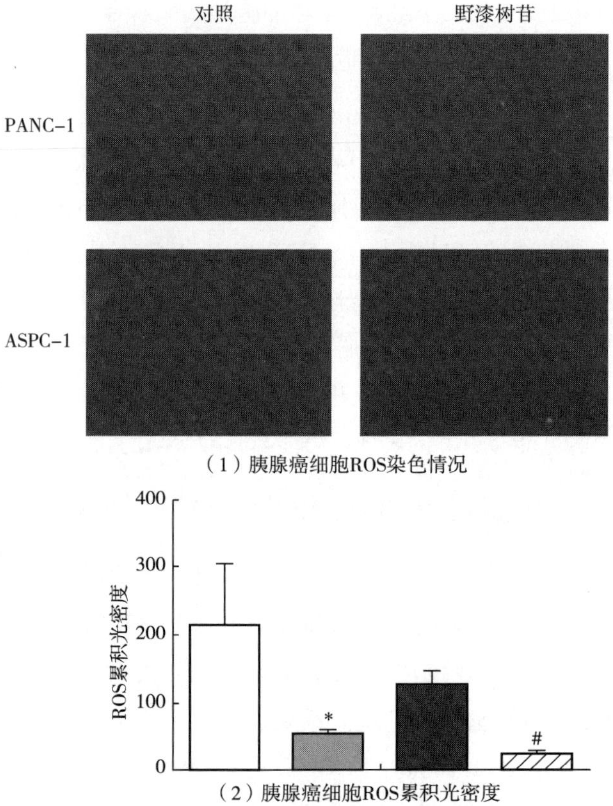

（1）胰腺癌细胞ROS染色情况

（2）胰腺癌细胞ROS累积光密度

图 8-16　野漆树苷处理下胰腺癌细胞的 ROS 检测

□ PANC-1　■ PANC-1+野漆树苷　■ ASPC-1　▨ ASPC-1+野漆树苷

注：*表示P<0.05；#表示P<0.05。

（七）野漆树苷对胰腺癌细胞PANC-1和ASPC-1迁移能力的影响

以100μg/mL野漆树苷分别处理PANC-1、ASPC-1细胞48h后，细胞迁移和侵袭实验（Transwell）检测细胞迁移能力。结果显示，野漆树苷处理PANC-1、ASPC-1细胞后，细胞迁移能力显著减弱，如图8-17所示（$P<0.05$），说明野漆树苷能抑制PANC-1、ASPC-1细胞迁移，具有抑制肿瘤的作用。对比另一种常用的癌细胞迁移抑制剂维生素D_3，维生素D_3在100μmol/L（195μg/mL）浓度下，对PANC-1细胞的迁移抑制率为69%，其所需浓度约为野漆树苷的1.75倍[28]，说明野漆树苷具有较强的抑制癌细胞迁移的作用。

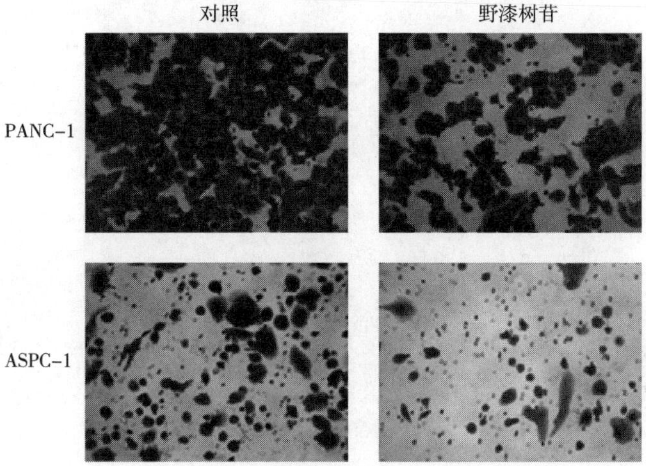

（1）胰腺癌细胞迁移染色情况

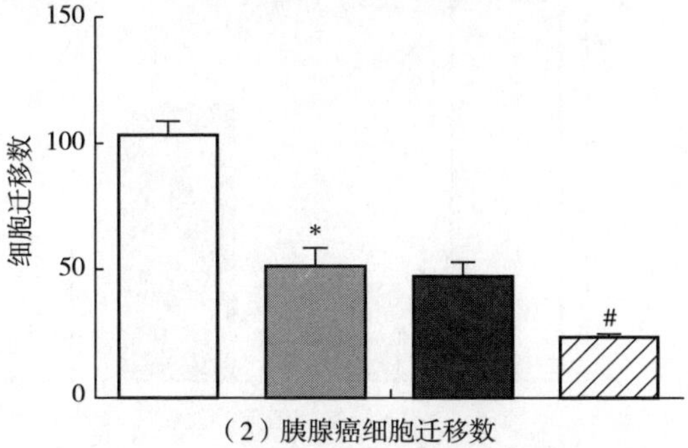

（2）胰腺癌细胞迁移数

图 8-17　Transwell 细胞迁移能力检测

□ PANC-1　▨ PANC-1+野漆树苷　■ ASPC-1　▨ ASPC-1+野漆树苷

注：*表示$P<0.05$；#表示$P<0.05$。

（八）野漆树苷对胰腺癌细胞PANC-1和ASPC-1 侵袭能力的影响

以100μg/mL野漆树苷分别处理PANC-1、ASPC-1细胞48h后，Transwell检测细胞侵袭能力。结果显示，野漆树苷处理PANC-1、ASPC-1细胞后，细胞侵袭能力显著减弱，如图8-18所示（$P<0.001$，$P<0.05$）。在PANC-1，ASPC-1细胞中，侵袭细胞数约为原来的25%和48%，说明野漆树苷能抑制PANC-1、ASPC-1细胞侵袭，具有抑制肿瘤的作用。

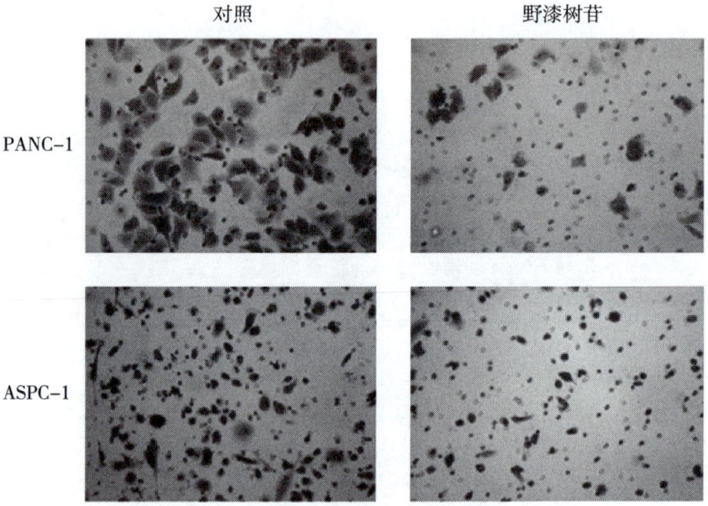

（1）胰腺癌细胞侵袭染色情况

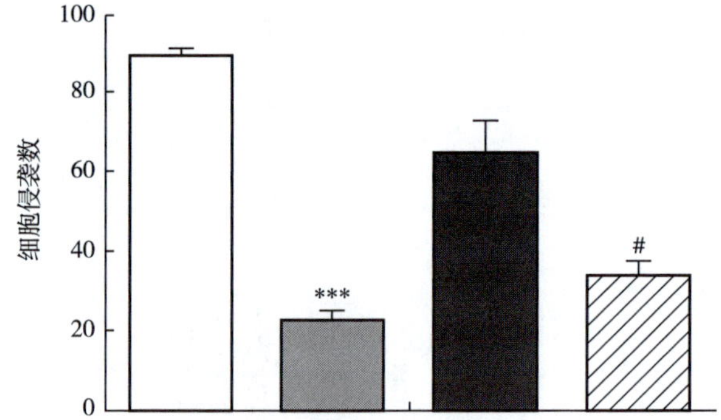

（2）胰腺癌细胞侵袭数

图 8-18　Transwell 细胞侵袭能力检测

□ PANC-1　■ PANC-1+野漆树苷　■ ASPC-1　▨ ASPC-1+野漆树苷

注：***表示$P<0.001$；#表示$P<0.05$。

之前的研究已经证实，野漆树苷可以抑制多种肿瘤细胞，如野漆树苷可以抑制HEP 2、HeLa、HepG2、HCT-116的生长，却对正常细胞胎儿肺成纤维细胞株没有杀伤作用[29]，提示野漆树苷可以区分癌细胞和非癌细胞，是一种理想的抗癌药物。这同笔者课题组的研究发现的野漆树苷对胰腺癌细胞的抑制作用相吻合，证明其是一种值得进一步研究和开发的具有抗癌活性的物质。此外，之前的研究也表明，多种植物酚类物质对胰腺癌细胞具有抑制生长和促进凋亡的作用，如白藜芦醇可通过抑制白三烯A4水解酶抑制胰腺癌生长[30]；槲皮素可显著抑制胰腺癌的生长、促进其凋亡，并抑制胰腺癌在裸鼠中的转移[31]。因此莲子心中的多种酚类物质也可能共同参与其对胰腺癌细胞的促凋亡作用，这一猜测值得笔者课题组进一步研究。

第二节　莲子心生物碱

一、概述

莲生物碱的研究最早始于19世纪末，而真正取得突破性进展是在20世纪60年代，即来自日本的富田真雄从荷叶中分离出3个生物碱类单体成分：荷叶碱、莲碱及*O*-去甲荷叶碱 [32]。往后，随着研究的进一步深入，截至目前，从莲中分离出的生物碱类已报道多达20几种。据报道，已确定的莲子心生物碱有莲心碱、甲基莲心碱、荷叶碱、莲心季铵碱、甲基紫堇杷灵碱、去甲基乌药碱等[33]。为便于进一步开展研究，国内学者将莲生物碱分为酚性生物碱和非酚性生物碱。这其中，莲心碱、甲基莲心碱、异莲心碱和莲心季铵碱属于酚性生物碱；荷叶碱、前荷叶碱、甲基紫堇杷灵碱、去甲基乌药碱为非酚性生物碱。莲子心生物碱是莲心中的主要活性成分，具有广泛的活性功能，如降低血压[34]、抗心律失常[35]、抗血小板聚集[36]、预防脂质过氧化及清除自由基[37]、抗癌[38]等作用。

（一）莲子心的主要药理作用

1. 降低血压作用

莲心碱具有短暂时间降低血压的作用，经转变成季铵盐后，降低血压的作用更加明显，作用时间将延长[34]。莲心碱的降血压功效和有效的作用时间具有剂量依赖性。研究发现[39]，莲心碱的降压作用有快速耐受现象，其降低舒张压的作用大于收缩压，主要作用部位为外周血管，并可能与早期的心脏抑制作用有关。

2. 抗心律失常

研究表明[35]，莲心碱剂量为8mg/kg能使家兔心率减慢，同时可以使P—R间期延长。莲心碱对心肌慢反应动作电位以及慢反应内向电流有影响，可浓度依赖性地减低离体兔窦房结起搏细胞的慢反应的跨膜电位相幅度和最大上升速率，可以延长窦性心动周期，增大离体兔窦房结起搏细胞及高钾诱发的豚鼠乳头肌慢反应时间，还可浓度依赖地抑制犬蒲氏纤维慢内向电流，使慢内向电流下降。甲基莲心碱抗心律失常的作用可能主要与其所阻滞钙离子内流有关。甲基莲心碱还能对抗肾上腺素致家兔心律失常，提高家兔心室电致颤阈，对电刺激丘脑下区诱发心律失常有显著的预防作用。侧脑室注射亦有显著的抑制电刺激中枢致心律失常[40]。而对于缺血性心脏生理以及快速室性心律失常的心电生理研究表明，甲基莲心碱可显著延长QTc间隔期以及正常区与缺血医心室肌有效不应期[41]。

3. 降脂及降血糖作用

潘扬等[42]研究表明，莲子心总生物碱对四氧嘧啶造成的小鼠血糖升高有明显的拮抗作用，其血糖值与空白组及给药前自身血糖值相比，有显著性差异（$P<0.01$）；总黄酮组作用则不明显，其血糖值与空白组及给药前自身血糖值相比，无显著性差异（$P>0.05$）。这提示莲子心降血糖的活性部位为生物碱类成分而非黄酮成分。国外学者曾报道，莲子心提取物可介导β-肾上腺素受体使脂肪细胞内的 cAMP 生成量增加，从而具有促进脂肪分解的作用[43]。对于大鼠体内实验也表明，莲子心提取物及其单体化合物甲基莲心碱对实验性糖尿病及肥胖大鼠有一定的调节血脂及降血糖作用[44]，而莲心碱在显著降低高脂血症大鼠血清TC与TG的同时，也可显著升高血清谷胱甘肽过氧化物酶及超氧化物歧化酶的水平，表明其可调节高脂血症大鼠体内抗氧化水平[45]。

4. 抗血小板聚集作用

通过研究甲基莲心碱对血小板聚合的影响时发现，它能剂量依赖性地抑制二磷酸腺苷、胶原、肾上腺素诱导的人、大鼠、家兔的血小板聚集功能[46]；另外，发现甲基莲心碱能剂量依赖性地抑制胶原诱导的正常大鼠、肾性高血压大鼠和高脂肪喂养大鼠的血小板聚集[47]。甲基莲心碱在体内外可以显著抑制多种诱聚剂诱导的血小板聚集，同时在有外钙或无外钙状态，对血小板静息Ca^{2+}没有明显影响。但是，甲基莲心碱对二磷酸腺苷刺激后的血小板Ca^{2+}的升高有较为明显的抑制作用，且呈剂量依赖性[48]。这表明甲基莲心碱具有抑制血小板外钙内流和内钙释放的双重作用。甲基莲心碱还可抑制多种诱聚剂诱导的高脂血症患者和健康成人血小板聚集，这对于高脂血症患者并发血栓性疾病有一定的防治作用[49]。

5. 抑制平滑肌收缩

研究表明，甲基莲心碱对去氧肾上腺素、5-羟色胺、组胺引起的兔主动脉环收缩有不同程度的抑制作用，且对去氧肾上腺素引起的收缩，抑制作用尤为明显[50]。但莲心碱对高钾去极化引起的收缩抑制作用不明显，提示该药对电压依赖性钙通道影响较小。

6. 抗氧化作用及自由基清除作用

人体自身会产生自由基，当自由基过剩时，可导致细胞结构和功能的破坏，甚至引起衰老、心血管、癌症等疾病[51]。甲基莲心碱具有抗氧自由基作用，能抑制肝细胞的脂质过氧化。Lv等[52]通过四氯化碳诱导大鼠肝氧化变性，发现莲子心油可显著调节大鼠肝氧化损伤相关指标，如降低过氧化产物MDA、升高体内抗氧化酶SOD及谷胱甘肽（GSH）的表达水平等，对氧化应激有显著的调节作用。通过比较发现，甲基莲心碱清除羟自由基的效应会比典型的羟自由基清除剂甘露醇效果更好，说明甲基莲心碱是以清除氧自由基为主，而对氧自由基产生过程的影响较小。这可能是甲基莲心碱分子结构上的酚羟基上的氢直接与氧自由基结合而产生抗氧化作用。

（二）莲子心生物碱制备方法及测定技术

1. 醇提法

醇提法所提取的生物碱多为苄基异喹啉结构，其中含有较多的酚羟基，因此一般选用乙醇进行提取莲子心生物碱。董兰等[53]采用乙醇从莲子心中提取总生物碱，经正交试验确定了该法提取的最适宜的工艺条件。刘产明等[54]采用正交试验的方法，以莲心总碱的得率为指标，同时考察了乙醇用量、乙醇浓度、提取次数、调酸pH、提取时间、调碱pH和放置条件7个因素，得出了莲子心总生物碱的最佳提取工艺为：莲子心加3倍85%（体积分数）乙醇，水浴回流提取6次，每次45min调节酸pH 1~2，调碱pH 7~8，在室温下放置。但是醇提取液中含生物碱及其他盐，而且含大量脂溶性杂质，且稀醇提取液含水溶性杂质，尚需进一步处理。

2. 酸液渗透法

黄先菊等[55]用2%（体积分数）HCl的酸液渗透法提取莲心碱，简化了工艺，节约了时间，总收率为6%。用该方法提得的莲心碱收率与醇提法相当，且减少了醇提时甲醇、乙醇、乙醚等有机溶剂对人体的毒性和危险性，更符合工业化生产的要求。但提取物中杂质较多，需要成熟的柱色谱分离方法配合，方可得到高纯度的产品；并且，莲子心的破碎程度也会影响提取率。

3. 半仿生提取法

袁小红[56]等采取均匀设计法优选半仿生提取工艺，采用总生物碱含量、干浸膏得率为指标，考察药材的提取时间、溶媒量、pH等因素对提取工艺的影响，优选工艺为：莲子心加8倍水提取3次，煎煮的水的pH可分为5.0、6.0、8.0，煎煮时间为4h。验证试验结果跟预测值较接近，说明优选条件可以，也证明了均匀设计法适用于莲子心提取工艺中多因素的优选试验，并为莲子心的提取提供了理论依据。

4. 离子交换树脂法

针对生物碱的性质，选用强酸性的阳离子交换树脂，将经过酸化的生物碱提取液通过树脂，使生物碱盐的阳离子交换到树脂上而与其他成分分离；经过离子交换树脂用氨水碱化得到游离态生物碱；等树脂晾干后，根据生物碱的亲脂或亲水性质用相应的溶剂进行提取得到总生物碱。郭毛娣等[57]采用强酸型阳离子交换树脂对莲子心总生物碱进行交换吸附。在上柱之前，用2%（体积分数）HCl溶液渗滤。酸化莲子心粉，使生物碱分子带上正电荷；然后上柱使生物碱盐的阳离子与树脂上的氢离子交换而与其他成分和杂质分离；最后，用10%（体积分数）氨水碱化得到游离态生物碱，晾干树脂后利用乙醚回流洗脱。该方法的最终得率为1.1%，效果较为理想。

5. 膜分离法

王晓静等[58]利用莲心碱与酸反应生成的盐溶于水，而叶绿素含脂，根据其不溶于水的性质，先进行了醇提液中叶绿素的分离预处理；而后对比了3种不同材质的微滤膜和一种超滤膜，通过滤料液时的稳定渗透通量、莲心碱回收率和叶绿素截留率的比较，最后选择了改良聚醚砜膜分离莲心碱。在其基础上，徐燕辉等[59]采用十字流微滤法对聚醚砜膜分离莲心碱的膜技术进行了改良，并提供了降低膜污染的依据和提高膜过滤速率的措施。王艳强等[60]将膜分离和吸附联合，应用于莲心碱的分离提纯，成品中有效成分含量从原有的工艺的75%提高到85%左右，简化了生产工艺流程，提高了成品中有效成分的含量，有机溶剂使用量降低。虽然膜技术优势明显，还存在使用过程中膜抗污染能力弱、膜阻力影响因素较多、使用寿命短的问题。

6. 大孔树脂法

莲子心生物碱的分离主要采用大孔树脂法。张吉祥等[61]考察了AKS-W、AB-8和H214树脂对莲心碱、异莲心碱及甲基莲心碱的静态及动态吸附性能，提取物中莲心碱、异莲心碱及甲基莲心碱的质量分数分别提高到10.2%、6.7%和11.9%，比较研究得出大孔型非极性吸附树脂AKS-W对莲子心中的有效成分是一种较为理想的分离介质。柳伟等[62]以洗脱率和吸附量为指标，考察了大孔吸附树脂纯化莲子心总生物碱的吸附性能和洗脱参数，过大孔吸附树脂纯化后，莲子心总生物碱纯度为70.98%。

7. 含量测定

莲子心生物碱的含量测定主要有紫外分光光度法、薄层色谱法、HPLC、GC-MS等。紫外分光光度法简单实用，早期含量测定时，以无水乙醇为溶剂，在282nm波长处测定吸光度，测得莲心碱的含量[63]。随后出现了薄层色谱法，以硅胶G：羧甲基纤维素钠（1：3）铺板，氯仿：二乙胺（10：0.5）为展开剂，测定莲子心及其制剂中甲基莲心碱和莲心碱的含量[64]。目前，HPLC法越来越受到药物分析工作者的青睐。如采用正相高效液相色谱法，色谱柱为Ultrasphere S，以二氯甲烷-异丙醇-二乙胺（70：30：0.2）为流动相，282nm为检测波长，同时测定莲子心中莲心碱、甲基莲心碱和异莲心碱的含量[65]。在研究Lie的药代动力学实验中，采用反相高效液相色谱法，色谱柱为Hypersil ODS2，以乙腈：水：三乙（25：75：0.1）为流动相，用磷酸调pH至3.3，柱温为室温，在282nm

处测定Lie的含量[66]。鉴于莲子心生物碱显碱性，与酸可生成盐，因此采用离子对反相高效液相色谱法更适合其含量测定。如用色谱柱为ODS柱，柱温为40℃，检测波长为282nm，以乙腈：水：十二烷基磺酸钠–冰乙酸（55：45：15）为流动相测定莲子心中甲基莲心碱的含量[67]。

（三）莲子心生物碱的制备

取莲子心1000g，用8倍于药材质量的80%（体积分数）乙醇回流提取2次，每次2h，过滤，合并滤液，减压浓缩到药材质量的1倍，即得醇提液。将已预处理好的732凝胶树脂1000mL，装入内径为60mm，高为1200mm的玻璃柱内，加入上述提取所得的醇提液，缓慢充分吸附后，以约10倍柱体积的蒸馏水，5BV/h的流速洗去水溶性杂质。再用10BV 80%（体积分数）乙醇以2BV/h的流速洗脱，收集洗脱液Ⅰ。再用10BV氨水含量为3%（体积分数）的80%（体积分数）乙醇以2BV/h的流速洗脱，收集洗脱液Ⅱ。洗脱液Ⅰ和洗脱液Ⅱ浓缩干燥后即得莲子心总黄酮和莲子心总生物碱提取物。

二、莲子心生物碱对肝细胞氧化应激的保护作用研究

临床和实验研究表明，过多的ROS可导致细胞氧化应激并攻击细胞大分子，如脂质、蛋白质和DNA[68]。细胞氧化损伤可导致细胞功能和膜完整性的破坏并导致细胞死亡[69]。而且，由于肝细胞主要构成肝脏组织且其容易受到毒物的侵害，肝细胞的氧化损伤通常被认为与许多肝脏疾病相关[70]。

天然抗氧化剂可通过减少细胞的氧化应激状态，在保持细胞大分子如DNA、蛋白质和脂肪活性，并减少癌症、细胞损伤等方面具有显著的作用[71]。因此，对于容易受氧化损伤的肝细胞而言，寻找适合的抗氧化剂是实现细胞保护的一种有效途径。

药理研究表明，莲子心醇提液和水提液对氧自由基的清除作用及其对脂质过氧化反应具有一定的抑制作用，均能对芬顿反应体系产生的羟自由基和邻苯三酚自氧化产生的超氧阴离子起到清除作用[72]。笔者课题组用叔丁基过氧化氢（t–BHP）氧化损伤HepG2细胞模型考察莲子心黄酮、生物碱对肝氧化损伤的保护作用，并探讨其剂量效应。HepG2因保存了很多正常人肝细胞代谢特点，可用

作肝保护实验的细胞模型。t–BHP可以被细胞色素P450等代谢为活性自由基，后者可以进一步产生ROS自由基，从而引起脂质过氧化反应，引起细胞的损伤。实验研究中，叔丁基过氧化氢常用作细胞氧化应激损伤模型的损伤因子[73]。本章实验的目的是探讨莲子心生物碱对t–BHP诱导的HepG2肝细胞的氧化应激的保护作用。

（一）MTT法测定HepG2细胞活力

细胞接种于96孔板，待24h贴壁后，按照实验分组方法处理后，小心移去培养液；用PBS磷酸盐缓冲液配制0.5mg/mL MTT，超声充分溶解，每孔加100μL，37℃孵育4h；小心移去上清液，每孔加入100μL DMSO，用振荡器震荡5min，使紫色结晶甲臜充分溶解，于全自动酶标仪570nm波长处测定吸光值[74]。

本节研究中，如图8–19所示，用0.55mmol/L的t–BHP诱导HepG2细胞导致其细胞活力下降为对照组的53.2%。

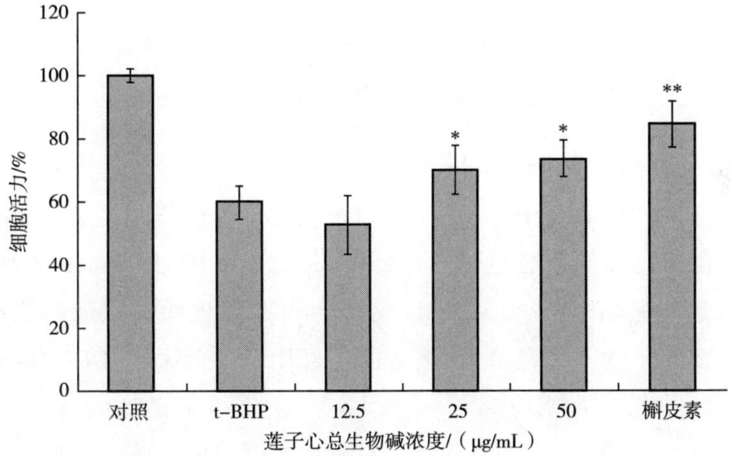

图 8–19　不同浓度莲子心总生物碱对 t–BHP 诱导的 HepG2 细胞活力的影响

注：与对照组相比，*表示P<0.05，**表示P<0.01。

为评价莲子心生物碱或其有效成分是否可缓解HepG2受到0.55mmol/L t–BHP的氧化应激，并提高细胞活力，笔者课题组实验中用0~50μg/mL的莲子心总生物碱或其有效成分（莲心碱、异莲心碱和甲基莲心碱，浓度范围0~25μg/mL）干预HepG2。实验结果可见，以上药物干预浓度均未对HepG2细胞产生细胞毒性，因此考虑用这些浓度药物进行干预。如图8-20所知，莲子心总生物碱在25或50μg/mL处理细胞后，与模型组相比，细胞活性显著提高（$P<0.05$）；而槲皮素对照组25μg/mL干预细胞后，也可极显著提高细胞活力（$P<0.01$）。

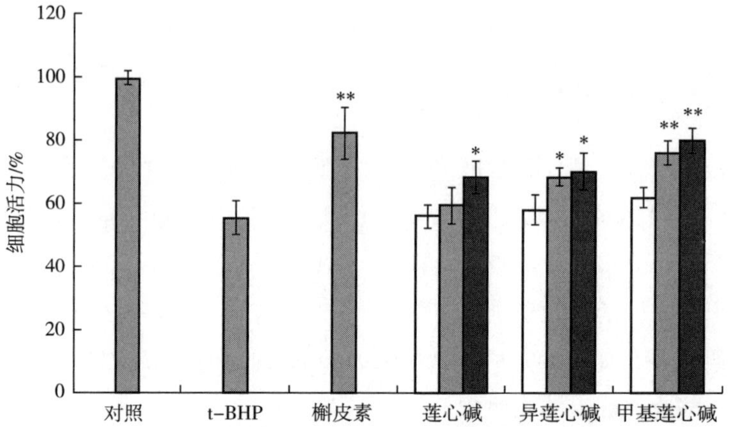

图 8-20　不同浓度 3 种莲子心生物碱化合物（莲心碱、异莲心碱和甲基莲心碱）对 t-BHP 诱导的 HepG2 细胞活力的影响

注：与对照组相比，*表示$P<0.05$，**表示$P<0.01$。

另一方面，对于莲子心总生物碱中的主要活性成分（莲心碱、异莲心碱和甲基莲心碱）对t-BHP诱导的HepG2氧化损伤的保护作用可见，与模型组相比，3种化合物在高剂量组均可显著提高HepG2细胞活力（$P<0.01$或$P<0.05$）。在这其中，甲基莲心碱（12.5μg/mL 或25μg/mL）浓度组显示最高的细胞活力（$P<0.01$）。因此，笔者课题组选择甲基莲心碱用于研究其对t-BHP诱导的HepG2氧化损伤的保护作用机制。

（二）甲基莲心碱对HepG2细胞乳酸脱氢酶（LDH）释放量的影响

细胞接种于24孔板，待24h贴壁后，按照实验分组方法处理后，小心吸取上清液并收集，标记组别。乳酸脱氢酶活性采用南京建成生物工程研究所试剂盒，按照试剂盒说明书测定。

对于t-BHP诱导的LDH的释放，甲基莲心碱表现出显著的抑制活性。LDH被广泛用于研究毒物的细胞毒性，大量研究表明，t-BHP可诱导一系列的细胞损伤，包括产生过氧化氢自由基、膜脂质过氧化并最终导致细胞死亡[75]。笔者课题组的实验结果表明，如图8-21所示，用0.55mmol/L t-BHP刺激HepG2细胞可显著提高细胞LDH的释放，显示在HepG2细胞中产生了细胞损伤。然而，用甲基莲心碱干预细胞可抑制损伤，表现为细胞LDH释放量显著降低。因此，甲基莲心碱对t-BHP诱导的HepG2细胞毒性显示保护作用。

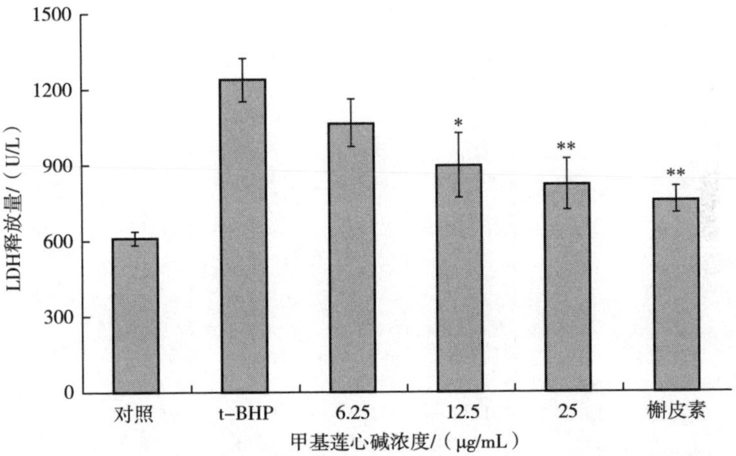

图 8-21　不同浓度的甲基莲心碱对 t-BHP 诱导的 HepG2 细胞 LDH 释放的影响

注：与对照组相比，*表示$P<0.05$，**表示$P<0.01$。

（三）甲基莲心碱对细胞ROS生成的影响

胞内ROS含量测定用Halliwell[76]的二氯荧光素二乙酸酯法（ DCFH-DA），并稍作修改。HepG2细胞以1×10^5个/孔种板接种于24孔板中，并用甲基莲心碱（6.25、12.5和25μg/mL）或槲皮素阳性对照（25μg/mL）预处理细胞24h，随后用t-BHP处理细胞4h；随后吸干各孔液体后，各孔加入荧光探针DCFH-DA 50μmol/L处理30min后移去各孔液体。各孔用PBS洗涤两次后加入细胞裂解液［冷的PBS溶液中包含1%（体积分数）Triton X、500μmol/L苯甲基磺酰氟和1%（体积分数）蛋白酶抑制剂Cocktail］400μL/孔，置于冰浴中30min，随后收集细胞裂解液并离心（12000r/min，10min），取上清液测定ROS含量。ROS测定通过荧光显微镜，激发波长485nm，发射波长530nm，各孔测定荧光强度并与t-BHP对照组比较得出ROS产生的百分率（%）。

如图8-22所示，当细胞用0.55mmol/L t-BHP诱导后，其胞内ROS生成显著升高。然而，当细胞用12.5或25μg/mL的甲基莲心碱进行预处理后，如同阳性对照组用槲皮素处理一样，ROS的生成量可显著降低。因此，甲基莲心碱对t-BHP诱导的HepG2细胞毒性的抑制作用是通过其对ROS的清除来实现的。

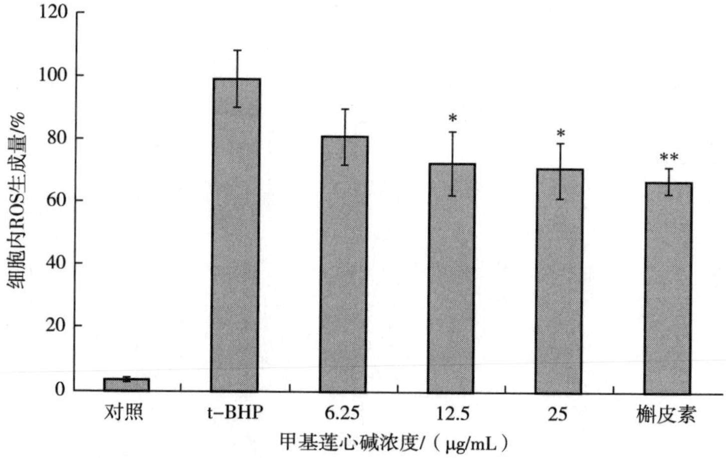

图 8-22　不同浓度甲基莲心碱对 t-BHP 诱导的 HepG2 细胞胞内 ROS 生成的影响

注：与对照组相比，*表示$P<0.05$，**表示$P<0.01$。

（四）甲基莲心碱对硫代巴比妥酸反应物含量的影响

细胞接种于24孔板，待24h贴壁后，按照实验分组方法处理后，小心吸取上清液并收集，标记组别。MDA活性采用南京建成生物工程研究所试剂盒，按照试剂盒说明书测定。

不同浓度甲基莲心碱对t-BHP诱导的HepG2细胞胞内MDA生成的影响如图8-23所示，当预先用不同浓度甲基莲心碱干预t-BHP诱导HepG2细胞氧化损伤时，各组细胞MDA生成量相比模型组显著降低（$P<0.05$或$P<0.01$），且其降低程度与甲基莲心碱添加量呈剂量依赖性。因此，甲基莲心碱可通过减少细胞内脂质过氧化以减缓t-BHP诱导的细胞氧化损伤。

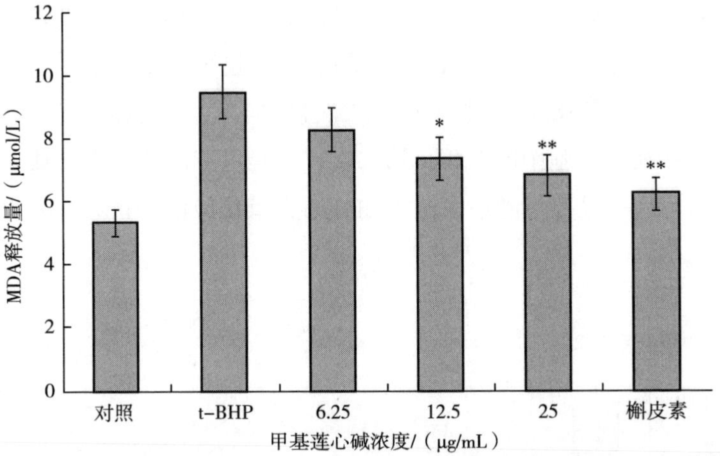

图 8-23 不同浓度甲基莲心碱对 t-BHP 诱导的 HepG2 细胞胞内 MDA 生成的影响

注：与对照组相比，*表示P<0.05，**表示P<0.01。

（五）甲基莲心碱对HepG2细胞GSH释放的影响

胞内GSH含量测定通过 GSH/氧化型谷胱甘肽循环法测定[77]。由上所述制备细胞裂解液，各组取50μL裂解液于另一96孔板中。各孔加入100g/L三氯乙酸100μL，离心（5000×g，10min）后，各孔取上清并加入邻苯二醛于室温下反应40min。用激发光350nm，发射波长425nm检测荧光强度，各孔测定荧光强度并与t-BHP对照组比较得出GSH产生的百分率（%）。

不同浓度甲基莲心碱对t-BHP 诱导的HepG2细胞胞内GSH生成的影响如图8-24所示，t-BHP可显著降低GSH水平，这一过程可被甲基莲心碱所逆转，且呈剂量依赖性（P<0.05）。甲基莲心碱处理的细胞组GSH水平显著高于对照组，表明甲基莲心碱可显著改善t-BHP诱导的细胞氧化应激水平。

三、甲基莲心碱对肝脏脂肪变性的保护作用研究

据统计，全世界范围有20%~40%、全中国有15%人口存在肝脏脂肪过量的问题[78]。肝脏脂肪变性，其特征是肝中脂肪的过量堆积，被认为是酒精性脂肪肝的主要症状之一。然而，肝脏脂肪变性也发生在非过量饮酒的个体，由此产生一新的概念——非酒精性脂肪肝（NAFLD）；它是一种良性的非炎症性肝病，并可

对肝脏产生不良影响。NAFLD包括一系列肝脏疾病，如肝脂肪变性、非酒精性脂肪肝炎、肝硬化或肝癌[79–82]。NAFLD的病理学过程非常复杂，目前普遍接受的发病机制是由Day和James[83]提出的“二次打击学说”，他认为第一次打击是游离脂肪酸和TG在肝细胞中的沉积；第二次打击是肝脂肪变性发展成非酒精性肝炎（NASH），这一过程伴随诸多因素如肝细胞氧化应激和诱导炎症生成的细胞因子的释放。

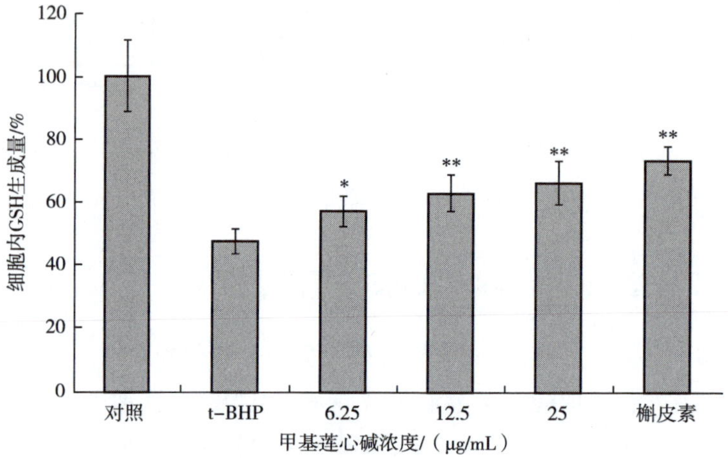

图 8–24　不同浓度甲基莲心碱对 t–BHP 诱导的 HepG2 细胞胞内 GSH 生成的影响

注：与对照组相比，*表示P<0.05，**表示P<0.01。

尽管有效的治疗方法对控制肝脏脂肪变性有重要作用，但是目前还没有可靠的早期诊断或预防的方法，肝细胞中启动脂肪聚集以发展为NAFLD的过程机制还不明确。然而，已有报道认为ROS和活性氮氧化合物在NAFLD生成和进展过程中起到重要作用[84]。在NAFLD中产生的氧化应激从肝细胞内过量的游离脂肪酸的氧化过程开始，并产生过量生成的ROS，最终在肝脏损伤过程中产生显著的聚集[85]。大量来自实验模型或人体试验研究结果表明，NAFLD的严重程度与肝细胞氧化应激密切相关[86]。饮食中抗氧化剂，如酚类物质，曾被证实可改善NAFLD的症状[87]。因此，可以阻止或缓解游离脂肪酸诱导的肝细胞氧化应激或肝细胞毒性的过程被认为是治疗NAFLD的一种有前景的方法。

笔者课题组发现莲子心总生物碱及其主要化合物（莲心碱、异莲心碱和甲基莲心碱）对t–BHP诱导的肝细胞氧化应激有显著抑制作用[88]；这其中，甲基莲心碱具有较强的作用。在笔者课题组的研究中，将用油酸（OA）诱导HepG2细胞模型，评价甲基莲心碱对肝脏脂肪变性的干预作用。已有研究表明，HepG2细胞模型可模仿人的脂肪肝病理过程，并排除其他影响肝脏功能的过程[89]。肝脂肪变性在人体内与过多的OA聚集有关。OA是一种单不饱和脂肪酸，也是人体脂肪合成过程中一种重要中间产物[90]。用OA诱导HepG2细胞肝脂肪变性体外模型可作为一种可靠的研究肝脂代谢的方法，并可用于人体非酒精性脂肪肝研究中[91]。

机体形成了一套复杂的氧化应激应答系统来应对自由基和有毒物质的损害，当暴露于亲电子试剂或刺激时，机体自身能诱导出一系列的保护性蛋白，以缓解细胞所受的损害。核因子相关因子2（Nrf-2）属于碱性亮氨酸拉链蛋白家族的成员，在抗炎应答元件（ARE）介导的抗炎抗氧化基因表达中起重要作用。近年来的研究发现，Nrf-2通过与ARE相互作用，调节编码抗氧化蛋白，是迄今为止发现的最为重要的内源性抗氧化应激通路[92, 93]。Nrf-2与Kelch样环氧氯丙烷相关蛋白-1（Keap-1）结合于胞质。Keap-1是一个富含巯基的蛋白质，在接收到胞外信号后，Keap-1的巯基交联，Nrf-2脱落进入核内，与ARE结合，并参与下游Ⅱ相代谢酶基因的转录，其中包括血红素氧合酶1（HO-1）。HO-1属于热休克蛋白家族，具有明显的抗炎抗氧化作用，是血红素代谢的限速酶。研究表明，抗氧化剂可能对HO-1有诱导作用，进而影响细胞的氧化应激过程[94, 95]。因此，笔者课题组实验通过甲基莲心碱作用于HepG2细胞后，检测细胞*Nrf-2*和*HO-1*基因表达水平的变化，探讨其缓解细胞氧化应激的机制。

（一）OA对HepG2细胞活性的影响研究

HepG2细胞种于96孔板，细胞数为5×10^4个/每孔，培养于含各种氨基酸和葡萄糖的培养基中［含10%（体积分数）胎牛血清、青霉素100 U/mL、链霉素100μg/mL，培养于5% CO_2、95%空气，37℃］。贴壁后，细胞用PBS清洗干净，并用0~50μg/mL甲基莲心碱或25μg/mL槲皮素作为阳性对照培养24h，再加入OA-牛血清清蛋白（OA-BSA），OA/BSA比为4：1，培养24h。只有BSA的培养基作为对照组。培养后移除培养基，并用MTT来测定细胞活性。其方法为在培养结束前4h，加入MTT（2mg/mL），每孔50μL；随后用200μL DMSO溶解结晶，并用分光光度计在540nm处进行比色测定，与空白对照组进行比较以确定细胞活力，每个处理组做6孔重复，取平均数。

如图8-25所示，OA浓度在1mmol/L以上时，与对照组相比，显示了显著的细胞毒性（$P<0.05$或$P<0.01$），表明较高浓度的OA会对HepG2细胞生长造成显著的影响。然而，OA浓度在1mmol/L及以下时，与对照组相比，未见有显著的细胞毒性（$P>0.05$）。为更好诱导肝脂肪变性，笔者课题组选择1mmol/L的OA浓度作为细胞诱导浓度。

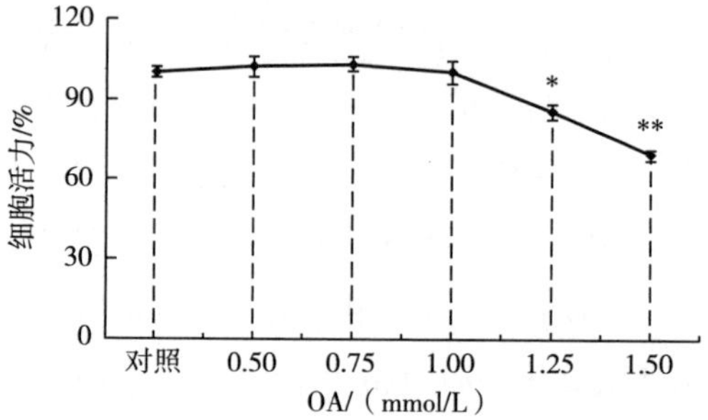

图 8-25　不同浓度的 OA 对 HepG2 细胞影响

注：与对照组相比，*表示$P<0.05$，**表示$P<0.01$。

（二）甲基莲心碱对HepG2细胞内TG聚集的影响研究

中性脂肪或总TG是肝内主要的脂肪存在形式。如表8-6所示，笔者课题组的实验研究表明，1mmol/L的OA可显著诱导肝细胞内TG水平的升高，表明此时细胞已产生脂肪变性。然而，用20μmol/L或40μmol/L的甲基莲心碱处理的细胞可显著抑制TG的生成（$P<0.05$），表明它在缓解肝细胞脂肪变性上有显著的效果。

表8-6　甲基莲心碱对OA诱导有HepG2细胞胞内TG生成的影响

单位：mmol/L

对照	模型组	甲基莲心碱			槲皮素
		10μmol/L	20μmol/L	40μmol/L	
0.12 ± 0.03	0.59 ± 0.05^{ac}	0.53 ± 0.08^{ac}	0.47 ± 0.04^{abc}	0.43 ± 0.09^{abc}	0.38 ± 0.06^{ab}

注：不同小写字母表示不同组间差异显著（$P<0.05$）。

（三）油红O染色分析

细胞经过处理24h后，用10%（体积分数）甲醛固定30min，并用0.1mg/mL油红O在室温下染色1h。为便于显微观察，细胞用含0.5%（体积分数）HCl的70%（体积分数）乙醇洗涤2min，随后用蒸馏水清洗。为定量油红O染色程度，每孔加入100μL异丙醇，并在室温下振动5min，取出异丙醇溶解液并在510nm比色测定其*OD*值[96]。

HepG2细胞用1mmol/L的OA诱导后可产生显著的胞内TG的聚集，这也可从油红O染色结果进行观察。如图8–26（见书后插页）和图8–27所示，正常细胞形态为不规则，边界清晰，同时仅可观察到少量的红色脂滴；用1mmol/L的OA诱导细胞后，胞内脂滴数量显著增加，这也进一步证实OA可诱导肝细胞内脂肪变性。然而，随着甲基莲心碱处理浓度的增加，细胞内脂滴明显减少，脂滴变得不清晰，从而表明甲基莲心碱有一定的抵制肝细胞脂肪变性的作用。

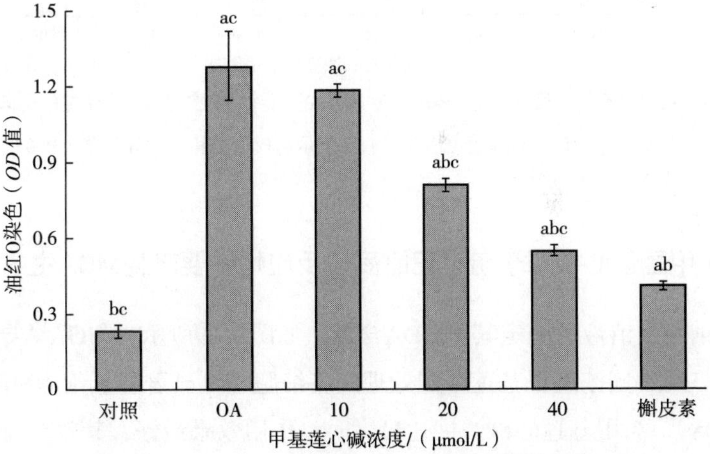

图 8–27　HepG2 细胞胞内油红 O 染色的定量检测结果

注：a表示与对照组相比差异显著（$P<0.05$）；b表示与模型组相比差异显著（$P<0.05$）；c表示与斛皮素组相比差异显著（$P<0.05$）。

（四）甲基莲心碱对OA诱导的HepG2细胞胞内ROS生成的影响

用OA诱导肝细胞脂肪变性后，笔者课题组比较了不同浓度药物处理组或槲皮素处理组的胞内ROS水平。如图8–28所示，与对照组相比，用1mmol/L OA处理细胞后胞内ROS生成显著增加（$P<0.05$）。这表明，胞内微粒体细胞色素P450在OA诱导后得到活化，产生大量的ROS自由基[97]。然而，当细胞用甲基莲心碱（20μmol/L或40μmol/L）处理后，ROS生成得到显著抑制（$P<0.05$），其效果与槲皮素处理组相当。因此，甲基莲心碱干预OA诱导HepG2的脂肪变性可部分通过缓解ROS生成来实现。

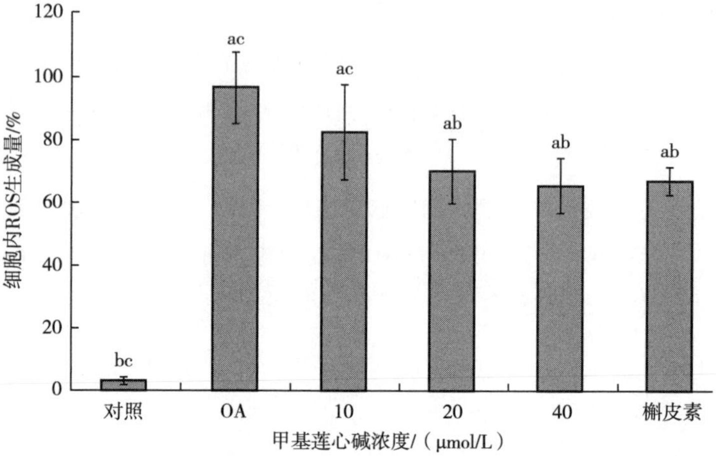

图 8-28　不同浓度甲基莲心碱对 OA 诱导的 HepG2 胞内 ROS 生成的影响

注：a表示与对照组相比差异显著（$P<0.05$）；b表示与模型组相比差异显著（$P<0.05$）；c表示与槲皮素组相比差异显著（$P<0.05$）。

（五）甲基莲心碱对于硫代巴比妥酸反应物主要产物MDA生成的影响

收集细胞上清液后测定其中MDA含量。如图8-29所示，与OA诱导的HepG2细胞相比，用不同浓度甲基莲心碱处理的各细胞组可显著降低细胞MDA生成水平（$P<0.05$）；当甲基莲心碱浓度达最大时，作用效果最好，其效果与槲皮素相当（$P>0.05$）。因此，甲基莲心碱可通过降低胞内脂质过氧化从而显示对OA诱导的肝细胞氧化应激的保护作用。

（六）甲基莲心碱对HepG2细胞胞内GSH生成水平的影响

如图8-30所示，与对照组相比，用OA处理后细胞可显著降低胞内GSH（$P<0.05$），而这一结果可被甲基莲心碱逆转，从而进一步验证甲基莲心碱可显著改善OA诱导的细胞氧化应激水平。通常认为，GSH水平的下降可反映胞内氧

化应激程度的升高；而提高胞内GSH水平可作为保护细胞受到氧化应激的一种手段[98]。因此，甲基莲心碱对于胞内GSH水平的改善可进一步解释其保护细胞氧化应激的能力。

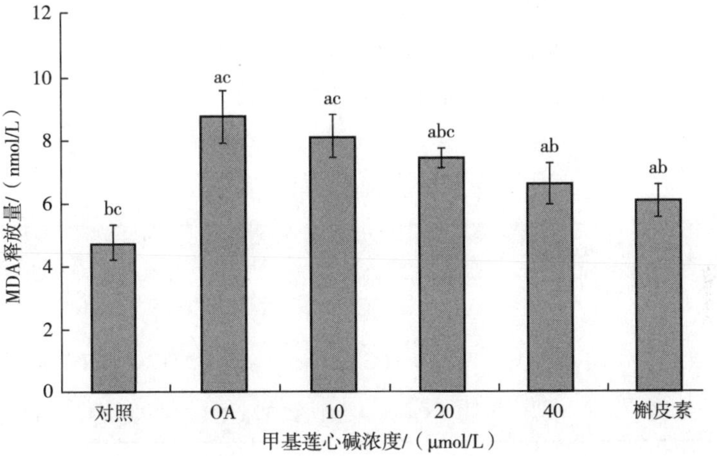

图 8-29 不同浓度甲基莲心碱对 OA 诱导的 HepG2 细胞分泌 MDA 生成的影响

注：a表示与对照组相比差异显著（$P<0.05$）；b表示与模型组相比差异显著（$P<0.05$）；c表示与槲皮素组相比差异显著（$P<0.05$）。

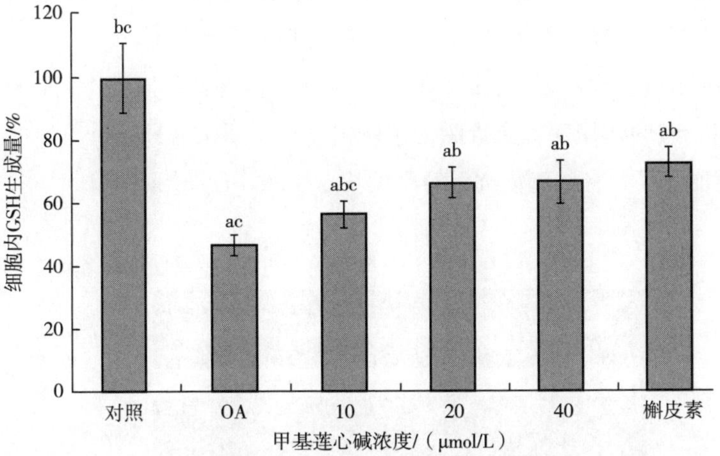

图 8-30 不同浓度甲基莲心碱对 OA 诱导的 HepG2 胞内 GSH 生成的影响

注：a表示与对照组相比差异显著（$P<0.05$）；b表示与模型组相比差异显著（$P<0.05$）；c表示与槲皮素组相比差异显著（$P<0.05$）。

（七）甲基莲心碱对细胞抗氧化信号通路中*Nrf-2*和*HO-1*基因mRNA表达的影响

24孔板中每孔加入HepG2细胞液（1×10^6个/mL）1mL，再加入甲基莲心碱（40μg/mL）或槲皮素（25μg/mL），培养箱中培养24h后，离心弃上清，提取RNA，PCR分析各细胞相关基因表达水平的变化。根据基因库上发表的小鼠细胞因子和*GAPDH*的序列，用Premier5.0软件设计引物，如表8-7所示。

表8-7　5种基因引物序列

基因	引物序列
GAPDH	5′-CCCACTTAAAATTCAACGGCAC-3′
Nrf-2	5′-TGAACGCTACACATCCATCTGGG-3′
HO-1	5′-CCAGGATTTACCTGGTAGAAGTGA-3′

由图8-31和表8-8可知，经过OA诱导产生氧化应激状态后，HepG2细胞中*Nrf-2*和*HO-1*基因mRNA表达水平较空白对照组均显著上升（$P<0.05$），表明当细胞处于氧化应激状态时，胞内自身抗氧化系统已被动员。然而，经药物干预后，*Nrf-2*基因mRNA 表达水平均较OA模型组显著提高（$P<0.05$），这可进一步证实胞内抗氧化应激状态可被甲基莲心碱进一步提高，但其作用较槲皮素弱。在甲基莲心碱的作用下，有效激活了胞内Nrf-2-ARE信号通道，促进*Nrf-2*的解离，从而加强了具有抗氧化抗炎的保护基因如*HO-1*的转录作用。

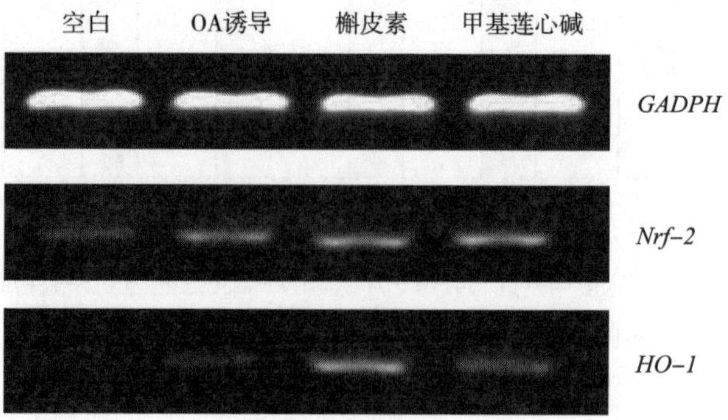

图8-31　甲基莲心碱对HepG2细胞中*Nrf-2*和*HO-1*基因mRNA表达的影响

根据图8–31，用Band–scan软件分析计算其光密度，各种细胞因子光密度与内参基因*GAPDH*相比，结果如表8–8所示。

表8–8　由Band–scan软件分析得到的各基因表达丰度与内参*GAPDH*基因的比值

基因	空白组	OA 组	槲皮素组	甲基莲心碱组
Nrf-2	0.15 ± 0.01[bc]	0.22 ± 0.01[ac]	0.37 ± 0.06[ab]	0.39 ± 0.06[ab]
HO-1	0.05 ± 0.01[bc]	0.14 ± 0.01[ac]	0.42 ± 0.06[ab]	0.29 ± 0.06[abc]

注：不同小写字母表示不同组间差异显著（$P<0.05$）。

四、莲子心生物碱对非酒精性脂肪肝大鼠护肝作用及胰岛素抵抗作用研究

非酒精性脂肪肝病是与肥胖、高脂血症、高胰岛素血症以及2型糖尿病等代谢疾病密切相关的一种疾病，现已被认为是世界范围内严重的公共社会健康问题[99]。其发病率逐年上升且渐呈年轻化趋势，现已成为目前世界上最普遍的慢性肝脏疾病之一[100]。流行病学研究表明，NAFLD 形成的危险因素主要为年龄、性别、种族、肥胖、2型糖尿病、胰岛素抵抗、血脂异常、高血压、高尿酸血症、胆石症、内皮血管紊乱、肝脏炎症程度、血清铁升高等[101]，这些危险因素都可促进NAFLD的形成和发展。单纯性非酒精性脂肪肝一般为良性病变，而发展为NASH后，约25%可发展为肝纤维化，约8%可进一步发展为肝硬化甚至肝癌[102]。并且，NASH还是2型糖尿病、心血管疾病等病的独立危险因素。如前所述，NAFLD的发病机制是“二次打击学说”，第一次打击是游离脂肪酸和TG在肝细胞中的沉积；第二次打击是肝脂肪变性发展成NASH；这一过程伴随诸多因素，如肝细胞氧化应激和诱导炎症生成的细胞因子的释放。因此，NAFLD也是一种与肝脏氧化应激损伤相关的疾病。

近年研究发现，胰岛素抵抗（IR）是NAFLD发病机制的中心环节，是NAFLD代谢紊乱的病理基础，不仅参与单纯性脂肪肝的形成，还促进单纯性脂肪肝发展为NASH[103]。因此，寻找能够改善胰岛素抵抗的药物有望为治疗NAFLD开辟一条新的途径。IR是指胰岛素作用的靶器官和靶组织对胰岛素生物学效应反应敏感性降低或消失，促使胰岛β细胞代偿性大量分泌胰岛素，表现为

高胰岛素血症伴代谢应激综合征。近年来研究显示，NAFLD患者体内普遍存在由IR导致的高脂血症、高胰岛素血症及高胰岛素血症伴代谢综合征[104]，其严重程度与NAFLD病情进展密切相关。IR主要通过促进周围组织脂肪分解和形成高胰岛素血症来导致单纯性非酒精性脂肪肝的发生。另外，IR状态下，机体脂肪组织动员大量增加及血清中FFA浓度迅速增高，导致肝脏摄取过多的FFA。过多的FFA使线粒体内β氧化系统超负荷，其过程中产生的超氧阴离子和ROS将耗竭肝脏内抗氧化物质，导致大量ROS和自由基无法完全代谢。而ROS和自由基又将损伤线粒体，从而影响FFA在肝脏内的代谢，引起肝脏脂质堆积，进一步加重肝脏脂肪病变[105]。由此可见，NFALD过程中产生的胰岛素抵抗与其产生的氧化损伤也密切相关。

虽然已有很多研究证实非酒精性脂肪肝病与胰岛素抵抗之间形成的恶性循环[106]，研究者更多开始关注哪些胰岛素信号转导通路会受到NAFLD所激发，并因此寻找控制NFALD的关键信号通路。C–Jun氨基端激酶（c–Jun *N*–terminal kinase，JNK），又称应激活化蛋白激酶（SAPK），是在哺乳动物体内发现的第3类促分裂原活化蛋白激酶（MAPK）的家族成员之一。JNK在NAFLD的发生发展中起关键作用[107]。JNK信号通路的激活是IR和炎性反应的主要影响因素。同时，它能干扰胰岛素受体底物1（IRS–1）信号传导，从而导致IR。同时，炎性细胞内的JNK可以被促炎因子如TNF–α激活，释放出更多的促炎因子激活肝细胞内JNK，如此反复，形成恶性循环，加重肝脏损伤。

（一）莲子心生物碱对非酒精性脂肪肝脏组织病理病变光学显微镜观察

实验动物为体重180~200g的Wistar 雄性大鼠；配制脂肪乳剂，由5g/mL乳清酸、10g/mL TC、20g/mL猪油、1g/mL蛋黄粉配成。每次1mL/100g（bw）灌胃大鼠，每天1次；4周后，复制大鼠脂肪肝动物模型。4周后，分别从正常对照组和空白模型组随机挑选一只，取肝脏做病理切片，证实非酒精性脂肪肝形成。再将模型组随机分为6组：正常对照组、模型对照组、莲子心生物碱（高、中、低剂量组）、阳性对照组（东宝肝泰），每组8只大鼠。正常对照组以标准饲料喂养，其余高脂饲料喂养。喂养期间，实验动物自由饮水和进食，动物房保持安静，自然采光，温度25℃左右。空白对照组灌胃生理盐水，莲子心生物碱高、中、低组分别灌胃给以莲子心生物碱，剂量为600mg/kg（bw）、400mg/kg（bw）和200mg/kg（bw）；东宝肝泰组灌胃剂量为50mg/kg（bw）。各组大鼠均每天灌胃一次。喂养持续4周。4周后，测大鼠体重，留取肝脏，称重，-70℃保存及多聚甲醛固定；取血，3000r/min离心10min，留取血清，-70℃保存。

取肝脏相同右上部位组织块，10%（体积分数）的甲醛溶液固定，石蜡包埋，切成5μm的切片，常规HE染色，在光学显微镜下（×400）观察肝脂肪变性和病理形态学的改变。结果如图8-32所示，正常组大鼠肝脏组织形态学基本正常，肝索以中央静脉为中心，放射状向四周整齐排列。肝窦清晰可见，肝索排列整齐。肝细胞无明显病变，呈多边形，边界清，细胞核位于细胞中央，肝细胞内无脂肪滴沉积。模型组肝细胞肿胀，部分肝细胞呈气球样变。肝细胞内可见大小不等的脂滴空泡，一些肝细胞核则被脂肪滴挤得明显偏位，肝索排列紊乱，肝小叶界限不清，肝细胞索排列紊乱，肝窦消失。阳性对照东宝肝泰组脂肪滴空泡较模型组有所减少，肝细胞索排列较规则，肝小叶结构尚正常，肝细胞轻度水肿，部分胞质内可见大小不等的脂滴，少有融合的大脂滴。

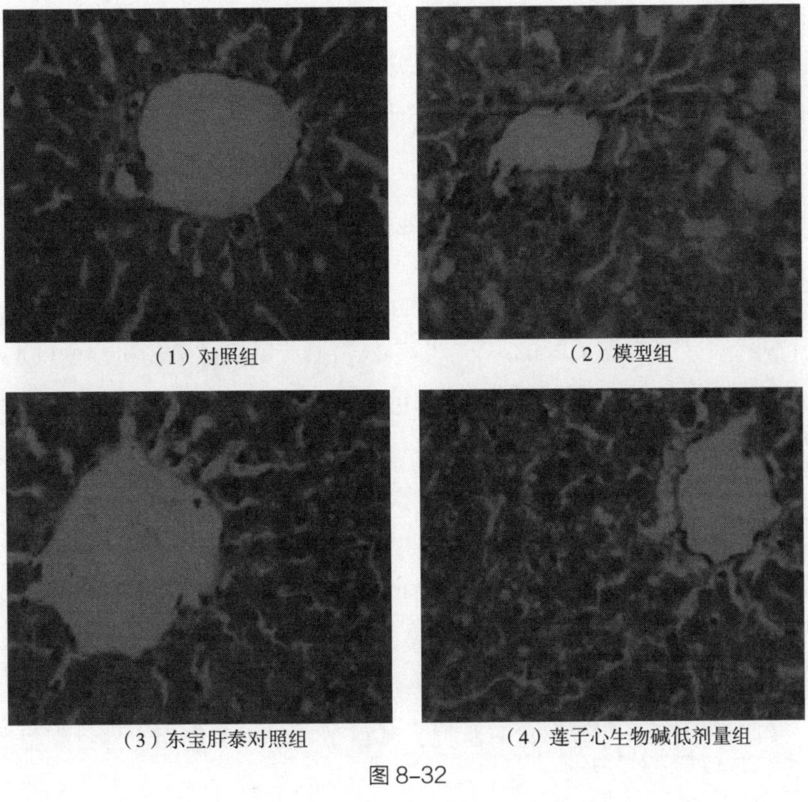

（1）对照组　（2）模型组

（3）东宝肝泰对照组　（4）莲子心生物碱低剂量组

图8-32

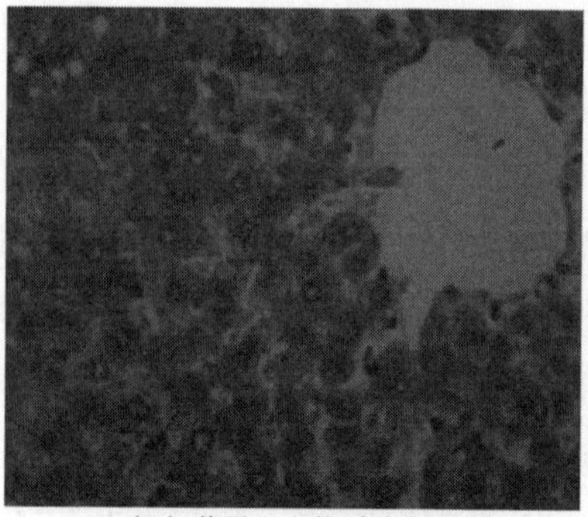
（5）莲子心生物碱中剂量组

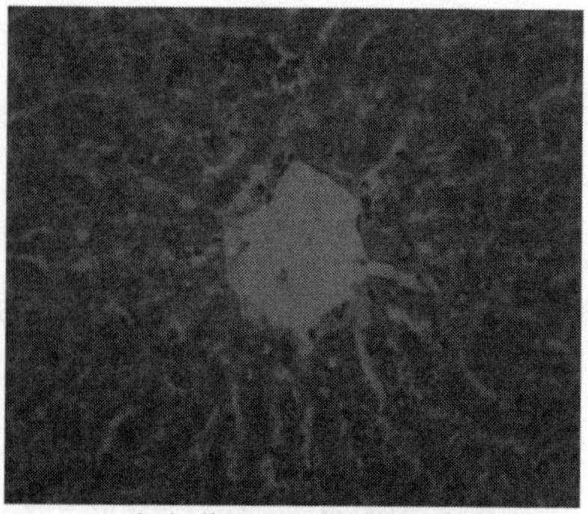
（6）莲子心生物碱高剂量组

图 8-32　大鼠肝脏组织病例病变光学显微镜观察（HE × 400）

给药组观察结果如下：莲子心生物碱低剂量组观察肝细胞呈中度脂肪变性，肝细胞索紊乱，肝窦消失，细胞内见中等大小空泡；莲子心生物碱中剂量组大鼠肝细胞呈轻度脂肪变性，轻度紊乱，肝窦变窄，肝索呈放射状排列；莲子心生物碱高剂量组其脂肪滴与模型组明显减少，密度稀，肝窦清晰，肝索排列相对较整齐，肝细胞索排列呈放射状，肝小叶分界清楚。

由此可见，大鼠给予莲子心生物碱干预后，可显著改善其脂肪肝病理病变状况。

（二）各组大鼠血清游离脂肪酸含量测定

各组大鼠取其血清，测定其中FFA的含量。其结果表明，与空白组相比，模型组血清FFA 显著提高（$P<0.05$），说明NAFLD大鼠机体分泌过多的FFA；但给药组（中、高剂量）大鼠其血清FFA含量相比模型组显著降低（$P<0.05$），结果与阳性对照组东宝肝泰效果相当，如图8-33所示。

（三）大鼠血清TNF-α 含量测定

利用酶联免疫试剂盒检测血清TNF-α含量，各组大鼠血清TNF-α含量如图8-34所示。由图8-34可见，NAFLD模型组大鼠血清中TNF-α显著高于对照组大鼠（$P<0.05$），说明NAFLD大鼠机体处于炎症应激状态；而给药组（中、高剂量）及阳性对照组可缓解这一状况，其血清TNF-α含量相比模型组显著降低（$P<0.05$）。

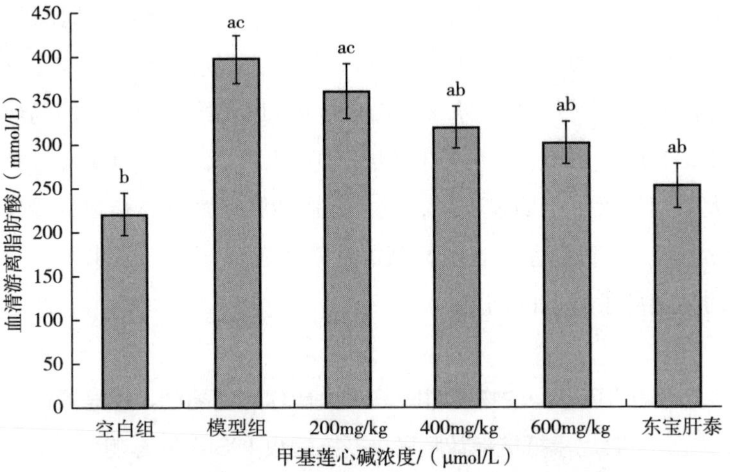

图 8-33 莲子心生物碱对 NAFLD 大鼠血清 FFA 的影响

注：不同小写字母表示不同组间差异显著（$P<0.05$）。

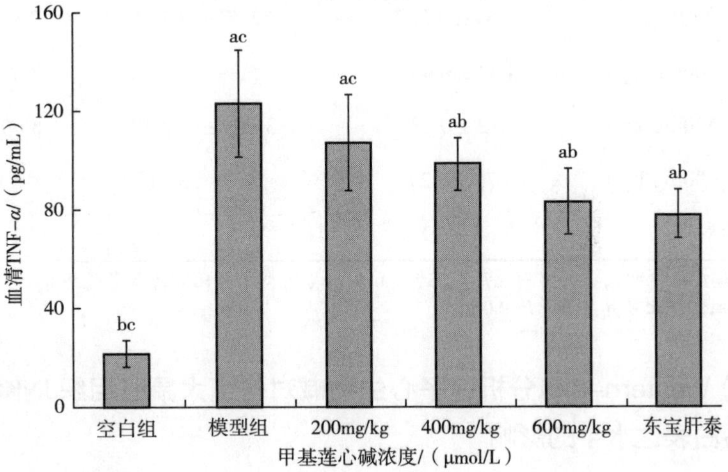

图 8-34 莲子心生物碱对 NAFLD 大鼠血清 TNF-α 的影响

注：不同小写字母表示不同组间差异显著（$P<0.05$）。

（四）莲子心生物碱对NAFLD大鼠血糖、胰岛素及胰岛素抵抗水平的影响

莲子心生物碱对NAFLD大鼠血糖、胰岛素及胰岛素抵抗水平的影响结果如表8-9所示。由表8-9可见，高脂饲料喂养的模型组大鼠血糖明显升高（$P<0.05$），由此引起其血清胰岛素水平显著升高（$P<0.05$），并因此产生胰岛素抵抗，表现

为胰岛素抵抗指数较正常组显著升高（$P<0.05$）。这表明经过8周高脂高糖乳剂诱发的 NAFLD 大鼠模型存在胰岛素抵抗。然而，用莲子心生物碱干预大鼠可显著减轻NAFLD大鼠胰岛素抵抗水平。由表8-9可见，给予阳性对照药或莲子心生物碱治疗后，高脂大鼠血糖水平较模型组有明显下降，高剂量组水平更接近正常水平；而大鼠胰岛素水平明显下降，且大鼠血清胰岛素敏感指数也较模型组明显降低（$P<0.05$）。这表明莲子心生物碱可有效改善血清胰岛素水平，并逆转高脂饮食产生的高胰岛素抵抗的问题。

表8-9　莲子心生物碱对NAFLD大鼠血清葡萄糖、胰岛素、胰岛素抵抗指数胰岛素抵抗指数（ISI）的影响

实验组别 /（mU/L）	血糖值 /（mmol/L）	血清胰岛素 /（pmol/L）	ISI
空白组	3.41 ± 0.37^{b}	21.15 ± 3.26^{b}	3.23 ± 0.75^{b}
模型组	4.61 ± 0.52^{ac}	37.57 ± 3.21^{ac}	7.65 ± 1.34^{ac}
给药组（200mg/kg）	4.34 ± 0.49^{ac}	35.89 ± 5.18^{ac}	7.07 ± 1.45^{ac}
给药组（400mg/kg）	4.12 ± 0.28^{ac}	30.69 ± 3.86^{ac}	5.60 ± 0.61^{ac}
给药组（600mg/kg）	3.73 ± 0.27^{b}	26.71 ± 3.11^{b}	4.53 ± 0.36^{b}
阳性对照组	3.65 ± 0.13^{b}	25.58 ± 3.26^{b}	4.16 ± 0.57^{b}

注：a 表示与空白组相比差异显著（$P<0.05$）；b 表示与模型组相比差异显著（$P<0.05$）；c 表示与阳性对照组相比差异显著（$P<0.05$）。

（五）Western-blot分析莲子心生物碱对各组大鼠肝组织JNK和IRS-1磷酸化蛋白表达水平的影响

为进一步探索莲子心生物碱影响大鼠胰岛素抵抗的分子机制，实验取各组大鼠肝组织，用Western-blot分析莲子心生物碱对各组大鼠肝组织JNK和IRS-1磷酸化蛋白表达水平的影响，其结果如图8-35和表8-10所示。NAFLD模型组的JNK磷酸化水平较对照组增高，而药物干预组 JNK 磷酸化水平则较模型组相对减少，而非磷酸化的JNK则未见明显变化；另一方面，NAFLD模型组的IRS-1磷酸化水平较对照组减少，药物干预组可逆转这一过程，表现为加强IRS-1磷酸化水平，而非磷酸化的IRS-1未见明显变化。

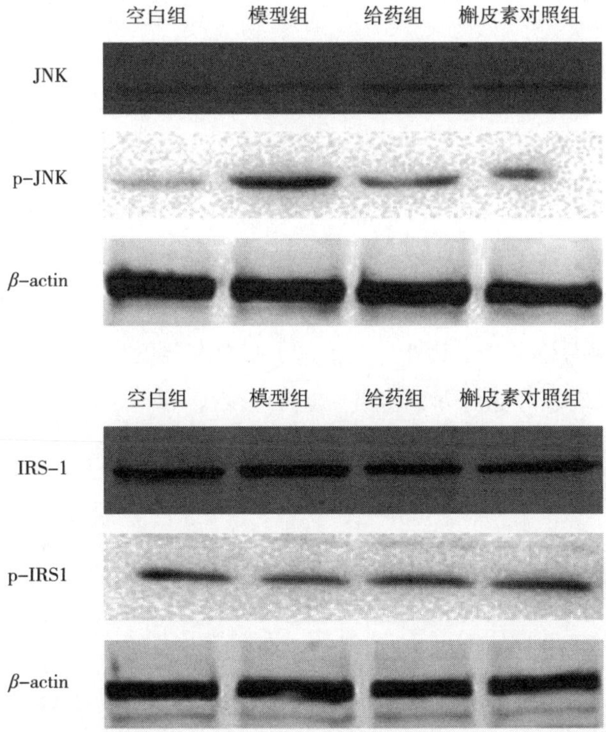

图 8-35 Western-blot 分析莲子心生物碱对 NAFLD 大鼠肝组织 JNK、p-JNK、IRS 和 p-IRS 蛋白成像图

表8-10 莲子心生物碱对NAFLD大鼠肝组织JNK、p-JNK、IRS和p-IRS蛋白相对表达量的影响

实验组别	JNK	p-JNK	IRS	p-IRS
空白组	0.18 ± 0.03	0.19 ± 0.03^{bc}	0.52 ± 0.11	0.33 ± 0.09^{b}
模型组	0.17 ± 0.02	0.31 ± 0.05^{a}	0.61 ± 0.22	0.19 ± 0.05^{ac}
给药组（600mg/kg）	0.20 ± 0.08	0.23 ± 0.01^{b}	0.57 ± 0.09	0.27 ± 0.03^{ab}
阳性对照组	0.19 ± 0.03	0.27 ± 0.03^{b}	0.60 ± 0.07	0.29 ± 0.04^{ab}

注：a 表示与空白组相比差异显著（$P<0.05$）；b 表示与模型组相比差异显著（$P<0.05$）；c 表示与阳性对照组相比差异显著（$P<0.05$）。

第三节 莲子心黄酮

黄酮类化合物具有广泛药理作用，如抗氧化、抑菌、消炎等，极具药理研究价值。而目前关于莲子心的药效成分研究主要集中在莲子心生物碱类研究，对黄酮类物质的研究报道较少；即使有，也仅限于莲子心总黄酮的提取及测定等初步研究，研究深度仍是不够。此外，关于莲子心总黄酮的功能性作用，还未见有相关研究的报道，有待于进一步研究开发。

一、莲子心总黄酮的制备

1. 溶剂法萃取莲子心总黄酮的工艺流程

称取一定量预处理后的莲子心 → 按一定料液比加入有机溶剂 → 恒温条件下回流浸提一定时间 → 过滤 → 离心（4000r/min）20min → 取上清液测定其莲子心总黄酮的提取率。

2. 酶法辅助提取莲子心总黄酮的工艺流程

称取一定量预处理后的莲子心 → 按一定液料比加入有机溶剂 → 调节pH → 加入适量的酶 → 一定温度的水浴中培养一定时间 → 沸水浴灭酶5min → 过滤 → 离心（4000r/min）20min → 取上清液测定其莲子心总黄酮的提取率。

二、莲子心黄酮降血糖功能的研究

糖尿病是一类代谢紊乱性疾病，是由胰岛素分泌缺陷及（或）其生物学作用障碍而引起[108]。已证实，糖尿病伴随的慢性高血糖会对人体的组织器官，尤其是眼睛、肾脏、神经、心脏和心血管等组织，造成长期的损害，引起功能障碍，最终导致组织器官衰竭[109]。

糖尿病作为一种慢性疾病，给人类健康造成的威胁仅次于心脑血管病和肿瘤，是全世界范围内的主要“杀手”[110]。有报道，仅2011年，全世界就有近460万人死于糖尿病[111]。尽管如此，目前全球对糖尿病的预防和控制却收效甚微；

据国际糖尿病联盟的统计分析，糖尿病患者的增长速度惊人，该联盟更大胆预测，以目前的增长速度，十五年后，全世界范围内的糖尿病患者将达5亿之多[112]。

黄酮类化合物又称黄酮体、类黄酮和黄碱素，是一类具有 2 –苯基色原酮结构的化合物，存在于所有维管植物的叶、莲、根、花和果实中，目前经鉴定的黄酮类化合物约有8000种[113]。黄酮类化合物作为一类广泛存在的天然化合物，经证实，具有许多生理活性作用，其不仅可以抗癌症、抗氧化、抗菌抑菌和抗心血管疾病，还能通过调节血糖、血脂，从而达到降血糖的作用[114]。此外，在抵御糖尿病并发症上，黄酮类化合物所起的作用与其他治疗方法相比，要显著得多[115]。

笔者课题组以高脂高糖饮食联合STZ诱导构建2型糖尿病小鼠模型，以降糖药盐酸二甲双胍为对照，评价莲子心黄酮的降血糖效果。

（一）临床症状观察

糖尿病模型建造组小鼠，高脂高能饲料喂养一个月后，禁食不禁水15h，一次性快速腹腔注射STZ，剂量为100mg/kg。STZ注射后一周，空腹剪尾取血测定血糖浓度，取血糖值≥11.1mmol/L的小鼠作为2型糖尿病模型小鼠。

成功建模后的小鼠，饲料和饮用水的消耗量较正常组的大，且垫料更易潮湿，即该组小鼠排尿量多，提示为糖尿病典型的“三多”症状。通过给药期间的观察，发现阳性对照组，莲子心高、中、低剂量组小鼠的“三多”症状随实验进展得到一定的缓解；而模型对照组的症状随实验的进展反而有所加重。这可能是阳性对照组和莲子心高、中、低剂量组的小鼠糖尿病症状得到不同程度的控制，病症有所减轻。

（二）莲子心黄酮对糖尿病模型小鼠体重的影响

随机取正常小鼠10只，设为一组，编号为1组；取造模成功的2型糖尿病模型小鼠50只，随机分为5组，编号为2、3、4、5、6组。给药方法见表8–11所示，每次灌胃量均为0.5mL，每天1次，共计3周。

表8–11　实验分组及给药

编号	类型	数量 / 只	给药（灌胃）
1	正常组	10	生理盐水

续表

编号	类型	数量 / 只	给药（灌胃）
2	模型对照组	10	生理盐水
3	阳性对照组	10	盐酸二甲双胍 100mg/（kg·d）
4	莲子心总黄酮低剂量组	10	莲子心总黄酮 200mg/（kg·d）
5	莲子心总黄酮中剂量组	10	莲子心总黄酮 400mg/（kg·d）
6	莲子心总黄酮高剂量组	10	莲子心总黄酮 800mg/（kg·d）

2型糖尿病患者通常表现为超重、肥胖。而临床中发现，随着糖尿病的治疗，该症状会随之缓解。因此，观察给药期间糖尿病小鼠的体重变化，可以在一定程度上反映药物的作用效果。笔者课题组实验在灌胃期间每周称量一次小鼠体重，结果如表8–12所示。

表8–12　莲子心总黄酮对糖尿病模型小鼠体重的影响

组别	0d	7d	14d	21d
正常组	37.76 ± 0.94	29.57 ± 0.99	40.84 ± 0.76	41.61 ± 0.66
模型对照组	49.06 ± 1.49^{A}	50.57 ± 1.53^{A}	50.98 ± 1.36^{A}	51.28 ± 1.13^{A}
阳性对照组	48.58 ± 2.74^{A}	47.60 ± 2.50^{AB}	45.77 ± 2.16^{AB}	43.33 ± 2.97^{B}
低剂量组	47.94 ± 2.65^{A}	47.31 ± 2.24^{AB}	46.97 ± 2.70^{AB}	46.62 ± 2.00^{ABd}
中剂量组	48.53 ± 2.40^{A}	47.23 ± 2.69^{AB}	45.03 ± 2.59^{AB}	44.06 ± 2.11^{aB}
高剂量组	28.12 ± 2.85^{A}	46.84 ± 2.59^{AB}	45.88 ± 2.26^{AB}	45.47 ± 2.22^{AB}

注：A 表示与正常组相比，差异极显著（$P<0.01$）；a 表示与正常组相比，差异显著（$P<0.05$）；B 表示与模型组相比，差异极显著（$P<0.01$）；D 表示与阳性对照组相比，差异极显著（$P<0.01$）；d 表示与阳性对照组相比，差异显著（$P<0.05$）。

（三）莲子心黄酮对糖尿病模型小鼠血糖的影响

分别在给药第3、7、14、21天时，对各组实验小鼠禁食12h，断尾取血测定各组小鼠空腹血糖值，记录数据并观察期间各组小鼠血糖变化情况。

由表8–13可知，连续灌胃21d后，与模型对照组相比，莲子心总黄酮低、中、高剂量组的小鼠血糖值有极显著性差异（$P<0.01$），说明莲子心总黄酮各剂量组对模型小鼠有显著的降血糖作用；与阳性对照组相比，莲子心总黄酮中、高剂量组无显著差异，表明莲子心总黄酮中剂量的降糖效果与100mg/（kg·d）盐酸二甲双胍相当。这提示莲子心总黄酮作为降糖药物的潜能。

表8–13　莲子心总黄酮对糖尿病模型小鼠血糖的影响　　单位：mmol/L

组别	0d	7d	14d	21d
正常组	5.47 ± 0.31	5.64 ± 0.75	5.35 ± 0.79	5.5 ± 0.46
模型对照组	12.79 ± 2.16^{A}	13.16 ± 1.92^{A}	12.85 ± 1.83^{A}	12.59 ± 1.54^{A}
阳性对照组	11.96 ± 1.22^{A}	9.43 ± 1.95^{AB}	8.18 ± 1.97^{AB}	6.83 ± 1.68^{aB}
低剂量组	12.52 ± 1.57^{A}	10.97 ± 2.05^{Ab}	9.87 ± 1.47^{ABd}	9.25 ± 1.05^{ABD}
中剂量组	12.6 ± 1.45^{A}	10.24 ± 2.19^{AB}	8.68 ± 1.87^{AB}	7.18 ± 1.50^{aB}
高剂量组	12.95 ± 2.03^{A}	11.17 ± 1.63^{Ab}	9.49 ± 1.56^{AB}	8.11 ± 1.27^{AB}

注：A表示与正常组相比，差异极显著（$P<0.01$）；a表示与正常组相比，差异显著（$P<0.05$）；B表示与模型组相比，差异极显著（$P<0.01$）；b表示与模型组相比，差异显著（$P<0.05$）；D表示与阳性对照组相比，差异极显著（$P<0.01$）；d表示与阳性对照组相比，差异显著（$P<0.05$）。

（四）莲子心总黄酮对糖尿病模型小鼠糖耐量及血糖曲线下面积影响

在给药第20天时，各组小鼠禁食5h后，分别再给药灌胃一次，20min后以葡萄糖2.0g/kg（bw）灌胃，分别在给葡萄糖后0.5h及2h尾静脉采血测定各组小鼠的血糖值，观察各实验组小鼠血糖变化情况，并计算其0~2h血糖曲线下降面积。

由表8–14可知，灌胃葡萄糖溶液0.5h后，各组小鼠血糖水平均显著升高。与模型对照组相比，莲子心总黄酮各剂量组小鼠血糖值涨幅均较小，提示莲子心总黄酮对抑制糖尿病患者餐后的血糖值大幅升高，有一定的效果。灌胃葡萄糖溶液2h后，各实验组小鼠血糖均有所下降，但模型组小鼠的血糖仍维持在较高水平，与其他各组均差异极显著（$P<0.01$）；其中，莲子心总黄酮中、高剂量组与阳性对照组血糖水平无显著差异，表明具有较好的葡萄糖耐受能力。

表8-14　莲子心总黄酮对糖尿病模型小鼠糖耐量的影响　单位：mmol/L

组别	0h	0.5h	2h
正常组	5.5 ± 0.29	10.15 ± 1.38	5.98 ± 1.02
模型对照组	12.56 ± 1.58^{A}	20.16 ± 2.43^{A}	15.71 ± 3.13^{A}
阳性对照组	7.07 ± 1.46^{aB}	11.23 ± 1.52^{B}	7.94 ± 1.23^{aB}
低剂量组	9.21 ± 1.05^{ABD}	16.78 ± 1.85^{ABD}	11.65 ± 2.16^{ABD}
中剂量组	7.36 ± 1.62^{AB}	13.58 ± 2.40^{ABd}	7.75 ± 1.34^{aB}
高剂量组	7.98 ± 1.67^{AB}	14.82 ± 2.56^{ABD}	9.34 ± 1.26^{AB}

注：A表示与正常组相比，差异极显著（P<0.01）；a表示与正常组相比，差异显著（P<0.05）；B表示与模型组相比，差异极显著（P<0.01）；b表示与模型组相比，差异显著（P<0.05）；D表示与阳性对照组相比，差异极显著（P<0.01）；d表示与阳性对照组相比，差异显著（P<0.05）。

由图8-36可知，二甲双胍和莲子心总黄酮能有效改善糖尿病小鼠的血糖调节能力，葡萄糖耐受量由高到低依次为：阳性对照组>莲子心总黄酮中剂量组>莲子心总黄酮高剂量组>莲子心总黄酮低剂量组。

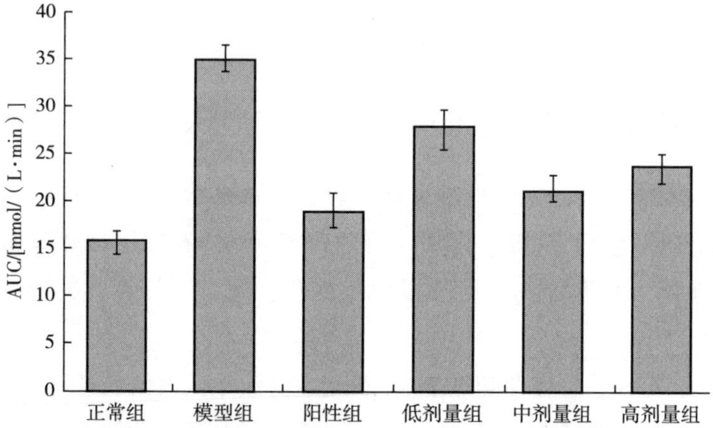

图8-36　莲子心总黄酮对糖尿病模型小鼠血糖下降面积的影响

（五）莲子心总黄酮对糖尿病模型小鼠血清TG和TC影响

在给药第21天时，对各组实验小鼠禁食不禁水8h，眼内眦取血，置离心管中于4℃，12000r/min离心15min，分离血清，精密吸取血清100μL，按试剂盒说明操作，测定小鼠血清TG和TC水平。

结果如图8-37和图8-38所示，灌胃3周后，莲子心总黄酮各剂量组小鼠的血清TG和TC水平都与模型组小鼠有显著差异；而与阳性对照组相比，莲子心总黄酮低剂量组有显著差异，莲子心总黄酮中、高剂量组无显著差异。因此，可以认为莲子心总黄酮可调节糖尿病小鼠血脂代谢。

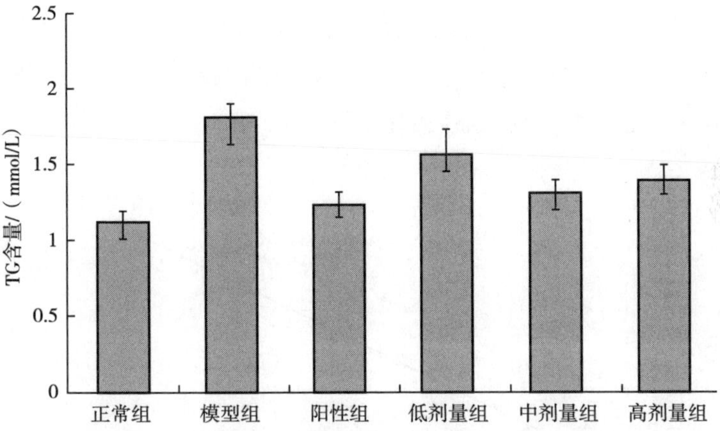

图 8-37　莲子心总黄酮对糖尿病小鼠 TG 水平的影响

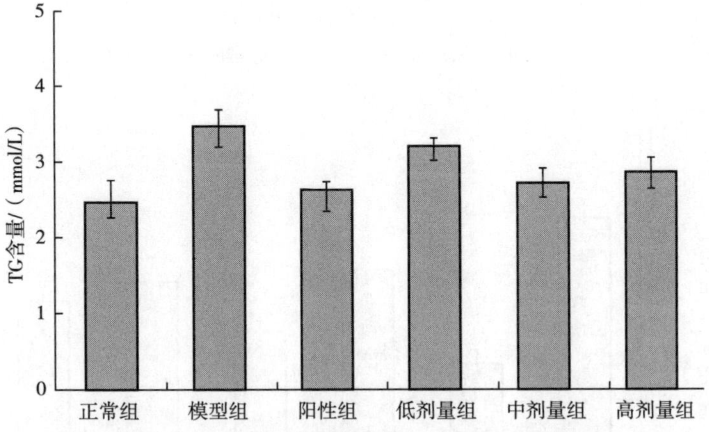

图 8-38　莲子心总黄酮对糖尿病小鼠 TC 水平的影响

（六）莲子心总黄酮对糖尿病小鼠胰岛素水平的影响

在给药第21天时，对各组实验小鼠禁食不禁水8h，眼内眦取血，置离心管中于4℃，12000r/min离心15min，将血清分离并收集于微量离心管中，精密吸取血清100μL，测定小鼠血清胰岛素水平。

根据小鼠胰岛素水平测定试剂盒说明进行操作，以标准物浓度为横坐标，*OD*值为纵坐标，绘制标准曲线，结果如图8-39所示。将血清样品测得的OD_{450}值代入标准曲线方程，乘以样品的稀释倍数，即可得到其血清胰岛素水平，结果如图8-40所示。糖尿病小鼠血液中胰岛素水平低于正常小鼠水平，莲子心总黄酮各剂量组血清胰岛素水平与模型组对比明显升高，表明莲子心总黄酮能增加糖尿病小鼠胰岛素分泌，提示莲子心总黄酮对STZ诱发的2糖尿病小鼠胰腺β细胞有一定的修复作用，这可能与其降血糖的作用机制有关。

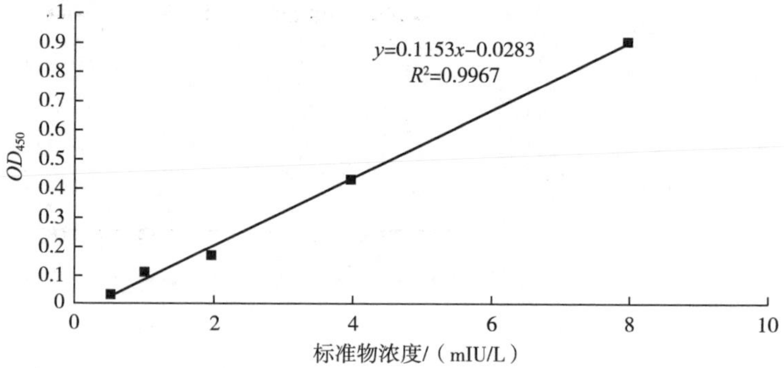

图 8-39　血清胰岛素水平标准曲线

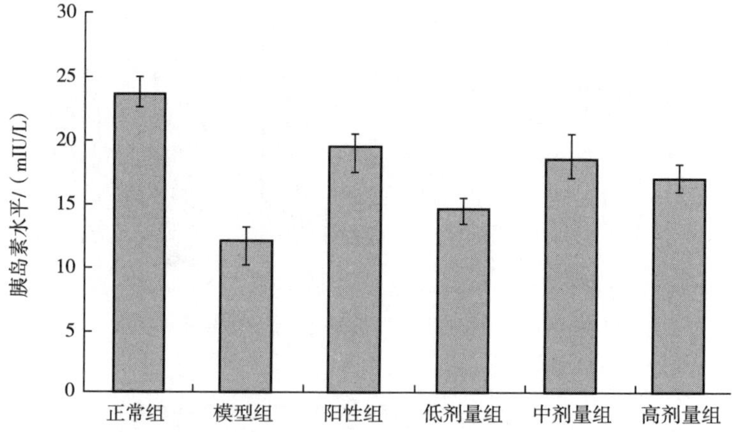

图 8-40　莲子心总黄酮对糖尿病模型小鼠血清胰岛素水平的影响

参考文献

[1] 曾建伟，吴锦忠，张书娟. 莲子心药学研究进展[J]. 福建中医学院学报，2005，15：40−42.

[2] 刘韶. 莲子心有效成分分离和质量控制新方法[D]. 长沙：中南大学，2009.

[3] Shih−Huang Y，Pao−Hsin L，Ya−Fang P，et al. The novel p53−dependent metastatic and apoptotic pathway induced by vitexin in human oralcancerOC2 cells[J]. Phytotherapy Research，2013，27（8）：1154−1161.

[4] Monika B，Jun H C，Souren P，et al. Vitexin induces apoptosis by suppressing autophagy in multi−drug resistant colorectal cancer cells[J]. Oncotarget，2017，9（3）：3278−3291.

[5] Chawki B，Ahmed K，Anastasia K，et al. Compounds from *Sedum caeruleum* with antioxidant，anticholinesterase，and antibacterial activities[J]. Pharmaceutical Biology，2016，54（1）：174−179.

[6] Mencherini T C A，Bianco G，Della loggia R，et al. An extract of *Apium graveolens* var. dulce leaves：Structure of the major constituent，apiin，and its anti−inflammatory properties[J]. Journal of Pharmacy Pharmacology，2007，59（6）：891−897.

[7] Eldahshan. Anti−inflammatory effect of apigenin−7−neohesperidoside（rhoifolin）in carrageenin−induced rat oedema model[J]. Journal of Applied Pharmaceutical Science，2012，2（8）：74−79.

[8] Liao S S F，Feng W，Ding X，Yao J. Rhoifolin ameliorates titanium particle−stimulated osteolysis and attenuates osteoclastogenesis via RANKL−induced NF−κB and MAPK pathways[J]. Journal of Cellular Physiology，2019，234（10）：17600−17611.

[9] Liu D J，Dhital S S，Wu P et al. *In vitro* digestion of apple tissue using a dynamic stomach model：grinding and crushing effects on polyphenol bioaccessibility[J]. Journal of Agricultural and Food Chemistry，2020，68（2）：574−583.

[10] Steelman l S，Franklin R A，Abrams S L，et al. Roles of the Ras/Raf/MEK/ERK pathway in leukemia therapy[J]. Leukemia，2011，25（7）：1080−1094.

[11] Jin S Y，Lee H S，Kim E K，et al. Reactive oxygen species and PI3K/Akt signaling in cancer[J]. Free Radical Biology & Medicine，2014，75：S34−S35.

[12] Tarko T and Duda−Chodak A. Influence of food matrix on the bioaccessibility of fruit polyphenolic compounds[J]. Journal of Agricultural and Food Chemistry，2020，68（5）：2245−2251.

[13] Li W，Cao L，Chen X，et al. Resveratrol inhibits hypoxia−driven ROS−induced invasive and migratory ability of pancreatic cancer cells via suppression of the Hedgehog signaling pathway[J]. Oncology Reports，2016，35（3）：1718−1726.

[14] 陆曦，王磊，魏红，等. 黄酮类化合物抗氧化活性的构效关系[J]. 食品科学，2006（12）：233−237.

[15] 任红，郑少杰，张小利，等. 基于不同抗氧化机制的黄酮类化合物构效关系研究进展[J]. 食品工业科技，2016，37（2）：384-388.

[16] Lewandowska H，Kalinowska M，Lewandowski W，et al. The role of natural polyphenols in cell signaling and cytoprotection against cancer development[J]. Journal of Nutritional Biochemistry，2016，32：1-19.

[17] Bhise K，Kashaw S K，Sau S，et al. Nanostructured lipid carriers employing polyphenols as promising anticancer agents：Quality by design（QbD）approach[J]. International Journal of Pharmaceutics，2017，526（1-2）：506-515.

[18] Gorlach S，Fichna J，Lewandowska U. Polyphenols as mitochondria-targeted anticancer drugs[J]. Cancer Letters，2015，366（2）：141-149.

[19] Devi P K，Rajavel T，Daglia M，et al. Targeting miRNAs by polyphenols：Novel therapeutic strategy for cancer[J]. Seminars in Cancer Biology，2017，46：146-157.

[20] Niedzwiecki A，Roomi M W，Kalinovsky T，et al. Anticancer efficacy of polyphenols and their combinations[J]. Nutrients，2016，8（9）：1-17.

[21] 刘天天，靳洪涛，王爱平. 毒物兴奋效应及其对毒理学和医药研究的影响[J]. 毒理学杂志，2016，30（1）：78-83.

[22] 唐宇宏，王育丽，陆静峰，等. 穿心莲内酯体外对NB4细胞凋亡及增殖的影响[J]. 上海交通大学学报（医学版），2015，35（1）：47-50.

[23] Rigalli J P，Tocchetti G N，Arana M R，et al. The phytoestrogen genistein enhances multidrug resistance in breast cancer cell lines by translational regulation of ABC transporters[J]. Cancer Letters，2016，376：165-172.

[24] 黄灵，顾钧，陆建华，等. 紫花牡荆素对胰腺癌细胞凋亡的作用及其机制[J]. 肿瘤，2017，37（12）：1289-1296.

[25] Oi N J C，Nadas J，Cho Y Y，et al. Resveratrol，a red wine polyphenol，suppresses pancreatic cancer by inhibiting leukotriene A_4 hydrolase[J]. Cancer Research，2010，70（23）：9755-9764.

[26] Mouria M G A，Jung Y，Buechler，P et al. Food-derived polyphenols inhibit pancreatic cancer growth through mitochondrial cytochrome C release and apoptosis[J]. International Journal of Cancer，2002，98（5）：761-769.

[27] Eldahshan A O. Rhoifolin；a potent antiproliferative effect on cancer cell lines[J]. British Journal of Pharmaceutical Research，2013，3（1）：46-53.

[28] 杨晟，何芳，张海平，等. 维生素D_3抑制胰腺癌细胞迁移的作用机制[J]. 武汉大学学报（医学版），2018，39（1）：42-45+79.

[29] CAO，LIU，ZHANG et al. Curcumin inhibits H_2O_2-induced invasion and migration of human pancreatic cancer via suppression of the ERK/NF-κB pathway[J]. Oncology Reports，2016，36（4）：2245-2251.

[30] Wilken R，Veena M S，Wang M B，et al. Curcumin：A review of anti-cancer properties and therapeutic activity in head and neck squamous cell carcinoma[J]. Radiation Research，2011，10（1）：12.

[31] Cao L，Chen X，Xiao X，et al. Resveratrol inhibits hyperglycemia-driven ROS-

induced invasion and migration of pancreatic cancer cells via suppression of the ERK and p38 MAPK signaling pathways[J]. International Journal of Oncology，2016，49（2）：735−743.

[32] 富田真雄，渡边真男，富田真次，等. 莲的生物碱（第1报）[J]. 药学杂志（日），1961，81（4）：69−73.

[33] 张弦，潘扬. 植物莲中生物碱类成分的研究概况[J]. 南京中医药大学学报（自然科学版），2002，18（6）：382−384.

[34] 杨建，何文，张贤华. 莲心季铵碱的药理作用研究[J]. 广东药学院学报，1999，15（3）：183−185.

[35] Qian JQ. Cardiovascuhr pharmacological effects of bisbenzyliso−quinoline alkabid[J]. Acta Pharmacological Sinica，2002，23（12）：1086−1092.

[36] 史霄燕，胡文淑. 甲基莲心碱对高脂血症患者及健康成人血小板聚集的影响[J]. 中国药理学通报，1998，14（3）：237−244.

[37] 贾菊芳，敖明章，胡本容，等. 甲基莲心碱对脂质过氧化和活性氧自由基的作用[J]. 同济医科大学学报，1994 ，23（1）：62−65.

[38] 石书红，庄英帜，曹建国. 甲基莲心碱对长春新碱诱导人胃癌细胞凋亡的影响[J]. 中国药理学通报，2003，19（8）：928−936.

[39] 陈元禄，黄体纲. 莲心碱对正常大鼠血压和左宣收缩功能的影响[J]. 心脑肺血管病杂志，1999，7（3）：144−149.

[40] 魏婷，梁喆，金彦，等. 小檗碱，莲心碱和甲基莲心碱对HERG通道表达的影响[J]. 中国中药杂志，2013，38（2）：15−18.

[41] 郭治彬，曹宏宇. 甲基莲心碱抗缺血性快速心律失常的心电生理作用[J]. 中华心血管病杂志，1992，2：119−122.

[42] 潘扬，蔡宝昌，扬光明，等. 莲子心降血糖活性部位的筛选研究[J]. 南京中医药大学学报，2005，21（4）：243−244.

[43] 贺玉琢. 莲子心的促进脂肪分解作用[J]. 国际中医中药杂志，2005，27（3）：185.

[44] 潘扬，尚文斌，王天山，等. 莲子心及NEF对实验性糖尿病及肥胖大鼠模型的影响[J]. 南京中医药大学学报，2003，19（4）：217−221.

[45] 王辉，刘刚，杨柳，等. 莲心碱对实验性高脂血症大鼠血脂及脂质过氧化的影响[J]. 天然产物研究与开发，2005，17（6）：722−727.

[46] 周雅君，向继洲，刘慧，等. 甲基莲心碱对血小板聚集的抑制及解聚作用[C]. 中国药理学会第十一次全国学术会议专刊，2011.

[47] 史霄燕，胡文淑. 甲基莲心碱对高脂血症患者及健康成人血小板聚集的影响[J]. 中国药理学通报，1998，14（3）：237−242.

[48] 唐小卿，曹建国. 甲基莲心碱的药理作用[J]. 中国药理学通报，2004，20（1）：102−109.

[49] 王兵. 甲基莲心碱心血管药理作用的研究进展[J]. 中草药，2000，2：148−150.

[50] 卢青，柯庆. 甲基莲心碱对兔离体脑基底动脉收缩的影响[J]. 中国动脉硬化杂志，2003，4：78−85.

[51] 朱海扬，曾慧兰. 黄酮类化合物药理作用的研究进展[J]. 山东医药，2009，49（17）：101−105.

[52] Lv L S，Jiang C B，Li J L，et al. Protective effects of lotus germ oil against carbon tetrachloride induced injury in mice and cultured PC−12 cells[J]. Food and Chemical Toxicology，2012，50：1447−1453.

[53] 董兰，郑申声，陈昌国. 莲心总碱的提取分离机器抗氧化性研究[J].食品工业科技，2011，7（21）：329−336.

[54] 刘产明，卢宇. 多因素评价莲子心总生物碱提取工艺[J]. 中药材，2005，28（1）：50−54.

[55] 黄先菊，罗顺德，杨健. 酸液渗漉法提取分离莲心碱[J]. 湖北省卫生职工医学院学报，2002，15（3）：51−53.

[56] 袁小红，赵瑞芝，丘小惠. 均匀设计法优选莲子心的半仿生提取工艺[J]. 中国药房，2005，21（16）：1618−1624.

[57] 郭毛娣，陈兰贵. 中国产莲子心中生物碱成分的研究[J]. 中草药，1984，15（7）：3−5.

[58] 王晓静，刘青山，钱树德. 莲心碱与叶绿素膜分离的初步实验研究[J]. 化工进展，2006，25（2）：196−200.

[59] 徐燕辉，王晓静，李世强. 微滤提纯莲心碱操作条件对膜阻力影响的实验研究[J]. 天津工业大学学报，2006，25（3）：8−13.

[60] 王艳强，姜忠义，吴洪. 膜法用于提纯莲心碱实验研究[C]. 第九届全国化工工艺学术年会论文集，2005.

[61] 张吉祥，冯冬然，欧来良. 大孔吸附树脂对莲子心中有效成分的分离纯化研究[J]. 中草药，2007，39（12）：1812−1818.

[62] 柳伟，王宏洁，边宝林. 大孔吸附树脂纯化莲子心总生物碱的工艺研究[J]. 中国实验方剂杂志，2007，13（3）：23−26.

[63] 张先洲，胡学民，王嘉陵，等. 紫外分光光度法测定莲心碱的含量[J]. 药物分析志，1991，11（3）：183−186.

[64] 徐平声，谭桂山，李新中. 薄层扫描法测定莲子心中甲基莲心碱及莲心碱含量[J]. 中国药房，2002，13（4）：233−236.

[65] 张先洲，胡学民，罗顺德，等. 高效液相色谱法测定莲子心中3种生物碱的含量[J]. 药物分析杂志，1997，17（2）：110−114.

[66] 许磊，王淑君，陈济民，等. 莲心碱在大鼠体内的药物动力学研究[J]. 沈阳药科大学学报，2001，18（4）：244−249.

[67] 寿国香，刘冰，郝连淑. 离子对RP−HPLC法测定不同产地莲子心中甲基莲心碱的含量[J]. 中草药，2002，33（6）：517−522.

[68] Esmaeili M A，Sonboli A，Noushabadi M A. Antioxidant and protective properties of six *Tanacetum* species against hydrogen peroxide−induced oxidative stress in K562 cell line：A comparative study[J]. Food Chemistry，2010，121，148−155.

[69] Shieh，P C，Chen Y O，Kuo D H，et al. Induction of apoptosis by [8]−shogaol via reactive oxygen species generation，glutathione depletion，and caspase activation in

human leukemia cells[J]. Journal of Agricultural and Food Chemistry，2010，58，3847–3854.

[70] Hanlon P R，Robbins M G，Hammon L D，et al. Aqueous extract from the vegetative portion of Spanish black radish induces detoxification enzyme expression in HepG2 cells[J]. Journal of Functional Foods，2009，1，356–365.

[71] Hwang Y P，Choi J H. Protective effect of the *Aralia continentalis* root extract against carbon tetrachloride–induced hepatotoxicity in mice[J]. Food Chem Toxicol，2009，47，75–81.

[72] 陈静，张敏，郑铁松，等. 莲子心乙醇提取液体外抗氧化活性的研究[J]. 食品科学，2008，9：48–51.

[73] 叶志华，邢雅玲，田琳琳，等. 原儿茶醛对叔丁基过氧化氢损伤HepG2细胞的保护作用[J]. 军事医学科学院院刊，2007，2：126–129.

[74] 黄银久，宋宝安，金林红，等. MTT比色法抗肿瘤药物筛选实验条件和数据优化探索[J]. 激光生物学报，2009，3：401–408.

[75] Garcia–Alonso J，Ros G，Periago M J. Antiproliferative and cytoprotective activities of phenolic– rich juice in HepG2 cells[J]. Food Research International，2006，39，982–991.

[76] Halliwell B，Whiteman M. Measuring reactive species and oxidative damage *in vivo* and cell culture[J]. Br. J. Pharmacol，2004，142，231–255.

[77] Hissin P J，Hilf R. Fluorometric method for determination of oxidized and reduced glutathione in tissues[J]. Analytical Biochemistry，1976，74，214–226.

[78] Lopez–Velazquez J A，Sliva–Vidal K V，Ponciano–Rodriquez G，et al. The prevalence of nonalcoholic fatty liver disease in the Americas[J]. Annals of Hepatology，2014，13（2）：166–178.

[79] Anstee Q M，Daly A K，Day C P. Genetic modifiers of non–alcoholic fatty liver disease progression[J]. Biochimica et Biophysica Acta Molecular Basis of Disease，2011，1812（12）：1557–1566.

[80] Mulhall B P，Ong J P，Younossi Z. M. Non–alcoholic fatty liver disease：An overview[J]. Journal Gastroenterol，Hepatol，2012，17（11）：1136–1143.

[81] Browning J. D. and Horton J. D. Molecular mediators of hepatic steatosis and liver injury[J]. Journal of Clinical Investigation，2004，114（2）：147–152.

[82] Day C. P，James O. F. W. Steatohepatitis：A tale of two hits[J]. Gastroenterology，1998，114（4）：842–845.

[83] Zhang X H，Gao Y，Xu J W，et al. Inhibitory effect of tea［*Camellia Sinensis*（L.）O. Kuntze，Theaceae］flower extracts on oleid acid– induced hepatic steatosis in HepG2 cells[J]. Journal of Food and Nutrition Research，2014，2（10）：738–743.

[84] Sanyal A J，Carol C S，Mirshahi F，et al. Nonalcoholic steatohepatitis：Association of insulin resistance and mitochondrial abnormalities[J]. Gastroenterology，2001，120（5）：1183–1192.

[85] Gentric G，Maillet V，Paradis V，et al. Oxidative stress promotes pathologic

polyploidization in nonalcoholic fatty liver disease[J]. Journal of Clinical Investigation, 2015, 125（3）: 981–992.

[86] Chalasani N, Deeg M A, Crab D W. Systemic levels of lipid peroxidation and its metabolic and dietary correlates in patients with nonalcoholic steatohepatitis[J]. The American Journal of Gastroenterology, 2004, 99（8）: 1497–1502.

[87] Nakamoto K, Takayama F, Mankura M, et al. Beneficial effects of fermented green tea extract in a rat model of non–alcoholic steatohepatitis[J]. Journal of Clinical Biochemistry and Nutrition, 2009, 44（3）: 239–246.

[88] Xie Y, Zhang Y, Zhang L T, et al. Protective effects of alkaloid compounds from *Nelumbinis Plumula* on tert–butyl hydroperoxide induced oxidative stress[J]. Molecules, 2013, 18（9）: 10285–10300.

[89] Zhu C, Xie P, Zhao F, et al. Mechanism of the promotion of steatotic HepG2 cell apoptosis by cholesterol[J]. International Journal of Clinical and Experimental Pathology, 2014, 7（10）: 6807–6813.

[90] Janorkar A V, King K R, Megeed Z, et al. Development of an *in vitro* cell culture model of hepatic steatosis using hepatocyte–derived reporter cells[J]. Biotechnology and Bioengineering, 2009, 102（5）: 1466–1474.

[91] Araya J, Rodrigo R, Videla L A, et al. Increase in long–chain polyunsaturated fatty acid *n*–6/*n*–3 ratio in relation to hepatic steatosis in patients with non–alcoholic fatty liver disease[J]. Clinical Science（Lond）, 2004, 106（6）: 635–643.

[92] Wang S R, Pessah M, Infante J, et al. Lipid and lipoprotein metabolism in HepG2 cells[J]. Biochimica et Biophysica Acta, 1988, 961（3）: 351–363.

[93] Burdette D, Olivarez M, Waris G. Activation of transcription factor *Nrf2* by hepatitis C virus induces the cell–survival pathway[J]. Journal of General Virology, 2010,（3）: 681–690.

[94] Ulkan Kilic, Ertugrul Kilic, Zeynep Tuzcu, et al. Melatonin suppresses cisplatin–induced nephrotoxicity via activation of *Nrf-2/HO-1* pathway[J]. Nutrition & Metabolism, 2013, 1（10）: 7–15.

[95] Wang J C, Hu XL, Jiang H. *Nrf-2–HO-1–HMGB1* axis: An important therapeutic approach for protection against myocardial ischemia and reperfusion injury[J]. International Journal of Cardiology, 2014, 172（1）: 223–229.

[96] 冯清强. 莲子心总生物碱纳米自微乳载药体系的构建及降血脂活性研究[D]. 烟台：烟台大学，2021.

[97] Tripathi M, Singh B K, Kakkar P. Glycyrrhizic acid modulates t–BHP induced apoptosis in primary rat hepatocytes[J]. Food and Chemical Toxicology, 2009, 47（2）: 339–347.

[98] Scharf G, Prustomersky S, Knasmuller S, et al. Enhancement of glutathione and g–glutamylcysteine synthetase, the rate limiting enzyme of glutathione synthesis, by chemoprotective plant–derived food and beverage components in the human hepatoma cell line HepG2[J]. Nutrition Cancer, 2003, 45（1）: 74–83.

[99] Carolina OL, Romina L, Beverly O, et al. Prevalence of prediabetes and diabetes and

metabolic profile of patients with nonalcoholic fatty liver disease（NAFLD）[J]. Diabetes Care，2012，35（4）：873–874.

[100] Polyzos SA，Kountouras J，Zavos C，et al. Nonalcoholic fatty liver disease multimodal treatment options for a pathogenetically multiple hit disease[J]. J Clin Gastroenterol，2012，11（4）：271–272.

[101] 朱方超，黄智铭. 非酒精性脂肪肝危险因素流行病学论述[J]. 实用医学杂志，2010，26（18）：3452–3453.

[102] 刘军，陈影，刘芳. 肝脏脂肪浸润程度与胰岛素抵抗相关性研究[J]. 临床内科杂志，2004，21（2）：120–122.

[103] Melania G，Mariangela M，Emma B，et al. Non–alcoholic fatty liver disease（NAFLD）and its connection with insulin resistance，dyslipidemia，atherosclerosis and coronary heart disease[J]. Nutrients，2013，5（16）：1544–1560.

[104] Perseghin G. Viewpoints on the way to a consensus session：Where does insulinresistance start[J]. The Liver Diabetes Care，2009，32（2）：164–167.

[105] Seki S，Kitada T，Yamada T，et al. Insitudetection of lipid peroxidation and oxidative DNA damage in non–alcoholic fatty liver diseases[J]. Hepatol，2002，37（8）：56–62.

[106] Bugianesi E，Gastaldelli A，Vanni E，et al. Insulin resistance in non–diabetic patients with non–alcoholic fatty liver disease：Sites and mechanisms[J]. Diabetologia，2005，48（26）：634–642.

[107] 祁培宏，余莉芳，刘平. 消脂保肝饮抗大鼠脂肪肝作用研究[J]. 中西医结合肝病杂志，2000，10（5）：33–35.

[108] Ronald G，Zubin P. Definition，classification and diagnosis of diabetes[J]. Canadian Journal of Diabetes，2013，37：S8–S11.

[109] Tom H W H，Gang P G，Bhavani P K，et al. Anti–diabetic action of *Punica granatum* flower extract：Activation of PPAR–y and identification of an active component[J]. Toxicology and Applied Pharmacology，2005，207（2）：160–169.

[110] WHO. The global burden of disease：2004 update[A]. Geneva：World Health Organization，2008.

[111] IDF Diabetes Atlas Group. Update of mortality attributable to diabetes for the IDF Diabetes Atlas：Estimates for the year 2011[J]. Diabetes Res Clin Pract，2013，100（2）：277–229.

[112] Deng J Y，Hsieh P S，Huang J P，et al. Activation of estrogen receptor is crucial for resveratrol–stimulating muscular glucose uptake via bothinsulin–dependent and independent pathways[J]. Diabetes，2008，57（7）：1814–1823.

[113] De GH，Raven U. Tissue injury by reactive oxygen species and the protective effects of flavonoids[J]. Fundam Clin Pharmacol，1998，12（3）：249–255.

[114] Patra J C，Chua B H. Artificial neutral network based drug design for diabetes mellitususing flavonoids[J]. J Comput Chem，2010，32（4）：555–567.

[115] Abdulrahman H S，Hasan M B. Flavonoids as alternatives in treatment of type 2 diabetes mellitus[J]. Acad J Med Plants，2013，1（2）：31–36.

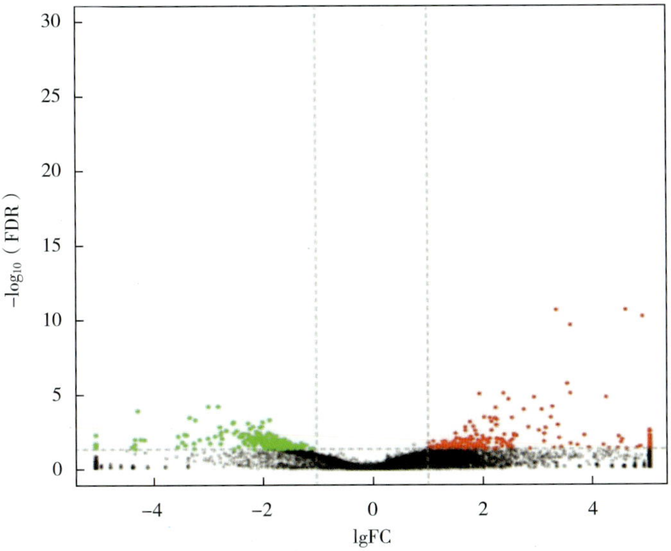

图 3-17　胰腺组织差异表达基因火山图

注：横坐标表示CK组和RS组表达基因的差异倍数对数值，纵坐标表示CK组和RS组表达基因的FDR的$-\log_{10}$值。CK组来自糖尿病对照组的3个小鼠胰腺组织样本：RS组为来自RS中剂量组（RS10）的3个小鼠胰腺组织样本。

FC：fold change，表示2个样品（组）间表达量的比值。

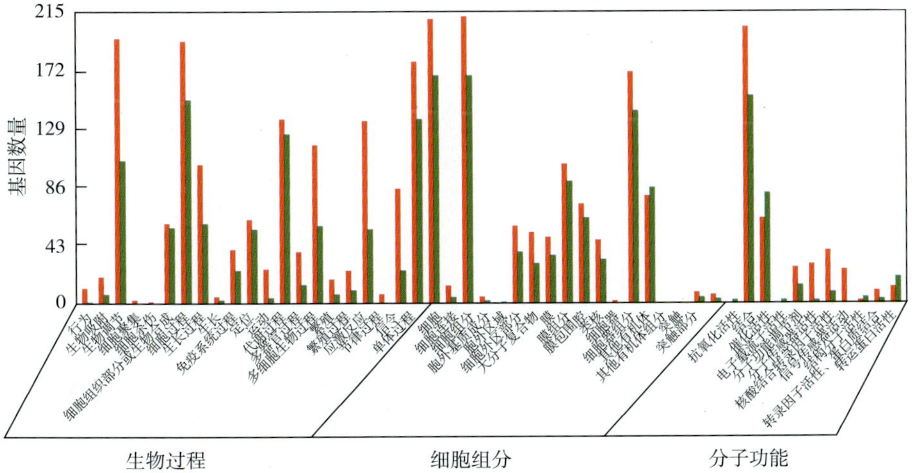

图 3-18　胰腺组织差异表达基因的 GO 分析图

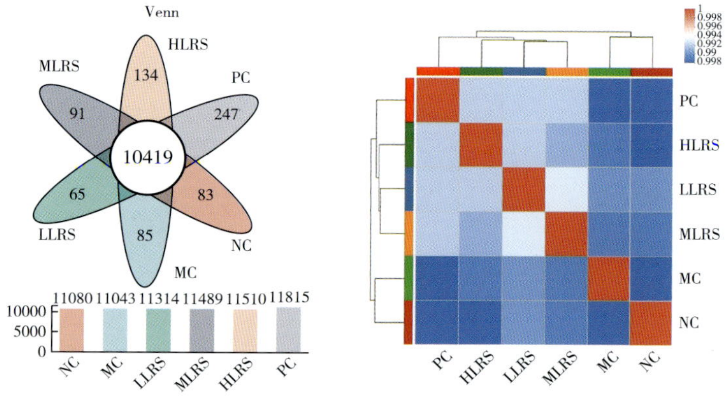

（1）组间Venn分析图及各组基因表达量柱状图　　（2）组间样本相关性分析

图 3-31　小鼠肝脏细胞的基因表达量分析

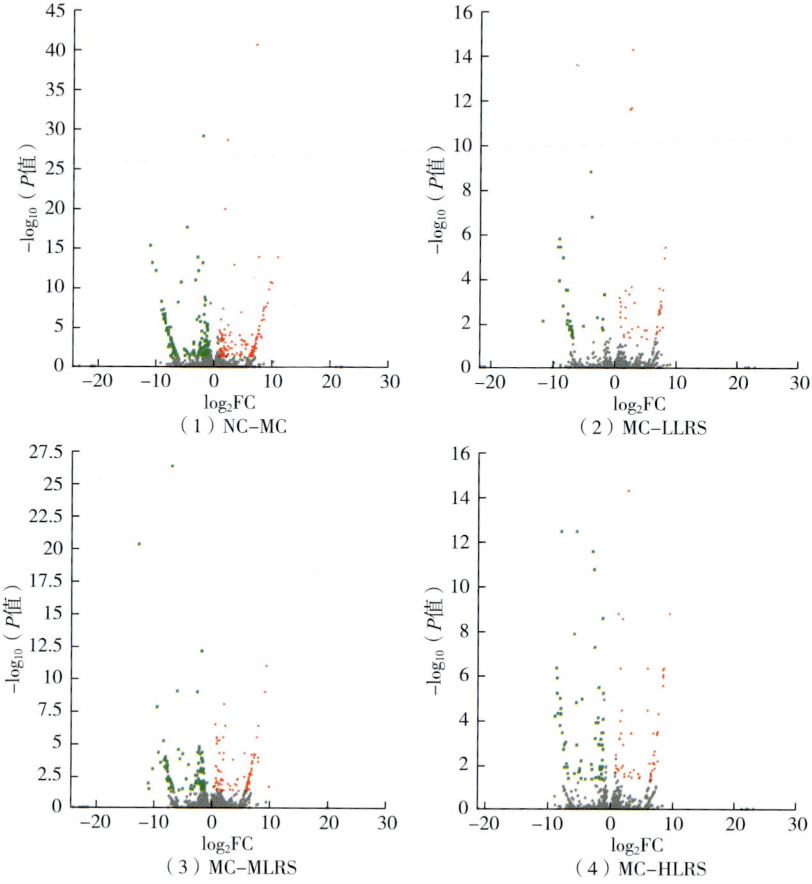

（1）NC-MC　　（2）MC-LLRS

（3）MC-MLRS　　（4）MC-HLRS

图 3-33　表达量差异火山图

● 无显著差异　◆ 显著上调　■ 显著下调

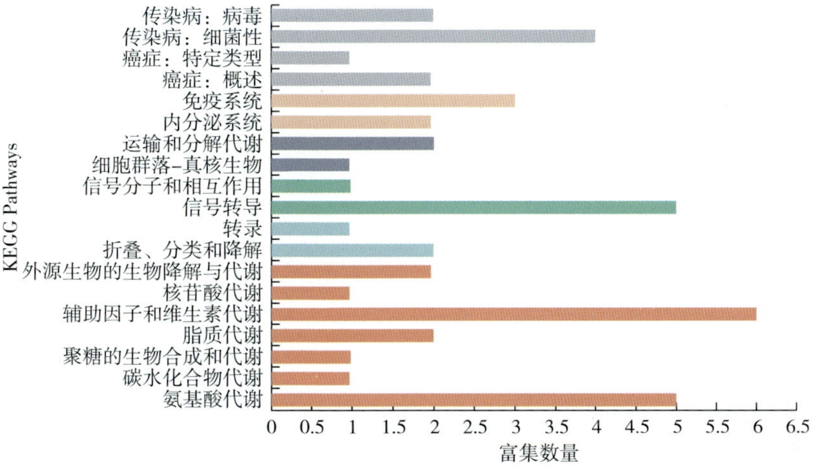

（1）MC-LLRS上调基因

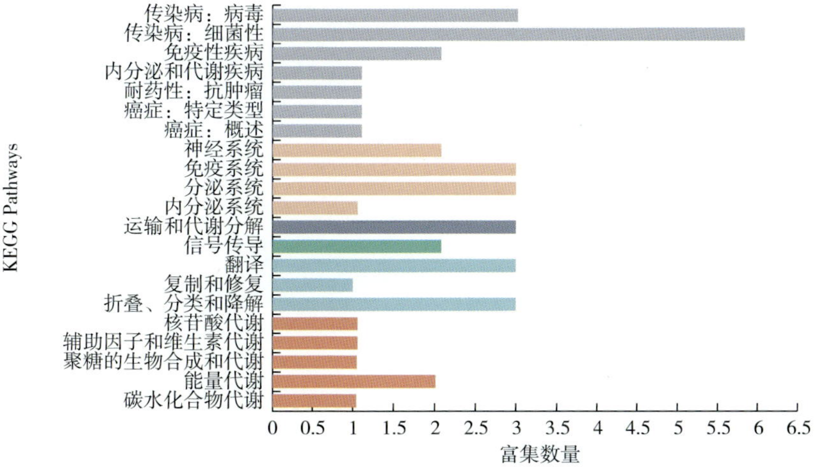

（2）MC-LLRS下调基因

图 3-35

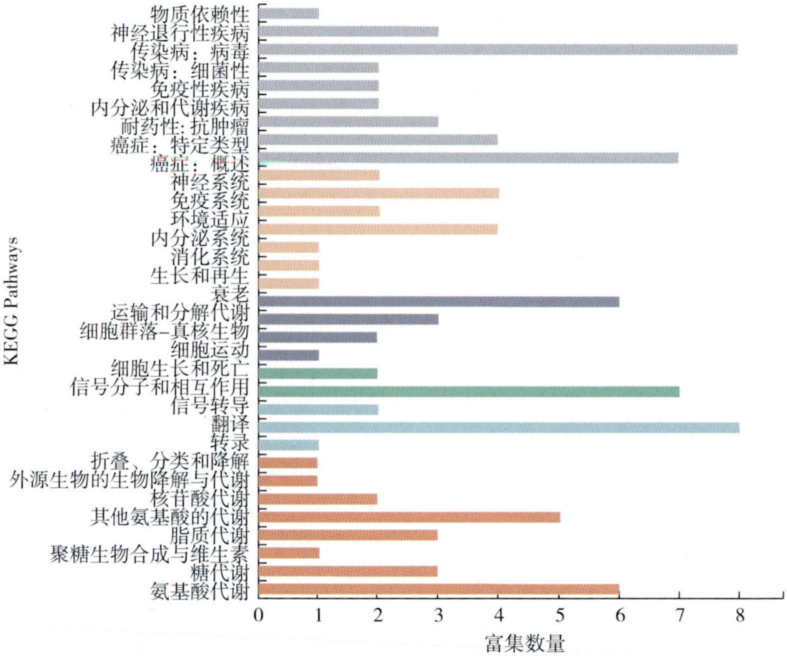

（3）MC-MLRS上调基因

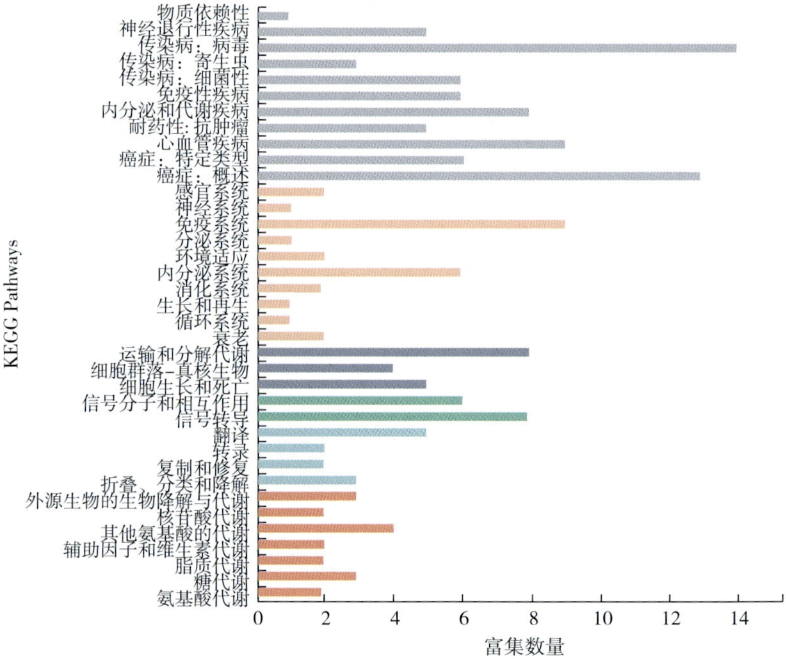

（4）MC-MLRS下调基因

图 3-35

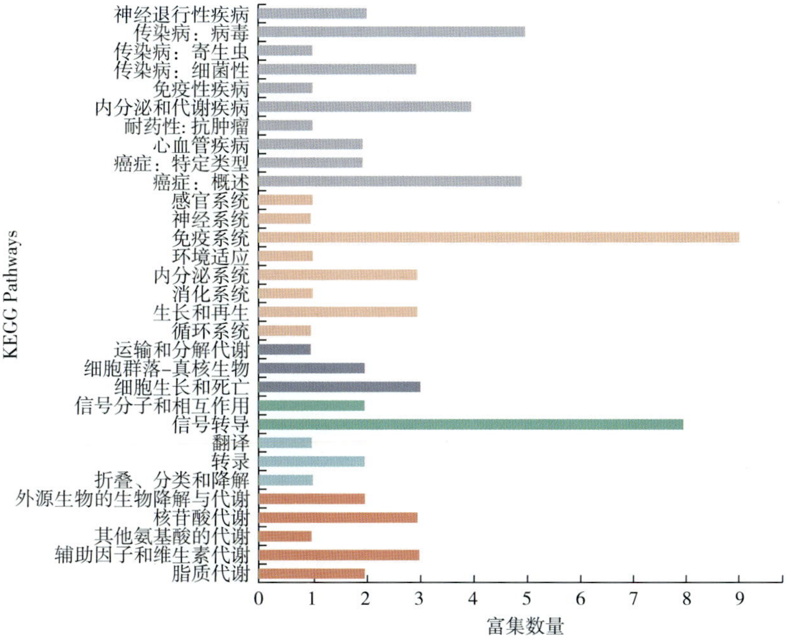

（5）MC-HLRS上调基因

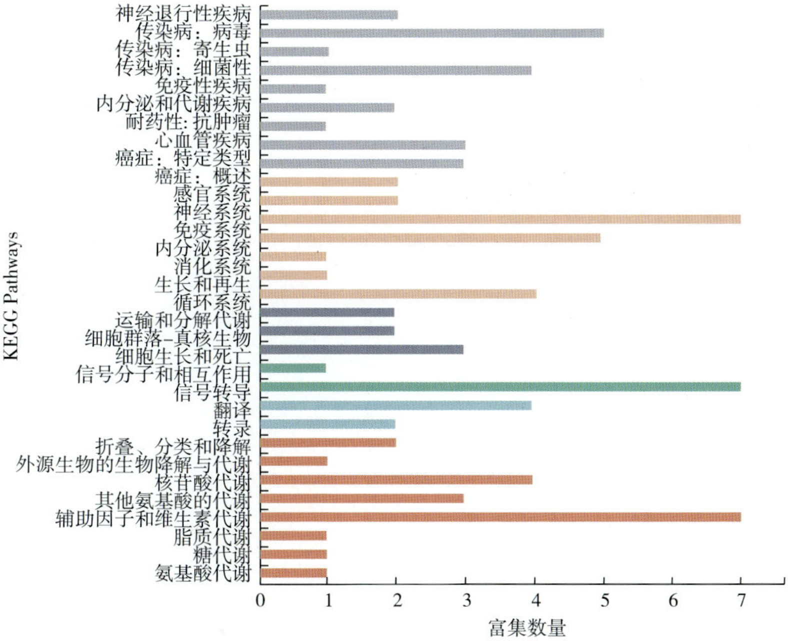

（6）MC-HLRS下调基因

图 3-35　差异表达基因 Pathway 分类统计柱状图

代谢　遗传信息处理　环境信息处理　细胞过程　生物体系统　人类疾病

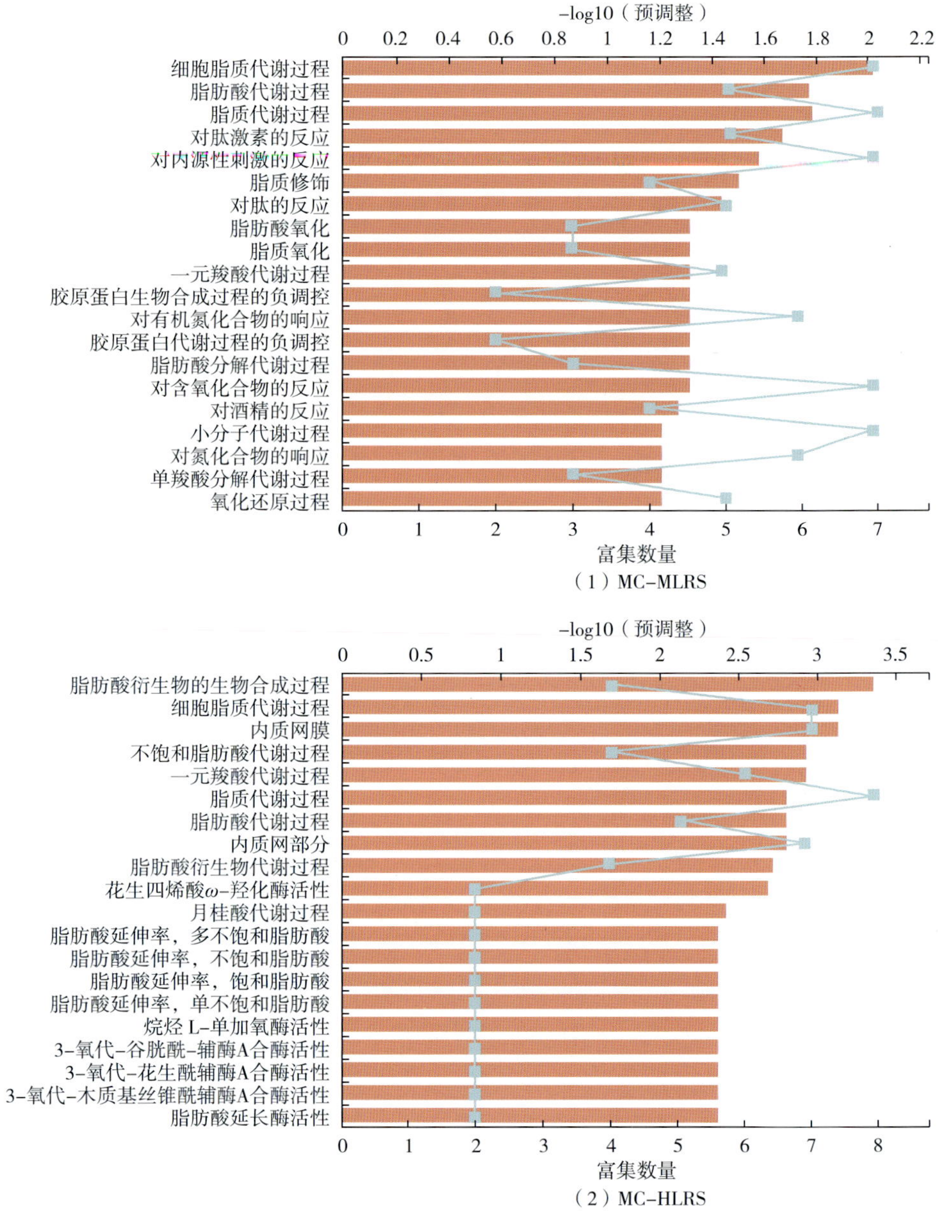

图 3-36　脂质代谢相关基因差异表达 GO 富集分析柱状图

-log10（预调整）　数量

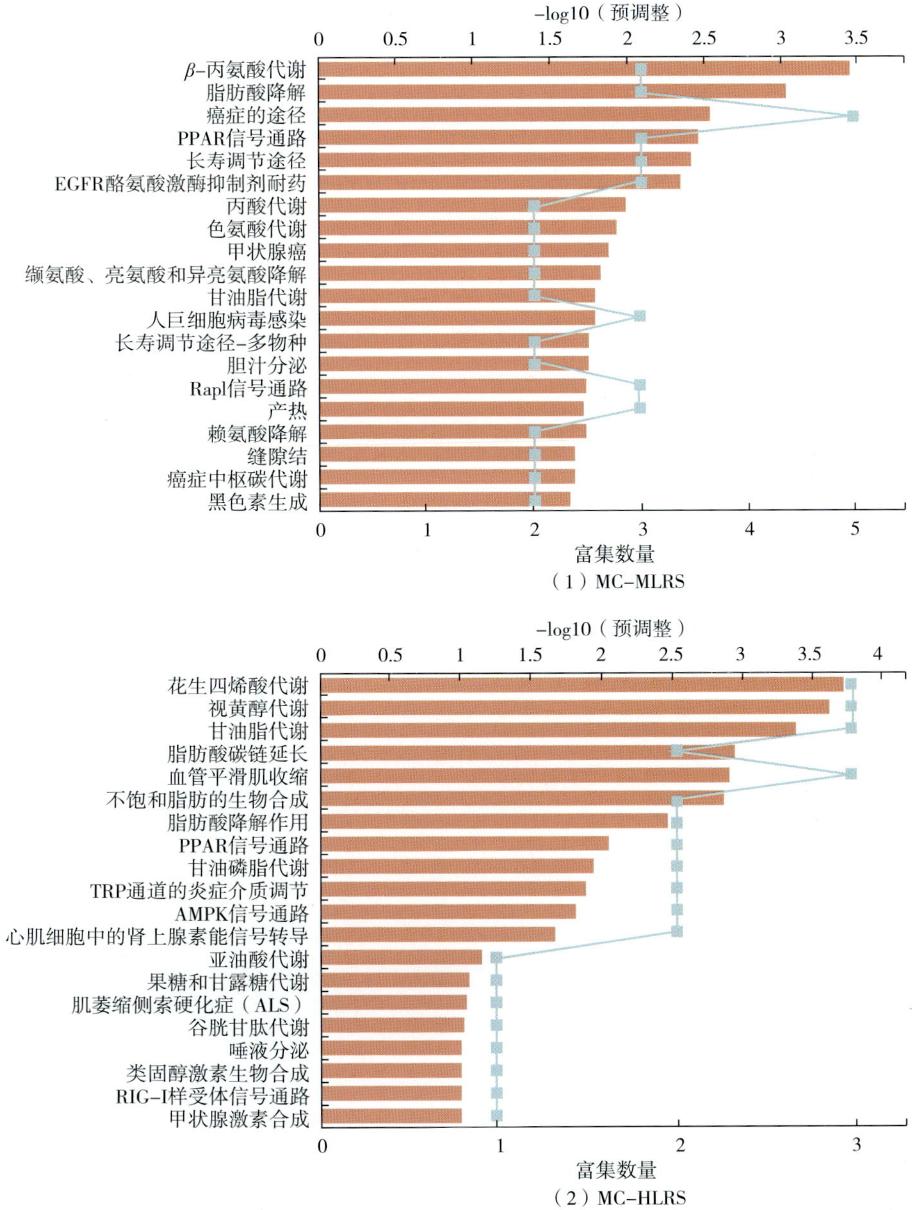

图 3-37　脂质代谢相关基因差异表达 KEGG 富集分析柱状图

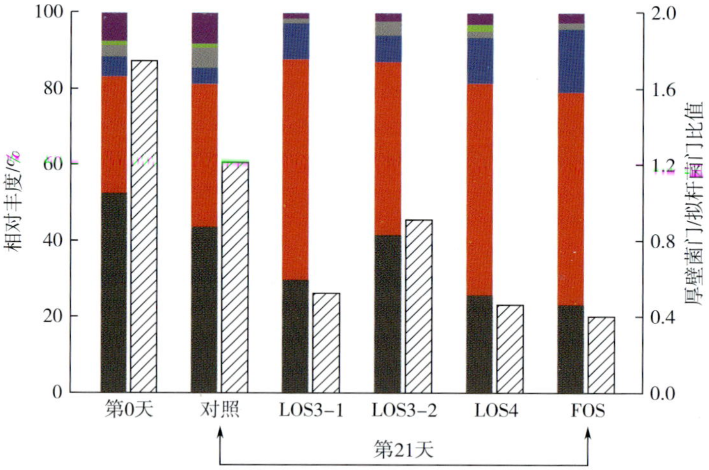

图 5-22　小鼠粪便微生物组成在门水平及 F/B 值变化

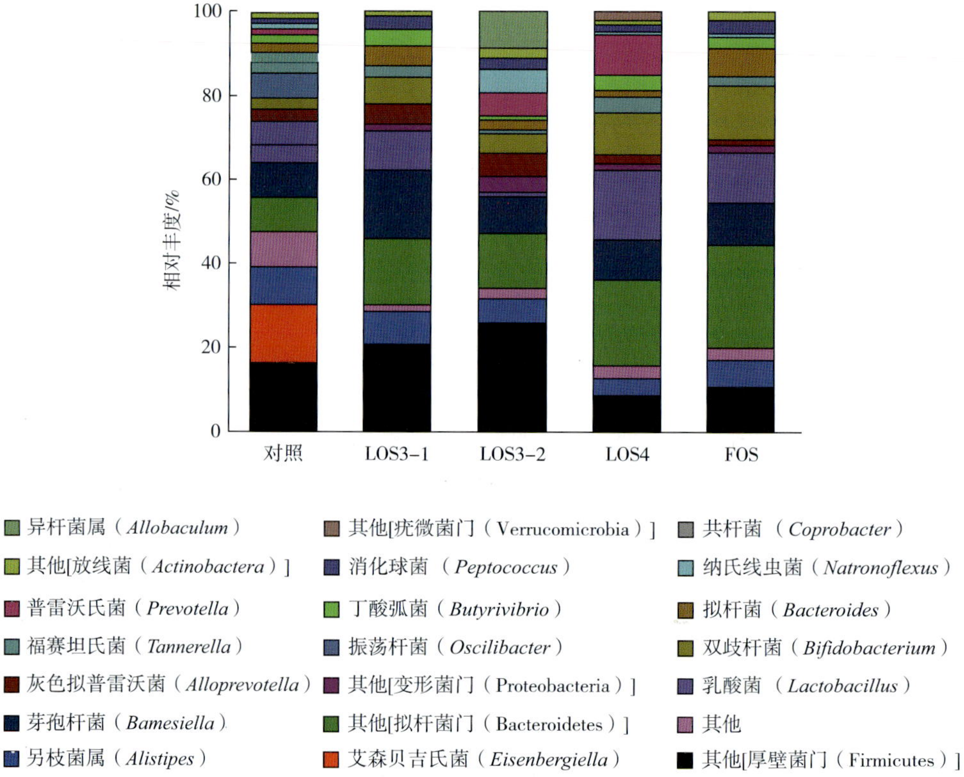

图 5-23　小鼠粪便微生物组成在属水平上差异比较

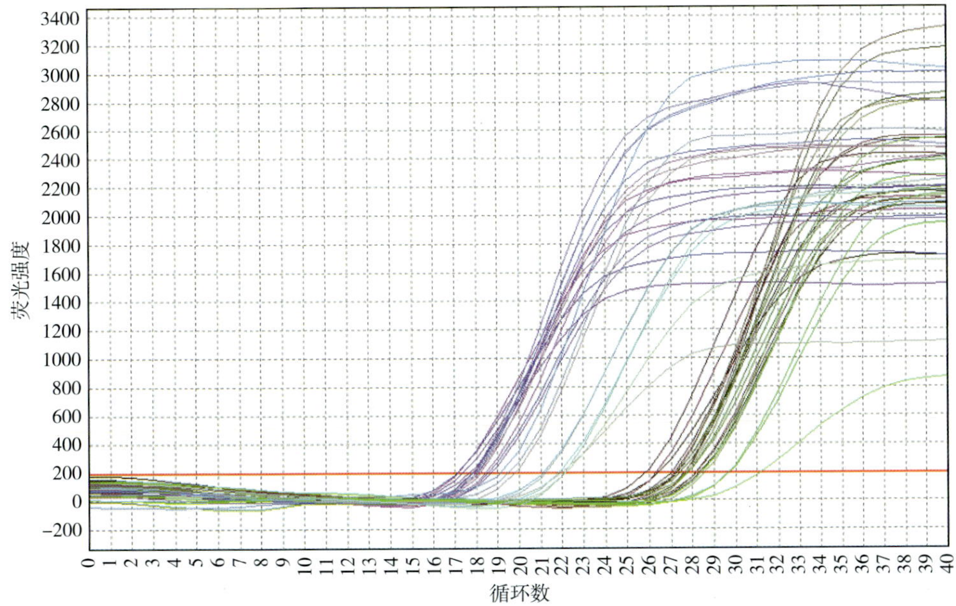

图 7-3　12h 和 24h 不同干预剂量下 RAW264.7 *mTOR* 基因与 *β-actin* 基因扩增曲线图

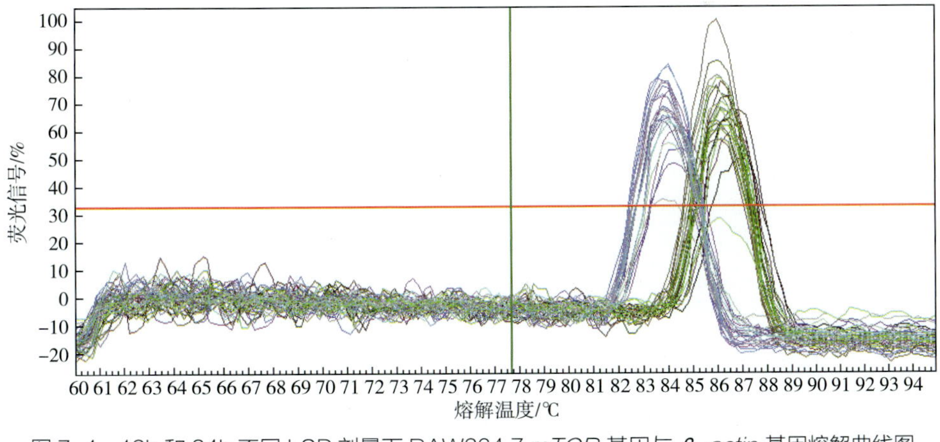

图 7-4　12h 和 24h 不同 LSP 剂量下 RAW264.7 *mTOR* 基因与 *β-actin* 基因熔解曲线图

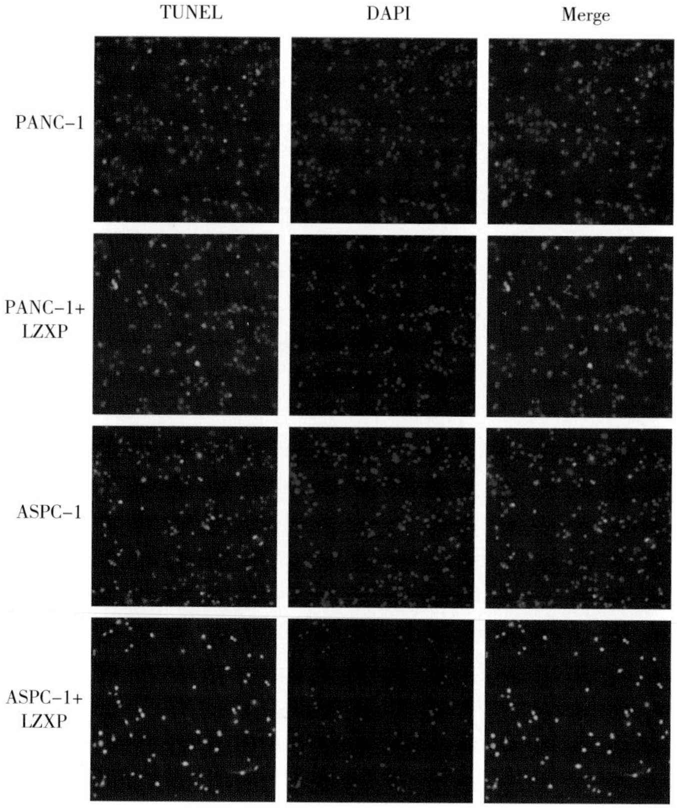

（1）胰腺癌细胞凋亡染色情况

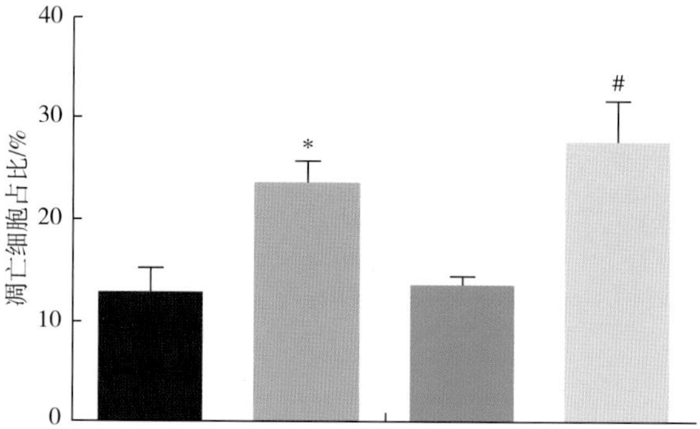

（2）胰腺癌细胞凋亡水平

图 8-12　TUNEL 检测在莲子总酚纯化物处理下胰腺癌细胞的凋亡水平

■ PANC-1　■ PANC-1+LZXP　■ ASPC-1　■ ASPC-1+LZXP

注：DAPI：4′,6-二脒基-2-苯基吲哚染色剂；Merge：是多种染色剂混合使用的染色方法，（即混合染色剂）。

*表示$P<0.05$；#表示$P<0.05$。

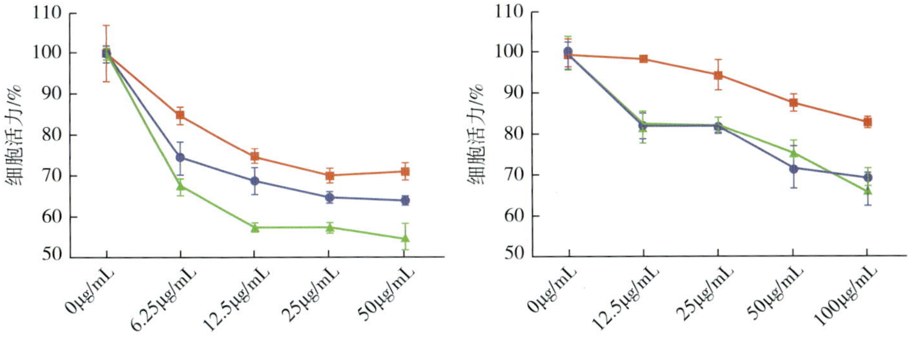

（1）PANC-1　　（2）ASPC-1

图 8-14　不同浓度的 3 种多酚单体对 PANC-1 和 ASPC-1 胰腺癌细胞增殖率的影响

野漆树苷　牡荆素　芹菜苷

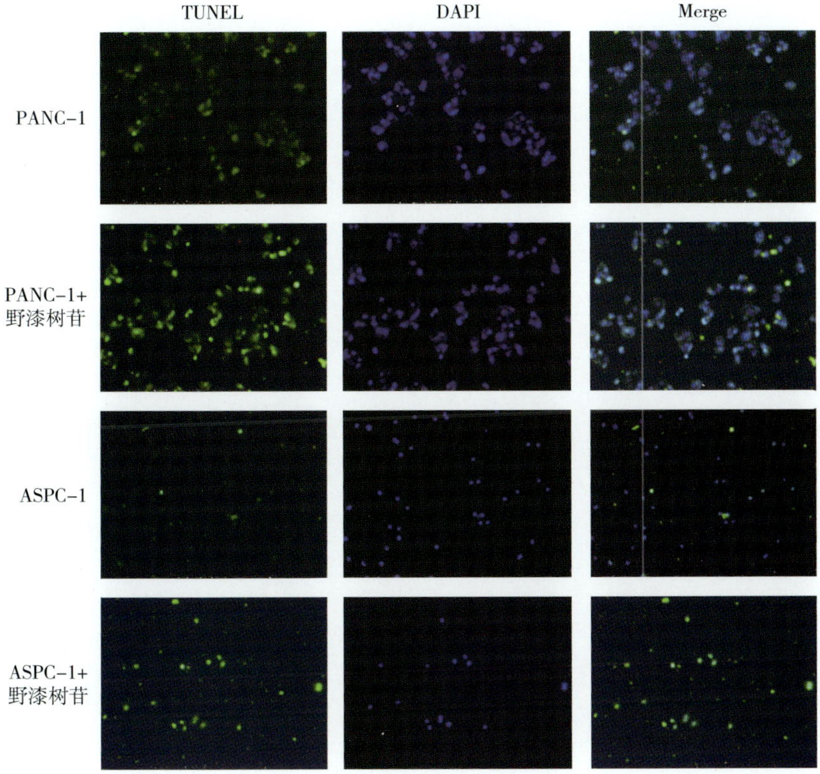

（1）胰腺癌细胞凋亡染色情况

图 8-15

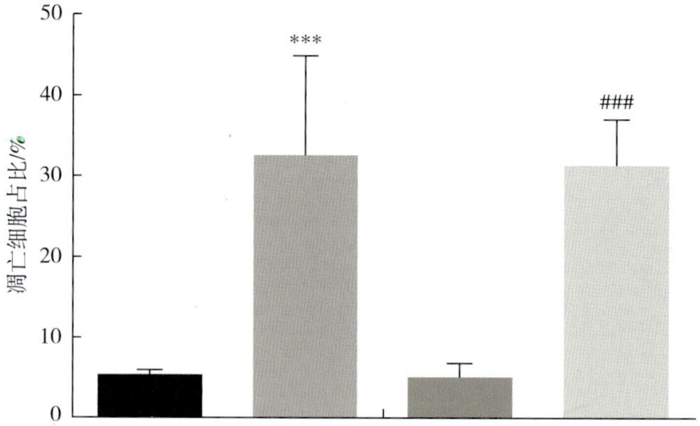

（2）胰腺癌细胞凋亡水平

图 8-15　TUNEL 检测在野漆树苷处理下胰腺癌细胞的凋亡水平

■ PANC-1　■ PANC-1+野漆树苷　■ ASPC-1　■ ASPC-1+野漆树苷

注：***表示$P<0.001$；###表示$P<0.001$。

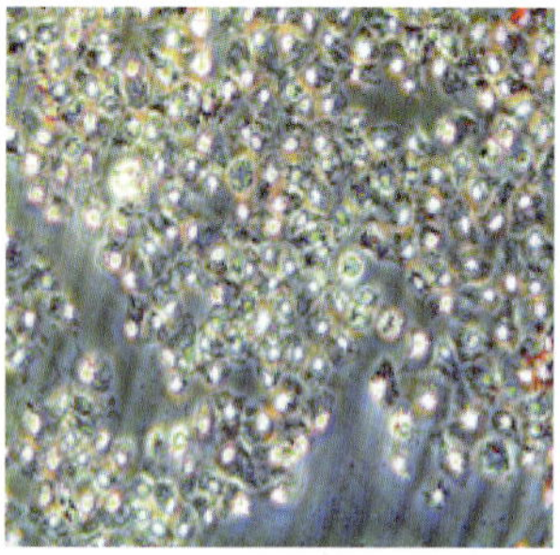

（1）空白组

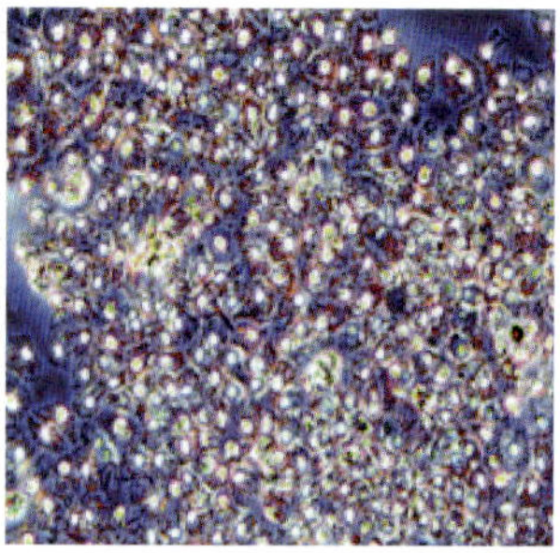

（2）模型组

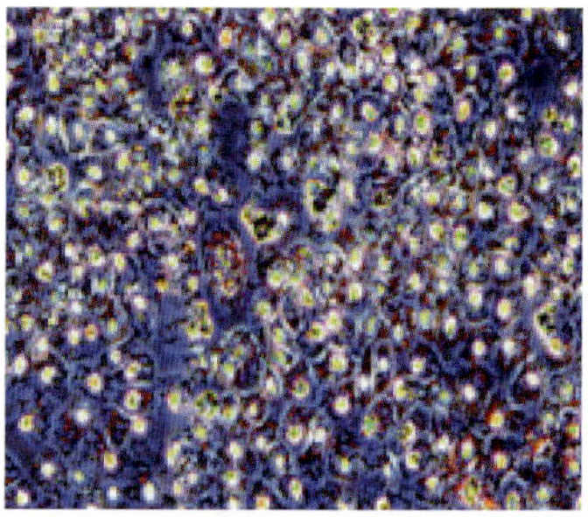

（3）10μmol/L甲基莲心碱

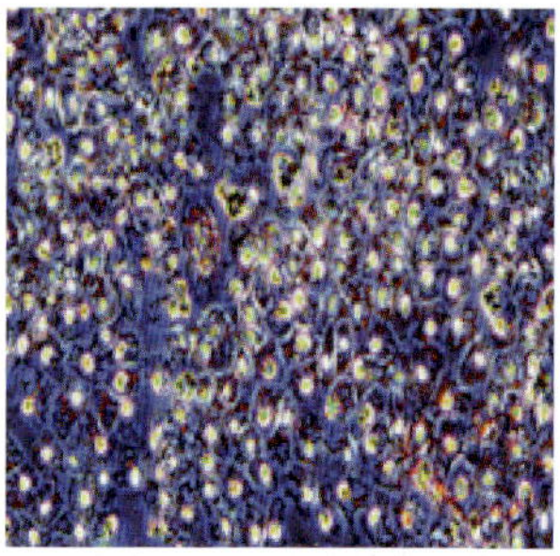

（4）20μmol/L甲基莲心碱

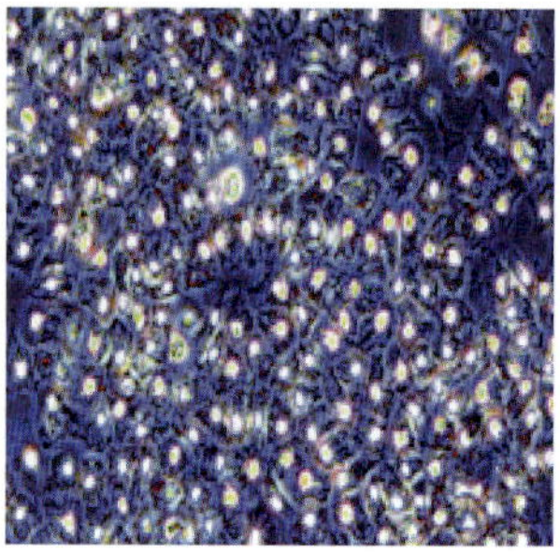

（5）40μmol/L甲基莲心碱

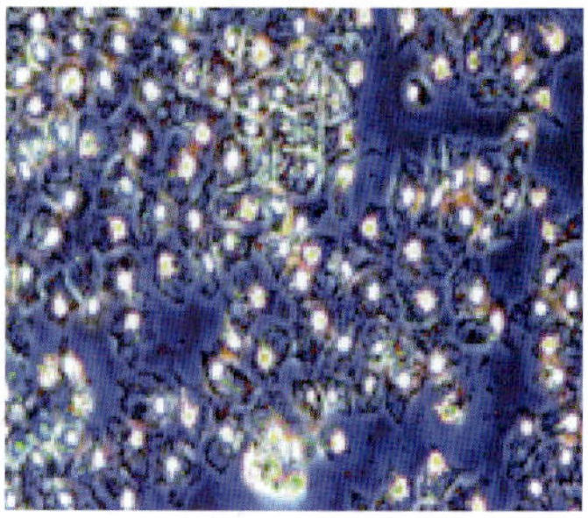

（6）25μmol/L槲皮素

图 8-26　红油 O 方法观察 OA 诱导的 HepG2 胞内脂滴变化